普通高等职业教育体系精品教材·计算机系列

U0378235

计算机网络技术基础

（第2版）

主　编◎董宇峰　王　亮

副主编◎彭丽艳　陈莉莉

白俊峰　方　敏

清华大学出版社

北京

内容简介

本书是高职高专类计算机专业基础教材,根据高职高专教育的培养目标、特点和要求编写,旨在帮助读者学习和掌握计算机网络的基础知识,了解计算机网络技术,同时增加了帮助读者理解概念和方便阅读的内容,如学习内容、学习要求、小结、提示、习题等。

本书共9章,比较全面、系统地介绍了计算机网络技术的理论基础和应用技术,包含的主要内容有:计算机网络的基本概念和体系结构;基于 TCP/IP 模型层次的分层介绍——应用层、传输层、网络层、数据链路层和物理层,对每一层的功能、特点、原理及相关技术进行了详细阐述;介绍了网络安全和网络管理相关技术;根据目前的技术发展和热点对云计算与网络技术进行了介绍,并介绍了网络系统的规划与设计基础,提供了典型网络设计案例。

本书内容丰富,图文并茂,语言深入浅出、简明扼要,侧重于具体技术与实训内容,每章均安排了相关实训的内容,主要针对高职高专院校的学生,适合于相关专业作为计算机网络技术基础的课程教材,也可供自学者作为参考书目。

本书封面贴有清华大学出版社防伪标签,无标签者不得销售。

版权所有,侵权必究。举报:010-62782989,beiqinquan@tup.tsinghua.edu.cn。

图书在版编目(CIP)数据

计算机网络技术基础 / 董宇峰,王亮主编. —2 版. 北京:清华大学出版社,2016(2022.1重印)
普通高等职业教育体系精品教材·计算机系列
ISBN 978-7-302-44066-6

I. ①计… II. ①董… ②王… III. ①计算机网络—高等职业教育—教材 IV. ①TP393

中国版本图书馆 CIP 数据核字(2016)第 127997 号

责任编辑:苏明芳
封面设计:刘 超
版式设计:刘洪利
责任校对:赵丽杰
责任印制:宋 林

出版发行:清华大学出版社
　　　　网　　　址:http://www.tup.com.cn,http://www.wqbook.com
　　　　地　　　址:北京清华大学学研大厦 A 座　　　　邮　　编:100084
　　　　社　总　机:010-62770175　　　　邮　　购:010-62786544
　　　　投稿与读者服务:010-62776969,c-service@tup.tsinghua.edu.cn
　　　　质量反馈:010-62772015,zhiliang@tup.tsinghua.edu.cn
印　装　者:三河市科茂嘉荣印务有限公司
经　　销:全国新华书店
开　　本:185mm×260mm　　　印　张:25.5　　　字　数:557 千字
版　　次:2010 年 2 月第 1 版　2016 年 8 月第 2 版　　印　次:2022 年 1 月第 8 次印刷
定　　价:59.80 元

产品编号:068780-02

前　言

目前高职高专院校的很多专业都开设了计算机网络技术的相关课程，作为信息类专业的职业基础课程之一。高职高专教育的主要目标是培养具有一定专业理论水平与较强动手能力的应用型人才，而计算机网络技术的实践性和应用性特点将为实现这一目标奠定良好的基础。本书第一版于 2010 年出版，为较多高职高专院校所使用并获得好评。在以网络为核心的信息时代，计算机网络已广泛应用到各行各业，以因特网（Internet）为代表的计算机网络得到了飞速发展，特别是近几年来云计算、物联网、移动互联网的发展衍生出了很多比较受关注的新兴技术和商业模式，计算机网络技术人才的需求日益旺盛。第一版所涉及的部分内容和技术已较落后或很少使用，一些新技术已得到应用，因此有必要顺应目前工学结合、校企结合的职业教育环境和网络技术的发展情况进行再版编写。

本书以行业中网络相关工作范围为出发点，以从事网络相关工作中的各环节所常见的问题和解决思路以及企业运用网络的初衷为目标，实施实践指导，并以实践所需理论为该教材的理论，即以最小化理论基础、最大化实践为导向，以理论必需、够用为原则，尽量避免一些晦涩的理论阐述而辅以通俗易懂的描述和举例说明，在兼顾理论知识的同时，重点强调实用性和可操作性。突出针对性和实用性，每章均安排了相应内容的实训任务，着重实用技术和能力的培养，使学生既能动脑更能动手，经过实践的锻炼能够迅速成长为高技能型人才。

在设置本教材结构体系时就考虑达到从传统的 OSI 结构体系走向运用广泛的 TCP/IP 体系，从感性认知到理性认识，同时还提供了从教师在教学中提出问题到学生在学习中能主动发现问题、分析问题的途径，突出实际应用，跟踪和介绍计算机网络技术当今的主流技术和发展。本书的主要内容可分为两篇：第 1 篇为计算机网络基础理论知识，包括第 1～6 章的内容，综合了 OSI 体系和 TCP/IP 体系的特点，按照 5 层体系的参考模型，以从上至下的顺序分别对计算机网络的应用层、传输层、网络层、数据链路层和物理层进行了介绍，从贴近实际的网络应用着手，结合网络通信的过程对各层的主要特点、原理及相关技术进行介绍。第 2 篇为计算机网络技术应用，包括第 7～9 章的内容，第 7 章阐述了计算机网络受到的安全威胁和目前主要的网络安全技术，重点介绍了网络安全技术，包括防病毒、防火墙、VPN 以及各层次安全，同时还对网络管理的功能、网络管理协议等进行了介绍；第 8 章对云计算及相关网络技术进行了介绍；第 9 章从系统角度对计算机网络的规划与设计作了较为全面的阐述，并分别介绍了网络规划与设计所涉及的思路、技术、策略等内容，还提供了多个典型网络系统设计的案例。全书还根据各章内容安排了 15 个实训任务进行实训操作和任务实施，每个实训任务包括完整的工作流程，以体现课程的实践性和应用性。

　　本书由董宇峰、王亮担任主编，彭丽艳、陈莉莉、白俊峰、方敏担任副主编。第 1 章、第 4 章由彭丽艳编写，第 2 章、第 8 章由陈莉莉编写，第 3 章由白俊峰编写，第 5 章、第 7 章由王亮编写，第 6 章由方敏编写，第 9 章由董宇峰编写。全书由董宇峰、王亮审阅，董宇峰整理。本书在编写过程中，参考了一些专家的著作以及网站，在此深表感谢！相关书目在书后的参考文献中列出。

　　本书能够出版，跟清华大学出版社的指导和支持分不开，与主编所在的四川托普信息技术职业学院对教材编写工作的支持分不开，在此一并致谢。由于时间仓促，水平有限，错漏之处在所难免，敬请广大读者批评指正，如有意见、建议，请发邮件至 dyf@scetop.com。

编　者

2016 年 4 月

目　录

第 1 篇　计算机网络基础理论知识

第2篇 计算机网络技术应用

C OMPUTER
N ETWORK
Basics

第 **1** 篇

计算机网络基础理论知识

第1章 计算机网络概述

■ **学习内容:**

计算机网络的发展历程,计算机网络的定义、功能、分类和拓扑结构;计算机网络通信的概念与通信技术;网络协议与协议分层,OSI 与 TCP/IP 参考模型;网络命令应用实训、Wireshark 软件使用实训。

■ **学习要求:**

通过对本章内容的学习,应了解计算机网络的产生和发展趋势,掌握计算机网络的基本概念,了解计算机网络通信的概念,掌握计算机网络体系结构的相关知识,通过两个实训任务对计算机网络有直观的了解。

1.1 计算机网络发展历程

1.1.1 计算机网络的产生

1946 年世界上第一台计算机诞生,谁也没有预测到计算机会在今天产生如此广泛和深远的影响。同样,当 1969 年美国的 ARPANET 问世后,也没有人预测到计算机网络会在现代信息社会发挥如此重要的作用。

计算机网络技术是通信技术与计算机技术结合的产物,通信网络为计算机之间的数据交换提供必要手段,而计算机技术的发展渗透到通信技术中,提高了通信网络的各种性能。计算机网络从 20 世纪 60 年代开始发展至今,已形成从小型的办公室局域网到全球性的大型广域网规模,对现代人类生产、经济、生活等各个方面都产生了巨大的影响。

1.1.2 计算机网络的发展阶段

计算机网络的发展也经历了从简单到复杂、由低级到高级的演变过程,计算机网络的发展大致分为以下 4 个阶段:

1. 面向终端的计算机通信网络

早期的计算机价格昂贵,数量很少,因此计算机和通信没有什么关系。直到 20 世纪 50 年代,人们使用一种称为收发器的终端将卡片上的数据通过电话线送到远程计算机,后来电传打字机也作为远程终端和计算机相连，用户可以在远程电传打字机上输入自己的程序，而计算机的处理结果又可以传送到远程电传打字机上并打印出来。计算机网络的基本原型就这样诞生了。

由于一个远程终端与计算机相连时必须在计算机上增加一个接口，若要跟多个终端相连就需要多重线路控制器，这样就构成了面向终端的计算机通信网，它是最原始的计算机网络，如图 1-1 所示。在这里，计算机是网络的中心和控制者，终端围绕中心计算机分布在各处，中心计算机的主要任务是进行成批处理，故称其为联机系统。

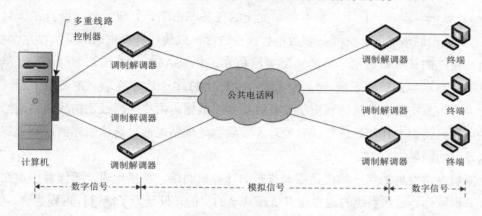

图 1-1　面向终端的计算机通信网

随着计算机技术的发展，计算机数量迅速增加。但同时人们发现多重线路控制器对主机造成相当大的额外开销，因为每增加一个新的远程终端时，线路控制器就要进行软件和硬件的改动，以便和新加入的终端进行匹配。最后，人们设计出了通信控制处理机（又称前端处理机），让它代替主机完成通信任务，从而让主机专门进行数据处理，以提高数据处理的速率。如图 1-2 所示为用一个前端处理机与多个远程终端相连。

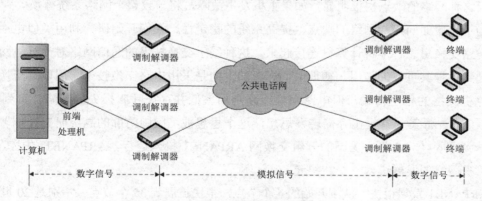

图 1-2　用前端处理机实现的联机系统

面向终端的计算机通信网络的主要特点如下：

- 终端到计算机的连接，而不是计算机到计算机的连接。终端是一个连接到一台计算机主机的装置。用户在终端的键盘上操作，将从键盘上输入的命令、控制键或启动应用进程的信息直接送给主机，与主机上的进程进行通信。主机则将执行结果回送给终端，并在终端显示器上显示。在终端上操作与直接在主机的操作台上操作一样。在分时系统中，多个用户可以通过终端"同时"使用一台主机，就好像自己独享该计算机一样。面向终端的计算机通信网络就是通过终端与计算机的连接，共享计算机资源，以完成计算机通信功能。

- 主计算机负担过重。在面向终端的计算机通信网络中，多个终端共同使用一台主计算机，连在该机上的所有终端提交的任务都由主计算机处理，而且主计算机既要处理通信功能，又要处理数据和作业进程，致使计算机主机的负担过重。

面向终端的计算机通信网络的典型实例是 SAGE。SAGE 是美国在 20 世纪 50 年代中期建立的半自动地面防空系统。该系统共连接了 1000 多个远程终端，主要用于远程控制导弹制导。该系统能够将远距离雷达设备收集到的数据，由终端通过通信线路传送给一台中央主计算机，由主计算机进行计算处理，然后将处理结果通过通信线路回送给远程终端去控制导弹的制导。

计算机网络发展的第一阶段是面向终端的计算机网络，严格地讲，不能算作现在意义上的计算机网络。这些系统的建立没有资源共享的目的，只是为了能进行远程通信。但是，它实现了计算机技术与通信技术的结合，可以让用户以终端方式与远程主机进行通信，使用远程计算机的资源，因此可以说它是计算机网络的初级阶段。

2. 基于交换的计算机通信网络

在面向终端的计算机通信网络中，人们初次尝试了将单一计算机系统的各种资源共享给各个终端用户，这种应用极大地刺激了用户使用计算机的热情，计算机的数量也迅速增加，但这种网络的缺点也很明显，如果主机发生故障，将导致整个网络系统瘫痪。

为了克服面向终端网络的缺点，提高系统的稳定性，人们开始研究利用类似电话系统中的线路交换思想将多台计算机连接起来，这种基于交换技术的通信网络对计算机网络的发展起到了极其重要的作用。初期人们思考的方向是采用电路交换技术，用电路交换来保证计算机网络的稳定传输，但电路交换线路利用率低并存在呼叫损失的缺陷，直到 1964 年美国的 Baran 第一次提出存储转发思想，这个思想被美国国防部的高级研究计划署进行研究，到 1969 年 12 月，美国的分组交换网 ARPANET 投入运行。ARPANET 的成功标志着计算机网络的发展进入一个新纪元。

ARPANET 发展很快，从刚开始的 4 个节点，很快扩展到 35 个节点。特别是 20 世纪 80 年代，ARPANET 采用了开放式网络互联协议 TCP/IP 以后，发展得更为迅速。到了 1983 年，ARPANET 已拥有 200 台 IMP（接口信号处理机）和数百台主机。网络覆盖范围也已延伸到夏威夷和欧洲。事实上，ARPANET 是 Internet 的雏形，也是 Internet 初期的主干网。

ARPANET 是计算机网络发展的一个里程碑，标志着以资源共享为目的的计算机网络的诞生，是第二阶段计算机网络的一个典型范例，为网络技术的发展做出了突出的贡献。无论在理论方面还是在技术方面，对其后网络的发展影响都很大。ARPANET 的贡献主要表现在它是第一个以资源共享为目的的计算机网络、使用 TCP/IP 协议作为通信协议，使网络具有很好的开放性，为 Internet 的诞生奠定了基础。此外，ARPANET 还实现了分组交换这一数据交换方式，并提出了计算机网络的逻辑结构由通信子网和资源子网组成的重要基础理论。

基于交换的计算机通信网络的主要特点如下：

- 从以单个主机为中心的面向终端网络演变到以通信子网为中心。早期的面向终端的计算机通信网络是以单个主机为中心的网络，各个终端共享主机的资源。如图 1-3（a）所示。而基于交换的计算机通信网络，则把整个网络分为通信子网和资源子网，主机和终端构成用户资源子网，用户不仅共享通信子网资源，还共享用户资源子网的所有资源，如图 1-3（b）所示。

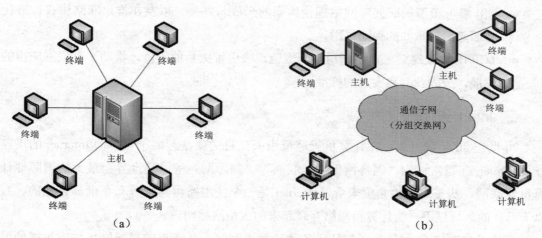

图 1-3 以单个主机为中心演变到以通信子网为中心

- 在以分组交换为核心技术的计算机通信网络中，多台计算机通过通信子网连接到一起，既分散又统一，从而使整个系统性能大大提高；原来单一主机的负荷可以分散到全网的各个机器上，使得网络系统的响应速度加快。
- 面向终端网络中如果主机发生故障将导致整个网络系统瘫痪的缺点在基于交换的计算机通信网络中得到改善，单主机的故障不会导致整个网络系统全面瘫痪。

3. 标准化网络

基于交换的计算机通信网络大多是由研究部门、大学或计算机公司自行开发研制的，没有统一的体系结构和标准。例如，IBM 公司于 1974 年公布了"系统网络体系结构 SNA"，DEC 公司于 1975 年公布了"分布式网络体系结构 DNA"等。有了网络体系结构，使得一个公司所生产的各种机器和网络设备可以非常容易地连接起来，这种情况显然只利于一个公司垄断自己的产品。不同厂家生产的计算机产品和网络产品无论从技术还是从体系结构上都有很大的差异，从而造成不同厂家生产的计算机及网络产品很难实现互连。这种局面严重阻碍了计算机网络的发展，也给广大用户带来极大的不便。因此，建立开放式的网络实现网络标准化，已成为历史发展的必然。

1977年，国际标准化组织（International Standards Organization，ISO）为适应网络标准化的发展趋势，成立了专门机构研究该问题。不久，他们就提出了一个使各种计算机能够互连的标准框架，即著名的开放系统互连参考模型OSI/RM（Open Systems Interconnection Reference Model），一般简称为OSI。OSI已被国际社会广泛认可，成为一个计算机网络体系结构的标准。国际标准化组织和网络产品的生产厂家都按照OSI划分的层次结构开发标准协议，并按照国际标准生产网络设备和开发网络应用软件。OSI极大地推动了网络标准化的进程。OSI的提出，意味着计算机网络发展到了第三阶段。

计算机网络体系结构形成阶段的重要性主要表现在以下两方面：

- OSI参考模型的研究对网络理论体系的形成与发展，以及在推进网络协议标准化方面起到了重要的推动作用。
- TCP/IP协议经受了市场和用户的检验，吸引了大量的投资，推动了互联网应用的发展，成为业界事实上的标准。

4. Internet时代的到来

20世纪80年代以来，在计算机领域最引人注目的就是起源于美国的Internet的飞速发展。Internet通常称为"因特网""互联网""网际网"等，是世界上最大的国际性计算机互联网。从基本结构角度来看，Internet是一个使用路由器将分布在世界各地的、数以千万计的、规模不一的计算机网络互联起来的大型网际网。

从技术角度来看，Internet包括了各种计算机网络，从小型的局域网、城市规模的城域网，到大规模的广域网。计算机主机包括了PC机、专用工作站、小型机、中型机和大型机。这些网络通过有线通信介质（电话线、双绞线、同轴电缆、光纤等）或无线通信介质（无线电波、微波、卫星等）连接在一起，在全球范围内构成了一个四通八达的"网间网"。Internet起源于美国，并由美国扩展到世界其他地方。在这个网络中，其核心的几个最大的主干网络组成了Internet的骨架，它们主要属于美国的Internet服务供应商，如GTA、MCI、Sprint和AOL等。通过主干网络之间的相互连接，建立起一个非常快速的通信网络，承担了网络上大部分的通信任务。每个主干网络之间都有许多交汇的节点，这些节点将下一级较小的网络和主机连接到主干网络上，这些较小的网络再为其服务区域的公司或个人提供连接服务。

从应用的角度来看，Internet是大量计算机连接在一个巨大的通信系统平台上而形成的一个全球范围的信息资源网。接入 Internet 的主机既可以是信息资源及服务的使用者，也可以是信息资源及服务的提供者。Internet 的使用者不必关心 Internet 的内部结构，他们面对的只是接入 Internet 后所提供的信息资源和服务。通过使用 Internet，用户可以实现全球范围的电子邮件、WWW 信息查询与浏览、电子新闻、文件传输、语音与图像通信等服务功能。也就是说，全世界范围内的 Internet 用户，既可以互通消息、交流思想，又可以从中获得各方面的知识、经验和信息。Internet 目前在人类社会中所扮演的角色也正在逐渐发生改变，已经超越了传统计算机网络单纯作为通信基础设施的最初意义，变成了支撑人类社会全面信息化的一个重要载体。Internet 已经成为覆盖全球的信息基础设施之一。

Internet 已经成为世界上规模最大和增长速度最快的计算机网络，没有人能准确说出 Internet 究竟有多大。但由于 Internet 存在着技术上和功能上的不足，加上用户数量猛增，使得现有的 Internet 不堪重负。1996 年 10 月，美国率先宣布实施下一代 Internet 计划，即"NGI 计划"。我国于 2003 年经国务院批准启动"中国下一代互联网示范工程"（CNGI 项目）。CNGI 项目要实现的是：开发下一代网络结构，大大提高数据传输速度；使用更加先进的网络服务技术开发如远程医疗、在线教育等新应用；改进 Internet 中信息交换的可靠性和安全性。

1.1.3　互联网应用的高速发展

20 世纪 90 年代，世界经济进入一个全新的发展阶段，世界经济的发展推动着信息产业的发展，信息技术与网络应用已成为衡量 21 世纪综合国力和企业竞争力的重要标准。近年来，随着我国宏观经济的增长和人们日常生活的不断丰富，我国的互联网技术与应用水平也得到了飞速发展。根据中国互联网信息中心的统计报告，到 2014 年 6 月，我国的网民数量达 6.32 亿，互联网普及率为 46.9%。中国手机网民数量达 5 亿，手机继续保持第一大上网终端的地位，如图 1-4 所示。

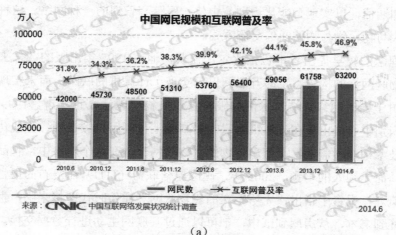

（a）

图 1-4　中国互联网络发展状况统计调查

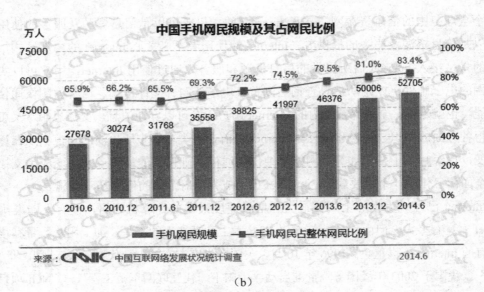

（b）

图 1-4　中国互联网络发展状况统计调查（续）

互联网的发展对推动科学、文化、经济和社会发展有着不可估量的作用，互联网中的信息资源涉及商业、金融、政府、医疗、科研、教育、休闲娱乐等众多领域。基于 Web 的电子商务、电子政务、在线教育、远程医疗，以及 P2P 技术的应用，使得互联网以超常规的速度发展。互联网的急速发展衍生出了很多比较受人关注的新兴技术和商业模式，其中包括近年来应用越来越广泛的物联网、云计算与移动互联网。

1. 物联网

物联网（Internet of Thing，IoT）是指通过射频识别（RFID）、红外感应器、全球定位系统和激光扫描器等信息传感设备，按约定的协议，把任何物品与互联网连接起来，进行信息交换和通信，以实现智能化识别、定位、跟踪和管理的一种网络。这种网络形成了一种全新的人与物、物与物的通信交流方式。

物联网理念的较早提出者中包括比尔·盖茨，他在 1995 年出版的《未来之路》一书中提到了"物联网"的构想，意即互联网仅仅实现了计算机的联网，而未实现与万事万物的联网，但迫于当时网络终端技术的局限使得这一构想无法真正实现。1999 年，麻省理工学院自动识别中心提出要在计算机互联网的基础上，利用射频识别、无线传感器网络和数据通信等技术构造覆盖世界上万事万物的"物联网"。在这个网络中，物品能够彼此进行"交流"，而无须人的干预。2005 年，国际电信联盟（ITU）在发布的报告中正式提出了物联网的概念。报告中指出，无所不在的"物联网"通信时代即将来临，世界上所有的物体，从水杯到书本，从房屋到纸巾，都可以通过互联网主动进行数据交换。射频识别技术、纳米技术、传感器技术、智能嵌入这 4 项技术将得到更加广泛的应用。

物联网所具有的诸多特点使其广泛应用于各行各业，如交通物流、智慧医疗和智慧农业等，改变了企业的工作效率、管理机制和人们的生活方式。下面以智能家居（海尔"智慧屋"）为例来看一下物联网的应用场景（见图 1-5）。

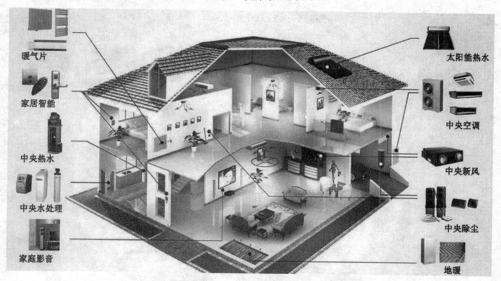

图 1-5　智能家居示意图

智能家居采用有线与无线的结合方式，把所有设备通过信息传感设备与网络连接，从客厅到厨房，从生活电器到计算机和手机等移动终端，都不再是一个个孤单的产品，而是一个互联的、人性的、智能的整体。海尔"智慧屋"解决方案，其核心部分是家庭网络控制中心，通过智能遥控器、红外转发器等设备，根据主人的生活习惯将室内环境调节为最佳状态。例如，维持适宜的室温和水温，自动开启电饭锅、洗衣机、家庭影院等家电，保证主人的饮食起居和身心娱乐；更重要的是能够进行记忆存储和智能学习，以适应主人新的习惯变化。用一句话概括智能家居带给人们的物联网生活就是：身在外，家就在身边；回到家，世界就在眼前。

2. 云计算

云计算（Cloud Computing）是一种商业计算模型。它将计算任务分布在大量计算机构成的资源池上，使各种应用系统能够根据需要获取计算力、存储空间和信息服务。IBM在其白皮书中指出，"云计算"一词是用来同时描述一个系统平台或者一种类型的应用程序。这里可以看出云计算在一方面描述的是基础设施，用来构造应用程序，其地位相当于PC 上的操作系统，另一方面描述的是建立在这种基础设施之上的云计算应用。云计算是能够提供动态资源池、虚拟化和高可用性的下一代计算平台。云计算的模型如图 1-6 所示。现有的云计算实现使用的技术体现了 3 方面的特征：

（1）硬件基础设施架构在大规模的廉价服务器集群之上。云计算的基础架构大量使

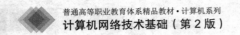

用了廉价的服务器集群，节点之间的互联网络一般也使用普遍的千兆以太网。

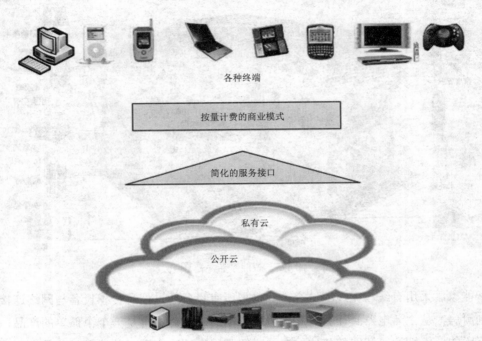

图 1-6 云计算模型

（2）应用程序与底层服务协作开发，最大限度地利用资源。传统的应用程序建立在操作系统之上，利用底层提供的服务来构造应用。而云计算为了更好地利用资源，采用了底层结构与上层应用共同设计的方法来完善应用程序的构建。

（3）通过多个廉价服务器之间的冗余，使用软件获得高可用性。由于使用的是廉价的服务器集群，因此在软件设计上要考虑节点之间的容错问题，使用冗余的节点获得高可用性。

现在提供云计算服务的企业有很多，如 Amazon（亚马逊）的弹性计算云、微软的 Windows Azure 平台、Google 的云计算平台、百度的百度云平台等。

云计算未来主要有两个发展方向：一个是构建与应用程序紧密结合的大型底层基础设施，使得应用能够扩展到很大的规模；另一个是通过从现有的云计算研究状况体现出来。而在云计算应用的构造上，很多新型的社交网络（如 Facebook 等）已经体现了这个发展趋势，在研究上则注重如何通过云计算基础平台将多个业务融合起来。

* **提示**：有关云计算和网络的更多内容请参看第 8 章 "云计算与网络技术"。

3. 移动互联网

移动互联网（Mobile Internet）是指互联网的技术、平台、商业模式和应用与移动通信技术结合并实践的活动的总称，是将移动通信和互联网结合起来成为一体的网络。

随着宽带无线接入技术和移动终端技术的飞速发展，人们迫切希望能够随时随地乃至在移动过程中都能方便地从互联网上获取信息和服务，移动互联网应运而生并迅猛发展，逐渐渗透到人们生活、工作的各个领域，短信、铃图下载、移动音乐、手机游戏、视频应用、手机支付、位置服务等丰富多彩的移动互联网应用迅猛发展，正在深刻改变信息时代的社会生活。移动互联网经过几年的曲折前行，正迎来新的发展高潮。移动互联网正向多媒体信息应用发展，随着技术的进步，向移动用户提供多媒体业务将是未来十年内移动通信发展的主要潮流。无线技术仍然在高速发展，未来空中接口的带宽将不断增加，手持终端的功能将不断完善和增强，为多种移动应用的发展开辟了广阔空间。

移动互联网的发展趋势主要有：

（1）移动互联网超越计算机互联网，引领发展新潮流。有线互联网是互联网的早期形态，移动互联网是互联网的未来。计算机只是互联网的终端之一，智能手机、平板电脑、电子阅读器（电纸书）已经成为重要终端，电视机、车载设备正在成为终端，冰箱、微波炉、抽油烟机、照相机，甚至眼镜、手表等穿戴之物，都可能成为泛终端。

（2）移动互联网和传统行业融合，催生新的应用模式。在移动互联网、云计算、物联网等新技术的推动下，传统行业与互联网的融合正在呈现出新的特点，平台和模式都发生了改变。这一方面可以作为业务推广的一种手段，如食品、餐饮、娱乐、航空、汽车、金融、家电等传统行业的 APP 和企业推广平台，另一方面也重构了移动端的业务模式，如医疗、教育、旅游、交通、传媒等领域的业务改造。

（3）不同终端的用户体验更受重视。终端的支持是业务推广的生命线，随着移动互联网业务逐渐升温，移动终端解决方案也不断增多。2011 年，主流的智能手机屏幕是 3.5～4.3 英寸，2012 年发展到 4.7～5.0 英寸，而平板电脑却以 mini 型为时髦。但是，不同大小屏幕的移动终端，其用户体验是不一样的，适应小屏幕的智能手机的网页应该轻便、轻质化，承载的广告也必须符合这一要求。而目前，大量互联网业务迁移到手机上，为适应平板电脑、智能手机及不同操作系统，开发了不同的 APP，HTML5 的自适应较好地解决了阅读体验问题，但还远未实现轻便、轻质、人性化，缺乏良好的用户体验。

（4）移动互联网商业模式多样化。成功的业务需要成功的商业模式来支持。移动互联网业务的新特点为商业模式创新提供了空间。随着移动互联网发展进入快车道，网络、终端、用户等方面已经打好了坚实的基础，移动互联网已融入主流生活与商业社会，货币化浪潮即将到来。移动游戏、移动广告、移动电子商务、移动视频等业务模式流量变现能力快速提升。

（5）大数据挖掘成蓝海，精准营销潜力凸显。随着移动带宽技术的迅速提升，更多的传感设备、移动终端随时随地接入网络，加之云计算、物联网等技术的带动，移动互联网也逐渐步入"大数据"时代。目前的移动互联网领域，仍然是以位置的精准营销为主，但未来随着大数据相关技术的发展，人们对数据挖掘的不断深入，针对用户个性化定制的应用服务和营销方式将成为发展趋势，它将是移动互联网的另一片蓝海。

在移动互联网时代，传统的信息产业运作模式正在被打破，新的运作模式正在形成。对于终端厂商、互联网公司、消费电子公司和网络运营商来说，这既是机遇，也是挑战，他们积极参与到移动互联网市场的市场竞争中。

* **提示：**有关移动互联网的应用请参看第 2 章"应用层"的"移动互联网新应用"一节。

1.2　计算机网络基本概念

1.2.1　计算机网络的定义

21 世纪是一个以计算机为核心的信息时代，其中发展最快、影响最大的就是计算机网络。随着计算机网络技术的发展，计算机网络已成为社会结构的一个基本组成部分。网络被应用于社会的各个方面，包括电子银行、电子商务、现代化的企业管理、信息服务业等都以计算机网络系统为基础。从学校远程教育到政府日常办公乃至现在的电子社区，很多方面都离不开网络技术。可以不夸张地说，计算机网络在当今世界几乎无处不在。计算机网络技术的发展越来越成为当今世界高新技术发展的核心之一，因此有必要了解和学习它。要了解计算机网络，首先必须知道什么是计算机网络。

计算机网络是指把地理位置不同、功能独立自治的计算机系统通过网络设备（如路由器、交换机）和传输介质（如双绞线、光纤）连接起来，按照网络协议相互通信，以实现资源共享。要注意的是处于网络中的计算机应具有独立性，如果一台计算机被另一台所控制，那么它就不具备独立性。同样，对于一台带有大量终端的大型机组成的分时系统也不能称为网络。

1.2.2　计算机网络的功能

计算机网络的主要功能包括如下几个方面：

1. 信息交换

利用计算机网络进行数据通信是现在最主流的通信方式之一，具有很多优点。例如，不像传统的电话通信需要通话者同时在场，也不像广播系统只能单方向传递信息。在速度上也比其他方式快得多，而且通过网络还可以传递声音、图像、视频等多媒体信息。

2. 实现资源共享

计算机网络最重要的功能之一就是资源共享，在网络中有大量的资源，这些资源包括软件资源（如程序、数据等）和硬件资源（如打印机、大容量磁盘等），用户可以共享这些资源。资源共享的好处是使用户减少投资成本，又可以提高这些资源的利用率。

3. 增加系统的可靠性

单个计算机或系统难免出现暂时故障，致使系统瘫痪，通过计算机网络提供一个多机系统的环境，可以实现两台或多台计算机互为备份，使计算机系统的冗余备份成为可能，从而提高整个系统的可靠性。

4. 分布式处理和负载均衡

当网络上某台主机的任务负荷过重时，通过网络和一些应用程序的控制和管理，可以将任务交给网上其他的计算机去处理，由多台计算机共同完成，起到分布式处理和均衡负荷的作用，以减少延迟，提高效率，充分发挥网络系统上各主机的作用。

1.2.3　计算机网络的分类

计算机网络根据不同的属性有不同的分类方法，具体分类如下。

- 按网络覆盖的地理范围分类：局域网、城域网、广域网。
- 按网络的拓扑结构分类：总线型、环型、星型、网状型等。
- 按传输介质分类：有线网、无线网。
- 按所使用的网络操作系统分类：Windows Server、NetWare、UNIX、Linux。
- 按传输技术分类：广播式网络、点对点式网络。
- 按企业公司管理分类：内联网（Intranet）、外联网（Extranet）、国际互联网（internet）。

本书从以上多种网络分类方式中选择最常用的分类方式——覆盖范围进行介绍。计算机网络按照其覆盖的地理范围进行分类，可以很好地反映不同类型网络的技术特征。由于网络覆盖的地理范围不同，所采用的传输技术也就不同，因而形成了不同的网络技术特点与网络服务功能。

按网络覆盖的地理范围进行分类，计算机网络可以分为局域网、城域网和广域网 3 种类型。

1. 局域网

局域网（Local Area Network，LAN）用于将有限范围内（如一个实验室、一幢大楼、一个校园）的各种计算机、终端与外部设备互连成网。局域网按照采用的技术、应用范围和协议标准的不同可以分为共享式局域网和交换式局域网。局域网技术发展非常迅速，应用也日益广泛，是计算机网络中最活跃的领域之一。

局域网的主要特点如下：

- 网络覆盖的地理范围较小，一般在几十米到几千米。
- 传输速率高，目前已达到 10Gbit/s。
- 误码率低。
- 拓扑结构简单，常用的拓扑结构有总线型、星型和环型等。
- 局域网通常归属于单一的组织管理。

2. 广域网

广域网（Wide Area Network，WAN）是在一个广阔的地理区域内进行数据、语音、图像信息传送的通信网。广域网通常能覆盖一个城市、一个地区、一个国家、一个洲，甚至全球。广域网一般由中间设备（路由器）和通信线路组成，其通信线路大多借助于一些公用通信网，如光纤、微波、卫星信道等。广域网的作用是实现远距离计算机之间的数据传输和资源共享。

广域网的主要特点如下：

- 覆盖的地理区域大，通常由几十千米到几万千米，网络可跨越市、地区、省、国家、洲，甚至全球。
- 广域网一般是基于传统通信网而建立。
- 传输速率一般在 64Kbit/s ～ 2Mbit/s 之间。但随着广域网技术的发展，传输速率也在不断地提高，目前通过光纤介质，采用 POS、DWDM、万兆以太网等技术，广域网的传输速率可提高到 155Mbit/s、2.5Gbit/s，最高可达 10Gbit/s。
- 网络拓扑结构比较复杂，使用的网络通信协议较多。

3. 城域网

城域网（Metropolitan Area Network， MAN）是一种大型的 LAN，其覆盖范围介于局域网和广域网之间，一般是一个城市。城域网设计的目标是满足几十千米范围内的大量企业、机关、公司的多个局域网互联的需求，以实现大量用户之间的数据、语音、图形与视频等多种信息的传输功能。目前城域网的发展越来越接近局域网，通常采用局域网和广域网技术构成宽带城域网。LAN、MAN、WAN 的比较如表 1-1 所示。

表 1-1　LAN、MAN、WAN 的比较

内　　容	LAN	MAN	WAN
范围概述	较小范围计算机通信网	较大范围计算机通信网	远程网或公用通信网
网络覆盖的范围	20 千米以内	几十千米	几千米到几万千米，可跨国界、洲界

续表

内　容	LAN	MAN	WAN
数据传输速率	100Mbit/s ～ 10Gbit/s	100Mbit/s ～ 1Gbit/s ～ 10Gbit/s	9.6Kbit/s ～ 2Mbit/s ～ 45Mbit/s ～ 155Mbit/s ～ 622Mbit/s，1Gbit/s，10Gbit/s
传输介质	有线介质：同轴电缆、双绞线、光缆 无线介质：无线电	有线介质：光缆 无线介质：微波、卫星	有线介质：PSTN、DDN、ISDN、光缆 无线介质：卫星、微波
信息误码率	低	较高	高
拓扑结构	总线型、星型、环型、网状型	环型、星型	环型、网状型

1.2.4　计算机网络的拓扑结构

计算机网络的拓扑结构是指计算机网络节点和通信链路所组成的逻辑几何形状，也可以说是网络设备及它们之间的互连布局或关系，关系到网络设备类型、设备能力、网络容量及管理模式等。计算机网络的拓扑结构有很多种，下面介绍最常见的几种。

1. 总线型拓扑结构

总线型拓扑结构采用单一的通信线路（总线）作为公共的传输通道，所有的节点都通过相应的接口直接连接到总线上，并通过总线进行数据传输，如图 1-7 所示。

采用总线型结构的网络使用广播式传输技术，总线上的所有节点都可以发送数据到总线上，数据沿总线传播。但是，一般情况下由于所有节点共享同一条公共通道，所以在任何时候只允许一个节点发送数据。当一个节点发送数据，并在总线上传播时，数据可以被总线上的其他所有节点接收。各节点在接收数据后，分析目的物理地址，再决定是接收还是丢弃该数据。这种结构的典型代表就是使用粗、细同轴电缆所组成的以太网。

总线型拓扑结构的特点如下：

- 结构简单，易于扩展。
- 共享能力强，便于广播式传输。
- 网络响应速度快；但负荷重时性能迅速下降。
- 易于安装，费用低。
- 网络效率和带宽利用率低。
- 采用分布控制方式，各节点通过总线直接通信。
- 各工作节点平等，都有权争用总线，不受某节点仲裁。

2. 环型拓扑结构

在环型拓扑结构中，各个网络节点通过环节点连在一条首尾相接的闭合环状通信线路中。环节点通过点到点链路连接成一个封闭的环，每个环节点都有两条链路与其他环节点相连，如图 1-8 所示。环型拓扑结构有两种类型，单环结构和双环结构。令牌环（Token Ring）网采用单环结构，而光纤分布式数据接口（FDDI）是双环结构的典型代表。

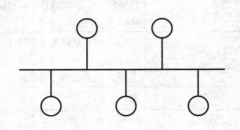

图 1-7　总线型拓扑结构

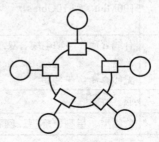

图 1-8　环型拓扑结构

环型拓扑结构的主要特点如下：

- 各工作站间无主从关系，结构简单。
- 信息流在网络中沿环单向传递，延迟固定，实时性较好。
- 两个节点之间仅有唯一的路径，简化了路径选择。
- 可靠性差，任何线路或节点的故障都有可能引起全网故障，且故障检测困难。
- 可扩充性差。

3. 星型拓扑结构

在星型拓扑结构中，每个节点都由一条点到点链路与中心节点相连，任意两个节点之间的通信都必须通过中心节点，并且只能通过中心节点进行通信，如图 1-9 所示。中心节点的设备可以是集线器（HUB）、中继器，也可以是交换机。目前，在局域网系统中大多采用星型拓扑结构，几乎取代了总线结构。

星型结构的主要特点如下：

- 结构简单，便于管理和维护。
- 容易实现结构化布线。
- 星型结构的网络容易扩展、升级。
- 通信线路专用，电缆成本高。
- 星型结构的网络由中心节点控制与管理，中心节点的可靠性基本上决定了整个网络的可靠性，中心节点一旦出现故障，会导致全网瘫痪。
- 中心节点负担重，易成为信息传输的瓶颈。

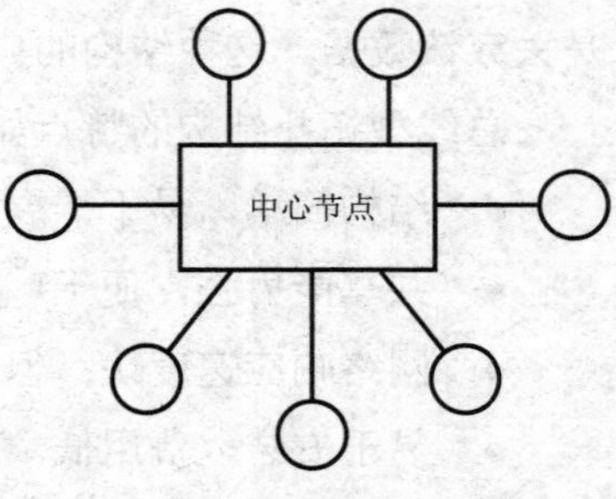

图 1-9　星型拓扑结构

4. 树型拓扑结构

树型拓扑结构是从总线型和星型演变而来的，它有两种类型，一种是由总线型拓扑结构派生出来的，由多条总线连接而成，传输媒体不构成闭合环路而是分支电缆；另一种是星型拓扑结构的扩展，各节点按一定的层次连接起来，信息交换主要在上、下节点之间进行。在树型拓扑结构中，顶端有一个根节点，它带有分支，每个分支还可以有子分支，其几何形状像一棵倒置的树或横置的树，故称为树型拓扑结构，如图1-10所示。

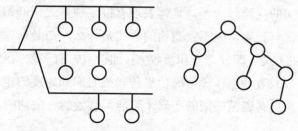

图1-10 树型拓扑结构

树型拓扑结构的主要特点如下：

- 天然的分级结构，各节点按一定的层次连接。
- 易于扩展。
- 易进行故障隔离，可靠性高。
- 对根节点的依赖性大，一旦根节点出现故障，将导致全网瘫痪。
- 电缆成本高。

5. 网状型拓扑结构

网状型拓扑结构又称完整结构。在网状型拓扑结构中，网络节点与通信线路互连成不规则的形状，节点之间没有固定的连接形式。一般每个节点至少与其他两个节点相连，也就是说每个节点至少有两条链路连到其他节点，如图1-11（a）所示。这种结构的最大优点是可靠性高，最大的问题是管理复杂。因此，一般在大型网络中采用这种结构。有时，园区网的主干网也会采用节点较少的网状拓扑结构。我国教育科研示范网CERNET的主干网和国际互联网的主干网都采用网状结构，如图1-11（b）所示。

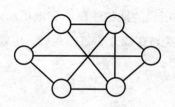
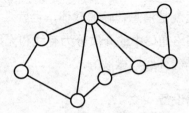

（a）网状拓扑结构　　　　　（b）CERNET主干网拓扑结构

图1-11 网状型拓扑结构

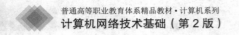

1.3 计算机网络通信

1.3.1 计算机网络通信概念

通信就是相互之间的交流和沟通，具体表现有很多种方式。例如，面对面的谈话、电话交流或者书信、网络聊天等，但不管通信的方式是什么，都必须遵循一定的规则。这些规则包括：标识通信的双方，即发送方和接收方；通信双方有一致同意或遵守的通信方法；采用的语言和语法一致或者通用；通信时信息传输的时间和速度约定一致；信息传输的质量有相应的保障机制。只有遵循规则的通信才可能是有效的、成功的。

1.3.2 计算机网络通信平台

随着计算机网络的高速发展，传统的通信方式已经逐渐被网络通信所替代，计算机网络已经成为世界上最大的通信平台。计算机网络通信通过以下 4 个基本要素来实现：

1. 网络协议

网络协议用于管理通信消息如何发送、定向、接收和解释，也就是规则。这些协议必须支持在不同区域使用不同设备的用户进行通信，现在最常用的是 IP（网际协议）和 TCP（传输控制协议）。

2. 传送的消息

消息是指网络通信中传输的数据，可以是网页、电子邮件、音乐、电影等，都是能够被网络所携带的。消息的表现形式虽然多种多样，但最终都会被转化成二进制编码的数字信号进行传输。

3. 传输介质

传输介质就是消息传输的载体，也就是平常所说的通信线路，如电话线，有线电视用的电缆等。网络通信中的介质分为有线和无线两类，有线介质包括光纤、电缆、双绞线等，无线介质包括红外线、微波等。

4. 网络设备

网络设备是用来发送、转发和接收消息的，网络通信中常见的设备有计算机、路由器、交换机等。计算机作为终端设备主要负责消息的发送和接收，路由器和交换机作为中间设备主要负责消息的转发。这些设备协同工作，保证数据从发送端正确地传输到接收端。

1.3.3　计算机网络数据交换

计算机通信最简单的形式是在两个直接连接的设备之间进行通信，但这是不现实的，通常要经过有中间节点的网络来把数据从源地发往目的地，以此实现通信。其实这些中间节点并不关心具体传输的数据内容，只是作为一个交换设备，把数据从一个节点转发到另一个节点，最终到达目的地。数据交换技术在交换通信网中实现数据传输是必不可少的。常用的交换技术有电路交换和存储转发交换。

1. 电路交换

电路交换（Circuit Switching），也称为线路交换，是一种直接的交换方式，为一对需要进行通信的节点之间提供一条临时的专用传输通道，既可以是物理通道又可以是逻辑通道（使用时分或频分复用技术）。这条通道是由节点内部电路对节点间传输路径经过适当选择、连接而完成的，是一条由多个节点和多条节点间传输路径组成的链路。目前，公用电话交换网广泛使用的交换方式是电路交换。

电路交换具有下列特点：

- 呼叫建立时间长且存在呼损。电路建立阶段，在两节点之间建立一条专用通路需要花费一段时间，这段时间称为呼叫建立时间。在电路建立过程中，由于交换网繁忙等原因而使建立失败，对于交换网则要拆除已建立的部分电路，用户需要挂断重拨，这称为呼损。
- 电路连通后提供给用户的是"透明通路"，即交换网对用户信息的编码方法、信息格式以及传输控制程序等都不加以限制，但对通信双方而言，必须做到双方的收发速度、编码方法、信息格式和传输控制等一致才能完成通信。
- 一旦电路建立连接后，数据以固定的速率传输，除通过传输链路时的传输延迟以外，没有别的延迟，且在每个节点的延迟是可以忽略的，适用于实时大批量连续的数据传输。
- 电路信道利用率低。电路建立，进行数据传输，直至通信链路拆除为止，信道是专用的，再加上通信建立时间、拆除时间和呼损，其利用率较低。

2. 存储转发交换

存储转发交换（Store and Forward Switching）方式又可以分为报文交换与分组交换两种方式。其中，分组交换方式又可以分为数据报文分组交换与虚电路分组交换。

（1）报文交换（Message Switching）。

对较为连续的数据流（如语音）而言，电路交换是一种易于使用的技术。对于数字数据通信，广泛使用的是报文交换技术。在报文交换网中，网络节点通常为一台专用计算机，备有足够的存储空间，以便在报文进入时进行缓冲存储。节点接收一个报文之后，报文暂

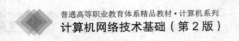
时存放在节点的存储设备之中，等输出电路空闲时，再根据报文中所指的目的地址转发到下一个合适的节点，如此往复，直到报文到达目标数据终端为止。

在报文交换中，每一个报文由传输的数据和报头组成，报头中有源地址和目标地址。节点根据报头中的目标地址为报文进行路径选择，并且对收发的报文进行相应的处理。例如，差错检查和纠错、调节输入/输出速度进行数据速率转换、进行流量控制，甚至可以进行编码方式的转换等，所以，报文交换是在两个节点间的链路上逐段传输的，不需要在两个主机间建立多个节点组成的电路通道。与电路交换方式相比，报文交换方式不要求交换网为通信双方预先建立一条专用的数据通路，因此就不存在建立电路和拆除电路的过程。

报文交换的特点如下：

- 源节点和目标节点在通信时不需要建立一条专用的通道。
- 与电路交换相比，报文交换没有建立电路和拆除电路所需的等待和时延。
- 电路利用率高，节点间可根据电路情况选择不同的速度传输，能高效地传输数据。
- 要求节点具备足够的报文数据存放能力，一般节点由微机或小型机担当。
- 数据传输的可靠性高，每个节点在存储转发中都进行差错控制，即检错和纠错。

报文交换采用了对完整报文的存储/转发，而节点存储/转发的时延较大，不适用于交互式通信，如电话通信。由于每个节点都要把报文完整地接收、存储、检错、纠错、转发，产生了节点延迟，并且报文交换对报文长度没有限制，报文可以很长，专用就有可能使报文长时间占用某两节点之间的链路，不利于实时交互通信。分组交换，即所谓的包交换，正是针对报文交换的缺点而提出的一种改进方式。

（2）分组交换（Packet Switching）。

分组交换属于"存储/转发"交换方式，但它不像报文交换那样以报文为单位进行交换、传输，而是以更短的、标准的"报文分组"（Packet）为单位进行交换传输。分组是一组包含数据和呼叫控制信号的二进制数，把它作为一个整体加以转接，这些数据、呼叫控制信号以及可能附加的差错控制信息都是按规定的格式排列的。假如 A 站有一份比较长的报文要发送给 C 站，则首先将报文按规定长度划分成若干分组，每个分组附加上地址及纠错等其他信息，然后将这些分组顺序发送到交换网的节点 C。

交换网可采用两种方式：数据报文分组交换和虚电路分组交换。

① 数据报文分组交换。

交换网把进网的任一分组都当作单独的"小报文"来处理，而不管它是属于哪个报文的分组，就像报文交换中把一份报文进行单独处理一样。这种分组交换方式简称为数据报传输方式，作为基本传输单位的"小报文"被称为数据报（Datagram）。数据报的工作方式如图 1-12 所示。

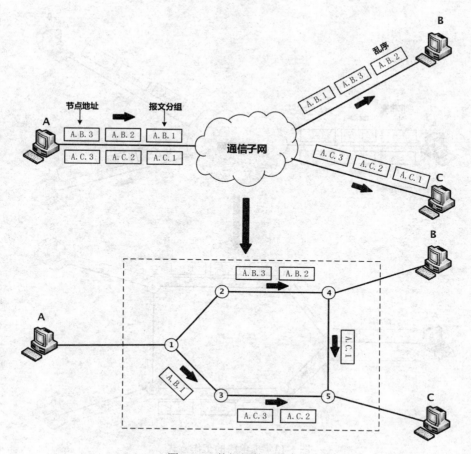

图 1-12 数据报的工作方式

数据报文分组交换的特点如下：

● 同一报文的不同分组可以由不同的传输路径通过通信子网。

● 同一报文的不同分组到达目的节点时可能出现乱序、重复或丢失现象。

● 每一个报文在传输过程中都必须带有源节点地址和目的节点地址。

● 使用数据报文方式时，数据报文传输延迟较大，适用于突发性通信，但不适用于长报文、会话式通信。

② 虚电路分组交换。

虚电路就是两个用户的终端设备在开始互相发送和接收数据之前需要通过通信网络建立逻辑上的连接，用户不需要在发送和接收数据时清除连接。

所有分组都必须沿着事先建立的虚电路传输，且存在一个虚呼叫建立阶段和拆除阶段（清除阶段），这是与电路交换的实质上的区别。如图 1-13 所示为虚电路的工作方式。

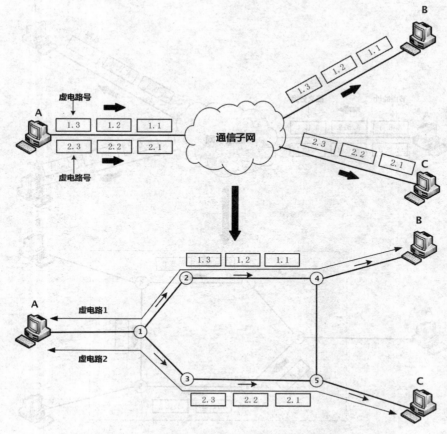

图 1-13　虚电路的工作方式

虚电路分组交换的特点如下：

- 类似于电路交换，虚电路在每次报文分组发送之前必须在源节点与目的节点之间建立一条逻辑连接，也包括虚电路建立、数据传输和虚电路拆除 3 个阶段。但与电路交换相比，虚电路并不意味着通信节点间存在像电路交换方式那样的专用电路，而是选定了特定路径进行传输，报文分组所途经的所有节点都对这些分组进行存储/转发，而电路交换无此功能。

- 一次通信的所有报文分组都从这条逻辑连接的虚电路上通过。因此，报文分组不必带目的地址、源地址等辅助信息，只需要携带虚电路标识号。报文分组到达目的节点不会出现丢失、重复与乱序的现象。

- 报文分组通过每个虚电路上的节点时，节点只需要做差错检测，而不需要做路径选择。

- 通信子网中的每个节点可以和任何节点建立多条虚电路连接。

由于虚电路方式具有分组交换与电路交换两种方式的优点，因此在计算机网络中得到了广泛的应用。

1.3.4 移动通信技术

1. 移动通信基本概念

移动通信是指通信双方至少有一方在移动状态中进行信息传输和交换，这包括移动体（车辆、船舶、飞机或行人）和移动体之间的通信，移动体与固定点（固定无线台或有线用户）之间的通信。

在过去的 10 年中，电信业发生了巨大的变化，移动通信，特别是蜂窝小区的迅速发展，使用户彻底摆脱终端设备的束缚，实现了完整的个人移动性、可靠的传输手段和接续方式。进入 21 世纪，移动通信将逐渐演变成社会发展和进步的必不可少的工具。

2. 移动通信发展历史

现代移动通信技术的发展始于 20 世纪 20 年代，是 20 世纪的重大成就之一。在 100 多年的时间中，移动通信得到了巨大的发展，其发展速度令人惊叹，如今移动通信已成为人们生活的一部分。在移动通信的发展过程中，值得关注的事件有：

- 1897 年，马可尼在陆地和一艘拖船上完成无线通信实验，这一事件标志着无线通信的开始。
- 1928 年，美国警用车辆的车载无线电系统标志着移动通信开始。
- 1946 年，贝尔实验室在圣路易斯建立第一个公用汽车电话网，20 世纪 60 年代实现了无线频道自动选择域公用电话网自动拨号连接。
- 1974 年，美国贝尔实验室提出蜂窝移动通信的概念。
- 20 世纪 80 年代，第一代移动通信系统出现，其典型代表有 1979 年日本的 NAMTS、1980 年北欧的 NMT、1983 年美国的 AMPS 和 1985 年英国的 TACS 系统。
- 20 世纪 90 年代，出现了第二代移动通信系统，其典型代表有 1991 年美国提出的 IS-54 系统，1992 年商用的全球移动通信系统 GSM（Global System for Mobile Communications），1993 年日本提出的个人数字通信系统蜂窝 PDC（Personal Digital Cellular）系统，1993 年美国提出的 IS-95（N-CDMA 窄带码分多址）系统。
- 21 世纪初，第三代移动通信逐渐出现。CDMA 技术作为 3G 的主流技术，国际电联确定了 3 个无线接口标准，分别是 WCDMA（Wideband CDMA 宽频码分多址），CDMA2000 和 TD-SCDMA（Time Division - Synchronous CDMA 时分同步 CDMA）。
- 2007 年 10 月，WiMAX 正式被 ITU 接纳为第 4 个第三代移动通信的标准。
- 2012 年，ITU 确定 4G 标准。

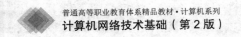

3. 移动通信特点

相比有线通信系统而言，移动通信系统的主要特点如下：

- 移动通信必须利用无线电波进行信息传输，而无线电波受地形地物影响很大，信号传播路径复杂，会产生慢衰落、快衰落现象。
- 移动通信是在复杂的干扰环境中运行的。
- 可以利用的频谱资源非常有限，而移动通信业务量的需求却与日俱增。
- 多普勒频移产生调制噪声，影响通信质量。
- 移动通信系统的网络结构多种多样，网络管理和控制必须有效。
- 对移动通信设备（主要是移动台）的要求较高。移动终端必须对外界影响（尘土、振动、碰撞、日晒雨淋）具有很强的适应能力；性能稳定、可靠；携带方便；功耗低；能适应新业务、新技术的发展。

4. 移动通信分类

移动通信有多种分类方式：

- 按工作方式可分为同频单工、异频单工、异频双工和半双工。
- 按多址方式分类，可以分为FDMA（频分多址）、TDMA（时分多址）、CDMA（码分多址）等。
- 按接入方式分类，可以分为频分双工（FDD）和时分双工（TDD）。
- 按信号形式分类，可以分为模拟网和数字网。
- 按覆盖范围分类，可以分为宽域网和局域网。
- 按服务特性分类，可以分为专用网和公用网。
- 按使用环境分类，可以分为陆地通信、海上通信和空中通信。
- 按使用对象分类，可以分为民用系统和军用系统。
- 按业务类型分类，可以分为电话网、数据网和综合业务网。

5. 常见的移动通信系统

移动通信系统种类较多，常见的有无线电寻呼系统、蜂窝移动通信系统、无绳电话系统、集群移动通信系统、移动卫星通信系统和分组无线网等。

1.4　计算机网络体系结构

1.4.1　网络协议与协议分层

1. 网络协议

要想使两台计算机进行通信，必须使它们采用统一的信息交换规则。在计算机网络中，为网络数据交换而定制的规则、约定和标准被称为网络协议（Protocol）。网络协议主要由以下 3 个要素组成。

（1）语法：即用户数据与控制信息的结构与格式。这和人类的语言一样，中文有中文的语法，英语有英语的语法，人与人之间交流时只有采用相同语法的语言才能正常沟通。

（2）语义：即需要发出何种控制信息，以及要完成的动作与作出的响应，其作用类似于人们在进行书面交流时所用的标点符号，其目的是为了保证接收端能够正确完整地收到数据。

（3）时序：即对事件实现顺序的详细说明，是先传输控制信息还是先传输用户数据，对于多个控制信息，在传输时也说明了先后顺序。

2. 协议分层

为了减少网络协议设计的复杂性，协议的设计者并不是设计一个单一的巨大的协议来为所有形式的通信规定完整的细节，而是采用将复杂的问题按照一定的层次划分为许多相对独立的子功能，然后为每一个子功能设计一个单独的协议，这样做会使每个协议的设计、编码和测试变得简单，这是协议分层的根本目的。网络系统就是按照分层的方式来组织和实现的。分层有以下好处：

（1）各层之间相互独立。高层并不知道低层是如何实现的，而仅需要知道该层通过层间接口所提供的服务。

（2）灵活性好。当任何一层发生变化时，例如，由于技术的进步促进实现技术的变化，只要接口保持不变，则在该层的上下各层均不受影响。另外，当某层提供的服务不再需要时，甚至可将该层取消。

（3）各层都可以采用最合适的技术来实现，各层实现技术的改变不影响其他层。

（4）易于实现和维护。因为整个系统已被分解为若干个易于处理的部分，这种结构使得一个庞大而复杂系统的实现和维护变得容易控制。

（5）有利于促进标准化。这主要是因为每层的功能与所提供的服务已有精确的说明。

网络中同等层之间的通信规则就是该层使用的协议。例如，有关第 N 层的通信规则的集合，就是第 N 层的协议。而同一计算机的不同功能层之间的通信规则称为接口，在第 N 层和第 N+1 层之间的接口称为 N/（N+1）层接口。

总的来说，协议是不同机器同等层之间的通信约定，而接口是同一机器相邻层之间的通信约定。不同的网络分层数量、各层的名称和功能以及协议都各不相同。然而，在所有的网络中，每一层的目的都是往其上一层提供一定的服务。

网络体系结构是指网络中分层模型和各层协议的集合。网络体系结构对计算机网络应该实现的功能进行了精确的定义，而这些功能是用什么硬件与软件去完成是具体的实现问题。体系结构是抽象的，而实现是具体的，它是指能够运行的一些硬件和软件。也就是说，网络体系结构提出了构建计算机网络的一个框架，一种标准，至于如何达到这个标准，采用什么方法、什么硬件和软件，是计算机网络构建者考虑的问题。

1.4.2　OSI 参考模型

图 1-14　OSI 参考模型

OSI 参考模型中采用 7 层的体系结构，如图 1-14 所示。

各层的主要功能简述如下。

（1）应用层：应用层的任务是确定进程之间通信的性质以满足用户的需要。应用层不仅要提供应用进程所需的信息交换和远程操作，还要作为应用进程的用户代理来完成一些信息交换所必需的功能。应用层直接为用户的应用进程提供服务。

（2）表示层：表示层主要解决用户信息的语法表示。表示层将要交换的数据从适合某一用户的抽象语法变换为适合于 OSI 系统内部使用的语法。

（3）会话层：会话层不参与具体数据的传输，但却对数据传输进行管理。它在两个互相通信的进程之间建立、组织和协调其交互。

（4）传输层：传输层为进行通信的两个进程提供一个可靠的端到端的服务，使其看不见传输层以下的数据通信的细节。

（5）网络层：网络层的任务就是完成主机间的报文传输，通过选择合适的路由，使发送方报文能够正确无误地按照地址找到目的站，并交付给目的站。这就是网络层的寻址功能。如果在子网中出现过多的报文，子网可能形成拥塞，因此网络层还要避免拥塞。

（6）数据链路层：数据链路层的任务是在两个相邻节点间的线路上无差错地传送以帧为单位的数据。

（7）物理层：物理层的任务就是透明地传送比特流。该层还规定涉及物理层接口的机械、电气、功能和过程特性等通信工程领域的一些问题。

1.4.3　TCP/IP 参考模型

国际标准化组织 ISO 公布的 OSI/RM 是网络体系结构的国际标准，但事实上通用的却是 TCP/IP 模型。OSI 参考模型研究的初衷是希望为网络体系结构与协议的发展提供一

种国际标准，但由于 Internet 在全世界飞速发展，使得 TCP/
IP 协议得到了广泛的应用，虽然 TCP/IP 不是 ISO 标准，但广
泛的使用也使 TCP/IP 成为一种"实际上的标准"，并形成了
TCP/IP 参考模型。不过 ISO 的 OSI 参考模型的制定也参考了
TCP/IP 协议集及其分层体系结构的思想，而 TCP/IP 在不断发
展的过程中也吸收了 OSI 标准中的概念及特征。

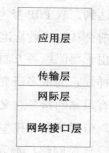

图 1-15　TCP/IP 参考模型

　　TCP/IP 模型共有 4 个层次，分别是网络接口层、网际层、
传输层和应用层，如图 1-15 所示。

1. 应用层

　　在 TCP/IP 模型中，应用程序接口是最高层，它与 OSI 模型中的高 3 层的任务相同，
都是用于提供网络服务，如文件传输（FTP）、远程登录（TELNET）、域名服务（DNS）
和简单网络管理（SNMP）等。

2. 传输层

　　TCP/IP 的传输层也被称为主机至主机层，与 OSI 的传输层类似，主要负责主机到主
机之间的端到端通信，该层使用了两种协议来保证两种数据的传送方法，分别是 TCP 协
议和 UDP 协议。

3. 网际层

　　网际层通常也称为网络层或 IP 层。网际层所执行的主要功能是处理来自传输层的分
组，将分组形成数据报（IP 数据报），并为该数据报进行路径选择，最终将数据报从源主
机发送到目的主机。在网际层中，最常用的协议是网际协议 IP，其他一些协议用来协助
IP 的操作。

4. 网络接口层

　　TCP/IP 模型的最低层是网络接口层，也被称为网络访问层，包括了能使用 TCP/IP 与
物理网络进行通信的协议，对应着 OSI 的物理层和数据链路层。TCP/IP 标准并没有定义
具体的网络接口协议，而是旨在提供灵活性，以适应各种网络类型，如 LAN、MAN 和
WAN。这也说明了 TCP/IP 协议可以应用于任何网络上。

1.4.4　5 层协议体系结构

　　无论是 OSI 或 TCP/IP 参考模型与协议都有其成功的一面和不足的一面。国际标准化
组织本来计划通过推动 OSI 参考模型与协议的研究来促进网络的标准化，但事实上目标没

有达到。TCP/IP 参考模型利用正确的策略，抓住了有利时机，伴随着 Internet 的发展成为目前公认的工业标准。在网络标准化的进程中，面对着的就是这样一个事实。OSI 参考模型由于要照顾各方面的因素，使 OSI 变得大而全，效率很低。尽管这样，它的很多研究结果、方法以及提出的概念对今后网络发展还是有很高的指导意义，但是它并没有流行起来。TCP/IP 协议应用广泛，但对于参考模型的研究却很薄弱。

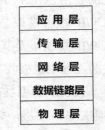

图 1-16　5 层参考模型

目前网络厂商及业界普遍采用和参考的是综合了 OSI 和 TCP/IP 模型的 5 层体系结构，它与 OSI 参考模型相比少了表示层与会话层，用数据链路层与物理层取代了主机网络接口层，本书也采纳包括 5 层的参考模型，如图 1-16 所示。

以 5 层参考模型为基础，图 1-17 说明了一个进程的数据在各层之间的传递过程中所经历的变化（以主机直连为例）。

（1）在发送方源终端设备的应用层创建数据（原始）。

（2）数据按照模型的层次从上往下传送，并在每一层封装该层的头部信息。

（3）在网络层生成可传输的数据（比特流），通过介质进行传输。

（4）目的终端设备在网络层接收数据。

（5）数据按照 TCP/IP 模型的层次从下往上传送，并在每一层解封发送方相应层次所进行的封装。

（6）在接收方目的终端设备的应用层还原成原始数据。

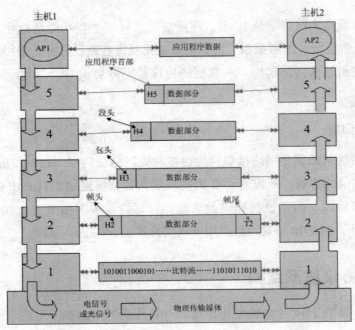

图 1-17　数据传输过程

1.5 实训任务一 网络命令应用

1.5.1 任务描述

某公司为了管理的方便增设了一台 DHCP 服务器，要求客户机将自己设置的 IP 地址改为自动获取的方式。在这种情况下，已经习惯使用 IP 地址来共享资源或配置网络软件的用户应该获知自己计算机的 IP 地址信息，并通过与地址有关的命令来获知当前的网络状态。

1.5.2 任务目的

掌握集成于 Windows 网络操作系统的常见网络调试命令的功能，主要包括 ping、ipconfig、tracert 及 netstat/nbtstat 命令的使用。

1.5.3 知识链接

1. ping 命令

ping 命令的主要作用是验证与远程计算机的连接。该命令只有在安装了 TCP/IP 协议后才可以使用。

ping 命令的基本原理：向远程计算机通过 ICMP 协议发送特定的数据包，然后等待回应并接收返回的数据包，对每个接收的数据包均根据传输的消息进行验证。默认情况下，传输 4 个包含 32 字节数据的回显数据包。过程如下：

（1）通过将 ICMP 回显数据包发送到计算机并侦听回复数据包来验证与一台或多台远程计算机的连接。

（2）每个发送的数据包最多等待一秒。

（3）打印（显示）已传输和接收的数据包数。

ping 命令的格式和常用参数如下。

格式：ping 目的地址 [参数 1][参数 2][参数 3]

其中，目的地址是指被探测主机的地址，既可以是域名，也可以是 IP 地址。

主要参数：

-t——继续 ping 直到用户终止（Ctrl+C）。

-a——解析主机地址。

-n——发出的探测包的数目，默认值为 4。

-l——发送缓冲区大小。

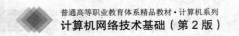

-l——包生存时间，该数值决定了 IP 包在网上传播的距离。

2. ipconfig 命令

ipconfig 命令主要用于发现和解决 TCP/IP 网络问题，可以用该命令显示本地计算机的 IP 地址、配置信息、网卡的 MAC 地址以及 DNS 服务器地址等。

ipconfig 命令的格式和常用参数如下。

格式：ipconfig[参数]

主要参数：

/all——显示所有细节信息，包括主机名、节点类型、DNS 服务器、NetBIOS 范围标识、启用 IP 路由、启用 WINS 代理、NetBIOS 解析使用 DNS、适配器地址、IP 地址、网络掩码、默认网关、DHCP 服务器、主控 WINS 服务器、辅助 WINS 服务器、获得租用权等。

/renew——更新所有适配器的信息。

/release——释放所有适配器的信息。

/flushdns——更新 DNS 信息。

3. tracert 命令

tracert 命令用来显示数据包到达目标主机所经过的路径，并显示到达每个节点的时间。命令功能同 ping 命令类似，但它所获得的信息要比 ping 命令详细得多，可把数据包所走的全部路径、节点的 IP 以及花费的时间都显示出来。该命令比较适用于大型网络。tracert 命令用 IP 生存时间（TTL）字段和 ICMP 错误消息来确定从一个主机到网络上其他主机的路由。

tracert 命令的格式及常用参数如下。

格式：tracert[参数 1][参数 2] 目标主机

主要参数：

-d——不解析目标主机地址。

-h——指定跟踪的最大路由数，即经过的最多主机数。

-j——指定松散的源路由表。

-w——以毫秒为单位，指定每个应答的超时时间。

* 提示：该命令的路由跳数默认为 30 跳。

4. netstat 命令

netstat 命令的作用是显示计算机上的 TCP 连接表、UDP 监听者表以及 IP 协议统计。可以使用 netstat 命令显示协议统计信息和当前的 TCP/IP 连接。

通常可以通过这些信息得知本地计算机上正在打开的端口和服务，利用这些信息可以检查计算机是否有不正常的服务或连接，以便进一步判断是否感染病毒或木马。一般来说，若有非正常端口在监听中，就需要引起注意。同时，还可以看到机器正在和哪些 IP 地址以 TCP、UDP 或其他协议进行连接以及连接的状态。

netstat 命令的格式和常用参数如下。

格式：netstat[参数]

主要参数：

-a——显示所有活动的连接，包括本地计算机向外界发出的服务请求或外界连入的服务。

-r——显示路由表和活动连接。

-s——显示每个协议的统计信息。

1.5.4　任务实施

1. ping 命令操作步骤

（1）判断本地的 TCP/IP 协议栈是否已安装：

ping 127.0.0.1 或 ping 机器名

说明：若显示 Reply from 127.0.0.1... 信息，则说明协议已正常安装。

（2）判断能否到达指定 IP 地址的远程计算机：

C:\>ping 192.168.0.1 或 202.102.245.25

说明：若显示 Reply from 192.168.0.1: ... 信息则说明能够到达，若显示 Request timed out 则说明不能够到达。

（3）根据域名获得其对应的 IP 地址：

C:\>ping www.domain.com ↵

说明：显示的 Reply from xxx.xxx.xxx.xxx... 信息中 xxx.xxx.xxx.xxx 就是域名对应的 IP 地址。

（4）根据 IP 地址获取域名：

C:\>ping -a xxx.xxx.xxx.xxx

说明：若显示 Ping www.domain.com [xxx.xxx.xxx.xxx]... 信息，则 www.domain.com 就是 IP 对应的域名。

（5）根据 IP 地址获取机器名：

C:\>ping -a 127.0.0.1

说明：若显示 Ping hostname [127.0.0.1]... 信息，则 hostname 就是 IP 对应的机器名。此方法只能反向解析本地的机器名。

（6）ping 指定的 IP 地址 30 次：

C:\>ping -n 30 202.102.245.25

（7）用 400 字节长的包 ping 指定的 IP 地址：

C:\>ping -l 400 202.102.245.25

2. ipconfig 命令操作步骤

（1）查看所用计算机 IP 配置的所有信息：

C:\> ipconfig /all

（2）更新计算机 IP 配置信息：

C:\> ipconfig /renew

3. netstat 命令操作步骤

（1）netstat 显示所有连接：

C:\>netstat -a

（2）netstat 显示所有协议的统计信息：

C:\>netstat -s

4. tracert 命令操作步骤

路由跟踪 www.qq.com：

C:\> tracert www.qq.com

5. 定位网络中的故障点步骤

在其中的一个客户机上先跟踪检测本局域网服务器的主机名，如果返回正确的信息，则说明本局域网内部的连接没有问题。接着跟踪检测对方服务器的主机名，如果返回出错信息，则说明故障点出现在对方的局域网中，或者连接两个局域网的线路或连接设备有问题。

1.5.5　任务验收

检查计算机上各条网络命令的结果。

1.5.6　任务总结

ping 命令的主要作用是验证与远程计算机的连接。该命令只有在安装了 TCP/IP 协议后才可以使用。

ipconfig 命令主要用于发现和解决 TCP/IP 网络问题，可以用该命令显示本地计算机的 IP 地址配置信息和网卡的 MAC 地址以及 DNS 服务器地址等。

tracert 命令用来显示数据包到达目标主机所经过的路径，并显示到达每个节点的时间。
netstat 命令用来显示计算机上的 TCP 连接表、UDP 监听者表以及 IP 协议统计。

1.6　实训任务二　Wireshark 软件的使用

1.6.1　任务描述

某公司为了对现有网络进行管理，解决网络中出现的问题和检测安全隐患，需要对进
出网络的数据包进行捕获并分析，并尝试分析数据包的详细情况。

1.6.2　任务目的

通过本次任务熟悉 Wireshark 软件的操作方法和界面使用，掌握 Wireshark 软件抓包
操作方法，并能通过对数据包的分析更加直观地理解协议分层模型的概念。

1.6.3　知识链接

1. Wireshark 软件

Wireshark 是一款优秀的开源网络协议分析器，可以实时检测网络通信数据，也可以
检测其抓取的网络通信数据快照文件，可以通过图形界面浏览这些数据，也可以查看网络
通信数据包中每一层的详细内容。Wireshark 拥有许多强大的特性：包含强显示过滤器语
言（rich display filter language），查看 TCP 会话重构流的能力，支持上百种协议和媒体类
型等。

2. Wireshark 界面

（1）操作界面。

Wireshark 的安装同普通 Windows 应用程序类似，按照默认安装方式按照向导完成安
装，安装完成后进入操作界面，此处以 v2.0.2 版本为例，如图 1-18 所示。

操作界面主要包括菜单与工具栏，通过菜单栏选择各种操作和设置，工具栏提供快速
访问菜单中经常用到的项目的功能。

（2）抓包与显示界面。

在选择了网络接口后就可进行相应接口的数据包捕获操作，捕获时主界面会实时按分
组顺序显示所捕获的数据包，如图 1-19 所示。

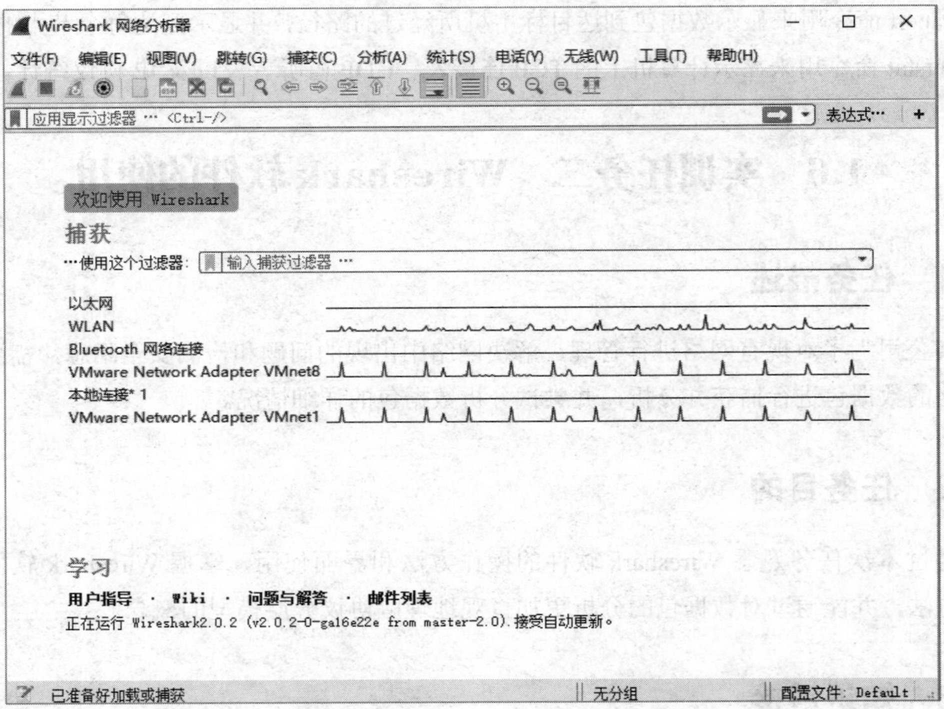

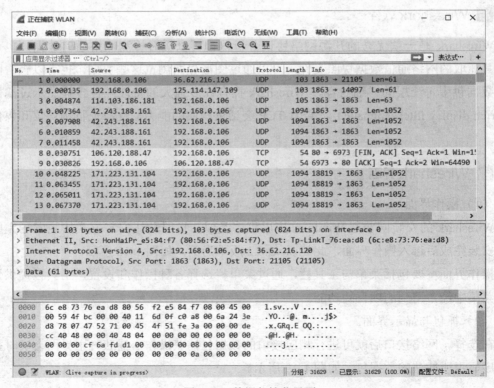

图 1-18　Wireshark 操作界面

图 1-19　数据包捕获界面

显示界面为停止捕获后显示的捕获到的所有数据包，界面与捕获界面一样，但捕获时不能进行数据包分析和其他操作。显示界面由几个面板区域组成，如图1-20所示。

- 显示过滤区（Display Filter）——提供处理当前显示过滤的方法。
- 包列表区（Packet List）——按顺序列表显示所有当前捕获的包，包括分组号、时间、源地址、目标地址、协议、包长度及摘要信息。
- 包详细信息区（Packet Details）——显示当前包（在包列表面板被选中的包）的详情列表。该面板显示包列表面板选中包的协议及协议字段，协议及字段以树状方式组织。可以展开或折叠它们。右击协议或协议字段会获得相关的上下文菜单。
- 包字节区（Packet Bytes）——以十六进制或二进制显示当前选择包的数据，并辅以 ASCII 格式解释。
- 状态栏——通常状态栏的左侧会显示相关上下文信息，右侧会显示当前包数目。

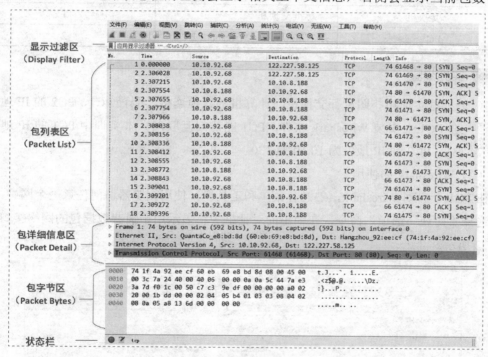

图 1-20　数据包显示界面

1.6.4　任务实施

1. 实施规划

（1）实训拓扑。

根据任务的目标，实训的拓扑结构如图 1-21 所示。

图 1-21　实训拓扑

（2）实训设备。

根据任务的需求和实训拓扑，实训小组的实训设备配置建议如表 1-2 所示。

表 1-2　实训设备配置清单

设 备 类 型	配　　　置	数　　　量
交换机	标准交换机	1
PC	Windows 7、Wireshark 2.0.2	2

2. 实施步骤

（1）根据实训拓扑图进行交换机、计算机的线缆连接，配置 PC1、PC2 的 IP 地址并能连通，在 PC1 上安装 Wireshark 软件，PC1 能访问互联网。本实训中 PC1 的 IP 地址为 10.10.74.131，PC2 的 IP 地址为 10.10.74.130。

（2）Wireshark 的使用。

在 PC1 上启动 Wireshark，熟悉各菜单和工具栏，使用浏览器访问任意一个网站。

选择"捕获→选项"命令，在弹出的对话框中将显示用于捕获数据包的网络接口，如图 1-22 所示。

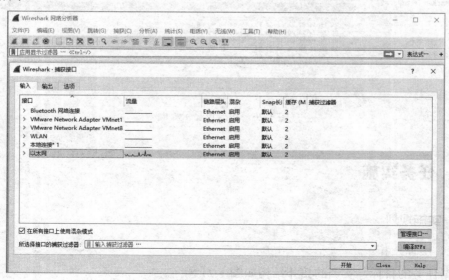

图 1-22　选择捕获接口

选择其中的以太网，单击开始进行捕获，Wireshark 将实时显示捕获的数据包，捕获几秒后可选择菜单栏的"停止"命令或按 Ctrl+E 快捷键停止数据包的捕获，在数据包显示的界面（见图 1-20）熟悉各项面板区域，并选择包列表中的一个包，查看对应的包详细信息和包字节内容。特别是包详细信息区，形象地展现了基于 TCP/IP 参考模型的体系结构。下面以捕获的一个 HTTP 数据包为例，说明显示的各层内容，如图 1-23 所示。

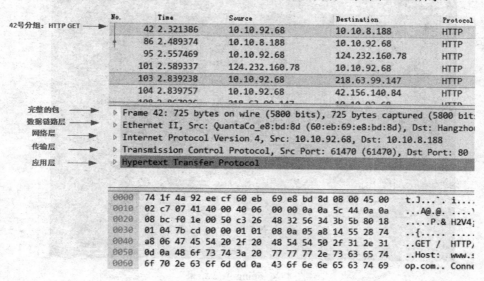

图 1-23　数据包各层封装信息

选择的 HTTP 数据包分组号为 42，在包列表区中选中此数据包，对应的包详细信息区和包字节区就显示出了该包的详细数据和十六进制数据。在包详细信息区按照树状组织方式显示了包完整信息以及按照 TCP/IP 分层模型的各层信息。第一行为完整包信息，显示了数据完成封包后通过物理层传输的数据。第二行为其中的数据链路层封装信息，包括了源 MAC 地址、目标 MAC 地址和类型等几个主要字段。第三行为其中的网络层封装信息，包括了 IP 协议版本、首部长度、服务类型、IP 包总长度、标识、标志、片偏移量、TTL、上层协议、源 IP 地址、目标 IP 地址等各项 IP 包字段详细信息。第四行为其中的传输层封装信息，本实训中为 TCP 协议，包括了源端口、目标端口、序列号、确认号、窗口大小、各标志位等各项 TCP 包字段详细信息。第五行为其中的应用层封装信息，此处为 HTTP 协议，包括了 HTTP 请求报文的内容信息。

* 提示：各层的详细信息可通过单击展开，以便详细查看各字段内容，字段内容在各对应的章中都有说明，此处只做简要了解，主要理解分层模型。

（3）ping 包抓取与分析。

在 PC1 上进入命令模式，ping PC2 的 IP 地址，确保能连通，关闭 PC1 上除 Wireshark 以外的应用程序。

打开 Wireshark，选择"捕获→选项"命令，在弹出的对话框中选择"输入"选项卡中的"以太网"，单击"开始"按钮，可以看到主界面显示捕获的数据包。

再在 PC1 上 ping PC2 的 IP 地址 10.10.74.130，ping 命令将发出 4 个 ICMP 请求包后得到回应显示，如图 1-24 所示。

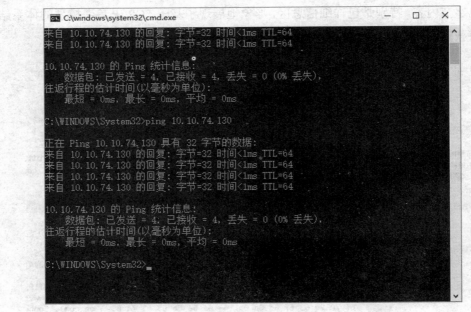

图 1-24　ping PC2 结果

在 Wireshark 界面上停止捕获，将显示所捕获的数据包，如图 1-25 所示。

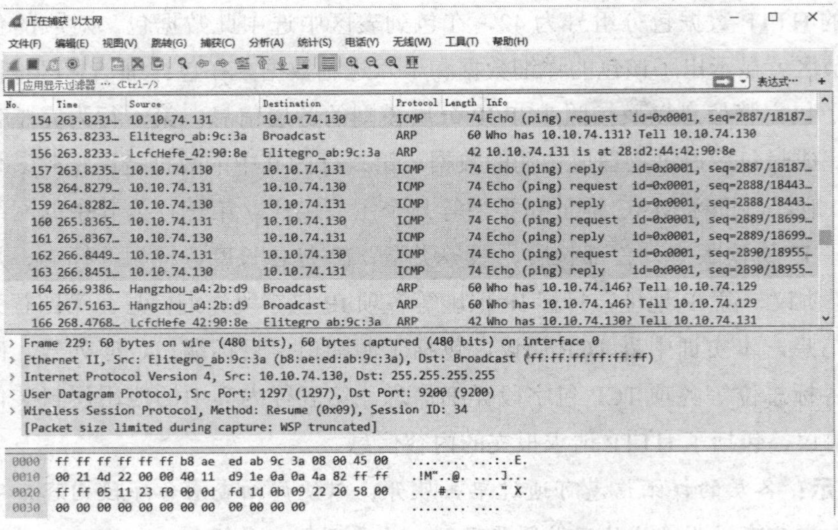

图 1-25　捕获的 ping 包

从图 1-25 中的包列表部分可以看出，首先是第 154 条分组信息，PC1 的本机 IP 地址 10.10.74.131 通过 ICMP 协议向目的 IP 地址为 10.10.74.130 的主机发送请求；第 155 和 156 条分组信息显示，通过 ARP 协议，将发送方 IP 地址转换为物理地址 MAC 地址；第

157 ～ 163 条分组信息显示发送方与接收方的发送和响应过程。在中间包详细信息区可以看到具体信息，每个包的信息按照 TCP/IP 模型排列，可以看到 ICMP 包在数据链路层采用的是以太网 II 封装模式，在网络层可以看到源 IP 地址与目标 IP 地址，传输层可以看到 UDP 传输协议。在最下面的包字节区则是数据包的十六进制表示。

在文件菜单里选择将捕获的数据包存为文件。

1.6.5　任务验收

在 PC1 上检查网络连通性，检查 Wireshark 捕获的 ping 数据包。

1.6.6　任务总结

Wireshark 是一个网络抓包分析软件。网络抓包分析软件的功能是截取网络封包数据，并尽可能显示出详细的数据包信息。通过本次任务掌握 Wireshark 软件的基本操作，深入理解网络协议分层模型，能详细分析网络通信过程。

本 章 小 结

（1）计算机网络的定义是把地理位置不同、功能独立的计算机系统通过网络设备（如路由器、交换机）和传输介质（如双绞线、光纤）连接起来，按照网络协议相互通信，以实现资源共享。计算机网络最大的功能是资源共享和数据通信。

（2）计算机网络的发展经历了 4 个阶段：面向终端的计算机通信网络、基于交换的计算机网络、计算机网络体系结构形成阶段和 Internet 时代。互联网的急速发展衍生出了 3 种比较受人关注的新兴网络：物联网、云计算与移动互联网。

（3）计算机网络按覆盖范围分类，分为局域网、城域网和广域网；常见的拓扑结构有总线型、环型、星型、树型和网状型。

（4）计算机网络通信通过 4 个基本要素来实现：网络协议、传送的消息、传输介质和网络设备，数据交换技术有电路交换技术和存储转发交换技术。

（5）在计算机网络中，为了减少网络协议设计的复杂性，采用将复杂的问题按照一定的层次划分为许多相对独立的子功能，然后为每一个子功能设计一个单独的协议。国际标准化组织和网络产品的生产厂家都按照 OSI 划分的层次结构开发国际标准，OSI 参考模型中采用 7 层的体系结构。TCP/IP 是一种"实际上的标准"，共有 4 个层次。

（6）通过各种网络命令应用的实训对网络有初步的了解和认识，通过掌握 Wireshark 软件使用的实训更直观地理解协议分层模型的概念。

习　题

一、填空题

1．计算机网络是 _____ 技术和 _____ 技术相结合的产物。

2．计算机网络是指把地理位置不同、功能独立自治的计算机系统通过 _____ 和 _____ 连接起来，按照 _____ 相互通信，以实现资源共享。

3．现在最常用的计算机网络拓扑结构是 _____。

4．局域网的英文缩写为 _____，广域网的英文缩写为 _____。

5．存储转发交换方式又可以分为 _____ 与分组交换两种方式。其中，分组交换方式又可以分为 _____ 方式与 _____ 方式。

6．TCP/IP 模型的 4 个层次从上到下依次是 _____、_____、_____、_____。

二、选择题

1．早期的计算机网络是由（　　）组成系统。

A．计算机—通信线路—计算机　　　　B．PC 机—通信线路—PC 机

C．终端—通信线路—终端　　　　D．计算机—通信线路—终端

2．计算机网络中实现互联的计算机之间是（　　）进行工作的。

A．独立　　　　B．并行

C．相互制约　　　　D．串行

3．在计算机网络中处理通信控制功能的计算机是（　　）。

A．通信线路　　　　B．终端

C．主计算机　　　　D．通信控制处理机

4．（　　）是指为网络数据交换而制定的规则、约定与标准。

A．接口　　　　B．体系结构

C．层次　　　　D．网络协议

5．在计算机网络发展过程中，（　　）对计算机网络的形成与发展影响最大。

A．ARPANET　　　　B．OCTOPUS

C．DATAPAC　　　　D．NOVELL

6．城域网（Metropolitan Area Network）的一般覆盖范围为（　　）。

A．几千米～几十千米　　　　B．几十千米～几百千米

C．几百千米～几千千米　　　　D．几千千米以上

7．下面哪项不是局域网的特征？（　　）

A．分布在一个宽广的地理范围之内　　B．提供给用户一个高宽带的访问环境

C．连接物理上相近的设备　　　　　　D．传输速率高

8．数据通信中，存储转发交换是使用比较多的一种数据交换方式，根据传输的数据单元的不同，存储转发交换可以分为（　　　　）。

A．分组交换、信元交换　　　　　　　B．分组交换、报文交换

C．电路交换、存储转发交换　　　　　D．报文交换、消息交换

9．用来判断网络中的两台计算机之间是否正常连通的命令是（　　　）。

A．ping　　　　　　　　　　　　　　B．traceroute

C．netstart　　　　　　　　　　　　　D．ipconfig

三、简答题

1．什么是计算机网络？

2．计算机网络的主要功能有哪些？

3．请描述在 OSI 参考模型中数字数据传输的基本过程。

4．请比较 OSI 参考模型与 TCP/IP 参考模型的异同点。

5．试比较几种数据交换技术的优劣点。

第2章 应 用 层

■ 学习内容：

应用层所具备的功能以及通信方式；为用户提供的各种应用服务，如 DNS 服务、WWW 服务、电子邮件、文件传输、远程桌面、P2P 服务等，以及这些服务实现过程中所采用的协议；移动互联网的一些新应用，如移动社交、移动电子商务、移动云计算等；Web 服务配置、DNS 服务配置、DHCP 服务配置 3 个实训任务。

■ 学习要求：

了解应用层在 TCP/IP 参考模型的位置以及功能。掌握应用层所提供的各项服务以及它们的工作方式，掌握支持服务的各个应用层协议以及协议的工作原理，了解应用层提供的移动新服务，通过实训任务了解应用层提供的服务。

2.1 应用层概述

应用层是 TCP/IP 参考模型的最高层，是计算机用户、各种应用程序和网络之间的接口，其功能是直接向用户提供服务，完成用户希望在网络上完成的各种工作。应用层在其他 4 层工作的基础上，负责完成网络中应用程序与网络操作系统之间的联系，完成网络用户提出的各种网络服务及应用所需的监督、管理和服务等各种协议。此外，该层还负责协调各个应用程序间的工作。

2.1.1 应用层功能

应用层实现了上层网络服务与底层数据网络的对接。例如，当用户打开一个即时通信的程序（如腾讯 QQ）时，用户只需要知道怎么将信息输入，然后发送即可。而信息怎么样通过网络传送到对方的过程，用户无须了解，其余的工作由应用层负责与底层实现对接。

应用层的功能主要有以下两方面。

（1）用户接口：应用层是用户与网络以及应用程序与网络间的直接接口，使得用户能够与网络进行交互式通信。

（2）实现各种服务：应用层为用户提供了各种服务，如文件服务、目录服务、文件传输服务、远程登录服务、电子邮件服务、打印服务、安全服务、网络管理服务、数据库服务等。上述的各种网络服务由该层的不同应用协议和程序完成。

2.1.2　应用层通信方式

1. 客户 / 服务器方式

　　客户 / 服务器方式即 Client/Server 方式，简称为 C/S 方式，其中客户是服务请求方，服务提供方称为服务器。客户端首先向服务器发送数据请求，服务器通过发送一个或多个数据流来响应客户端。在实际应用中，客户软件在通信时临时成为客户，但它也可在本地进行其他的计算。客户软件被用户调用并在用户的计算机上运行，需要通信时主动向远地的服务器发起通信，并可与多个服务器进行通信。服务器软件是一种专门用来提供某种服务的程序，可同时处理多个远程或本地客户的请求，被动地等待并接受多个客户的通信请求，服务器通常为多个客户提供信息共享。服务器可以存储网页文件、文档、数据库、图片、视频以及音频文件等数据，并可将它们发送到请求数据的客户端。

　　不同类型的服务器应用程序对客户端的访问请求可能有不同的要求。有些服务器可能要求验证用户账户信息，以确认用户是否有权限访问所请求的数据或者执行特定操作。在客户 / 服务器网络中，服务器运行的服务有时被称为服务器守护程序。在大多数设备上，服务器守护程序一般在后台运行，终端用户不能直接控制该程序。守护程序用于"侦听"客户端的请求，一旦服务器接收到服务请求，该程序就必须按计划响应请求。按照协议要求，守护程序在"侦听"客户端的请求时与客户端进行适当的消息交换，并以正确的格式将所请求的数据发送到客户端。

　　应用层协议规定了客户端和服务器之间请求和响应的格式。除了实际数据传输外，数据交换过程还要求控制信息，如用户身份验证以及要传输的数据文件的标识。客户与服务器的通信关系一旦建立，通信就可以是双向的，客户和服务器都可发送和接收信息。大多数的应用程序都是使用 TCP/IP 协议进行通信的。客户程序先发起建立连接请求，服务器接受请求建立连接，以后逐级通过 TCP/IP 模型下一层提供的服务使用整个协议栈。例如，应用程序使用下面的 TCP 连接，而 TCP 又使用下面的 IP 数据报，再通过数据链路层和物理层等通信过程，图 2-1 表明了客户程序和服务器程序通信的情况。

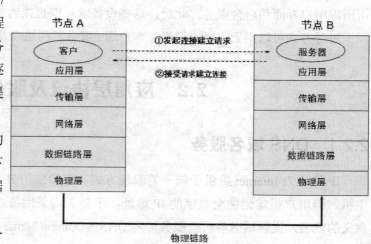

图 2-1　客户程序和服务器程序通信

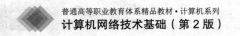

2. B/S 方式

B/S 方式即 Browser/Server（浏览器 / 服务器）方式，它是随着 Internet 技术的兴起，对 C/S 方式的一种变化或者改进的方式。在这种方式下，用户界面完全通过 WWW 浏览器实现，一部分事务逻辑在前端实现，主要事务逻辑在服务器端实现，形成所谓 3-tier 结构。B/S 结构主要是利用了不断成熟的 WWW 浏览器技术，结合浏览器的多种 Script 语言（VBScript、JavaScript 等）和 ActiveX 技术，用通用浏览器就实现了原来需要用复杂的专用软件才能实现的强大功能，并节约了开发成本，是一种全新的软件系统构造技术。

在 B/S 模式中，客户端运行浏览器软件。浏览器以超文本形式向 Web 服务器提出访问数据请求，请求的方式分为 POST 和 GET，对于 GET 请求，浏览器其实是一个 URL 请求，变量名和内容都包含在 URL 中，形式如 http://www.url.com/index.asp；对于 POST 请求，浏览器将生成一个数据包将变量名和它们的内容捆绑在一起，并发送到服务器。Web 服务器接受客户端请求后，如果是对静态页面的请求，就将静态页面发送给客户端；如果请求的内容需动态处理，请求将转交给动态处理程序，如 CGI、ASP、JSP 等，相应程序进行组件访问、数据库访问，将数据处理结果交给 Web 服务器；Web 服务器响应来自浏览器的请求，响应一般由状态行、某些响应头、一个空行和文档组成。客户端浏览器对服务器的响应进行解析，以友好的 Web 页面形式显示出来。

3. 对等方式

对等方式又称为点对点（Peer To Peer）方式，应用程序允许设备在同一通信过程中既做客户端又做服务器。在该方式中，每台客户端都是服务器，而每台服务器也同时是客户端。每台机器都可以发起通信，并在通信过程中处于平等地位。不过，点对点应用程序要求每台终端设备提供用户界面并运行后台服务。当启动某个点对点应用程序时，程序将调用所需用户界面和后台服务。此后，这些设备就可以直接通信。

对等方式可以用于点对点网络、客户端 / 服务器网络以及 Internet。

2.2   应用层协议及服务

2.2.1   DNS 域名服务

IP 地址为 Internet 提供了统一的编址方式，直接使用 IP 地址就可以访问 Internet 中的主机。但用户很难记住全数字的 IP 地址，于是人们采用符合用户语言习惯的、具有一定意义的域名，提供域名解析的服务称为 DNS（Domain Name Service）。

1. 域名（Domain Name）

域名又称为主机识别符或主机名。由于数字型表示的 IP 地址很难记忆，所以现在 Internet 中实际上使用的都是直观明了的、由字符串组成的、有规律的、容易记忆的名字来代表因特网上的主机，这种名字称为域名，是一种更为高级的地址形式，如 www.baidu.com、www.qq.com、www.taobao.com 等，一些著名公司或组织的域名已经形成了价格不菲的无形资产。

2. 域名结构

Internet 的域名结构是由 TCP/IP 协议中的 DNS 定义的。域名系统采用典型的层次结构。一般情况下，一个完整而通用的层次型主机名由如下几部分组成：

主机名 . 本地名 . 组名 . 网点名

例如，www.pku.edu.cn 代表北京大学的 www 主机（官方网站）。

完整的 DNS 定义的 DN 名字不超过 255 个字符。在 DNS 域名中，每一层的名字不得超过 63 个字符，而且在其所在的层必须唯一，这样才能保证整个域名在世界范围内不会重复。

域名结构如图 2-2 所示。

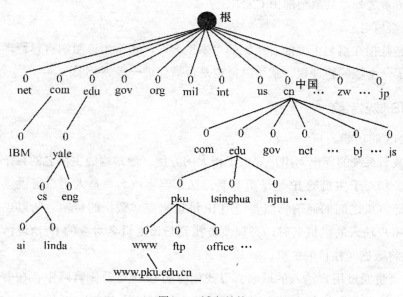

图 2-2　域名结构

（1）一级域名。

一级域名是最高级的域名，其名字空间的划分是基于"网点名"的。一个网点作为整个 Internet 的一部分，由若干网络组成，这些网络在地理位置或组织关系上联系非常紧密，因此，Internet 将它们抽象成一个"点"来处理。全世界主要的一级域名如表 2-1 所示。

表 2-1 一级域名列表

域 名 代 码	意 义
COM	商业组织
EDU	教育机构
GOV	政府部门
MIL	军事部门
NET	网络部门
ORG	非营利组织
INT	国际组织
COUNTRY CODE	国家地区代码

在国家代码中，CN 代表中国，US 代表美国，CA 代表加拿大等。

（2）二级域名。

二级域名的名字空间的划分是基于"组名"的，是在各个网点内分出了若干个"管理组"。

以我国的情况来说明，中国的最高级域名为 CN。二级域名共 40 个，分为 6 个"类别域名"和 34 个"行政域名"。在二级域名中，除了 EDU 二级域名的管理和运行由中国教育和科研计算机网负责之外，其余全部由 CNNIC 负责。

（3）三级域名。

三级域名是指在组名下面的各组织的"本地名"，通常由该组织自行管理。一旦某个组织申请到了一个域的管理权，就可以自定是否需要进一步划分层次。

3. DNS 域名系统

（1）DNS 的功能。

因特网域名系统的提出为用户提供了极大的方便。通常构成主机名的各个部分都具有一定的含义，相对于主机的 IP 地址更容易记忆。但主机名只是为用户提供了一种方便记忆的手段，计算机之间的通信仍然要使用 IP 地址来完成数据的传输。所以当因特网应用程序接收到用户输入的主机名时，必须负责找到与该主机名对应的 IP 地址，然后利用找到的 IP 地址将数据送往目的主机。

DNS 就负责通过用户输入的域名去寻找相应的 IP 地址。因特网中存在着大量的域名服务器，每台域名服务器保存着它所管辖区域内的主机的名字与 IP 地址的对照表，这组名字服务器就是域名解析系统的核心。

（2）域名解析。

当 DNS 客户机需要查询程序中使用的名称时，会查询本地 DNS 服务器来解析该名称。客户机发送的每条查询消息都包括 3 条信息，以指定服务器应回答的问题。

- 指定的 DNS 域名，表示为完全合格的域名（FQDN）。
- 指定的查询类型，可根据类型指定资源记录，或作为查询操作的专门类型。
- DNS 域名的指定类别。

DNS 服务器始终应指定为 Internet 类别。例如，指定的名称可以是计算机的完全合格的域名，如 im.qq.com，并且指定的查询类型用于通过该名称搜索地址资源记录。DNS 查询以各种不同的方式进行解析。客户机有时也可通过使用从以前查询获得的缓存信息就地应答查询。DNS 服务器可使用其自身的资源记录信息缓存来应答查询，也可代表请求客户机来查询或联系其他 DNS 服务器，以完全解析该名称，并随后将应答返回至客户机。这个过程称为递归。

另外，客户机自己也可尝试联系其他的 DNS 服务器来解析名称。如果客户机这么做，它会使用基于服务器应答的独立和附加的查询，该过程称作迭代，即 DNS 服务器之间的交互查询就是迭代查询。以 www.baidu.com 为例，客户机查询域名的解析过程如图 2-3 所示。

根域名服务器
2.www.baidu.com?
3.com 服务器，IP 是***
PC
1.www.baidu.com?
8.IP 是 180.97.33.100
本地域名服务器
4.www.baidu.com?
5.baidu.com 服务器，IP 是 ***
顶级域名服务器
6.www.baidu.com?
7.IP 是 180.97.33.100
权限域名服务器

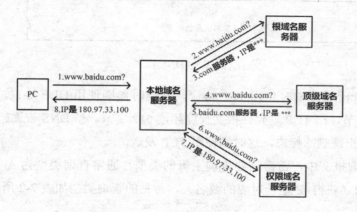

图 2-3　域名解析过程

用户可以使用操作系统中名为 nslookup 的网络命令手动查询域名服务器来解析给定的主机名，如图 2-4 所示。

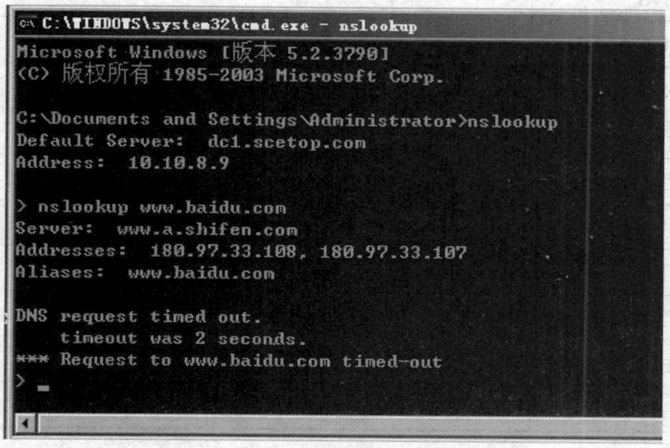

C:\WINDOWS\system32\cmd.exe - nslookup
Microsoft Windows [版本 5.2.3790]
(C) 版权所有 1985-2003 Microsoft Corp.
C:\Documents and Settings\Administrator>nslookup
Default Server: dc1.scetop.com
Address: 10.10.8.9
> nslookup www.baidu.com
Server: www.a.shifen.com
Addresses: 180.97.33.108, 180.97.33.107
Aliases: www.baidu.com
DNS request timed out.
timeout was 2 seconds.
*** Request to www.baidu.com timed-out
>

图 2-4　nslookup 命令的使用

4. DNS 协议

DNS 只有两种报文：查询报文、回答报文，两者有着相同的格式，如图 2-5 所示。

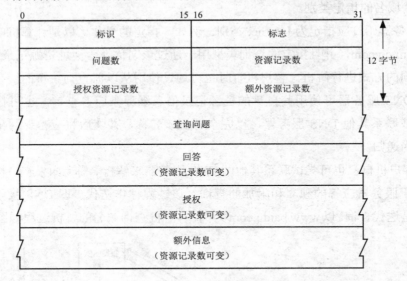

图 2-5 DNS 报文

DNS 在进行区域传输时使用 TCP 协议，其他时候则使用 UDP 协议。UDP 报文的最大长度为 512 字节，而 TCP 则允许报文长度超过 512 字节。当 DNS 查询超过 512 字节时，协议的 TC 标志出现删除标志，这时则使用 TCP 发送。

在 DNS 查询报文中，常常需要查询主机的类型，通常查询类型为 A（由名字获得 IP 地址）或者 PTR（获得 IP 地址对应的域名），常见的查询类型如表 2-2 所示。

表 2-2 DNS 报文查询类型

类　型	助　记　符	说　　明
1	A	IPv4 地址
2	NS	名字服务器
5	CNAME	规范名称定义主机的正式名字的别名
6	SOA	开始授权标记一个区的开始
11	WKS	熟知服务定义主机提供的网络服务
12	PTR	指针把 IP 地址转化为域名
13	HINFO	主机信息给出主机使用的硬件和操作系统的表述
15	MX	邮件交换把邮件改变路由送到邮件服务器
28	AAAA	IPv6 地址
252	AXFR	传送整个区的请求
255	ANY	对所有记录的请求

* **提示**：这些查询类型在 DNS 服务器配置时需要预先创建该类记录的类型和值。

2.2.2 WWW 服务与 HTTP 协议

WWW（World Wide Web）服务也称为 Web 服务，是目前因特网上使用方便和受到广大用户欢迎的信息服务类型，其影响力已经远远超出了专业技术的范畴，并且已经进入了广告、新闻、销售、电子商务与信息服务等诸多领域。WWW 服务的出现推动了因特网的迅速发展。

1. 超文本与超媒体

超文本与超媒体是 WWW 的信息组织形式。要了解 WWW 服务，首先要了解超文本、超媒体和超链接的基本概念。

（1）超文本（Hypertext）。

长期以来，人们不断推出多种信息组织方式，以方便对各种信息进行访问。菜单是早期常见的一种软件用户界面。用户在看到最终信息之前，总是先浏览菜单。当用户选择了代表信息的菜单项后，菜单消失，取而代之的是信息内容，用户看完内容后，重新回到菜单之中。

超文本方式对普通的菜单方式做了重大的改进，将菜单集成于文本信息之中，因此可以把它看成是一种集成化的菜单系统。用户直接看到的是文本信息本身，在浏览文本信息的同时，随时可以选中其中的"关键字"。关键字往往是与上下文关联的单词，通过选择关键字可以跳转到其他文本信息。这种在文本中包含其他文本的链接特征，形成了超文本的最大特点——无序性。

一个文本可以含有许多关键字，用户可以根据需要来随意选择关键字。选择关键字的过程，实际上就是选择某条信息链接的过程。这样就可以使得信息检索能按照人们的思维方式发展下去。所以，超文本信息浏览的过程没有固定的先后顺序。

（2）超媒体（Hypermedia）。

超媒体进一步扩展了超文本所链接的信息类型。用户不仅能从一个文本跳转到另一个文本，而且可以激活一段声音，显示一个图形，甚至可以播放一段动画。目前市场上流行的多媒体电子书籍大都采用这种方式来组织信息。例如，在一本多媒体儿童读物中，当读者选中屏幕上显示的动物图片或文字时，可能看到一段关于动物的动画，同时可以播放一段动物吼叫的声音。超媒体可以通过这种集成化的方式，将多种媒体的信息联系在一起。

"超文本"和"超媒体"就是指其信息组织形式不是简单地按顺序排列，而是用由指针链接的复杂的网状交叉索引方式，对不同来源的信息加以链接。可以链接的有文本、图像、动画、声音或影像等，而这种链接关系则称为"超链接"。超文本的链接方式如图 2-6 所示。

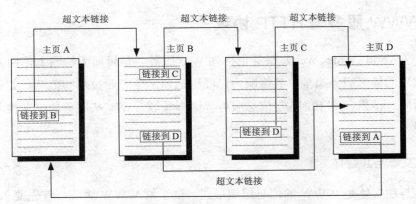

图 2-6　超文本链接

2. WWW 服务

WWW 服务在应用层采用浏览器／服务器（B/S）工作模式，以超文本标记语言与超文本传输协议为基础，为用户提供页面的信息浏览系统。在 WWW 服务系统中，信息资源以页面的形式存储在服务器中，这些页面采用超文本方式对信息进行组织，通过超链接将一页信息链接到另一页信息，这些相互链接的页面信息既可放置在同一主机上，也可放置在不同的主机上。用户通过客户端应用程序，即浏览器，向 WWW 服务器发出请求，服务器根据客户端的请求内容将保存在服务器中的某个页面返回给客户端，浏览器接收到页面后对其进行解释，最终将图、文、声并茂的画面呈现给用户。

与其他服务相比，WWW 服务具有其鲜明的特点——具有高度的集成性，能将各种类型的信息与服务紧密连接在一起，提供生动的图形用户界面。WWW 不仅为用户提供了查找和共享信息的简便方法，还提供了动态多媒体交互的最佳手段。总的来说，WWW 服务具有组织网络多媒体信息，方便用户查找信息、提供生动直观的图形用户界面等特点。

（1）统一资源定位器（URL）。

因特网中 WWW 服务器众多，而每台服务器中又包含多个页面，那么用户如何指明要获得的页面呢？这就需要求助于统一资源定位器 URL。URL 由 3 个部分组成：协议类、主机名和路径及文件名。一般 URL 的格式如下：

使用协议:// 主机名称 / 文件路径 / 文件名 : 端口号

如果是默认的端口号，可以省略。

例如，http://www.scetop.edu.cn/soft/index.htm，其中：

- http——使用的是超文本传输协议。
- www.scetop.edu.cn——服务器的主机名。
- soft/index.htm——文件路径和文件名。

除了通过指定"http:"访问 WWW 服务器之外，还可以指定其他的协议类型访问其他类型的服务器。例如，可以通过指定"ftp:"访问 FTP 文件服务器等。

通过使用 URL，用户可以指定要访问什么协议类型的服务器，哪台服务器，服务器中的哪个文件。如果用户希望访问某台 WWW 服务器中的某个页面，只要在浏览器的地址栏中输入该页面的 URL，便可以浏览到该页面。

（2）HTML 语言。

超文本标记语言（Hyper Text Markup Language，HTML）是一种基于建立超文本/超媒体文档的标记语言，是标准通用标记语言（Standard General Markup Language，SGML）的一种应用，是一种描述文件结构，以表示网上信息的符号标记语言。作为一种基于标记的语言，HTML 的源代码由 Web 浏览器解释执行，最终得到的结果就是所见到的网页。

HTML 程序文件是普通的文本文档，因此编写 HTML 语言的代码可以使用任何一种文本的编辑器，如记事本、写字板、Microsoft Word 等。同时也可以使用一些专用的 HTML 文档编辑器，如 Macromedia Dreamweaver 等。

① HTML 的基本结构。

一个 HTML 文档大体分为以下几部分：

```
<HTML>
    <HEAD>
        <TITLE> 网页标题 </TITLE>
    </HEAD>
    <BODY>
        网页的内容，许多的标记都用于此处
    </BODY>
</HTML>
```

<HTML> 表示这是一个 HTML 文件，</HTML> 表示该文件的结束。

一个 HTML 文件分为两个部分，由 <HEAD> 到 </HEAD> 称为开头部分，由 <BODY> 到 </BODY> 称为文件体部分。

HTML 的标记必须有标记的开始，同时要有相应的标记的结束。例如，以 <HTML> 开始，则以 </HTML> 结束。

② HTML 标记的表示方法。

HTML 的标记有 3 种表示方法，分别是：

● ＜标记名＞文件或超文本＜/标记名＞

例如：

```
<title> 我的主页 </title>
```

● ＜标记名 属性名＝＂属性＂＞文件或超文本＜／标记名＞

例如：

```
<font size="16" color="red">对象</font>
```

● ＜标记名＞

例如：

```
<hr>
```

在一个 HTML 文档中，可以根据需要使用任意的标记表示方法完成 HTML 文档的编写工作。例如：

```
<HTML>
    <HEAD>
        <TITLE>我的主页</TITLE>
    </HEAD>
    <BODY>
        <FONT SIZE="16" COLOR="RED">欢迎光临！！</FONT>
        <A HREF="12.HTM">新闻</A>
        <FORM><SELECT><OPTION>学生</OPTION><OPTION>学号</
        OPTION></SELECT></FORM>
    </BODY>
</HTML>
```

③ HTML 显示。

作为一种基于标记的语言，HTML 的源代码由 Web 浏览器解释执行，因此只需用文本编辑器编写好 HTML 文件，以 .html 或 .htm 为后缀名保存后，直接使用浏览器打开即可看到显示内容。将②中语句进行显示，如图 2-7 所示。

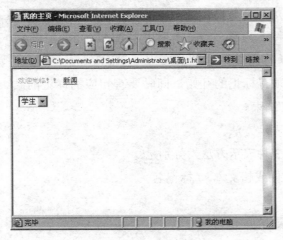

图 2-7　HTML 实例

（3）主页（Home page）。

主页是指个人或机构的基本信息页面，用户通过主页可以访问有关的信息资源。主页通常是用户使用 WWW 浏览器访问 Internet 上的任何 WWW 服务器所看到的第一个页面，因而用户只要了解到个人或机构主页的 URL，便可以访问与主页直接链接或间接链接的页面。

目前，几乎所有连接到因特网的公司和大学都有自己的主页，或正在积极开发自己的主页。主页已经成为企业、学校、机关形象的标志和对外的窗口。

3. HTTP 协议

（1）概念。

HTTP（Hyper Text Transfer Protocol，超文本传输协议），是 TCP/IP 协议簇中的一种应用层协议。该协议是为了发布和检索 HTML 页面而开发的，其面向对象的特点和丰富的操作功能，能满足分布式系统和多种类型信息处理的要求，现在用于分布式协同信息系统。在万维网中，HTTP 是一种数据传输协议。同时，HTTP 还是最常用的应用程序协议。

（2）HTTP 会话过程。

Web 服务器使用 HTTP 协议从服务器端向浏览器端发送网页中的文件。以下是浏览器第一次访问某个网页时的大致过程。

① 浏览器向 DNS 服务器请求解析该 URL 中的域名所对应的 IP 地址。

② 解析出 IP 地址后，根据该 IP 地址和默认端口 80，与服务器建立 TCP 连接。

③ 浏览器请求服务器发送一个文件，该文件包含一些指示以及可显示的内容。

④ 服务器对浏览器请求作出响应，并把对应的 HTML 文本发送给浏览器。

⑤ 释放 TCP 连接。

⑥ 浏览器显示 HTML 文本里的内容，该内容可能通知客户端从 Web 服务器获取更多的文件。

* **提示**：虽然 HTTP 是一种很灵活的协议，但它并不安全。为了在 Internet 中进行安全通信，可使用安全超文本传输（HTTPS）协议来访问或发布 Web 服务器信息。

（3）HTTP 报文。

HTTP 是一种请求 / 响应式的协议，客户进程建立一条同服务器进程的 TCP 连接，然后发出请求并读取服务器进程的响应。服务器进程关闭连接表示本次响应结束。服务器进程返回的文件通常含有指向其他服务器上文件的指针（超文本链接）。用户显然可以很轻松地沿着这些指针从一个服务器链接到下一个服务器。

HTTP 请求报文由请求行、请求头部和数据主体 3 部分组成，图 2-8 给出了请求报文的一般格式。

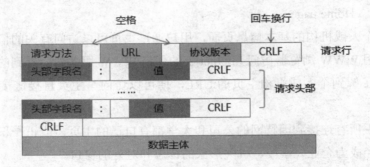

图 2-8　HTTP 请求报文格式

请求行由请求方法字段、URL 字段 和 HTTP 协议版本字段 3 个部分组成，它们之间使用空格隔开。常用的 HTTP 请求方法有 GET、POST、HEAD、PUT、DELETE、OPTIONS、TRACE、CONNECT。其中，GET 是最常见的一种请求方式，当客户端要从服务器中读取文档时，单击网页上的超链接或者通过在浏览器的地址栏输入网址来浏览网页的，使用的都是 GET 方式。GET 方法要求服务器将 URL 定位的资源放在响应报文的数据部分，回送给客户端。当客户端给服务器提供信息较多时可以使用 POST 方法，POST 方法向服务器提交数据。例如，完成表单数据的提交，将数据提交给服务器处理。GET 一般用于获取 / 查询资源信息，POST 会附带用户数据，一般用于更新资源信息。POST 方法将请求参数封装在 HTTP 请求数据中，以名称 / 值的形式出现，可以传输大量数据。

请求头部由关键字 / 值对组成，每行一对，关键字和值用英文冒号 ":" 分隔。请求头部通知服务器有关于客户端请求的信息，典型的请求头有：User-Agent（产生请求的浏览器类型）、Accept（客户端可识别的内容类型列表）、Host（请求的主机名，允许多个域名同处一个 IP 地址，即虚拟主机）、Accept-Encoding（客户端可接受的编码压缩格式）、Cookie（存储于客户端扩展字段，向同一域名的服务端发送属于该域的 Cookie）等。

最后一个请求头之后是一个空行，发送回车符和换行符，通知服务器以下不再有请求头。

主体数据不在 GET 方法中使用，而是在 POST 方法中使用。POST 方法适用于需要客户填写表单的场合。与请求数据相关的最常使用的请求头是 Content-Type 和 Content-Length。

HTTP 响应报文的格式与请求报文的格式十分类似，由 3 个部分组成，分别是状态行、响应头部和数据主体，如图 2-9 所示。

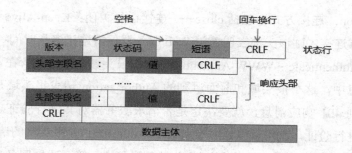

图 2-9 HTTP 响应报文格式

状态行由 HTTP 协议版本字段、状态码和状态码的描述文本 3 部分组成，它们之间使用空格隔开。状态码由 3 位数字组成，第 1 个数字定义了响应的类别，且有以下 5 种可能的取值。

- 1xx：指示信息。表示请求已接收，继续处理。
- 2xx：成功。表示请求已被成功接收、理解、接受。
- 3xx：重定向。要完成请求必须进行更进一步的操作。
- 4xx：客户端错误。请求有语法错误或请求无法实现。
- 5xx：服务器端错误。服务器未能实现合法的请求。

常见状态码、状态描述的说明如下。

- 200 OK：客户端请求成功。
- 400 Bad Request：客户端请求有语法错误，不能被服务器所理解。
- 401 Unauthorized：请求未经授权，这个状代码必须和 WWW-Authenticate 报头域一起使用。
- 403 Forbidden：服务器收到请求，但是拒绝提供服务。
- 404 Not Found：请求资源不存在。例如，输入了错误的 URL。
- 500 Internal Server Error：服务器发生不可预期的错误。
- 503 Server Unavailable：服务器当前不能处理客户端的请求，一段时间后可能恢复正常。

响应头部可能包括以下内容。

- Location：Location 响应报头域用于重定向接受者到一个新的位置。例如，客户端所请求的页面已不在原先的位置，为了让客户端重定向到这个页面新的位置，服务器端可以发回 Location 响应报头后使用重定向语句，让客户端去访问新的域名所对应的服务器上的资源。
- Server：Server 响应报头域包含了服务器用来处理请求的软件信息及其版本。它和 User-Agent 请求报头域是相对应的，前者发送服务器端软件的信息，后者发送客户端软件（浏览器）和操作系统的信息。
- Vary：指示不可缓存的请求头列表。

- Connection：连接方式。包括 close——连接已经关闭；Keep-Alive——如果浏览器请求保持连接，则该头部表明希望 Web 服务器保持连接多长时间（秒）。
- WWW-Authenticate：WWW-Authenticate 响应报头域必须被包含在 401（未授权的）响应消息中，这个报头域和前面讲到的 Authorization 请求报头域是相关的，当客户端收到 401 响应消息，就要决定是否请求服务器对其进行验证。如果要求服务器对其进行验证，就可以发送一个包含了 Authorization 报头域的请求。

最后一个响应头部之后是一个空行，发送回车符和换行符，通知服务器以下不再有响应头部。

数据主体是服务器返回给客户端的文本信息。

2.2.3 电子邮件与 SMTP/POP 协议

电子邮件（E-mail）是利用计算机网络的通信功能实现信件传输的一种技术，是 Internet 上最早、最广泛的应用之一。使用电子邮件具有许多独特的优点，可实现信件的收、发、读、写的全部电子化。不但可以收发文本，还可以收发声音、影像，也可以通过电子邮件参与 Internet 上的讨论。电子邮件传送快捷，发往世界各地的邮件可以几秒至一天内收到，且价格非常低廉。

1. 邮件服务器

在 Internet 上有许多处理电子邮件的计算机，称为邮件服务器（Mail Server）。邮件服务器是 Internet 邮件服务系统的核心，其作用与邮政系统中的邮局相似。一方面，邮件服务器负责接收用户送来的邮件，并根据收件地址发送到对方的邮件服务器中；另一方面，负责接收由其他邮件服务器发来的邮件，并根据收件人地址分发到相应的电子邮箱中发送。电子邮件服务中最常见的两种应用层协议是邮局协议（Post Office Protocol，POP）和简单邮件传输协议（Simple Mail Transfer Protocol，SMTP）。SMTP 协议管理从客户端发往邮件服务器的出站电子邮件，以及电子邮件服务器之间的电子邮件传输，而电子邮件客户端可以使用 POP 协议从邮件服务器接收电子邮件消息。用户必须拥有 Internet 服务商提供的账户、口令，才能接收邮件。

2. 电子邮件地址

电子邮件地址采用基于 DNS 分层的命名方法，其结构如下：

用户名 @ 域名

用户名就是用户在站点主机上使用的登录名，@ 读作"at"，其后是邮件服务器的计算机名或计算机所在域名，例如，hk@sohu.com。

3. SMTP/POP 协议

在 TCP/IP 协议集中提供了两个常用的电子邮件协议：SMTP 和 POP。

SMTP 协议于 1982 年定义，通过 TCP/IP 网络消息服务，主要是在两个 MTA（邮件传输代理）之间进行通信。Windows、Mac OS、UNIX、Linux 等操作系统都具有 SMTP 服务器功能。SMTP 被设计成在各种网络环境下进行电子邮件信息的传输，是基于 TCP 服务的应用层协议，由 RFC2821 所定义。SMTP 协议规定的命令是以明文方式进行的。

POP 协议于 1984 年定义，主要用于支持使用客户端远程管理在服务器上的电子邮件，适用于 C/S 结构的脱机模型的电子邮件协议，目前已发展到第三版，称 POP3，允许本地邮件客户端连接邮件服务器并将邮件取回到用户本地系统，用户也在本地机器上阅读和响应消息。POP3 的客户端与服务器连接，在客户端输入用户名和口令；经过认证后，客户端可通过 POP3 命令取回或删除邮件。POP3 仅是接收协议。

（1）邮件收发过程。

一般情况下，一封邮件的发送和接收过程以及其中使用的协议情况如图 2-10 所示，说明如下：

① 发信人在用户代理（用户计算机上收发邮件的程序，如 Foxmail 和 Outlook Express 等）中编辑邮件，包括填写发信人邮箱、收信人邮箱和邮件标题等。

② 用户代理提取发信人编辑的信息，生成一封符合邮件格式标准（RFC822）的邮件。

③ 用户代理用 SMTP 将邮件发送到发送端邮件服务器（即发信人邮箱所对应的邮件服务器）。

④ 发送端邮件服务器用 SMTP 将邮件发送到接收端邮件服务器（即收信人邮箱所对应的邮件服务器）。

⑤ 收信人调用用户代理，用户代理用 POP3 协议从接收端邮件服务器取回邮件。

⑥ 用户代理解析收到的邮件，以适当的形式呈现在收信人面前。

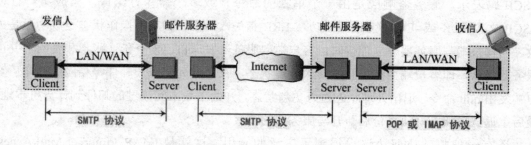

图 2-10 SMTP 邮件收发过程

目前很多用户都是基于 Web 方式进行邮件的收发和访问，如 Hotmail、126、QQ 邮件等。用户代理基于普通的 Web 浏览器，用户访问邮件服务器上的邮箱采用 HTTP 实现，用户将撰写的邮件交互给它的邮件服务器也使用 HTTP，但邮件服务器之间传送邮件仍使用 SMTP。这种方式基于普通的浏览器，不用安装专门的用户代理软件，使用方便，但速度比较慢。

（2）SMTP 通信过程。

一个具体的 SMTP 通信（如发送端邮件服务器与接收端服务器的通信）的过程如下：

① 发送端邮件服务器（以下简称客户端）与接收端邮件服务器（以下简称服务器）的 25 号端口建立 TCP 连接。

② 客户端向服务器发送各种命令，来请求各种服务（如认证、指定发送人和接收人）。

③ 服务器解析用户的命令，做出相应动作并返回给客户端一个响应。

④ ①和②交替进行，直到所有邮件都发送完或两者的连接被意外中断。

从这个过程看出，命令和响应是 SMTP 协议的重点。

SMTP 客户和服务器之间的交换信息由可读的 ASCII 文本组成，SMTP 规定了 14 条命令和 21 种应答信息，它的一般形式是：COMMAND [Parameter]。其中，COMMAND 是 ASCII 形式的命令名，Parameter 是相应的命令参数。

SMTP 响应的一般形式是：xxx Readable Illustration。xxx 是 3 位十进制数；Readable Illustration 是可读的解释说明，用来表明命令是否成功等。xxx 具有如下的规律：以 2 开头的表示成功，以 4 和 5 开头的表示失败，以 3 开头的表示未完成（进行中）。

（3）POP3 通信过程。

POP3 的通信过程是：邮件发送到服务器上，电子邮件客户端调用邮件客户机程序以连接服务器，并下载所有未阅读的电子邮件。这种离线访问模式是一种存储转发服务，将邮件从邮件服务器端发送到个人终端机器上。一旦邮件发送到用户的 PC 机或 MAC 上，邮件服务器上的邮件将会被删除。目前的 POP3 邮件服务器大多都可以"只下载邮件，服务器端并不删除"，也就是改进的 POP3 协议。

POP3 客户向 POP3 服务器发送命令并等待响应，POP3 命令采用命令行形式，用 ASCII 码表示。服务器响应是由一个单独的命令行或多个命令行组成，响应第一行以 ASCII 文本 +OK 或 -ERR（OK 指成功，-ERR 指失败）指出相应的操作状态是成功还是失败。当客户端与服务器建立连接时，客户端向服务器发送自己的身份（账户和密码）并由服务器确认，即客户端由认可状态转入处理状态，在完成列出未读邮件等相应的操作后客户端发出 quit 命令，退出处理状态进入更新状态，开始下载未阅读过的邮件到计算机本地，最后重返认证状态确认身份后断开与服务器的连接。

还有一种邮件访问协议也得到了广泛的应用，这就是 IMAP（Internet Mail Access Protocol，Internet 邮件访问协议）。其主要功能是邮件客户端（例如 MS Outlook Express）可以通过这种协议从邮件服务器上获取邮件的信息、下载邮件等。IMAP 协议与 POP3 协议的主要区别是用户不需要把所有的邮件全部下载，可以通过客户端直接对服务器上的邮件进行操作。IMAP4 改进了 POP3 的不足，用户可以通过浏览信件头来决定是否收取、删除和检索邮件的特定部分，还可以在服务器上创建或更改文件夹或邮箱。IMAP 的特性非常适合在不同的计算机或终端之间操作邮件的用户（例如，可以用手机、PAD、PC 上的邮件代理程序操作同一个邮箱），以及那些同时使用多个邮箱的用户。

2.2.4 文件传输与 FTP 协议

1. 文件传输

文件传输服务是因特网中最早的服务功能之一，目前仍在广泛使用。文件传输服务为计算机之间双向文件传输提供了一种有效的手段，允许用户将本地计算机中的文件上传到远程计算机中，或将远程计算机的文件下载到本地计算机中。文件传输服务使用最广泛的应用层协议是 FTP 协议。

目前因特网上的文件传输服务多用于文件的下载，利用它可以下载各种类型的文件，包括文本文件、二进制文件，以及语音、图像和视频文件等。因特网上的一些免费软件、共享软件、技术资料、研究报告等，大多都是通过这种渠道发布的。文件传输服务如图 2-11 所示。

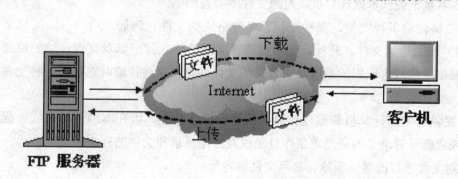

图 2-11　文件传输服务

2. FTP 协议

FTP 协议是一种常用的应用层协议。该协议是以客户端／服务器模式进行工作的。客户端提出请求和接受服务，服务器接受请求和执行服务。利用 FTP 协议进行文件传输时，即本地计算机上启动客户程序，并利用它与远程计算机系统建立连接，激活远程计算机系统上的 FTP 服务程序，因此，本地 FTP 程序就成为一个客户，而远程 FTP 程序成为服务器。每次用户请求传送文件时，服务器便负责找到用户请求的文件，利用 FTP 协议将文件通过 Internet 网络传送给客户。

FTP 协议比较特殊，在文件传输过程中，客户端和服务器端需要建立两个连接会话和进程，一个是控制连接，另一个是数据连接，如图 2-12 所示。

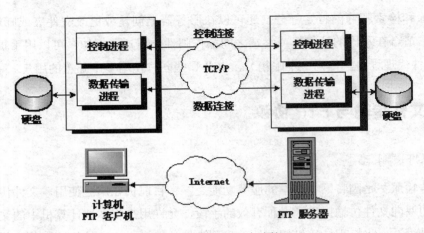

图 2-12　FTP 的两个连接

（1）FTP 的主要功能。

① 将本地计算机上的一个或多个文件传送到远程计算机（上传），或从远程计算机上获取一个或多个文件（下载）。传送文件实质上是将文件进行复制，然后上传到远程计算机，或者是下载到本地计算机，对源文件不会有影响。

② 能够传输多种类型、多种结构、多种格式的文件。例如，用户可以选择文本文件（ASCII）或二进制文件。此外，还可以选择文件的格式控制以及文件传输的模式等。用户可以根据通信双方所用的系统及要传输的文件确定在文件传输时选择哪一种文件类型和结构。

③ 提供对本地计算机和远程计算机的目录操作功能。可在本地计算机或远程计算机上建立或者删除目录、改变当前工作目录以及打印目录和文件的列表等。

④ 对文件进行改名、删除、显示文件内容等。

可以完成 FTP 功能的客户端软件种类很多，有字符界面的，也有图形界面的，通常用户可以使用的 FTP 客户端软件有 CuteFTP、LeapFTP、FlashFXP 等。

（2）FTP 的工作模式。

FTP 支持两种模式，一种方式叫做 Standard（也就是 PORT 方式，主动模式），一种是 Passive（也就是 PASV，被动模式）。 Standard 模式 FTP 的客户端发送 PORT 命令到FTP 服务器。Passive 模式 FTP 的客户端发送 PASV 命令到 FTP Server。

PORT 模式的工作原理主要是 FTP 客户端连接到 FTP 服务器的 21 端口，发送用户名和密码登录，登录成功后要进行文件列表或者读取数据时，客户端随机开放一个端口（1024以上），发送 PORT 命令到 FTP 服务器，告诉服务器客户端采用主动模式并开放端口；FTP 服务器收到 PORT 主动模式命令和端口号后，通过服务器的 20 端口和客户端开放的端口连接，发送数据，主动模式的工作原理如图 2-13 所示。

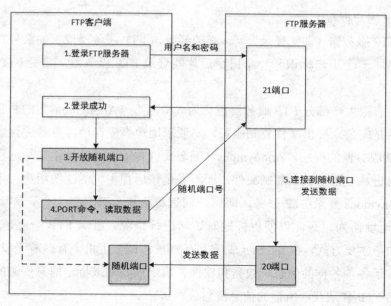

图 2-13 FTP 主动模式的工作原理

　　而 Passive 模式在建立控制通道时和主动模式类似，FTP 客户端连接到 FTP 服务器的 21 端口，发送用户名和密码登录。但建立连接后发送的不是 PORT 命令，而是 PASV 命令。FTP 服务器收到 PASV 命令后，随机打开一个高端端口（端口号大于 1024）并且通知客户端在这个端口上传送数据的请求，客户端连接 FTP 服务器的此端口，然后 FTP 服务器将通过这个端口进行数据的传送，这时 FTP Server 不需要再建立一个新的和客户端之间的连接。被动模式的工作原理如图 2-14 所示。

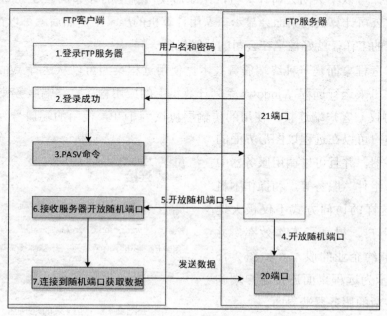

图 2-14 FTP 被动模式的工作原理

（3）FTP 用户授权。

要连上 FTP 服务器（即"登录"），必须要有该 FTP 服务器授权的账号。也就是说，用户只有在有了一个用户标识和一个口令后才能登录 FTP 服务器，享受 FTP 服务器提供的服务。

互联网中有很大一部分 FTP 服务器被称为"匿名"（Anonymous）FTP 服务器。这类服务器的目的是向公众提供文件复制服务，不要求用户事先在该服务器进行登记注册，也不用取得 FTP 服务器的授权。Anonymous（匿名文件传输）能够使用户与远程主机建立连接并以匿名身份从远程主机上复制文件，而不必是该远程主机的注册用户。用户使用特殊的用户名 anonymous 登录 FTP 服务，即可访问远程主机上公开的文件。许多系统要求用户将 E-mail 地址作为口令，以便更好地对访问进行跟踪。匿名 FTP 一直是 Internet 上获取信息资源的最主要方式，在 Internet 成千上万的匿名 FTP 主机中存储着无以计数的文件，这些文件包含了各种各样的信息、数据和软件。用户只要知道特定信息资源的主机地址，就可以用匿名 FTP 登录获取所需的信息资料。

2.2.5 远程桌面服务与 Telnet

1. 远程桌面服务

远程桌面（Remote Desktop）是指用户通过远程桌面协议及远程桌面连接技术的支持，让用户坐在一台计算机前，就可以连接到位于不同地点的其他远程计算机。举例来说，当你离开公司时，可以不关闭公司计算机，回家后使用家里的计算机通过 Internet 连接公司计算机，此时公司计算机的桌面会显示在家用计算机的屏幕上，然后就可以在家里继续公司的计算机上的工作，就好像坐在公司的计算机前一样。

Windows 远程桌面是一种终端服务技术，使用远程桌面可以从运行 Windows 操作系统的任何客户机来运行远程 Windows 系列计算机上的应用程序。终端服务使用 RDP 协议（远程桌面协议）客户端连接，使用的传输层协议为 TCP，使用的端口号为 3389。使用终端服务的客户可以在远程以图形界面的方式访问服务器，并且可以调用服务器中的应用程序、组件、服务等，和操作本机系统一样。这样的访问方式不仅极大地方便了各种用户，提高了工作效率，并且能有效地节约企业的成本。如图 2-15 和图 2-16 所示为远程桌面连接客户端和远程桌面连接后的服务器端界面。

图 2-15 远程桌面连接客户端

图 2-16　远程桌面连接服务器界面

* **提示**：Windows 桌面版的远程桌面功能，只能满足一个用户远程使用计算机。而 Windows Server 终端服务提供的远程桌面功能则可供多用户同时使用。目前的一些云终端产品也采用 Windows Server 终端服务。

2. Telnet

在分布式计算环境中，常常需要调用远程计算机的资源同本地计算机协同工作，这样就可以用多台计算机来共同完成一个较大的任务。这种协同操作的工作方式就要求用户能够登录到远程计算机中去启动某个进程，并使进程之间能够相互通信。为了达到这种目的，人们开发了远程终端协议，即 Telnet 协议（Telecommunications Network Protocol）。Telnet 协议是 TCP/IP 协议的一部分，精确地定义了远程登录客户机与远程登录服务器之间的交互过程。Telnet 给用户提供了一种通过其联网的终端登录远程服务器的方式。Telnet 使用的传输层协议为 TCP，使用端口号 23。Telnet 要求有一个 Telnet 服务器程序，此服务器程序通常驻留在主机上。客户端通过运行 Telnet 客户端程序远程登录到 Telnet 服务器来实现资源共享。

当用户通过客户端向 Telnet 服务器发出上网登录请求后，Telnet 服务器将返回一个信号，要求本地用户输入自己的登录名（Login Name）和口令（Password），只有用户返回的登录名与口令正确，登录才能成功。在 Internet 上，很多主机同时装载有寻求服务的程序和提供服务的程序，也就是既可以作为客户端，也可以作为 Telnet 服务器使用，如图 2-17 所示。

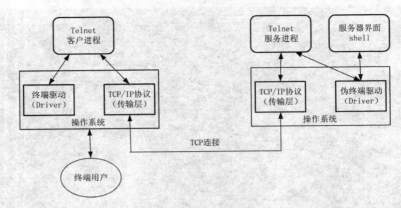

图 2-17　Telnet 工作原理

＊ 提示： Telnet 在传输过程中使用明文，为了防止远程管理过程中的信息泄露问题，常使用具有加密功能的 SSH（Secure Shell）。

2.2.6　P2P 服务与协议

1. P2P 服务

P2P（peer-to-peer，点对点技术）又称对等网络技术，是一种基于互联网环境的新的应用型技术。在 P2P 网络环境中，成千上万台彼此连接的计算机都处于对等的地位，整个网络一般来说不依赖专用的集中服务器。网络中的每一台计算机既能充当网络服务的请求者，又对其他计算机的请求作出响应，提供资源和服务。通常这些资源和服务包括：信息的共享和交换、计算资源（如 CPU 的共享）、存储共享（如缓存和磁盘空间的使用）等。P2P 技术目前应用于网络中的许多服务，如文件下载与共享、即时通信、网络电视等，常用的协议有 Napster、Gnutella、BitTorrent、DHT 等。

2. P2P 协议

（1）Gnutella。Gnutella 是简单又方便的网络交换文件完全分布式的 P2P 通信协议，提供另外一种更简单的交换文件方式供用户选择。理论上，只要所有连接网络的用户都把文件分享出来，那么大家的需求就可以得到解决。不管你是想要图形文件、音乐甚至是食谱，只要有人分享该文件，就应该可以通过 Gnutella 找到。

通过基于 Gnutella 协议的 P2P 应用程序，人们可以将自己硬盘中的文件共享给其他人下载。通过与 Gnutella 协议兼容的客户端软件，用户可以在 Internet 上连接 Gnutella 服务，然后定位并访问由其他 Gnutella 对等设备共享的资源。很多客户端应用程序支持访问 Gnutella 网络，包括 BearShare、Gnucleus、LimeWire、Morpheus、WinMX 以及 XoloX。

很多 P2P 应用程序并不使用中央数据库记录各个对等设备上的所有可用文件，而是让网络内的各个设备相互查询可用文件，并通过 Gnutella 协议和服务定位资源。当用户连接了 Gnutella 服务时，客户端应用程序将检索可连接的其他 Gnutella 节点。这些节点将查询资源位置并回复请求。此外，它们还管理控制信息，以便服务查找其他节点。实际的文件传输过程往往基于 HTTP 服务，如图 2-18 所示。

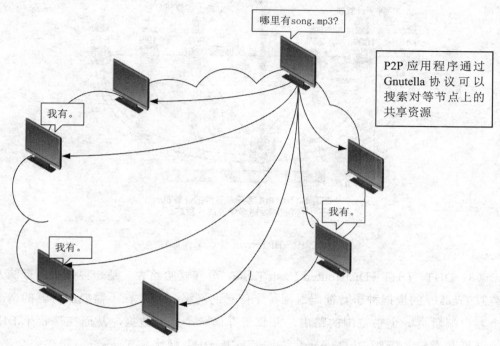

图 2-18　Gnutella 协议工作原理

（2）BitTorrent。BitTorrent（简称 BT）是一个文件分发协议，采用高效的软件分发系统和点对点技术共享大体积文件（如一部电影或电视节目），并使每个用户像网络重新分配节点那样提供上传服务，每个下载者在下载的同时不断向其他下载者上传已下载的数据。目前很多下载和视频软件都采用 BitTorrent 协议，如迅雷、比特精灵、QQ 旋风、uTorrent 等。

BitTorrent 协议本身也包含了很多具体的内容协议和扩展协议，并在不断扩充中。根据 BitTorrent 协议，文件发布者会根据要发布的文件生成和提供一个 .torrent 文件，即种子文件，也简称为"种子"。Torrent 文件本质上是文本文件，包含 Tracker 信息和文件信息两部分。Tracker 信息主要是 BT 下载中需要用到的 Tracker 服务器的地址和针对 Tracker 服务器的设置，文件信息是根据对目标文件的计算生成的，计算结果根据 BitTorrent 协议内的 B 编码规则进行编码。Torrent 种子文件制作软件将要发布的内容分成若干大小相等的块，每块的大小一般为256KB或者1MB（由于是虚拟分块，硬盘上并不产生各个块文件），并把每个块的索引信息和 Hash 验证码写入种子文件（.torrent）中，种子文件就是被下载文件的"索引"。BitTorrent 协议的工作原理如图 2-19 所示。

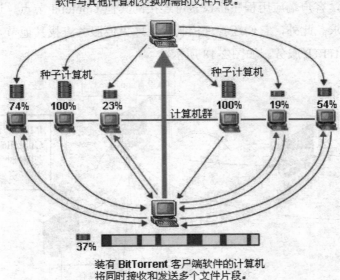

图 2-19　BitTorrent 协议工作原理

（3）DHT。DHT（Distributed Hash Table，分布式哈希表）是一种分布式存储方法，是类似 Tracker 的根据种子特征码返回种子信息的网络。DHT 在不需要服务器的情况下，每个客户端负责一个小范围的路由，并负责存储一小部分数据，从而实现整个 DHT 网络的寻址和存储。新版 BitComet 允许同行连接 DHT 网络和 Tracker，即在完全不连上 Tracker 服务器的情况下，也可以很好地下载，因为它可以在 DHT 网络中寻找下载同一文件的其他用户。使用 DHT 的常用软件有 eMule、verycd、xtreme 等。

2.3　移动互联网新应用

移动互联网（Mobile Internet，MI）是一种通过智能移动终端，采用移动无线通信方式获取业务和服务的新兴业务，包含终端、软件和应用 3 个层面。终端层包括智能手机、平板电脑、电子书、MID 等；软件层包括操作系统、中间件、数据库和安全软件等；应用层包括休闲娱乐类、工具媒体类、商务财经类等不同应用与服务。随着技术和产业的发展，LTE（4G 通信技术标准之一）和 NFC（近场通信，移动支付的支撑技术）等网络传输层关键技术也将被纳入移动互联网的范畴之内。随着移动互联网的发展，一些在各种智能终端使用的新软件和新应用也得到飞速发展和普及，包括社交、电子商务、娱乐等方面。

2.3.1 移动社交

1. 腾讯 QQ

腾讯 QQ（简称 QQ）是腾讯公司开发的一款基于 Internet 的即时通信（IM）软件。1999 年 2 月，腾讯正式推出第一个即时通信软件——OICQ，后改名为腾讯 QQ，其标志是一只戴着红色围巾的小企鹅。腾讯 QQ 支持在线聊天、视频通话、点对点断点续传文件、共享文件、网络硬盘、自定义面板、QQ 邮箱等多种功能，具有各种不同的终端版本（电脑版、手机版、PAD 版等），并可与多种通信终端相连。

QQ 软件同时采用了 TCP 和 UDP 传输协议，默认使用 UDP 协议。UDP 协议消耗资源少，发送速度快，但当 UDP 协议不能正常发送时，就会采用 TCP 协议进行发送。用户的终端安装了 QQ 软件以后既是服务端又是客户端。当登录 QQ 时， QQ 作为 Client 连接到腾讯公司的主服务器上，从软件服务器上获取好友列表，以建立点对点的联系。当用户（Client1）和好友（Client2）之间要进行聊天等通信时，采用 UDP 方式发送信息。如果无法直接点对点建立联系，则用服务器中转的方式完成。QQ 的工作原理如图 2-20 所示。

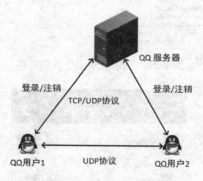

图 2-20 QQ 工作原理

2. 微信

微信（WeChat）是腾讯公司于 2011 年 1 月 21 日推出的一个为智能终端提供即时通信服务的免费应用程序，支持跨通信运营商、跨操作系统平台通过网络快速发送免费（需消耗少量网络流量）语音短信、视频、图片和文字，同时，也可以使用共享资料和基于位置的社交插件"摇一摇""漂流瓶""朋友圈""公众平台""语音记事本"等。

微信提供公众平台、朋友圈、消息推送等功能，用户可以通过"摇一摇"、"搜索号码"、"附近的人"、扫二维码等方式添加好友或关注公众平台，还可将内容分享给好友或将精彩内容分享到微信朋友圈。

微信公众平台主要有实时交流、消息发送和素材管理功能。用户可以对公众账号的粉丝分组管理、实时交流，也可以使用高级功能的编辑模式和开发模式对用户信息进行自动回复。微信还开放了部分高级接口和开放者问答系统，微信开放的高级接口权限包括语音识别、客服接口、OAuth2.0 网页授权、生成带参数二维码、获取用户地理位置、获取用户基本信息、获取关注者列表、用户分组接口等。如图 2-21 所示为微信公众平台的管理界面，如图 2-22 所示为开放的微信公众号使用界面，用户关注公众号后可以通过菜单选择查看内容、键盘文字输入、语音输入等各种方式进行互动和交流。

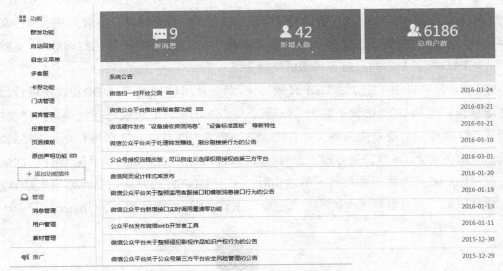

图 2-21　微信公众平台管理界面

图 2-22　微信公众号界面

微信与 QQ 类似，也是即时通信技术的一种，主要包括客户/服务器（C/S）通信模式和对等通信（P2P）模式。登录微信进行身份认证阶段是工作在 C/S 方式，随后如果客户端之间可以直接通信，则使用 P2P 方式工作，否则以 C/S 方式通过微信服务器进行通信。

3. 微博

微博（Weibo）即微型博客（MicroBlog）的简称，是一种通过关注机制分享简短实时信息的广播式的社交网络平台，也是博客的一种。国外最早也是最著名的微博是美国推特（twitter），国内使用最多的微博有新浪微博、腾讯微博。

微博是一个基于用户关系信息分享、传播以及获取的平台。用户可以通过 Web、WAP 等各种客户端组建个人社区，以不超过 140 字（包括标点符号）的文字更新信息，并实现即时分享。微博的关注机制分为可单向、可双向两种。

微博作为一种分享和交流平台，更注重时效性和随意性。与博客更偏重于梳理自己在一段时间内的所见、所闻、所感不同，微博客更能表达出每时每刻的思想和最新动态。由于不受时间、空间和终端的限制，微博真正实现了"全天候的"、大信息量的"直播"，尤其是微博更新不再局限于在计算机前，用手机便能完成操作。与博客相比，微博的"语录体"更适应互联网时代下的语境要求以及现代人的生活节奏。

微博还提供了开放平台，为移动应用提供了便捷的合作模式，满足了多元化移动终端用户随时随地快速登录、分享信息的需求。例如，新浪微博为广大开发者提供开放接口，可构建丰富多样的应用。为用户提供辅助开发的多种典型应用，让微博通过第三方网站、WAP、移动客户端和站内应用等接入形式遍及整个互联网。

4. Facebook

Facebook 是美国的一个社交网络服务网站，于 2004 年 2 月 4 日上线，主要创始人为美国人马克·扎克伯格。Facebook 是世界排名领先的照片分享站点，截至 2013 年 11 月，每天上传约 3.5 亿张照片，拥有约 9 亿用户。

Facebook 提供的功能服务主要有：

（1）墙程序。墙就是用户档案页上的留言板，现已升级为时间轴。有权浏览某一个用户完整档案页的其他用户，都可以看到该用户的墙。用户墙上的留言还会用 Feed 输出。很多用户通过他们朋友的墙留短信。更私密的交流则通过"消息"（Messages）进行。消息发送到用户的个人信箱，就像电子邮件，只有收信人和发信人可以看到。

（2）礼物功能。2007 年 2 月，Facebook 新增了礼物功能。朋友们可以互送"礼物"，即一些有趣的小图标。礼物从 Facebook 的虚拟礼品店选择，赠送时可附上一条消息。

（3）应用程序。Facebook 提供了多种基于网页接口的第三方应用程序，支持计算机、手机、平板电脑等。2007 年 5 月 24 日，Facebook 推出开放平台应用程序接口。利用这个框架，第三方软件开发者可开发与 Facebook 核心功能集成的应用程序。已有超过 5000 个应用程序被开发出来，包括小游戏、社会化音乐发现和分享服务、数据统计等。

（4）直播频道。2010 年 8 月 14 日，Facebook 推出了名为 Facebook Live 的流媒体直播频道，该频道将主要面向 Facebook 用户直播该公司的名人访谈、新产品发布及其他一

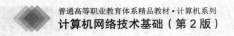

些特别活动，并鼓励用户与访谈嘉宾展开互动交流。

2.3.2　移动电子商务

移动电子商务就是利用手机、掌上电脑等无线终端进行的 B2B、B2C、C2C 或 O2O 的电子商务。它将因特网、移动通信技术、短距离通信技术及其他信息处理技术完美地结合，使人们可以在任何时间、任何地点进行各种商贸活动，实现随时随地、线上线下的购物与交易、在线电子支付以及各种交易活动、商务活动、金融活动和相关的综合服务活动等。

移动电子商务主要提供以下服务：

1. 银行业务

移动电子商务使用户能随时随地在网上安全地进行个人财务管理，进一步完善网上银行体系。用户可以使用其移动终端核查其账户、支付账单、进行转账以及接收付款通知等。目前各银行都推出了网上银行和手机银行业务。

2. 交易

移动电子商务具有即时性，因此非常适用于股票等交易应用。移动设备可用于接收实时财务新闻和信息，也可确认订单并安全地在线管理股票交易。

3. 订票

通过互联网预订机票、车票或入场券已经发展成为一项主要业务，其规模还在继续扩大。因特网有助于方便地核查票证的有无，并进行购票和确认。移动电子商务使用户能在票价优惠或航班取消时立即得到通知，也可支付票费或在旅行途中临时更改航班或车次。借助移动设备，用户可以浏览电影剪辑、阅读评论，然后订购邻近电影院的电影票。

4. 购物

借助移动电子商务，用户能够通过其移动通信设备进行网上购物。即兴购物会是一大增长点，如订购鲜花、礼物、食品或快餐等。传统购物也可通过移动电子商务得到改进。例如，用户可以使用"无线电子钱包"等具有安全支付功能的移动设备，在商店里或自动售货机上进行购物。随着智能手机的普及，移动电子商务更多地通过移动通信设备——手机进行，让顾客得到随意、更方便的购物体验。如今比较流行的手机购物软件有"掌店商城"等，实现了手机下单，手机支付，同时也支持货到付款，不用担心因没有 PC 而错过限时抢购等促销活动，尽享购物的便利。

国内较有影响力的电子商务网站均相继推出移动终端，提供移动购物服务。2014 年年底，国内著名 C2C 网站淘宝手机端的销量占总销量的一半，2015 年天猫"双十一狂欢节"

交易额达 576 亿元，其中移动端销售量的占比已经达到 71.53%。同时，各大网站相继推出 O2O 业务，以线上营销、线上购买或预订（预约）带动线下经营和线下消费。O2O 通过打折、提供信息、服务预订等方式，把线下商店的消息推送给互联网用户，从而将他们转换为自己的线下客户，提高了必须到店消费的商品和服务的销售额，如餐饮、健身、看电影和演出、美容美发等。

5. 娱乐

移动电子商务将带来一系列娱乐服务。用户不仅可以从他们的移动设备上收听音乐、收看视频，还可以订购、下载或支付特定的曲目，并且可以在网上与朋友们玩交互式游戏，还可以为游戏付费。

6. 无线医疗

医疗产业的显著特点是每一秒钟对病人都非常关键，这一行业十分适合于移动电子商务的开展。在紧急情况下，救护车可以作为进行治疗的场所，而借助无线技术，救护车可以在移动的情况下同医疗中心和病人家属建立快速、动态、实时的数据交换，这对每一秒钟都很宝贵的紧急情况来说至关重要。在无线医疗的商业模式中，病人、医生、保险公司都可以获益，也会愿意为这项服务付费。这种服务是在时间紧迫的情形下，向专业医疗人员提供关键的医疗信息。

2.3.3　移动云计算

云计算的发展并不局限于 PC，随着移动互联网的蓬勃发展，基于手机等移动终端的云计算服务已经出现。移动云计算是指通过移动网络以按需、易扩展的方式获得所需的基础设施、平台、软件（或应用）等的一种 IT 资源或（信息）服务的交付与使用模式。移动云计算是云计算技术在移动互联网中的应用。云计算技术在电信行业的应用必然会开创移动互联网的新时代。随着移动云计算的进一步发展，移动互联网相关设备的进一步成熟和完善，移动云计算业务将会在世界范围内迅速发展，成为移动互联网服务的新热点。

云计算将应用的"计算"从终端转移到服务器端，从而弱化了对移动终端设备的处理需求。这样移动终端主要承担与用户交互的功能，复杂的运算交由云端（服务器端）处理，终端不需要强大的运算能力即可响应用户操作，并将结果展现给用户，从而实现丰富的应用。移动云计算的云端采用 3 种基本的云服务模型，包括基础架构即服务（Iaas）、平台即服务（Paas）和软件即服务（Saas），在第 8 章中将介绍这 3 种服务模型。移动云计算的架构如图 2-23 所示。

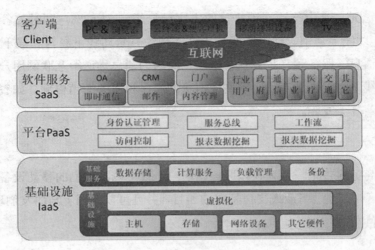

图 2-23　移动云计算架构

2.4　实训任务一　公司 Web 服务配置

2.4.1　任务描述

某广告公司现需通过互联网进行公司宣传和业务联系，公司在 ISP 租用了一台 Windows Server 2008 虚拟机拟建设公司的多个网站。作为公司网络管理员，请实施。

2.4.2　任务目的

本任务通过模拟广告公司的网站组建需求，运用 Windows Server 2008 IIS 的安装和配置，了解架设网站的步骤，完成网站的架设。

2.4.3　知识链接

IIS 是英文 Internet Information Server 的缩写，就是"Internet 信息服务"的意思。它是微软公司 Windows 服务器平台下重要的 Web 服务器组件，例如在 Windows Server 2008 里面包含了 IIS 7.0 版本的组件。IIS 与 Windows NT Server 完全集成在一起，因而用户能够利用 Windows NT Server 和 NTFS（NT File System）内置的安全特性，建立强大、灵活而安全的 Internet 站点。

IIS 支持 HTTP、FTP 以及 SMTP 协议，通过使用 CGI 和 ISAPI，IIS 可以得到高度的扩展。

IIS 支持与语言无关的脚本编写和组件，通过 IIS，开发人员就可以开发新一代动态的、富有魅力的 Web 站点。IIS 不需要开发人员学习新的脚本语言或者编译应用程序，完全支持 VBScript，JavaScript 开发软件以及 Java，也支持 CGI 和 WinCGI，以及 ISAPI 扩展和过滤器。

2.4.4 任务实施

1. 实施规划

（1）实训拓扑。

根据任务的目标，实训的拓扑结构如图 2-24 所示。

图 2-24 实训拓扑

本任务与 IP 地址没有直接关系，PC 与 IIS 服务器根据实际情况配置 IP 地址，能连通即可。

（2）实训设备。

根据任务的需求和实训拓扑，实训小组的实训设备配置建议如表 2-3 所示。

表 2-3 实训设备配置清单

设 备 类 型	配 置	数 量
交换机	标准交换机	1
PC	Windows 7	1
Web 服务器	Windows Server 2008	1

2. 实施步骤

（1）根据实训拓扑图进行交换机、计算机的线缆连接，配置 PC、IIS Server 的 IP 地址并能连通。本实训中 PC 的 IP 地址为 192.168.0.2，IIS 服务器的 IP 地址为 192.168.0.1。

（2）IIS 安装。

在 Windows Server 2008 上打开服务器管理器，在管理器界面的左边菜单选择"角色"选项卡，在界面的"角色摘要"里选择"添加角色"，出现"添加角色向导"后单击"下一步"按钮，将出现"选择服务器角色"对话框，如图 2-24 所示。选中"Web 服务器（IIS）"复选框，接下来可按向导提示的默认操作，最后单击"安装"按钮即可完成 Web 服务器角色的添加。

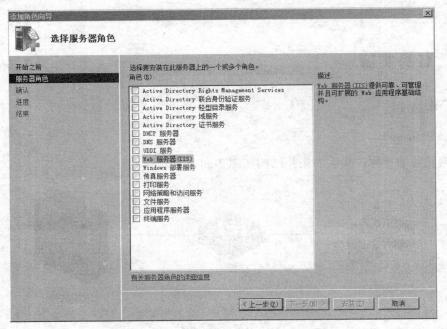

图 2-25　Web 服务安装向导

当 IIS 添加成功之后，再选择"开始→程序→管理工具→ Internet 服务管理器"命令打开 IIS 管理器。完成后的界面如图 2-26 所示。

图 2-26　Internet 服务管理器

（3）IIS 配置。

① 利用 IIS 配置第一个 Web 站点。

在硬盘中建立一个文件夹，如 D:\web，那么这个文件夹在配置成功后将成为一个 Web 站点的主目录。

为 Web 站点创建主页，将主页文件命名为 index.htm。

在图 2-26 的界面上选择"基本设置"，弹出"编辑网站"对话框，将"物理路径"设置为 D:\web，如图 2-27 所示。

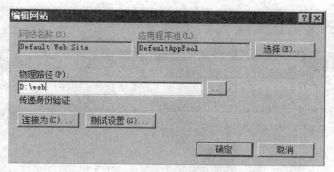

图 2-27　默认 Web 站点属性

添加首页文件名。选择"默认文档"，再单击"添加"按钮，弹出"添加默认文档"对话框，如图 2-28 所示。输入网站的首页文件名 index.htm，并将 index.htm 通过向上箭头排序到首位，这样当用户浏览站点时，打开的第一个页面就是 index.htm。

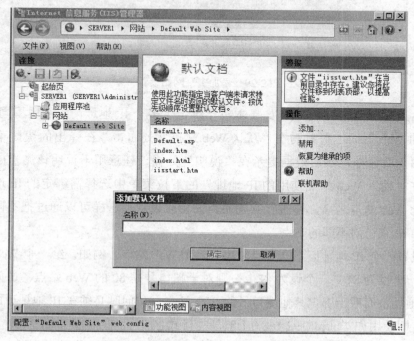

图 2-28　默认 Web 站点"主目录"选项卡

在服务器上打开浏览器，输入 http://localhost 并按 Enter 键，看到 index.htm 页面的内容，说明站点配置成功。

② 在一个服务器上建立多个 Web 站点。

在一个服务器上建立多 Web 站点有 3 种方式：一是多个站点对应多个 IP 地址；二是使用同一 IP 但端口不同的多个站点；三是使用同一 IP 但主机头不同的多个站点。在 Internet 信息服务管理单元右击"网站"，在弹出的快捷菜单中选择"添加网站"命令，弹出"添加网站"对话框，如图 2-29 所示。

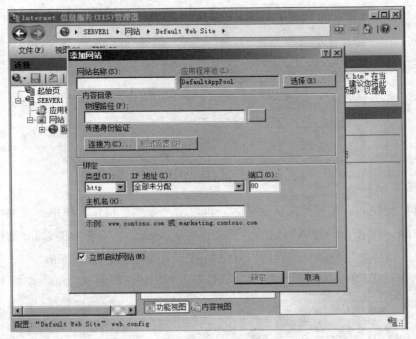

图 2-29　添加多个网站设置

多个站点对应多个 IP 地址。如果本机已绑定了多个 IP 地址，想利用不同的 IP 地址得出不同的 Web 页面，则只需在"默认 Web 站点"处右击，在弹出的快捷菜单中选择"新建→站点"命令，然后根据提示在"说明"处输入任意用于说明该站点的内容（如 Test1），在"输入 Web 站点使用的 IP 地址"的下拉菜单中选择需绑定的 IP 地址即可；当建立好此 Web 站点之后，再进行其他站点的相应设置。这样可以通过把不同的域名解析为不同的 IP 来访问不同的站点。

通过设置一个 IP 地址但不同端口来建立多个 Web 站点。例如，给一个 Web 站点端口设为 80，一个设为 81，一个设为 82……则对于端口号是 80 的 Web 站点，访问格式仍然直接是 IP 地址，而对于绑定其他端口号的 Web 站点，访问时必须在 IP 地址后面加上相应的端口号，即使用如 "http://192.168.0.1:81" 的格式。

通过设置一个 IP 地址但不同的"主机头"来建立多个 Web 站点，如果已在 DNS 服务器中将所有需要的域名都已经映射到了此唯一的 IP 地址，则用设置不同"主机头名"的方法，可以直接用域名来完成对不同 Web 站点的访问。例如，本机只有一个 IP 地址为192.168.0.1，已经建立（或设置）好了两个 Web 站点，一个是"默认 Web 站点"，另一个是"第二个 Web 站点"，现在输入 www.companysite.com 可直接访问前者，输入 www.companysite.net 可直接访问后者。其操作步骤如下：

a. 确保已先在 DNS 服务器中将这两个域名都映射到了 IP 地址上，并确保所有的 Web 站点的端口号均保持为 80 这个默认值。

b. 选择"默认 Web 站点"，在如图 2-26 所示的界面中选择"操作→编辑站点→绑定"命令，在弹出的"网站绑定"界面中选择第一个默认的 http 类型的记录并单击"编辑"按钮，在"编辑网站绑定"界面中的"主机头名"下输入 www.companysite.com，再单击"确定"按钮保存退出。

c. 使用同样的方法为第二个 Web 站点设好新的主机头名为 www.companysite.net 即可。

（4）防火墙配置。

Windows Server 2008 默认开启了 Windows 系统防火墙以保证安全，未开放的程序或端口是拒绝访问的，安装了 IIS 后，结合配置的 Web 网站还需要进行 Windows 防火墙的设置。

在 IIS Server 上打开服务器管理器里的"配置"或"管理工具"的"高级安全Windows 防火墙"，出现本地计算机的 Windows 防火墙管理界面，如图 2-30 所示。

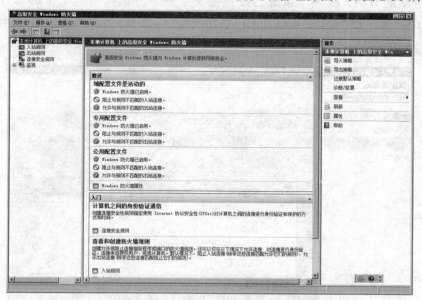

图 2-30 高级安全 Windows 防火墙

选择"入站规则"选项，会显示当前系统已经存在的入站规则，表示来自本计算机外对本地计算机的访问规则，绿色表示已启用的规则。在"入站规则"上右击，在弹出的快捷菜单中选择"新建规则"命令，弹出"新建入站规则向导"对话框，通过该对话框可以比较方便地开放准备提供外部网络和计算机可访问的程序、端口、预定义或自定义规则，如图 2-31 所示。

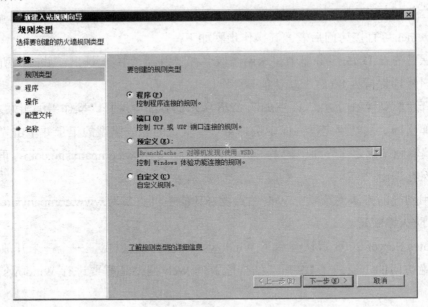

图 2-31　新建入站规则向导

对于网站的 HTTP 服务，系统已经预定义了规则，选择预定义中的"万维网服务 HTTP"，单击"下一步"按钮，系统显示已存在的规则，选择"万维网服务（HTTP 流入量）"规则，如图 2-32 所示。

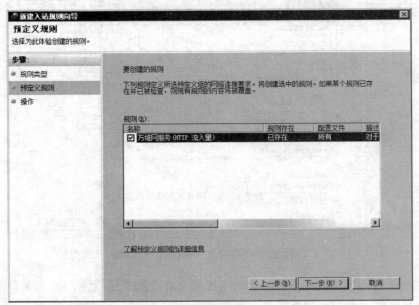

图 2-32　选择预定义的规则

确认所需要使用的规则后，单击"下一步"按钮，出现符合规则时所要进行的操作选择，如图 2-33 所示。

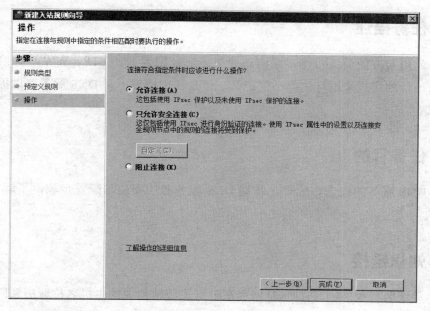

图 2-33　规则操作选择

选中"允许连接"单选按钮后单击"完成"按钮，即可完成对网站服务的入站规则的建立，从外部访问标准的网站服务。

* **提示**：系统预定义的"万维网服务 HTTP"规则是允许的 TCP 80 端口，如果网站使用其他端口，则需要选择规则类型为"端口"并进行设置。

2.4.5　任务验收

（1）在 PC 上打开浏览器，在地址栏输入 IIS 服务器地址，验证第一个 Web 站点。

（2）在 PC 上打开 IE 浏览器，在地址栏分别输入 http://192.168.0.1:81、http://www.companysite.com、http://www.companysite.net，验证 3 个 Web 站点显示的内容。

2.4.6　任务总结

通过安装和配置 IIS 服务器，了解架设网站的步骤，掌握 IIS Web 站点的配置方法。

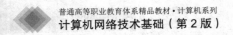

2.5 实训任务二 公司 DNS 服务配置

2.5.1 任务描述

ABC 公司为方便员工协作，面向企业员工已经配置好了 FTP、WWW 等信息服务，但通过 IP 地址的方式来进行访问不便记忆，于是决定增设一台 DNS 服务器以提供域名解析服务，请实施。

2.5.2 任务目的

了解 DNS 服务的概念和原理，掌握 DNS 服务器的安装与配置步骤，了解 DNS 查询测试方法。

2.5.3 知识链接

DNS 是域名系统的缩写，它是嵌套在阶层式域结构中的主机名称解析和网络服务的系统。当用户提出利用计算机的主机名称查询相应的 IP 地址请求时，DNS 服务器从其数据库提供所需的数据。

1. DNS 域名

DNS 利用完整的名称方式来记录和说明 DNS 域名，就像用户在命令行显示一个文件或目录的路径，如 C:\Winnt\System32\Drivers\Etc\Services.txt。在一个完整的 DNS 域名中包含多级域名，如 "host-a.example.microsoft.com."，其中 host-a 是一台计算机的主机名称，example 表示主机名称为 host-a 的计算机在这个子域中注册和使用它的主机名称，microsoft 是 example 的父域或相对的根域，com 是用于表示商业机构的根域，最后的句点表示域名空间的根（root）。

2. 区域（zone）

区域是一个用于存储单个 DNS 域名的数据库，DNS 服务器是以 zone 为单位来管理域名空间，zone 中的数据保存在管理它的 DNS 服务器中。当在现有的域中添加子域时，该子域既可以包含在现有的 zone 中，也可以为其创建一个新 zone 或包含在其他的 zone 中。用户可以将一个 domain 划分成多个 zone 分别进行管理以减轻网络管理的负荷。

3. DNS 查询

当 DNS 客户机向 DNS 服务器提出查询请求时，每个查询信息都包括两部分信息：一个是指定的 DNS 域名，另一个是查询类型。例如，指定的名称为一台计算机的完整主

机名称 "host-a.ex-ample.microsoft.com."，指定的查询类型为名称的 A（address）资源记录。可以理解为客户机询问服务器 "你有关于计算机的主机名称为 'hostname.example. microsoft.com.' 的地址记录吗？" 当客户机收到服务器的回答信息时，将解读该信息，从中获得查询名称的 IP 地址。另外，DNS 客户机利用 IP 地址查询其名称时，被称为反向查询。

2.5.4　任务实施

1. 实施规划

（1）实训拓扑。

根据任务的目标，实训的拓扑结构如图 2-34 所示。

交换机

PC　　　　　　　　　　　　　　　　　　　　　　　DNS 服务器

图 2-34　实训拓扑

本任务与 IP 地址没有直接关系，PC 与 DNS 服务器根据实际情况配置 IP 地址，能连通即可。

（2）实训设备。

根据任务的需求和实训拓扑，实训小组的实训设备配置建议如表 2-4 所示。

表 2-4　实训设备配置清单

设 备 类 型	配　　置	数　　量
交换机	标准交换机	1
PC	Windows 7	1
DNS 服务器	Windows Server 2008	1

2. 实施步骤

（1）根据实训拓扑图进行交换机、计算机的线缆连接，配置 PC、DNS 服务器的 IP 地址并能连通，PC 的 IP 地址配置里的 DNS 地址指向 DNS 服务器。本实训中 PC 的 IP 地址为 192.168.0.2，DNS 服务器的 IP 地址为 192.168.0.1。

（2）安装 DNS 服务器。在 DNS 服务器上启动服务器管理器，单击 "添加角色" 按钮，选择 "DNS 服务器"，根据向导安装 DNS 服务器。安装成功后，服务器角色显示 "DNS 服务器"，表示安装成功。

（3）配置DNS服务器。在DNS服务器中选择"开始→程序→管理工具→DNS"命令，打开DNS管理器。

① 建立区域。

选择DNS → SERVER1（服务器名），右击"正向查找区域"，在弹出的快捷菜单中选择"新建区域"命令，然后在弹出的对话框中选中"主要区域"单选按钮，如图2-35所示。

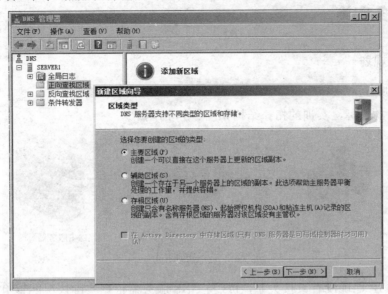

图2-35　新建正向搜索区域

在"区域名称"文本框中输入abc.com，如图2-36所示。

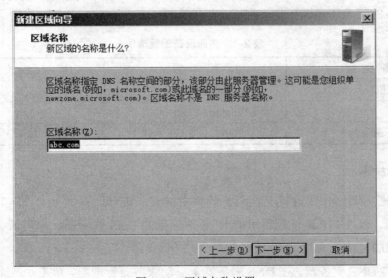

图2-36　区域名称设置

根据向导完成新建区域，如图2-37所示。

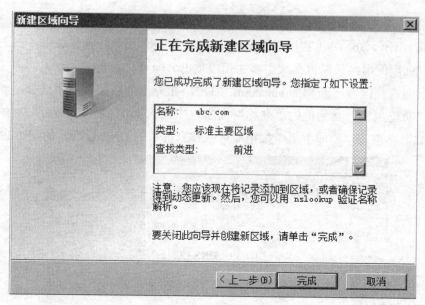

图 2-37 完成新建区域

② 建立域名 www.abc.com 的映射。

打开正向查找区域下新建的 abc.com，右击，在弹出的快捷菜单中选择"新建主机"命令，在"新建主机"对话框的"名称"文本框中输入 www，在"IP 地址"文本框中输入 192.168.0.50，再单击"添加主机"按钮，如图 2-38 所示。

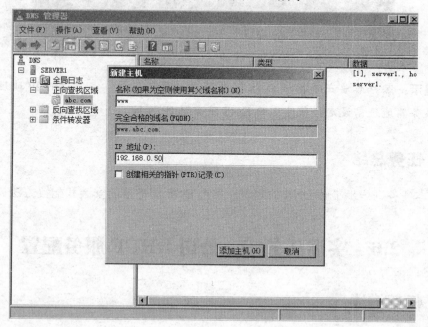

图 2-38 添加主机记录

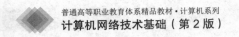
③ 建立域名 ftp.abc.com 的映射。

由于域名 www.abc.com 和域名 ftp.abc.com 均位于同一个区域和域中，在之前已经建好，因此可直接使用，只需再在域中添加相应主机名即可。

打开正向查找区域下新建的 abc.com，右击，在弹出的快捷菜单中选择"新建主机"命令，在"新建主机"对话框的"名称"文本框中输入 ftp，在"IP 地址"文本框中输入 192.168.0.48，再单击"添加主机"按钮即可。建立好后的 DNS 管理器如图 2-39 所示。

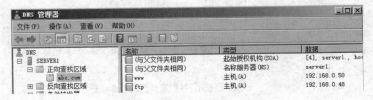

图 2-39　DNS 控制台

2.5.5　任务验收

在 PC 上采用 Windows 自带的 ping 命令来验证，格式为 ping www.abc.com。DNS 解析成功的结果如图 2-40 所示。

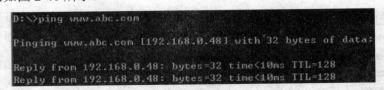

图 2-40　测试 DNS 配置连通性

＊ 提示：客户端要正确解析 DNS 服务器上新建的记录，客户机的 IP 地址里所使用的 DNS 服务器地址需设定为所建立的 DNS 服务器 IP 地址。

2.5.6　任务总结

通过本任务进一步了解 DNS 的知识，掌握 DNS 服务器的安装和配置方法。

2.6　实训任务三　公司 DHCP 服务配置

2.6.1　任务描述

某公司刚刚组建了自己的内部局域网络，为了能使局域网内计算机实现信息交换，需要为每台计算机配置 IP 地址信息，计算机接上网线后不需进行配置即可访问公司网络，请给出解决方案并实施。

2.6.2 任务目的

了解 DHCP 服务的概念和原理，掌握 DHCP 服务的配置及客户机地址维护方法。

2.6.3 知识链接

DHCP（Dynamic Host Configuration Protocol，动态主机配置协议）是 TCP/IP 协议簇中的一种，主要用于网络中的主机请求 IP 地址、默认网关、DNS 服务器地址并将其分配给主机。DHCP 简化 IP 地址的配置，实现 IP 的集中式管理。DHCP 是一种 C/S 协议，该协议简化了客户机 IP 地址的配置和管理工作以及其他 TCP/IP 参数的分配。网络中的 DHCP 服务器为运行 DHCP 的客户机自动分配 IP 地址和相关的 TCP/IP 的网络配置信息。DHCP 大大缩短了配置网络中工作站所花费的时间，避免了因手工设置 IP 地址及子网掩码所产生的错误，同时也避免了把一个 IP 地址分配给多台工作站所造成的地址冲突。使用 DHCP 服务的网络结构如图 2-41 所示。

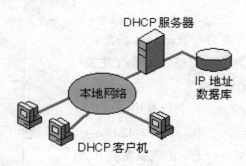

图 2-41 DHCP 服务的网络结构

1. DHCP 常用术语

（1）作用域：是一个网络中的所有可分配的 IP 地址的连续范围。作用域主要用来定义网络中单一的物理子网的 IP 地址范围。作用域是服务器管理分配给网络客户的 IP 地址的主要手段。

（2）排除范围：是不用于分配的 IP 地址序列，保证在这个序列中的 IP 地址不会被 DHCP 服务器分配给客户机。

（3）地址池：在用户定义了 DHCP 范围及排除范围后，剩余的地址组成了一个地址池，地址池中的地址可以动态地分配给网络中的客户机使用。

（4）租约：DHCP 服务器指定的时间长度。当客户机获得 IP 地址时租约被激活。在租约到期前客户机需要更新 IP 地址的租约，当租约过期或从服务器上删除，则租约停止。

（5）保留地址：用户可以利用保留地址创建一个永久的地址租约。保留地址保证子网中的指定硬件设备始终使用同一个 IP 地址。

2. **客户机获取 IP 地址过程**

（1）DHCP 客户机在本地子网中先发送 DHCP discover 信息，此信息以广播的形式发送，因为客户机现在不知道 DHCP 服务器的 IP 地址。

（2）在 DHCP 服务器收到 DHCP 客户机广播的 DHCP discover 信息后，向 DHCP 客户机发送 DHCP offer 信息，其中包括一个可租用的 IP 地址。

（3）如果没有 DHCP 服务器对客户机的请求做出反应，可能发生以下两种情况：

如果客户使用的是 Windows 2000 操作系统且自动设置 IP 地址的功能处于激活状态，那么客户机自动给自己分配一个 IP 地址。

如果使用其他操作系统或自动设置 IP 地址的功能被禁止，则客户机无法获得 IP 地址，初始化失败。但客户机在后台每隔 5 分钟发送 4 次 DHCP discover 信息，直到它收到 DHCP offer 信息。

（4）一旦客户机收到 DHCP offer 信息，将发送 DHCP request 信息到服务器，表示它将使用服务器所提供的 IP 地址。

（5）DHCP 服务器在收到 DHCP request 信息后，即发送 DHCP positive 确认信息，以确定此租约成立，且此信息中还包含其他 DHCP 选项信息。

（6）客户机收到确认信息后，利用其中的信息设置它的 TCP/IP 属性并加入到网络中，如图 2-42 所示。

（7）当客户机请求的是一个无效的或重复的 IP 地址，则 DHCP 服务器在第 5 步发送 DHCP negative 确认信息，客户机收到 DHCP negative 确认信息，初始化失败。

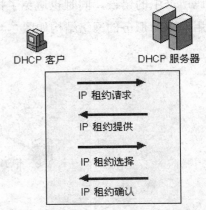

图 2-42 客户机从 DHCP 服务器获得租约的过程

2.6.4 任务实施

1. **实施规划**

（1）实训拓扑。

根据任务的目标，实训的拓扑结构如图 2-43 所示。

图 2-43 实训拓扑

（2）实训设备。

根据任务的需求和实训拓扑，实训小组的实训设备配置建议如表 2-5 所示。

表 2-5　实训设备配置清单

设 备 类 型	配　　置	数　量
交换机	标准交换机	1
PC	Windows 7	1
DHCP 服务器	Windows Server 2008	1

2. 实施步骤

（1）根据实训拓扑图进行交换机、计算机的线缆连接，PC 网络连接的"Internet 协议（TCP/IP）"属性设置成"自动获得 IP 地址"，DHCP 服务器的 IP 地址必须采用固定的 IP 地址，本实训设为 192.168.0.1，为 DHCP 客户端分配 192.168.0.10 ～ 192.168.0.100的 IP 地址。

（2）安装 DHCP 服务器。

在 DHCP 服务器上打开服务器管理器，选择"角色"选项卡，在界面的"角色摘要"里选择"添加角色"，出现"添加角色向导"后单击"下一步"按钮，出现"选择服务器角色"对话框，选中"DHCP 服务器"复选框，如图 2-44 所示。

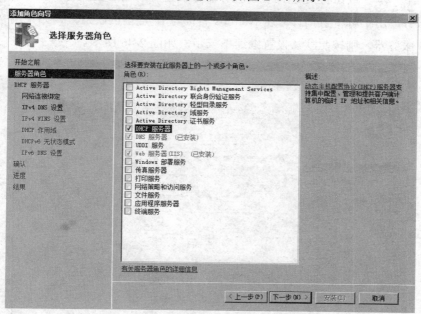

图 2-44　选择 DHCP 服务器

单击"下一步"按钮，系统显示 DHCP 服务器的简介和注意事项，继续单击"下一步"按钮，将出现网络连接绑定设置界面，选择 DHCP 服务器用于向客户端提供服务的网络连接。如果服务器有多个网络连接，选择其中正确的连接。

单击"下一步"按钮将指定 DHCP 服务器分配给客户端的 IPv4 DNS 参数，包括父域、DNS 服务器地址、备用 DNS 地址等参数，根据提示完成相应设置，如图 2-45 所示。

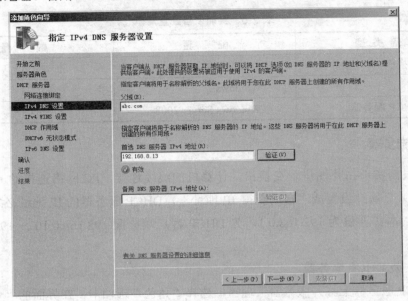

图 2-45　指定 DNS 服务器设置

单击"下一步"按钮将指定 DHCP 服务器分配给客户端的 IPv4 WINS 参数（Windows 网络名称服务，用于解析查询计算机 Netbios 名称与 IP 地址的映射），如果网络中不需要配置 WINS 服务器，则按照默认设置继续下一步，如图 2-46 所示。

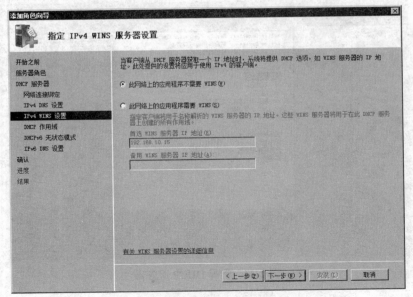

图 2-46　指定 WINS 服务器设置

单击"下一步"按钮后，系统提示 DHCP 作用域的配置，如此时进行客户端 IP 地址范围的配置，可单击"添加"按钮进行作用域配置，如以后在 DHCP 管理器中进行配置，则单击"下一步"按钮，如图 2-47 所示。

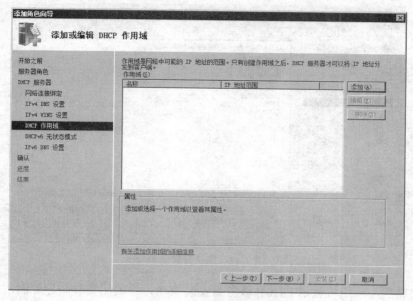

图 2-47　添加 DHCP 作用域

接下来进入 DHCPv6 无状态模式配置界面，这是用于 IPv6 环境下 DHCPv6 的配置。如果不需要配置，则选中"对此服务器禁用 DHCPv6 无状态模式"单选按钮，如图 2-48 所示。

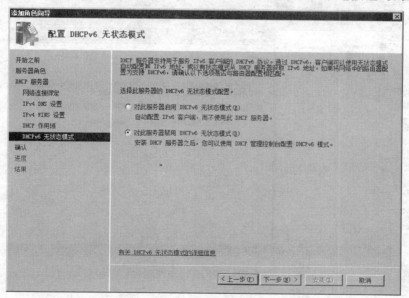

图 2-48　DHCPv6 无状态模式配置

单击"下一步"按钮后，系统提示确认安装选择，确认正确后单击"安装"按钮，如图 2-49 所示。

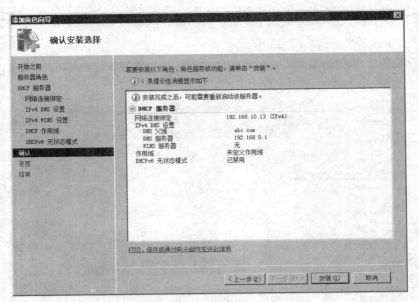

图 2-49　确认安装选择

完成安装后，系统将显示 DHCP 服务器安装成功，并关闭安装向导界面。

（3）配置 DHCP 服务器。

在服务器管理器或管理工具里打开 DHCP 管理控制台，如图 2-50 所示。

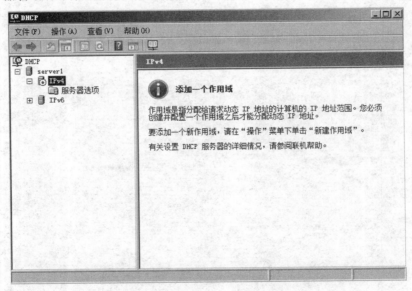

图 2-50　DHCP 管理控制台

选择 DHCP → server1（服务器名），右击 IPv4，在弹出的快捷菜单中选择"新建作用域"命令，弹出"新建作用域向导"对话框。输入作用域名称和描述，单击"下一步"按钮，输入可分配的 IP 地址范围，例如，可分配 192.168.0.10 ～ 192.168.0.100，则在"起始 IP 地址"文本框中输入 192.168.0.10，在"结束 IP 地址"文本框中输入 192.168.0.100，在"子网掩码"

文本框中输入 255.255.255.0，如图 2-51 所示。

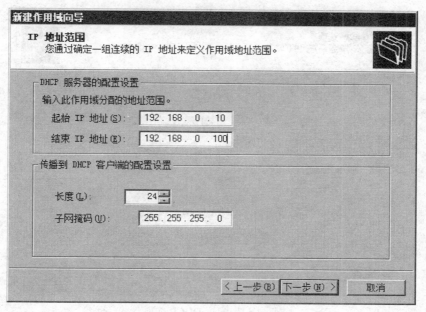

图 2-51　设置 IP 地址范围

　　单击"下一步"按钮后根据需要可设置保留的 IP 地址或 IP 地址范围，否则直接单击"下一步"按钮。

　　设定租约期限，即 DHCP 服务器所分配的 IP 地址的有效期，有效期单位可为天、小时、分钟，如图 2-52 所示。

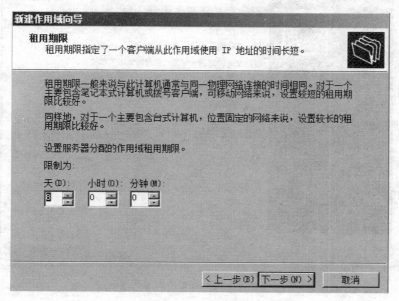

图 2-52　租用期限设置

　　单击"下一步"按钮，选择配置 DHCP 选项，DHCP 选项是分配给客户端的默认网关、默认 DNS 服务器、默认 WINS 服务器等参数，如图 2-53 所示。

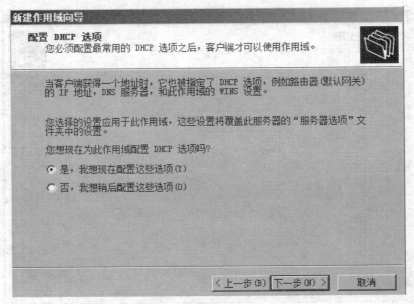

图 2-53　配置 DHCP 选项

　　如果需要立即配置 DHCP 的选项，则单击"下一步"按钮继续配置各项 DHCP 选项；如果不需要配置，则选中"否，我想稍后配置这些选项"单选按钮后单击"下一步"按钮，在弹出的界面中单击"完成"按钮。将完成作用域配置并激活作用域，如图 2-54 所示。

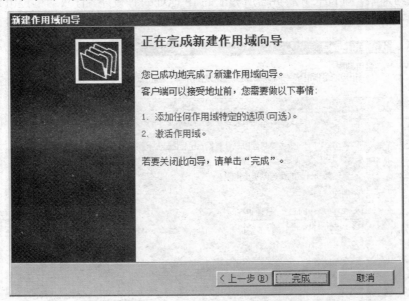

图 2-54　完成新建作用域向导

　　＊ **提示**：在完成新建的作用域前，请仔细检查作用域的各项配置是否正确，以免作用域激活后造成客户端无法获取或获取错误的网络参数。

（4）配置作用域 / 服务器选项。

对于 DHCP 的设置来说，很重要的一部分就是 DHCP 选项设置。DHCP 服务器除了可用为 DHCP 客户机提供 IP 地址外，还可设置 DHCP 客户机启动时的工作环境，如可设置客户机登录的域名称、DNS 服务器、WINS 服务器、路由器、默认网关等。在客户机启动或更新租约时，DHCP 服务器可自动设置客户机启动后的 TCP/IP 环境。针对某个作用域范围（一般是某个子网）的选项称为作用域选项，针对整个 DHCP 服务器下所有作用域设置的选项称为服务器选项，分别在作用域下和服务器下进行配置。

以配置作用域选项为例，打开前面配置激活的作用域，选择下面的"作用域选项"，如图 2-55 所示。

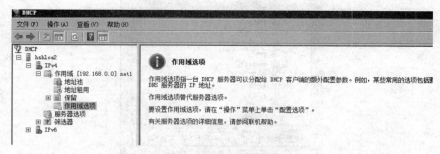

图 2-55　DHCP 作用域选项

右击"作用域选项"，在弹出的快捷菜单里选择"配置选项"命令，出现需要配置的作用域各选项，根据需要选择其中的可用选项并设置正确的数据，如 003 路由器、006 DNS 服务器、015 DNS 域名等常用参数，如图 2-56 所示。

图 2-56　作用域选项

服务器选项的参数也按上面的方法操作，注意它会对整个 DHCP 服务器上的所有作用域生效。

＊ 提示：当作用域选项与服务器选项数据不同时，在作用域内以作用域选项的数据优先。

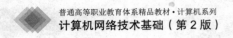

（5）DHCP 备份 / 还原。

通过维护动态主机配置协议（DHCP）数据库的备份，可以防止在 DHCP 数据库丢失（例如，由于硬盘故障）或损坏时数据丢失。主要步骤如下：

在 DHCP 管理界面单击要配置的 DHCP 服务器，选择"操作→备份"命令，提示备份 DHCP 数据的文件夹，默认的 DHCP 数据库备份路径是 %systemroot%\System32\Dhcp\Backup。可以在手动备份期间选择不同的本地文件夹，或在 DHCP 服务器属性中更改文件夹位置，如图 2-57 所示。

图 2-57　DHCP 备份文件夹

在"浏览文件夹"对话框中，选择用于存储 DHCP 数据库备份的文件夹，然后单击"确定"按钮，完成 DHCP 数据的备份。

在还原 DHCP 数据库时选择"操作→还原"命令，在"浏览文件夹"对话框中选择包含备份 DHCP 数据库的文件夹，然后单击"确定"按钮，提示将在停止和重启 DHCP 服务后还原 DHCP 数据库。

＊提示：若要还原 DHCP 数据库，应暂时停止 DHCP 服务。停止 DHCP 服务后，DHCP 客户端将无法联系 DHCP 服务器并获取 IP 地址。

2.6.5　任务验收

（1）检查 PC1 网络连接的"Internet 协议（TCP/IP）"属性是否设置成"自动获得 IP 地址"。

（2）在 PC1 上选择"开始→运行"命令并输入 cmd，进入命令模式。输入 ipconfig 命令查看所得 IP 地址是否为预期范围内的 IP 参数信息。再输入 ipconfig/renew 命令查看客户端是否可更新 IP 参数。

（3）备份 DHCP 数据库后删除建立的 DHCP 作用域，进行还原操作，检查作用域是否成功还原。

2.6.6 任务总结

通过本任务理解 DHCP 的概念和原理，掌握 DHCP 服务器的安装，作用域的配置，DHCP 数据库的备份和还原。

本 章 小 结

（1）应用层处于网络体系结构中的最高层，直接面对用户，实现了上层网络服务与底层数据网络的对接，主要功能是用户接口和实现各种服务。

（2）应用层的通信方式分为客户/服务器方式、浏览器/服务器方式。

（3）应用层为用户提供了 DNS 域名服务、WWW 服务、文件传输、远程登录、电子邮件、P2P 等各种服务，这些服务需要相应协议的支持，包括 DNS、HTTP、SMTP/POP、FTP、Telnet 等协议，以及这些服务和协议的相关功能、原理、报文等。

（4）随着移动互联网的发展，一些在各种智能终端使用的新软件和新应用也得到飞速发展和普及，介绍了移动社交、移动电子商务、移动云计算等新应用。

（5）通过 Web 服务配置、DNS 服务配置、DHCP 服务配置 3 个实训任务加强对应用层主要应用的理解。

习 题

一、填空题

1. 应用层的功能主要有两方面：_____ 和 _____。

2. DNS 是提供将 _____ 映射成 _____ 的服务，DNS 报文分为查询报文和 _____。

3. WWW 服务在应用层采用 _____ 工作模式，WWW 的信息组织形式是 _____ 与超媒体，并由指针链接的复杂的网状交叉索引方式组成的链接关系称为 _____。

4. HTTP 请求报文由请求行、_____ 和 _____ 3 个部分组成，HTTP 响应报文的格式与请求报文的格式十分类似，也由 3 个部分组成，分别是：_____、_____ 和数据主体。

5. SMTP 协议通过 TCP/IP 网络消息服务，主要是在两个 _____ 之间进行通信。POP3 仅仅是 _____ 协议。

6. FTP 协议在文件传输过程中客户端和服务器端需要建立两个连接会话和进程，一个是 _____，另一个是 _____。

二、选择题

1．elle@sohu.com 是一种典型的用户（　　　）。

A．数据

B．信息

C．电子邮件地址

D．www 地址

2．远程登录使用（　　　）。

A．SMTP

B．POP3

C．Telnet

D．IMAP

3．实现文件上传采用的是（　　　）。

A．SNMP

B．POP3

C．Telnet

D．FTP

4．如果用户希望在网络上聊天可以采用（　　　）。

A．MSN

B．POP3

C．Telnet

D．FTP

5．下列顶级域名中属于教育领域的是（　　　）。

A．GOV

B．EDU

C．COM

D．NET

6．下列说法正确的是（　　　）。

A．USENET 常用点对点的通信方式

B．BBS 是目前最大规模的网络新闻组

C．每台 BBS 服务器允许同时登录多人，但有人数限制

D．USENET 的基本通信方式是论坛留言

7．电子邮件地址 hk@sohu.com 中 sohu.com 属于（　　　）。

A．用户名

B．邮件服务器名

C．域名

D．协议名

8．URL 指的是（　　　）。

A．超文本

B．超链接

C．统一资源定位器

D．超文本标记语言

9．迅雷软件所采用的协议是（　　　）。

A．Napster

B．Gnutella

C．BitTorrent

D．DHT

10．QQ 用户之间通信采用的协议是（　　　）。

A．TCP

B．UDP

C．TCP/UCP

D．IP

三、简答题

1. 应用层为用户提供了哪些服务？
2. 举例说明域名解析的过程。
3. 简述用户访问一个网站的会话过程。
4. 简述电子邮件的收发过程。
5. 简述 FTP 的基本工作原理。
6. 简述 DHCP 协议的工作过程。

第3章 传 输 层

■ **学习内容：**

传输层的主要功能与端口寻址；TCP 协议的特点、报文格式和其可靠性传输机制，UDP 协议的特点、报文格式与其数据传输的特点；基于 TCP 的网站访问通信分析实训、基于 UDP 的 DNS 通信过程实训。

■ **学习要求：**

掌握传输层在终端应用程序之间传输数据的过程中所扮演的角色，熟悉描述 TCP/IP 传输层的两种协议，即 TCP 和 UDP 协议的作用。掌握传输层的关键功能，包括可靠性、端口寻址以及数据分段。掌握 TCP 和 UDP 协议如何发挥各自的关键功能，熟悉 TCP 或 UDP 协议的应用场景，并能举出使用 TCP 或 UDP 协议的应用程序的例子，通过两个实训任务掌握 TCP 和 UDP 数据报文分析及其分析方法。

3.1 传输层概述

传输层位于 OSI 模型的第四层，TCP/IP 模型的第三层，这一层是终端程序重要的层次，主要作用是实现端到端的通信。为什么需要传输层？由于数据在传输过程中，网络层提供的是无连接的不可靠的服务，或者由于路由器的崩溃，造成包的丢失、损毁、乱序等差错情况，所以需要在比网络层更高的层次实现端到端的数据的可靠传输。

3.1.1 传输层的功能

传输层将来自应用层的数据切割成小的数据段，并进行必要的控制，以便将这些片段重组成各种通信流。在此过程中，传输层主要负责以下功能：

1. 标识应用程序

为了将数据流传送到适当的应用程序，传输层必须要标识目的应用程序。因此，传输层将向应用程序分配标识符，TCP/IP 协议称这种标识符为端口号。在每台主机中，每个需要访问网络的软件进程都将被分配一个唯一的端口号。该端口号将用于传输层报头中，以指示与数据片段关联的应用程序。

应用程序不需要了解所用网络的详细信息，只需生成从一个应用程序发送到另一个应用程序的数据，而不必理会目的主机类型、数据必须要流经的介质类型、数据传输的路径以及链路上的拥塞情况或网络的规模。

2. 提供传输可靠性

提供端到端的数据传输是传输层的重要功能，但为了适应不同环境的要求，传输层也提供不同级别的端到端的可靠性数据传输，在环境比较差，数据传输过程中容易出现问题的条件下，或者数据传输质量要求比较高的情况下，可以在传输层采用可靠的端到端的数据传输，但这种方式会牺牲一定的传输速度；相反，在传输质量较高的环境下，可以采用不可靠的端到端的传输方式，可以极大地提高传输速度，但在传输过程中容易出现数据错误。不同传输层协议所包含的规则各不相同，因此设备可以处理各种各样的数据要求。

3. 分隔多个通信

假定某台连入网络的计算机正在收发电子邮件、使用即时消息、浏览网站和进行 VoIP 电话呼叫，那么这些应用程序将同时通过网络发送和接收数据。但是，电话呼叫的数据不会传送到 Web 浏览器上；同样，即时消息的内容也不会显示在电子邮件中。再者，只有接收和显示完整的电子邮件或 Web 网页，用户才能使用其中的信息。因此，为确保接收和显示的信息的完整性而导致的轻微延迟是可以接受的。

为了识别每段数据，传输层向每个数据段添加包含二进制数据的报头。报头含有一些比特字段。不同的传输层协议通过这些字段值执行各自的功能。

3.1.2　端口寻址

TCP/IP 协议模型中传输层常见的协议是传输控制协议（TCP）和用户数据报协议（UDP），如图 3-1 所示。这两种协议都用于管理多个应用程序的通信，其不同点在于每个协议执行各自特定的功能。

传输控制协议是一种面向连接的协议，即在数据传输前，发送方要和接收方进行联系，建立连接，后续的数据都通过这个连接收发数据。而用户数据报协议是一种简单的传输层协议，其主要特点是在传输前，发送端不与接收方建立联系，也就是采用无连接的方式尽力传送数据，但不保证数据传输的可靠性，其优点在于提供低开销数据传输。UDP 中的通信数据段称为数据报。数据报在传输层使用 UDP 协议的应用包括视频流、IP 语音（VoIP）。

图 3-1　传输层协议

要实现各种应用，需要以传输层为基础，根据应用性质，采用不同的传输层协议。为了区分这些应用，在传输层上使用不同的端口与之对应，并隔离这些应用。

1. 识别会话

在同一台计算机上，可以同时开启多个网络应用，例如 VoIP、网页浏览、MSN 即时通信和邮件收发等，这些网络应用都是基于传输层的协议 TCP、UDP 的网络应用，传输层能跟踪这些应用，关键在于传输层可以提供称为"端口"的数据，用于定位每一个具体应用进程，在通信实现时，每个端口对应一个应用程序的进程（见图 3-2）。对于一台计算机上的 IP 地址和端口关联后用于标识本地计算机的一个通信应用进程，这种 IP 地址和端口的绑定就叫套接字。这一对套接字对应互联网上用于通信的收发双发的两个应用进程，也就标识这对主机的会话。

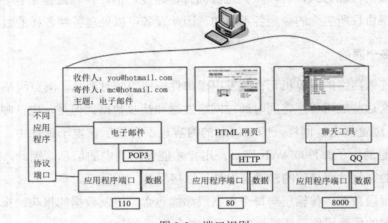

图 3-2　端口识别

一般网络应用程序分为两种，一种是服务器应用程序，另一种是客户端应用程序，这两种应用程序端口的分配方法是不同的，客户端和服务器端应用程序的端口是在运行时动态选择的，也可以提前采用静态映射的方式。例如，要访问某一网站，可以使用默认的 80 端口，或者使用服务器自身选择的其他端口号，这些端口是服务器早就选择好的，和服务器所用的 IP 地址一起构成服务器端的套接字；客户端在和服务器建立连接前，要选定自己的端口，这个选定的端口和自己的 IP 地址构成客户端的套接字；这两个套接字完成后，客户端就可以利用它们发起向服务器的连接请求。

2. 端口类型

端口的分配由互联网编号指派机构（IANA）负责，根据使用的方法可将端口号分为如下几种：

（1）公用端口（Well-Known Ports）：0 ～ 1023，主要用于服务器应用程序。例如，80 端口实际上总是用于 HTTP 通信。

（2）注册端口（Registered Ports）：1024 ～ 49151，这些端口既可以用于服务器应用程序，也可以用于客户端应用程序。

（3）动态或私有端口（Dynamic/Private Ports）：49152 ～ 65535，理论上，不应为服务分配这些端口。实际上，机器通常从 1024 起分配动态端口。但也有例外，Sun 的 RPC 端口从 32768 开始。

TCP 和 UDP 的协议规定，小于 256 的端口才能作为保留端口。还有一些应用程序可能既使用 TCP，又使用 UDP。例如，通过低开销的 UDP，DNS 可以很快响应很多客户端的请求。但有些情况下，发送被请求的信息时需要满足 TCP 可靠性要求。在这种情况下，该程序内的两种协议将同时采用公认端口号 53。

3. 端口查看命令

很多情况下，需要查看本机的端口使用情况，使用 netstat 命令就能达到目的。这个命令用于显示与 IP、TCP、UDP 和 ICMP 协议相关的统计数据，一般用于检验本机各端口的网络连接情况，如图 3-3 所示。

图 3-3 使用 netstat 命令查看连接状况

3.2 TCP 协议

3.2.1 TCP 概述

TCP 协议全称是传输控制协议（Transmission Control Protocol），是一种面向连接的、可靠的、基于字节流的传输层通信协议。TCP 协议作为 TCP/IP 协议模型中传输层的两个主要协议之一，提供可靠的端到端的传输控制协议，之所以是可靠的"端到端"的协议，是因为 TCP 协议通过多种方式，最大程度地保证发送端的数据能正确发送到目的端。常用的基于 TCP 协议的应用有 Web 访问、FTP 传输、SMTP 邮件服务、SSH、Telnet 等。

3.2.2　TCP 特点

（1）TCP 是面向连接的传输层协议，在使用 TCP 协议传输数据前，要在发送端和接收端建立起一条逻辑上的数据传输通道，以保证数据正确传输。

（2）TCP 协议是一个可靠的传输协议，采用多种措施，保证在连接上传输的数据准确可靠地传到目的端。

（3）TCP 协议传输的数据是以字节为单位的字节流，而且实现了全双工通信。

3.2.3　TCP 报文格式

在数据的传输过程中，应用层的数据传送到传输层后，作为数据再加上 TCP 的首部，就构成了 TCP 的数据传送单位，称为报文段（Segment）。报文段在发送时加上 IP 首部后成为 IP 数据报，再往下通过数据链路层封装成帧；接收时通过解封来自数据链路层的帧得到 IP 数据报，网络层再将 IP 首部去掉交给传输层，得到 TCP 报文段，传输层再将 TCP 首部去掉，然后上交给应用层，得到应用层所需要的数据。TCP 数据报的格式如图 3-4 所示。

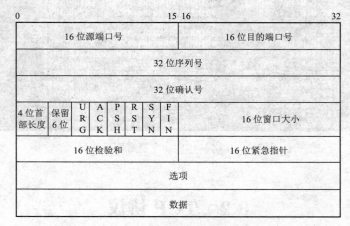

图 3-4　TCP 数据报的格式

每个 TCP 数据段都包含源端口号和目的端口号，用于寻找发送端和接收端应用进程。这两个加上 IP 首部中的源端 IP 地址和目的端 IP 地址唯一确定一个 TCP 连接。

序列号用来标识从 TCP 发送端向 TCP 接收端发送的数据字节流，表示在这个报文段中的第一个数据字节。如果将字节流看作在两个应用程序间的单向流动，则 TCP 用序列号对每个字节进行计数。

当建立一个新的连接时，SYN 标志变为 1。序列号字段包含由这个主机选择的该连接的初始序列号 ISN。该主机要发送数据的第一个字节序列号为这个 ISN 加 1，因为 SYN 标志消耗了一个序列号。

　　每个传输的字节都被计数，确认号包含发送确认的一端所期望收到的下一个序列号。因此，确认号应当是上次已成功收到数据字节序列号加 1。只有 ACK 标志为 1 时确认号字段才有效。

　　发送 ACK 无须任何代价，因为 32 位确认号字段和 ACK 标志一样，总是 TCP 首部的一部分。因此，一旦一个连接建立起来，这个字段总是被设置，ACK 标志也总是被设置为 1。

　　TCP 为应用层提供全双工服务，这意味着数据能在两个方向上独立地进行传输。因此，连接的每一端必须保持每个方向上的传输数据序列号。

　　TCP 可以表述为一个没有选择确认或否认的滑动窗机制。说 TCP 缺少选择确认是因为 TCP 首部中的确认号表示数据发送端已成功收到字节序列数，但还不包含确认号所指的字节。当前还无法对数据流中选定的部分进行确认。例如，如果 1 ～ 1024 字节已经成功接收，下一报文段中包含序号 2049 ～ 3072 的字节，接收端并不能确认这个新的报文段。它所能做的就是发回一个确认号为 1025 的 ACK。接收端也无法对一个报文段进行否认，例如，如果收到包含 1025 ～ 2048 字节的报文段，但它的检验和正确，TCP 接收端所能做的就是发回一个确认号为 1025 的 ACK。

　　首部长度给出首部中以 32 位为单位的长度数目，需要这个值是因为任选字段的长度是可变的。这个字段占 4 位，因此 TCP 最多有 60 字节的首部。然而，没有任选字段，正常的长度是 20 字节。在 TCP 首部中有 6 个标志位，它们中的多个可同时被设置为 1。

　　（1）URG 紧急指针有效，用于向外发送紧急数据。

　　（2）ACK 确认号有效，用于对接收到的数据进行确认。

　　（3）PSH 接收端应该尽快将这个报文段交给应用层。

　　（4）RST 重置连接，用于告诉另外一方，双方需要重新建立连接。

　　（5）SYN 同步信号，用于建立连接。

　　（6）FIN 发送端完成发送任务，用于结束连接。

　　TCP 的流量由连接的每一端通过声明的窗口大小来控制。窗口大小为字节数，起始用于确认号字段指明的值，这个值是接收端正期望接收的字节。窗口大小是一个 16 位字段，因而窗口大小最大为 65535 字节。

　　检验和字段是一个强制性的字段，用于传输时保证数据的完整性和准确性。检验和计算时包括了整个 TCP 报文段的数据。这一定是由发送端计算和存储，并由接收端进行验证。TCP 检验和的计算和 UDP 检验和的计算相似。

　　只有当 URG 标志置为 1 时紧急指针才有效。紧急指针是一个正的偏移量，和序列号字段中的值相加表示紧急数据最后一个字节的序号。TCP 的紧急方式是发送端向另一端发送紧急数据的一种方式。

　　最常见的可选字段是最长报文大小，又称为 MSS（Maximum Segment Size）。每个连接方通常都在通信的第一个报文段（为建立连接而设置 SYN 标志的那个段）中指明这个

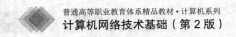

选项。它指明本端所能接收的最大长度的报文段。

3.2.4　TCP 连接的建立和终止

运行在服务器上的应用进程需要一直等待，直到有客户端发出信息请求或者服务请求启动通信。服务器上运行的每个应用程序进程都配置有一个端口号，由系统默认分配或者系统管理员手动分配。在同一传输层服务中，服务器不能同时存在具有相同端口号的两个不同服务。当某个动态服务器应用程序分配到特定端口时，该端口在服务器上视为"开启"，这表明应用层将接受并处理分配到该端口的数据段。所有发送到正确套接字地址的传入客户端请求都将被接受，数据将被传送到服务器应用程序。在同一服务器上可以同时开启很多端口，每个端口对应一个动态服务器应用程序。对于服务器而言，同时开启多个服务（如 Web 服务器和 FTP 服务器）的情况很常见。

提高服务器安全性的一个办法是限制服务器访问，只允许授权请求者访问与服务和应用程序相关的端口。

TCP 是面向连接的协议，TCP 传输连接的建立和释放是每一次面向连接的通信中必不可少的过程。传输连接有 3 个阶段，即连接建立、数据传送和连接释放。要跨越网络进行数据传输，发送端和接收端必须先建立连接，然后在这个连接上收发数据，数据传输完成后，必须拆除连接，才能结束本次会话。

在 TCP 连接建立过程中，充当客户端的主机一般会率先将向服务器发起该会话，也就是发出建立连接的请求，而服务器一般都守候在服务器应用程序对应的端口，等待客户端的请求。TCP 连接创建的过程分为 3 个步骤，常称为"三次握手"。

（1）客户端向服务器发送一个包含初始序列值（序列号字段）的请求，并携带连接建立请求的同步标识 SYN，开启通信会话。

（2）服务器收到请求后，如果同意连接，则发回确认的报文，在确认的报文段中，带有服务器为自己选择的一个序号和对客户机的确认号，确认号的值等于收到的客户机的序列值加 1，表示下次希望客户端发送数据的字节序号，通过此确认值，客户端可以将响应和上一次发送到服务器的数据段连接起来。

（3）客户端收到含有初始序列号和确认值的报文后，再次发送带序列号和确认值的报文，序列号和确认值的值都为上次接收到的值加 1。

服务器收到确认后，双方就建立了连接，这样便完成了整个建立连接的过程。以两台主机 A、B 为例建立 TCP 会话的三次握手过程，其中相关的 TCP 报文的字段和值的变化情况如图 3-5 所示，其中的 SYN 为同步标志位，ACK 为确认标志位，SEQ 为 32 位序列号，ACK 为 32 位确认号。

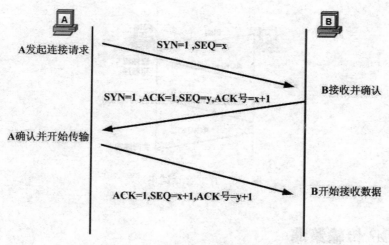

图 3-5　建立 TCP 会话的三次握手

为了理解三次握手的过程，必须考察两台主机间交换的不同值。在 TCP 数据段报头中，有 6 个包含控制信息的 1 比特字段，用于管理 TCP 进程。特别需要注意的字段分别是：

（1）ACK——确认标志。

（2）RST——重置连接。

（3）SYN——同步标志。

（4）FIN——发送端已传输完所有数据。

这些字段用作标志，由于它们都只有 1 比特大小，所以都只有两个值：1 或者 0。当值设为 1 时，表示数据段中包含控制信息。

当双方数据传送结束后，需要终止目前的连接。进行通信的双方任意一方都可以发出终止连接的请求，连接的终止与 TCP 连接的建立类似，连接的终止要经过 4 个流程，可以交换标志，以终止 TCP 连接，具体过程如下：

（1）由进行数据通信的任意一方（发送端）发送要终止连接（带 FIN 标志）的请求报文段。

（2）接收端收到此请求后，即发送确认报文段和带有其自己序列号的报文段，同时通知上层的应用程序进行连接释放。

（3）接收端在处理完数据后，再向发送端发送带有 FIN 标志的报文，以及重复上次已经发送过的序列号和确认号。

（4）发送端收到接收端的要求终止连接的报文段后，发送反向确认。当接收端收到确认后，表示连接已经全部释放。

TCP 终止连接的过程如图 3-6 所示。

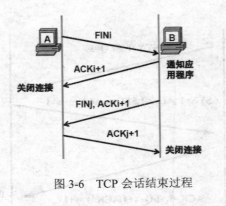

图 3-6　TCP 会话结束过程

3.2.5　TCP 传输策略

1. 数据段重组

使用 TCP 传送数据时，在发送端，数据就被分割成带有字节序列号的不同数据分段（Segment），每一段里容纳有一定数量的要发送的数据，这些数据在发送端是按照顺序发送到发送端和接收端建立的连接上的，由于每个数据段在网络上传输时，根据各自的网络状况分别独自传输，也就是说，它们通过网络中不同的路线到达接收端，因此数据段到达接收端的顺序可能是混乱的。所以，为了让目的设备理解原始消息，将重组这些数据段，使其恢复原有顺序。每个数据包中的数据段报头中都含有序列号，便于进行数据重组。

在连接建立过程中，将设置初始序列号（ISN）。初始序列号表示会话过程中要传输到目的应用程序的字节的起始值。在会话过程中，每传送一定字节的数据，序列号值就随之增加 1。通过这样的数据字节跟踪，可以唯一标识并确认每个数据段，还可以标识丢失的数据段。

在接收端，接收到的 TCP 数据段根据到达的先后顺序放入到目的主机的指定的缓冲区，然后根据这些数据段的序列号重新组织数据，还原数据，交给应用层的应用进程。

2. TCP 重传机制

跨越网络进行数据传输，是目前使用互联网的主要原因。跨越网络，那么情况就非常复杂，在网络丢失数据段的情况是无法避免的，因此 TCP 专门针对这个问题设计了一个解决办法：超时重传机制，在数据发送的同时，在发送端存储数据，启动一个重传定时器，如果在定时器规定的时间内没有这一数据的确认信息从接收端返回，发送端就重新传送该数据段。

例如，如果接收到的序列号为 3000 ～ 4500，那么确认号应为 3001，这是因为未收到序列号为 3001。如果发送端上的 TCP 软件未在规定时间内收到确认消息，将根据收到的最后一个确认号重新发送数据。

3. 滑动窗口和确认机制

TCP 协议是一个可靠的传输层协议，要求任何分段都能准确到达接收端，因此，采用了很多措施来保证，其中，滑动窗口和确认机制就是重要的手段。在工作时，发送端的程序每传输多个数据分组后，必须等待接收端的确认才能够发送后面的数据段，这就是确认机制。如果一次只是传输一个数据段后就要等待对方确认，由于网络传输的时延，将有大量时间被用于等待确认，导致传输效率低下，为此 TCP 采用一次收发多个数据段的滑动窗口机制。

TCP 滑动窗口用来暂存计算机要传送的数据分组。每台运行 TCP 协议的计算机有两个滑动窗口：一个用于数据发送，另一个用于数据接收。TCP 协议软件依靠滑动窗口机制解决传输效率和流量控制问题，可以在收到确认信息之前发送多个数据分组。这种机制使得网络通信处于忙碌状态，提高了整个网络的吞吐率，还解决了端到端的通信流量控制问题，允许接收端在拥有容纳足够数据的缓冲之前对传输进行限制。在实际运行中，TCP 滑动窗口的大小是可以随时调整的。收发端 TCP 软件在进行分组确认通信时，还交换滑动窗口控制信息，使得双方滑动窗口大小可以根据需要动态变化，达到在提高数据传输效率的同时，防止拥塞的发生。

例如，如果源主机需要等待每个 10 字节数据段的确认信息，网络将负担很多额外开销。为减少这些确认信息的开销，可以预先发送多个数据段，并在相反方向上采用单一 TCP 消息进行确认。这种确认消息中包含基于所接收的所有会话字节的确认号。

发送端在收到确认消息之前可以传输的数据大小称为窗口大小。窗口大小是 TCP 报头中的一个字段，用于管理丢失数据和流量控制。

4. TCP 拥塞控制

因特网上的传输超时大部分是因拥塞造成的，出现传输超时就意味着出现了拥塞。

为了解决拥塞问题，发送方除了发送窗口外，还维持一个拥塞窗口。拥塞窗口的大小取决于网络的拥塞程度，并动态变化。发送方让自己的发送窗口等于拥塞窗口，另外考虑到接受方的接收能力，发送窗口可能小于拥塞窗口。建立连接时，将拥塞窗口的大小初始化为该连接所需的最大数据段的长度值。

在定时器超时前，得到确认，将拥塞窗口的大小增加一个数据段的字节数，并发送两个数据段，如果每个数据段在定时器超时前都得到确认，就再在原基础上增加一倍，即为 4 个数据段的大小，如此反复，每次都在前一次的基础上加倍。

定时器超时或达到发送窗口设定的值时，停止拥塞窗口尺寸的增加。TCP 拥塞控制采用慢启动、加速收敛等措施来控制拥塞窗口大小，进而控制拥塞。

3.3 UDP 协议

3.3.1 UDP 概述

UDP 协议全称是用户数据报协议（User Datagram Protocol），在网络中它与 TCP 协议一样用于处理数据包，是一种无连接的协议。作为 TCP/IP 协议模型中传输层的另外一个重要协议，UDP 提供了基本的传输层功能。由于网络介质，特别是光纤的广泛使用，UDP 协议的使用更为广泛。常用的基于 TCP 协议的应用有 DNS（域名服务）、SNMP（简单网络管理协议）、TFTP（通用文件传输协议）、NFS（网络文件系统）以及一些在线交流软件等，另外组播协议、动态路由协议等也采用 UDP 传输。

3.3.2 UDP 特点

UDP 是一种简单传输层协议，与 TCP 相比，UDP 的开销极低，因为 UDP 是无连接的，并且不提供复杂的重新传输、排序和流量控制等机制。不过，这并不说明使用 UDP 的应用程序真的不可靠，而仅仅是说明作为传输层协议，UDP 不提供上述几项功能，如果需要这些功能，必须通过应用层来实现。关于 UDP 的详细描述如下：

（1）UDP 是无连接的传输层协议，在使用 UDP 协议传输数据前，无须事先在发送端和接收端建立连接。

（2）UDP 协议是一个不可靠的传输层协议，只管将数据发送到网络上，不保证数据传输到目的端。

（3）提供全双工通信面向字节流，与 TCP 协议一样，传输的数据是以字节为单位的字节流，而且实现了全双工通信。

（4）UDP 协议是一个尽最大努力传输的协议。

3.3.3 UDP 报文格式

UDP 是面向无连接的，其格式与 TCP 相比少了很多字段，也简单了很多，这也是其传输数据时效率较高的主要原因之一。UDP 数据报的格式如图 3-7 所示。

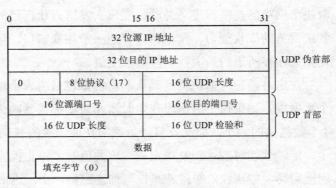

图 3-7 UDP 数据报的格式

1. UDP 数据报重组

UDP 是无连接协议，因此通信发生之前不会建立会话，数据传输也有出现错误的机会。UDP 要发送数据时，只是发送数据，其可靠性需要上层软件来保证。

很多使用 UDP 的应用程序发送的数据量很小，用一个数据报就够了。但是也有一些应用程序需要发送大量数据，因此需要用多个数据报来进行传输。UDP 将多个数据报发送到目的主机时，可能使用了不同的路径，到达顺序也可能跟发送时的顺序不同。与 TCP 不同，UDP 不跟踪序列号。因为 UDP 不会对数据段重组，所以也不会将数据恢复到传输时的顺序。因此，UDP 仅仅是将接收到的数据按照先来后到的顺序转发到应用程序。如果数据的顺序对应用程序很重要，那么应用程序只能自己标识数据的正确顺序，并决定如何处理这些数据。

2. UDP 进程

与基于 TCP 的应用程序相同的是，基于 UDP 的服务器应用程序也被分配了公认端口或已注册的端口。当应用程序运行时，它们就会接受与所分配端口相匹配的数据。当 UDP 收到用于某个端口的数据报时，就会按照应用程序的端口号将数据发送到相应的应用进程。

3. 客户端程序

对于 TCP 而言，C/S 模式的通信初始化采用由客户端应用程序向服务器进程请求数据的形式。而 UDP 客户端进程则是从动态可用端口中随机挑选一个端口号，用来作为会话的源端口。而目的端口通常都是分配到服务器进程的公认端口或已注册的端口。采用随机的源端口号的另一个优点是提高安全性。如果目的端口的选择方式容易预测，那么网络入侵者很容易就可以通过尝试最可能开放的端口号访问客户端。

由于 UDP 不建立会话，因此一旦数据和端口号准备就绪，UDP 就可以生成数据报并递交给网络层，并在网络上寻址和发送。客户端选定了源端口和目的端口后，通信事务中的所有数据报文头都采用相同的端口对。对于从服务器到达客户端的数据来说，数据报头所含的源端口和目的端口做了互换。

3.3.4 TCP 与 UDP 比较

TCP 和 UDP 协议共同支撑了互联网的传输层，应用程序一般在传输层，要么选用 TCP 协议，要么选用 UDP 协议，二者之间的异同如表 3-1 所示。

表 3-1　TCP 协议与 UDP 协议的异同

	TCP	UDP
相同点	TCP 和 UDP 都处于网络层之上，都是传输层协议，功能都属于保证网络层数据的传输。双方的通信无论是用 TCP 还是 UDP 都是要开放端口的	
不同点	① TCP 的传输是可靠的 ② TCP 是基于连接的协议，也就是说，在正式收发数据前，必须和对方建立可靠的连接 ③ TCP 是一种可靠的通信服务，负载相对而言比较大。TCP 采用套接字（socket）或者端口（port）来建立通信 ④ TCP 包括序号、确认信号、数据偏移、控制标志（通常说的 URG、ACK、PSH、RST、SYN、FIN）、窗口、检验和、紧急指针、选项等信息 ⑤ TCP 提供超时重发，丢弃重复数据，检验数据，流量控制等功能，保证数据能从一端传到另一端 ⑥ TCP 在发送数据包前都在通信双方有一个三次握手机制，确保双方准备好，在传输数据包期间，TCP 会根据链路中数据流量的大小来调节传送的速率，传输时如果发现丢包，会有严格的重传机制，故传输速度很慢 ⑦ TCP 支持全双工和并发的 TCP 连接，提供确认、重传与拥塞控制	① UDP 的传输是不可靠的 ② UDP 是与 TCP 相对应的协议，面向非连接，它不与对方建立连接，而是直接就把数据包发送过去 ③ UDP 是一种不可靠的网络服务，负载比较小 ④ UDP 包含长度和校验与信息 ⑤ UDP 不提供可靠性，只是把应用程序传给 IP 层的数据报发送出去，但是并不能保证它们能到达目的地 ⑥ UDP 在传输数据报前不用在客户和服务器之间建立一个连接，且没有超时重发等机制，故而传输速度很快 ⑦ UDP 适用于系统对性能的要求高于数据完整性的要求，需要"简短快捷"的数据交换、需要多播和广播的应用环境

3.4　实训任务一　基于 TCP 的网站访问通信分析

3.4.1　任务描述

公司已架设了自己的 Web 服务器提供网站访问服务，作为网络管理员的你希望能了解网站访问中 TCP 的数据并分析通信过程，从而更好地了解 TCP 协议。

3.4.2　任务目标

本任务通过使用 Wireshark 工具获取 HTTP 通信过程，掌握 TCP 报文段首部中各字段的含义及作用，掌握 TCP 连接建立和释放的过程，了解 TCP 的确认机制。

3.4.3　知识链接

（1）HTTP 协议（见第 2 章 2.2.2 节）。

（2）TCP 报文格式（见本章 3.2.3 节）。

（3）TCP 连接的建立和终止（见本章 3.2.4 节）。

（4）TCP 传输策略（见本章 3.2.5 节）。

3.4.4　任务实施

1. 实施规划

（1）实训拓扑。

根据任务的目标，本实训的拓扑结构如图 3-8 所示。

图 3-8　实训拓扑

本任务与 IP 地址没有直接关系，PC 与 Web 服务器根据实际情况配置 IP 地址，能连通即可。

（2）实训设备。

根据任务的需求和实训拓扑，实训小组的实训设备配置建议如表 3-2 所示。

表 3-2　实训设备配置清单

设 备 类 型	配　　　置	数　　量
交换机	标准交换机	1
PC	Windows 7、Wireshark	1
Web 服务器	Windows Server 2008、IIS	1

2. 实施步骤

（1）根据实训拓扑图进行交换机、计算机的线缆连接，配置 PC、Web Server 的 IP 地址并能连通，Web 服务器完成网站的配置并能正常访问。本实训中 PC 的 IP 地址为 10.10.92.68，Web 服务器的 IP 地址为 10.10.8.188。

（2）捕获 TCP 数据。

在 PC 上运行 Wireshark 软件，捕获过滤条件选用 TCP，捕获建立连接和断开连接的数据。在 PC 上打开浏览器，输入 http://10.10.8.188，访问后开始捕获数据，浏览器中显示出网站的内容后即可停止捕获，此时在 Wireshark 的捕获窗口将显示捕获到的 TCP 数据，如图 3-9 所示。

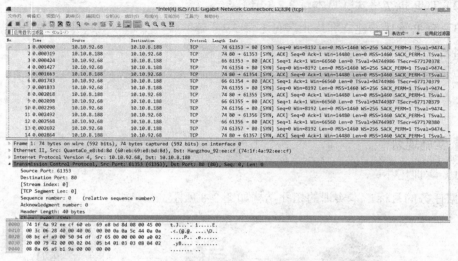

图 3-9　捕获的 TCP 报文数据

*　**提示：**开始抓包前请关闭其他网络应用程序，仅保留浏览器的访问。

单击任意一组 TCP 报文，仔细观察和分析 TCP 报文数据的格式，其中的各字段内容可参看图 3-4。

（3）连接建立。

TCP 连接是通过称为三次握手的三条报文来建立的。观察图 3-9 中的数据，其中，分组 1～3 显示的就是三次握手。第一条报文没有数据的 TCP 报文段（分组 1），并将首部 SYN 位设置为 1。因此，第一条报文常被称为 SYN 分组。这个报文段里的序号可以设置成任何值，表示后续报文设定的起始编号。连接不能自动从 1 开始计数，选择一个随机数开始计数可避免将以前连接的分组错误地解释为当前连接的分组。观察分组 1，Wireshark 显示的序号是 0。选择分组首部的序号字段，原始框中显示"94 df 9f 65"。Wireshark 显示的是逻辑序号，真正的初始序号不是 0，如图 3-10 所示。

SYN 分组通常是从客户端发送到服务器，这个报文段请求建立连接。一旦成功建立了连接，服务器进程必须已经在监听 SYN 分组所指示的 IP 地址和端口号。如果没有建立连接，SYN 分组将不会应答。如果第一个分组丢失，客户端通常会发送若干 SYN 分组，否则客户端将会停止并报告一个错误给应用程序。

如果服务器进程正在监听并接收到来的连接请求，将以一个报文段进行响应，这个报文段的 SYN 位和 ACK 位都置为 1。通常称这个报文段为 SYNACK 分组。SYNACK 分组在确认收到 SYN 分组的同时发出一个初始的数据流序号给客户端。

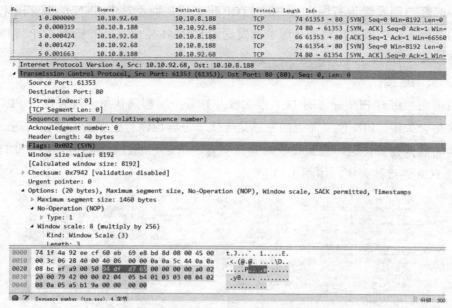

图 3-10　逻辑序号与实际初始序号（分组 1）

如图 3-11 所示，分组 2 的确认号字段在 Wireshark 的协议框中显示 1，并且在原始框中的值是"94 df 9f 66"（比"94 df 9f 65"多 1）。这解释了 TCP 的确认模式。TCP 接收端确认第 X 个字节已经收到，并通过设置确认号为 X+1 来表明期望收到下一个字节号。分组 2 的序号字段在 Wireshark 的协议中显示为 0。这表明 TCP 连接的双方会选择数据流中字节的起始编号。所有初始序号逻辑上都视为序号 0。

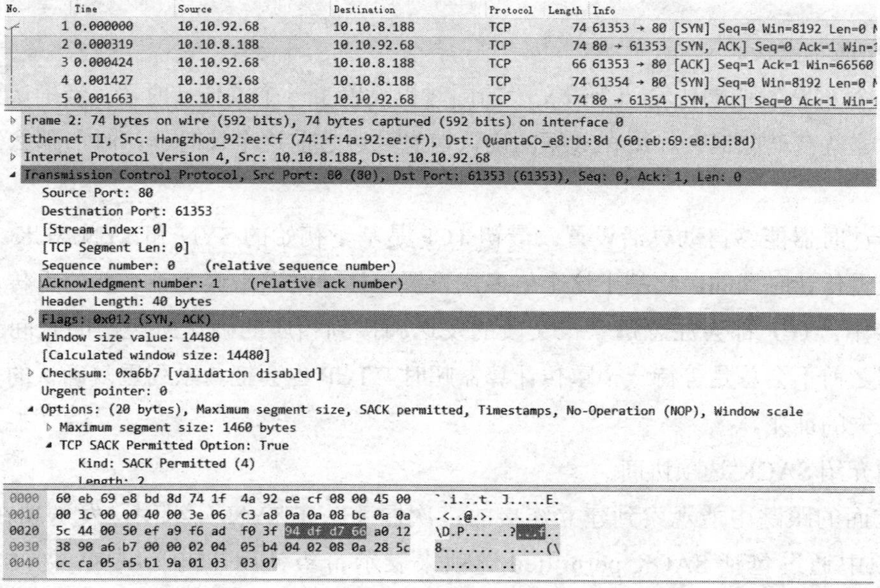

图 3-11　逻辑序号与实际初始序号（分组 2）

最后，客户端发送带有标志 ACK 的 TCP 报文段，而不是带 SYN 的报文段来完成三次握手的过程。这个报文段将确认服务器发送的 SYNACK 分组，并检查 TCP 连接的两端是否正确打开和运行。

（4）关闭连接。

当两端交换带有 FIN 标志的 TCP 报文段并且每一端都确认另一端发送的 FIN 包时，TCP 连接将会关闭。FIN 位字面上的意思是连接一方再也没有更多新的数据发送。然而，那些重传的数据会被传送，直到接收端确认所有的信息。通过分组 151，153 和 152，155 可以看到 TCP 连接被关闭，如图 3-12 所示。

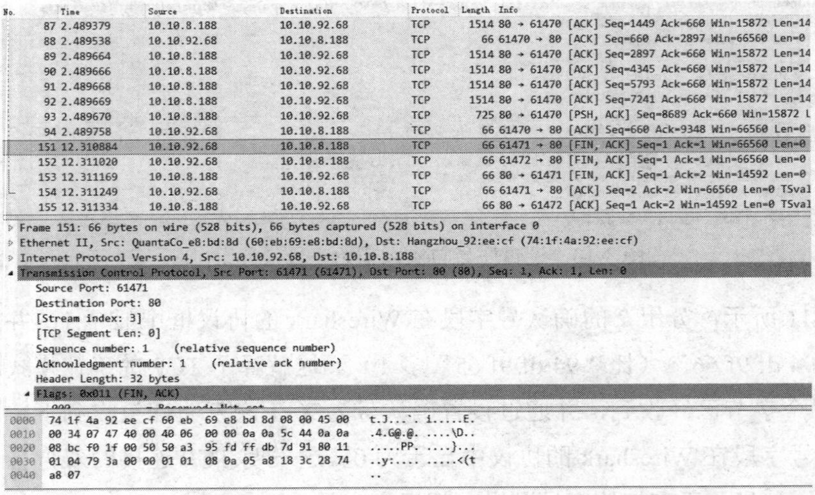

图 3-12　TCP 连接关闭

（5）TCP 重传。

当一个 TCP 发送端传输一个报文段的同时也设置了一个重传计时器。当确认到达时，这个计时器就自动取消。如果在数据的确认信息到达之前这个计时器超时，那么数据就会重传。

重传计时器能够自动灵活设置。最初 TCP 是基于初始的 SYN 和 SYN ACK 之间的时间来设置重传计时器的，它基于这个值多次设置重传计时器来避免不必要的重传。在整个 TCP 连接中，TCP 都会注意每个报文段的发送和接到相应的确认所经历的时间。TCP 在重传数据之前不会总是等待一个重传计算器超时。TCP 也会把一系列重复确认的分组当作是数据丢失的征兆。

下面介绍 SACK 选项协商。

在上面的跟踪中能观察到建立连接的三次握手。在 SYN 分组中，发送端在 TCP 的首部选项中通过包括 SACK permitted 选项来表示希望使用 TCP SACK。在 SYN ACK 包中接收端表示愿意使用 SACK。这样双方都同意接收选择性确认信息。SACK 选项如图 3-13 所示。

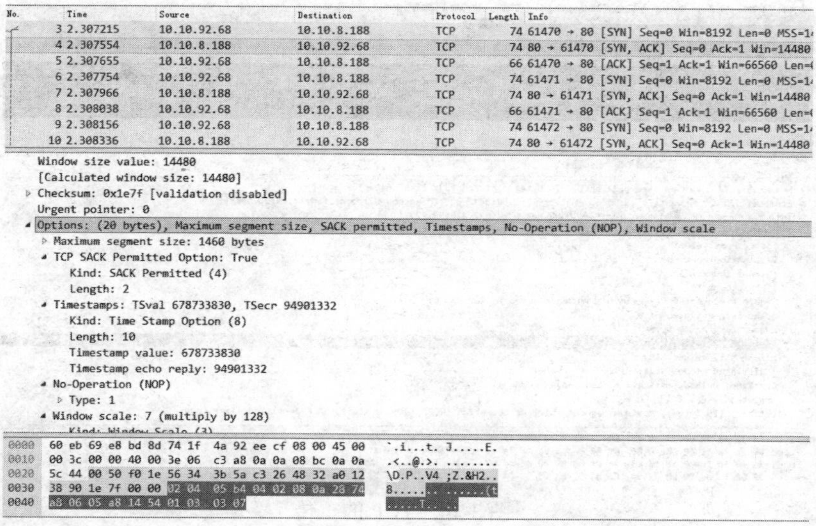

图 3-13　SACK 选项

　　在 TCP SACK 选项中，如果连接的一端接收了失序数据，则将使用选项区字段来发送关于失序数据起始和结束的信息。这样允许发送端仅仅重传丢失的数据。TCP 接收端不能传递它们接收到的失序数据给处于等待状态的应用程序，因为它总是传递有序数据。因此，接收到的失序数据要么被丢掉，要么被存储起来。

　　接收端的存储空间是有限的，TCP 发送端必须保存一份已发送的数据的副本，以防止数据需要重发。发送端必须保存数据直到它们收到数据的确认信息为止。

　　接收端通常会分配一个固定大小的缓冲区来存储这些失序数据和需要等待一个应用程序读取的数据。如果缓冲区空间不能容纳更多数据，那么接收端只有将数据丢弃，即使该数据是成功到达的。接收端的通知窗口字段用来通知发送端还有多少空间可以用于输入数据。如果数据发送的速度快于应用程序处理数据的速度，接收端就会发送一些信息来告知发送端其接收窗口正在减小。在这个跟踪文件中，接收端通知窗口的大小是变化的，即从 14480 个字节到 15872 个字节。

　　TCP 发送端在发送之前有一个容纳数据的有限空间。然而，和接收端不同的是，发送端是限制自己的发送速率。如果缓冲区的空间满了，尝试写入更多数据的应用程序将被阻塞，直到有更多的空间可以利用为止。

　　（6）分组的丢失与重传。

　　在分析窗口的显示过滤器处输入 tcp.analysis.retransmission 搜索重传的数据包，如图 3-14 所示，显示了 4 组重传的数据包。通过观察分组的序号、确认号的变化，研究重传行为。

图 3-14　TCP 的重传

3.4.5　任务总结

通过本任务掌握 TCP 协议的报文格式，理解 TCP 数据包的连接建立和终止，了解 TCP 的传输策略。

3.5　实训任务二　基于 UDP 的 DNS 通信过程

3.5.1　任务描述

公司已架设了自己的 DNS 服务器提供域名解析服务，作为网络管理员的你希望能了解域名解析中 UDP 的数据并分析通信过程，从而更好地了解 UDP 协议。

3.5.2　任务目标

本任务通过使用 Wireshark 工具获取 DNS 通信过程，掌握 UDP 报文段首部中各字段的含义及作用。

3.5.3　知识链接

（1）DNS 协议（见第 2 章 2.2.1 节）。
（2）UDP 报文格式（见本章 3.3.3 节）。

3.5.4 任务实施

1. 实施规划

（1）实训拓扑。

根据任务的目标，实训的拓扑结构如图 3-15 所示。

图 3-15 实训拓扑

本任务与 IP 地址没有直接关系，PC 与 DNS 服务器根据实际情况配置 IP 地址，能连通即可。

（2）实训设备。

根据任务的需求和实训拓扑，实训小组的实训设备配置建议如表 3-3 所示。

表 3-3 实训设备配置清单

设 备 类 型	配 置	数 量
交换机	标准交换机	1
PC	Windows 7、Wireshark	1
DNS 服务器	Windows Server 2008、DNS	1

2. 实施步骤

（1）根据实训拓扑图进行交换机、计算机的线缆连接，配置 PC、DNS Server 的 IP 地址并能连通，DNS 服务器完成域名服务的配置并能正常访问。本实训中 PC 的 IP 地址为 10.10.92.68，DNS 服务器的 IP 地址为 10.10.8.50。

在 PC 上打开 cmd 命令窗口，输入 nslookup 命令用于查询 DNS 记录，将解析服务器指向自己的 DNS 服务器（也可将 PC 的 DNS 地址设为任务中的 DNS 服务器地址），如图 3-16 所示。

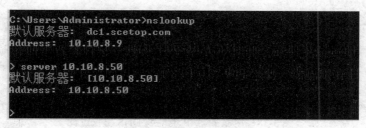

图 3-16 nslookup 命令

（2）捕获 UDP 数据。

在 PC 上运行 Wireshark 软件，捕获过滤条件选用 UDP，捕获建立连接和断开连接的数据。在 nslookup 窗口里任意输入一条 DNS 域名查询记录，此处输入 www.scetop.com，访问后开始捕获数据，nslookup 显示出查询的内容后即可停止捕获，此时在 Wireshark 的捕获窗口将显示捕获到的 UDP 数据，如图 3-17 所示。

* **提示**：开始抓包前请关闭其他网络应用程序，仅保留 nslookup 命令窗口。

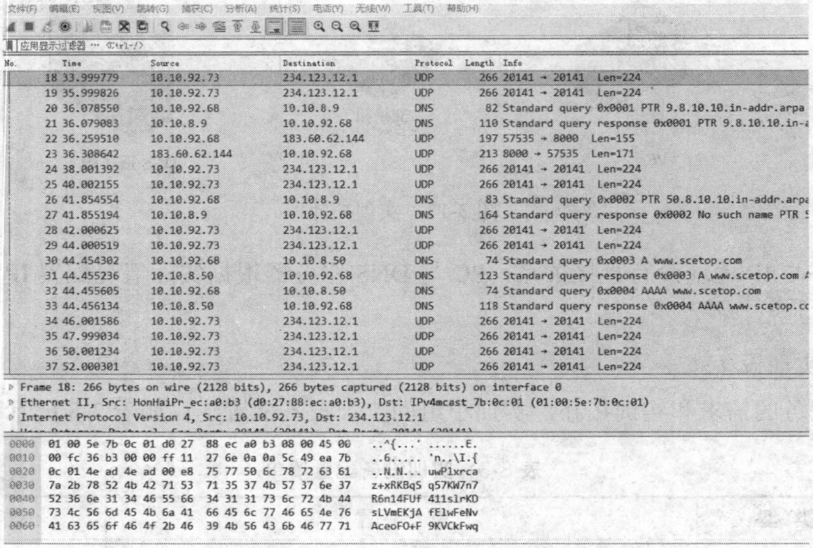

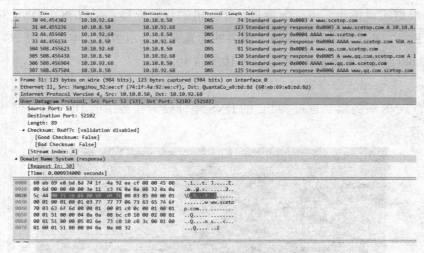

图 3-17　捕获的 UDP 数据

（3）分析 UDP 数据。

由于主机和网络中发出的 UDP 包比较多，为了更好地观察目标数据包，可在显示过滤器上输入 DNS 服务器的 IP 地址或选择 DNS 协议进行过滤，如图 3-18 所示。

图 3-18　用服务器 IP 地址或 DNS 协议过滤

观察以上数据，可以看到由于 UDP 是无连接协议，因此通信发生之前不会建立会话。其中，分组 30 ～ 33 显示的就是对 www.scetop.com 主机记录的查询和应答，30、31 是查询和应答的 A 记录（IPv4 记录），32、33 查询和应答的是 AAAA 记录（IPv6 记录）。以分组 30 为例，分组 30 为 PC 向 DNS 服务器发出了主机 A 记录的查询，其源端口为52102，目标端口为 53，长度为 40 字节，如图 3-19 所示。

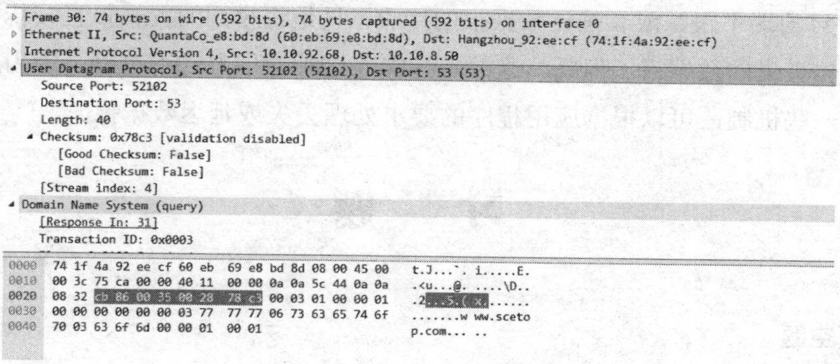

图 3-19　DNS 查询的 UDP 字段

再观察 UDP 后面携带的 DNS 查询数据，可看到其发出的是对 www.scetop.com 主机type A 记录的查询请求。按此再观察 DNS 应答数据的各字段内容。可重复查询其他 DNS记录进行数据包的查看，与实训任务一的 TCP 对比不同点。

3.5.5　任务总结

通过本任务掌握 UDP 协议的报文格式，理解 UDP 无连接的特点，了解与 TCP 协议的区别。

本 章 小 结

（1）传输层将从应用程序接收到的数据分成数据段，添加报头来标识和管理每个数据段，使用报头信息将数据段重组成应用程序数据，将组装后的数据传递到正确的应用程序。

（2）TCP 与 UDP 是常见的传输层协议。TCP 数据报与 UDP 数据段在数据的开头都有报头，包含源端口号和目的端口号。通过使用端口号，数据就可以准确发送到目的计算机的特定应用程序。

（3）TCP 在目的主机没有确定可以接收数据时不会向网络发送数据。TCP 管理数据流，并会重新发送目的主机没有确认收到的数据。TCP 使用握手、计时器和确认机制，以及动态窗口来实现可靠传输。但是，可靠性带来的结果就是增加了网络开销。有两点原因，其一是 TCP 采用了更大的数据段报头信息；其二是管理源端和目的端之间的数据传输也导致了更大的网络流量。

（4）如果应用程序数据需要在网络上快速传输，或者网络带宽无法支持源端和目的端系统之间由控制信息带来的开销，那么 UDP 无疑是作为传输层协议的优先选择。因为

UDP 在目的端不跟踪或者确认数据报的接收，只是将收到的数据报直接传给应用层，并且不会重传丢失的数据报。但是，这并不意味着这种通信方式不可靠。因为应用层协议和服务中有一些机制，可以根据应用程序的要求处理丢失或延迟数据报。

习　题

一、填空题

1. TCP/IP 网络中，物理地址与 _____ 层有关，逻辑地址与 _____ 层有关，端口地址和 _____ 层有关。

2. 在 TCP 连接中，主动发起连接建立的进程是 _____，被动等待连接的进程是 _____。

3. 每个 TCP 段都包含 _____ 和 _____，用于寻找发送端和接收端应用进程。

4. 在 TCP 数据包中的数据段报头中都含有 _____，便于进行数据重组。

5. TCP 传输连接有 3 个阶段，即 _____、数据传送和 _____。

6. UDP 是无连接协议，因此通信发生之前不会建立会话，只是发送数据，其可靠性需要 _____ 来保证。

二、选择题

1. 在 OSI 模型中，提供端到端传输功能的层次是（　　）。

A. 物理层　　　　　　　　　　　B. 数据链路层

C. 传输层　　　　　　　　　　　D. 应用层

2. TCP 的主要功能是（　　）。

A. 进行数据分组　　　　　　　　B. 保证可靠传输

C. 确定数据传输路径　　　　　　D. 提高传输速度

3. TCP 首部 6 个标志位中 ACK 是（　　）。

A. 紧急比特　　　　　　　　　　B. 确认比特

C. 同步比特　　　　　　　　　　D. 终止比特

4. TCP 的协议数据单元被称为（　　）。

A．比特   B．帧

C．分段   D．字符

5．HTTP 所使用的端口号是（　　　），POP3 所使用的端口号是（　　　），远程桌面所使用的端口号是（　　　）。

A．25   B．80

C．110   D．3389

6．以下端口为公用端口的是（　　　）。

A．8080   B．4000

C．161   D．1256

7．传输层上实现不可靠传输的协议是（　　　）。

A．TCP   B．UDP

C．IP   D．ARP

8．欲传输一个短报文，TCP 和 UDP 哪个更快？（　　　）

A．TCP   B．UDP

C．两个都快   D．不能比较

三、简答题

1．简述传输层的作用及其功能。

2．什么是会话？请给出会话的实例。

3．什么是三次握手？请给出图示。

4．什么是端口？端口有哪些类型？给出常用的知名端口。

5．TCP 协议如何实现容错机制？常用哪些算法？

6．简述 UDP 的特点，试比较与 TCP 的异同。

7．如何实现应用程序的可靠传输？

8．在实训任务一中，观察和查找客户服务器之间用于初始化 TCP 连接的 TCP SYN 报文段的序号（sequence number）是多少？是用什么来标识该报文段是 SYN 报文段的？服务器向客户端发送的 SYN ACK 报文段序号是多少？该报文段中，ACK 字段的值是多少？

9．在实训任务二中，观察和查找客户端向服务器发送的 DNS 查询的 AAAA 记录的源端口号和目标端口号各是多少？

第4章 网 络 层

■ **学习内容:**

网络层的功能与 IP 协议的基本概念,包括 IP 协议特点、数据分组结构、IP 地址及子网掩码;数据报转发与路由选择,路由选择协议的类型及功能;网络层的地址解析协议 ARP、因特网控制报文协议 ICMP、因特网组管理协议 IGMP 以及网络地址转换 NAT;IPv6 协议的格式与分类、IPv6 过渡技术;Windows Server 静态路由配置实训。

■ **学习要求:**

IP 协议是实现网络互联的核心技术,通过本章了解网络层的功能和 IP 协议使用的4 个基本过程:编址、封装、路由、解封,理解 IPv4 协议的特点、数据分组格式,掌握 IPv4 地址的表示方法和划分方法。理解 IP 数据报的转发与路由选择,了解路由协议。了解 ARP 协议、ICMP 协议、IGMP 协议和网络地址转换 NAT 技术,掌握 IPv6 协议的格式与分类,了解 IPv6 过渡技术,完成静态路由配置实训。

4.1　网络层的功能

TCP/IP 体系结构中,传输层负责管理每台终端主机上运行进程之间的数据传输,传输层为各个应用进程传输的数据最终都要下传到网络层。而网络层的主要功能是为网络中的终端设备之间提供数据传输服务(不考虑传输的数据来自什么样的应用)。网络层的协议指定了用于传输层数据的封装和传输的编址与过程。经过网络层封装后,就能以最小开销将封装的内容传送到位于同一个网络或其他网络中的目的设备。TCP/IP 中网络层的核心协议是 IP 协议,为了实现终端设备到终端设备(常被称为点到点)的数据传输,IP 协议使用 4 个基本过程:编址、封装、路由、解封。

1. 编址

为了在终端设备之间传输数据,必须提供一种机制,使终端设备之间能够相互识别。这就像 A 公司发信到 B 公司,当然需要知道 B 公司的地址一样。IP 协议中使用的地址叫做 IP 地址。配置了 IP 地址的终端设备称为主机。

2. 封装

在传输层中已经看到,数据从上层向下层传输时需要封装。传输层传到网络层的数据也必须封装，即加上网络层首部。网络层的首部中包含该数据的目的主机的 IP 地址等共计 13 个字段（各字段的功能在 4.2.2 节中介绍）。封装后的数据称为 IP 包（也就是网络层 PDU）。

3. 路由

路由是网络层的核心。如图 4-1 所示，数据在网络层封装成 IP 包后，要设法将 IP 包传输到目标主机。大多数情况下，发送主机与目标主机都不在同一个网络中，从发送主机到目的主机的 IP 包可能经过多个网络层的中间设备转发，这样的中间设备就是路由器。这就像 A 公司的信件要寄到 B 公司，若 A 公司与 B 公司不在同一园区，则需要通过邮局转发。路由器就是网络中的邮局，其作用就是为数据包选择路径并将其转发到目的主机。路由器在转发 IP 包时要根据 IP 包中的目标 IP 地址和路由器自己的路由表，判断该 IP 包应该从该路由器的哪个网络接口转发出去，这个过程就是路由。IP 包每经过一个路由器就称为经过一跳，IP 包经过 0（因为有可能在同一个局域网中而不经过路由器）到多跳后，最终被转发到目的主机。IP 包在网络中转发时，IP 包头中地址字段和大多数字段保持不变。

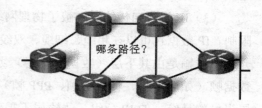

图 4-1　路由

4. 解封

IP 包到达目的主机后，目的主机的网络层检查其目的 IP 地址，若与主机一致，则去掉 IP 包的包头，并根据包头的协议字段的信息，将 IP 包中的数据（传输层 PDU）上传给传输层协议（TCP 或 UDP），这个过程就是解封。

4.2　IPv4 协议

TCP/IP 体系结构中网络层的核心功能是实现点到点的数据包传输，实现该功能的核心协议是 IP 协议。当前的实际 IP 协议是第 4 版，即 IPv4，在 4.6 节中将介绍新一代网络层协议 IPv6（即第 6 版 IP 协议），本节详细介绍 IPv4 协议（以下简称 IP 协议）的特点、IP 包的头结构及 IP 地址。

4.2.1　IPv4 协议特点

IP 包从源主机的网络层出发，经过多个路由器的转发，最终到达目的主机的网络层。其间转发 IP 包的协议就是 IP 协议。IP 协议是 TCP/IP 协议中最重要的一个协议，是其他协议（如 TCP、UDP、ICMP、IGMP）的基础。

IP 协议的主要特点如下：

（1）IP 协议是一种无连接、不可靠的分组传送服务协议。IP 协议提供的是一种无连接的分组传送服务，无连接的意思就是网络在发送分组时不需要先建立连接，每一个分组独立发送，与其前后的分组无关（即不进行编号），并且不提供对分组的差错校验和传输过程的监控，所传送的分组有可能出现出错、丢失、乱序的情况。因此，IP 协议提供的是一种"尽力而为"的服务。

（2）IP 协议是点到点的网络层通信协议。网络层的作用是要在互联网中为连接的两个主机间寻找一条路径，而这条路径通常是由多个路由器和点到点链路组成。IP 协议要保证分组从一个个转发的路由器，通过多跳从源节点到目的节点。传输层协议是一种端到端的通信，相较于传输层，网络层是一种点到点的通信，因为 IP 协议是针对源主机—路由器、路由器—路由器、路由器—主机之间的数据传输。

（3）IP 协议向传输层屏蔽了物理网络的差异。IP 协议不受其下层协议使用的介质的限制。IP 数据包可以在粗缆、细缆、双绞线、光纤、无线等各种介质上传输。怎样在各种介质中传输是由其下层（数据链路层）协议定义的。数据链路层协议将 IP 包封装成各种数据帧（如以太帧、帧中继帧、PPP 帧）发送。但是通过 IP 协议，网络层向其上层传输层提供的是统一的 IP 分组，传输层不需要考虑互联的不同类型的物理网络在帧结构与地址上的差异。因此，IP 协议使得异构网络的互联变得容易了。

4.2.2 IPv4 数据分组格式

IP 协议封装传输层数据段或数据报，以便网络将其传送到目的主机。从数据包离开发送主机的网络层直至其到达目的主机的网络层，IP 封装始终保持不变。

路由器可以实施这些不同的网络层协议，使其通过相同或不同主机之间的网络同时运行。这些中间设备所执行的路由只考虑封装数据段的数据包首部的内容。

如表 4-1 所示是 IP 包的完整格式。下面说明首部各字段（均以二进制位说明其长度）。

表 4-1 IP 包首部

版本	首部长度	服务类型	IP 包总长度	
标识			标志	片偏移
TTL		协议	首部检验和	
源 IP 地址				
目的 IP 地址				
选项			填充位	

（1）版本：本字段长度为 4 位。IP 协议的版本有两个，即 IPv4 和 IPv6，该字段为二进制 0100 时表示 IP 包是 IPv4 的包。

（2）首部长度：本字段长度为 4 位。表示 IP 包首部以 32 位为单位的长度。本字段最大为二进制 1111，即十进制 15，所以 IP 包首部最长为 60 字节。IP 包首部选项以前的部分长度固定为 20 字节，选项可能为 0 ～ 40 字节，但必须是 32 位的整数倍，不是整数倍的用 0 填充为整数倍。

（3）服务类型（TOS）：本字段长度为 8 位。在为 IP 包提供有优先级的服务中使用本字段（一般很少用）。

（4）IP 包总长度：本字段长度为 16 位。表示 IP 包的总长度（包括首部和数据），单位是字节。所以理论上 IP 包的总长度最大可以达 65535 字节。

（5）标识（identification）：本字段长度为 16 位。IP 包的总长度可以达 65535 字节，但 IP 包要在链路层封装到数据帧里，各种数据帧能封装的数据的最大长度是有限制的（如以太网帧数据长度最大为 1500 字节），这就是 MTU。在 IP 包转发沿途的某个接口，当 IP 包的总长度大于该接口的 MTU 时，IP 包需要分割成多个更小的 IP 包才能转发，这就是 IP 包的分片。分片后的多个 IP 包到达目的主机后需要重新组装成源主机发出的 IP 包。只有本字段相同的分片才可能是同一个 IP 包的分片。

（6）标志（flag）：本字段长度为 3 位。只定义了 2 位。最低位 MF（More Fragment）为 1 表示该 IP 包是一个 IP 包的分片，且不是最后一个分片。中间一位 DF（Don't Fragment）为 1 表示该 IP 包不能分片，中间任何线路的链路层 MTU 大于该 IP 包时需要将其分片但又被该 IP 包告之不能分片，则只能丢弃该 IP 包。只有 DF 为 0 时才可能被分片。

（7）片偏移（fragment offset）：本字段长度为 13 位，表示被分片的 IP 包的数据在源 IP 包的数据中的相对位置（以 8 字节为单位）。

（8）TTL（生存时间）：本字段长度为 8 位。IP 包每经过一个路由器，本字段就减 1，若本字段减为 0，则路由器将丢弃该 IP 包。本字段是为了避免 IP 包在网络中无限循环而设置的。

（9）协议（protocol）：本字段长度为 8 位。表示本 IP 包所带的数据是由哪个上层协议交付的，以便在目的主机中将该 IP 包的数据交给上层协议。IP 包可以为多种上层协议服务（括号内是其协议号），可以是传输层的 TCP（6）、UDP（17），也可以是网络层的 ICMP（1）、IGMP（2）等，还可以是应用层的 IGRP（9）、EIGRP（88）、OSPF（89）等。

（10）首都检验和：本字段长度为 16 位，仅检验 IP 包首部。IP 包的沿途的路由器会检测本字段，若错误将丢弃该 IP 包。由于仅检查首部，所以若数据错误，IP 协议将不知道，且可能将错误的 IP 包继续传输到目的主机，并由目的主机的上层处理。

（11）源 IP 地址：本字段长度为 32 位。表示发出该 IP 包的接口的 IP 地址。

（12）目的 IP 地址：本字段长度为 32 位。表示接收该 IP 包的接口的 IP 地址。

（13）选项：本字段长度为 32 位的倍数，不是 32 位的用填充位填充。最少为 0，最大为 40 字节。可通过使用选项增加 IP 包的功能，但实际上很少使用。

（14）填充位：为确保 IP 头部的长度为 32 位的整数倍，在选项字段后面 IP 协议会填充若干位 0，以达到 32 位的整数倍。

4.2.3 IPv4 地址

1. IP 地址表示法

网络层的每个接口都必须有唯一的地址。IP 协议定义的网络层地址是 IP 地址。IP 地址用 32 位二进制表示（IPv6 的地址是 128 位）。

在机器中 IP 地址是 32 位二进制位，但人们在做与 IP 地址相关的操作时，使用二进制很不方便，所以一般又将 IP 地址按每 8 位分隔，表示成点分十进制，由机器自动在二进制和十进制间转换。例如，二进制的 00111101 10001011 00000010 01000101 可表示为 61.139.2.69。

每个 IPv4 网络的地址范围内都有 3 种类型的 IP 地址：

（1）网络地址。

网络地址是指网络的标准方式，网络中所有主机的网络位均相同。在网络的 IPv4 地址范围内，最小地址保留为网络地址，即地址的主机部分的每个位为 0。如图 4-2 所示的网络为"10.0.0.0 网络"。

（2）广播地址。

广播地址是指用于向网络中的所有主机发送数据的特殊地址。IPv4 广播地址是每个网络都有的一个特殊地址，用于与该网络中的所有主机通信。要向某个网络中的所有主机发送数据，主机只需以该网络广播地址为目的地址发送一个数据包即可。广播地址使用该网络范围内的最大地址，即主机部分的各比特位全部为 1 的地址。如图 4-2 所示，广播地址为 10.0.0.255。

（3）主机地址。

主机地址是指分配给网络中终端设备的地址，每台终端设备都需要唯一的地址才能向该主机传送数据包。在 IPv4 地址中，将介于网络地址和广播地址之间的值分配给该网络中的设备。如图 4-2 所示，10.0.0.1、10.0.0.2、10.0.0.3、10.0.0.253 等都是主机地址。

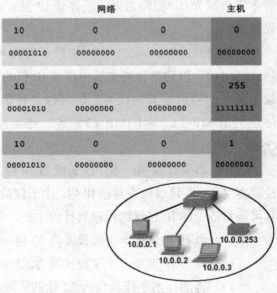

图 4-2　3 种类型的 IP 地址

2. IPv4 地址划分方法

IPv4 地址的划分和使用过程大致分为 4 个阶段，如图 4-3 所示。

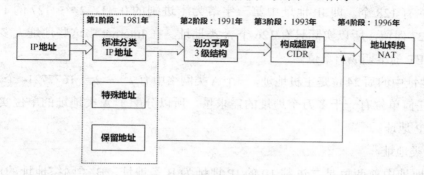

图 4-3 IPv4 地址划分方法

第 1 阶段：标准分类的 IP 地址。

（1）第 1 阶段是在 IPv4 协议制定的初期，那时的网络规模比较小，IP 地址设计的目的是希望每个 IP 地址都可以唯一地识别一个网络与一台主机。IP 地址长度为 32 位二进制数，但人们在做与 IP 地址相关的操作时，使用二进制很不方便，所以一般又将 IP 地址表示成点分十进制，由机器自动在二进制和十进制间转换。

例如，二进制的 00111101 10001011 00000010 01000101 可表示为 61.139.2.69。

（2）标准 IP 地址的分类。IP 地址是二层结构，即 32 位中前面某些位表示网络地址，后面的其他位表示同一网络中的不同主机地址。通过 32 位 IP 地址的前几位的不同，将 IP 地址分为 A、B、C、D、E 类，因为人是用点分十进制描写 IP 地址的，所以可以通过点分十进制的第 1 个字节（第 1 个二进制八位）判断某 IP 地址的类型，如图 4-4 所示。

IP 地址类					
地址类	第一个二进制八位数的范围（十进制）	第一个二进制八位数的各个位	地址的网络 (N) 和主机 (H) 部分	默认子网掩码（十进制和二进制）	可容纳的网络数量和每个网络中可容纳的主机数量
A	1 - 127	00000000 - 01111111	N.H.H.H	255.0.0.0 11111111.00000000.00000000.00000000	126 个网络 (2^7-2) 每个网络 16,777,214 台主机 (2^24-2)
B	128 - 191	10000000 - 10111111	N.N.H.H	255.255.0.0 11111111.11111111.00000000.00000000	16,382 个网络 (2^14-2) 每个网络 65,534 台主机 (2^16-2)
C	192 - 223	11000000 - 11011111	N.N.N.H	255.255.255.0 11111111.11111111.11111111.00000000	2,097.150 个网络 (2^21-2) 每个网络 254 台主机 (2^8-2)
D	224 - 239	11100000 - 11101111	不供商业用途主机使用		
E	240 - 255	11110000 - 11111111	不供商业用途主机使用		

图 4-4 分类的 IP 地址

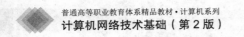

● A 类地址。

32 位地址中第 1 位是二进制 0 的 IP 地址为 A 类地址，A 类地址的前 8 位表示网络号。A 类地址共有 128 个，即 IP 地址中第一字节为十进制的 0、1、2……127 的 128 个，其中，0 和 127 保留，所以实际只有 126 个 A 类地址。在 Internet 中这些地址大多数分配给了 ARPANET 的早期成员单位。

A 类地址中的后 24 位是主机地址，一个 A 类网络中有 $2^{24} - 2 = 16777214$ 个主机地址。因为没有任何单位有一千多万个地址的需求量，所以分配了 A 类地址的单位实际上浪费了大量的 IP 地址。

● B 类地址。

32 位地址中前两位是二进制 10 的 IP 地址为 B 类地址，B 类网络地址的前 16 位表示网络号。B 类地址共有 $2^{14} = 16384$ 个，IP 地址中第一字节为十进制的 129、130、131……191 的 IP 地址全为 B 类地址。

B 类地址中的后 16 位是主机地址，一个 B 类地址中有 $2^{16} - 2 = 65534$ 个主机地址。因为很少单位有 6 万多个地址的需求量，所以分配了 B 类地址的单位实际上也会浪费大量的 IP 地址。

● C 类地址。

32 位地址中前 3 位是二进制 110 的 IP 地址为 C 类地址，C 类地址的前 24 位表示网络号。C 类地址共有 $2^{21} = 2097152$ 个，IP 地址中第一字节为十进制的 192、193、194……223 的 IP 地址全为 C 类地址。

C 类地址中的后 8 位是主机地址，一个 C 类地址中有 $2^8 - 2 = 254$ 个主机地址。

● D 类地址。

32 位地址中前 4 位是二进制 1110 的 IP 地址为 D 类地址，D 类地址是组播地址。

● E 类地址。

32 位地址中前 4 位是二进制 1111 的 IP 地址为 E 类地址，E 类地址是实验用地址。

（3）特殊 IP 地址。

● 回送地址。

A 类网络地址 127.0.0.0 是一个保留网络地址，该网络地址中的所有主机地址都用于网络软件测试以及本地机进程间通信，叫做回送地址（loopback address）。回送地址的数据包不会传到链路层，不进行任何网络传输。含网络号 127 的分组不能出现在任何网络上。

● 私有地址。

Internet 管理委员会规定如下地址段为私有地址，私有地址可以自己组网时用，但不能在 Internet 上用，Internet 没有这些地址的路由，这些地址的计算机要上网必须转换成为合法的 IP 地址（公网 IP）。地址段如下：

10.0.0.0 ～ 10.255.255.255

172.16.0.0 ～ 172.131.255.255

192.168.0.0 ～ 192.168.255.255

第 2 阶段：划分子网的三级地址结构。

第 2 阶段是在标准分类的 IP 地址的基础上，增加了子网号的三级地址结构。标准分类的地址分配方案存在如下缺陷：

（1）地址不灵活，A、B 类地址太大，分配后极大地浪费地址空间。C 类地址对某些单位可能又太小，需要分配很多个 C 类地址。

（2）因为按照标准分类的网络共有 $2^{21} + 2^{14} + 2^7$（两百多万）个，Internet 中的所有路由器必须为每个网络地址指定路由，这会使路由表太大而性能极低。

为了解决以上问题，现在 IP 地址中不按照类别分为网络部分和主机部分，而是按照子网掩码划分。

子网掩码也是 32 位的二进制数。子网掩码的前面某些位为连续的二进制 1，后面为连续的二进制 0，这样子网掩码就只有 33 种：

二进制	点分十进制
00000000 00000000 00000000 00000000	0.0.0.0
10000000 00000000 00000000 00000000	128.0.0.0
11000000 00000000 00000000 00000000	192.0.0.0
11100000 00000000 00000000 00000000	224.0.0.0
……	
11111111 11111111 11111111 11111110	255.255.255.254
11111111 11111111 11111111 11111111	255.255.255.255

任何节点在分配 IP 地址时同时会分配其子网掩码。子网掩码中二进制 1 的位在 IP 地址中对应位表示网络部分，子网掩码中二进制 0 的位在 IP 地址中对应位表示主机部分。例如：

IP 地址 00111101 10001011 00000010 01000101（61.139.2.69）

子网掩码 11111111 11111111 11111111 11100000（255.255.255.224）

该 IP 地址中前 27 位表示网络部分，后 5 位表示主机部分。所有与该 IP 地址前 27 位相同的 IP 地址与该 IP 地址都属于同一个网络地址。在这个网络地址中可以有 32 个不同的主机地址（其中第一个 61.139.2.64 表示网络地址本身，最后一个 61.139.2.95 表示该网络的广播地址）。

* **提示：** 判断两个 IP 地址是否属于同一子网，只需将 IP 地址与其子网掩码进行"与"的计算，结果相同的属于同一子网，否则不属于同一子网。

有了子网掩码，IP 地址的分配就可以更加灵活，可以分配网络大小为 2^n（$n=1$、2、3……31）的网络。同时路由器可以根据路由表中的子网掩码确定 IP 包应向哪个网络转发，而路由表中的子网掩码可以表示很大的网络地址，这就不需要路由表中有所有的有类网络地址了。这就像在邮政系统中，假设在上海的某公司发了封信，目的地址是四川省成都市高新区西区大道 2000 号，上海的邮局并不需要知道四川省成都市高新区西区大道 2000 号的信怎样发，邮局只要知道到四川省的信怎样发就行了，信到了下一站，即四川省邮局再根据邮局信息转发该信件。这样就不需要任何邮局都知道全世界所有单位的地址信息了。

第 3 阶段：构成超网的 CIDR 技术。

第 3 阶段主要代表为于 1993 年提出的 CIDR（无类别域间路由）技术。CIDR 技术也称为超网技术。

划分子网在一定程度上缓解了因特网在发展中遇到的困难。然而在 1992 年因特网仍然面临可分配的 B 类 IP 地址越来越少，大量的 C 类地址由于容量太小而分配缓慢，因特网主干网上的路由表中的项目数急剧增长，整个 IPv4 的地址空间最终将全部耗尽等现象。为了更加有效地分配 IPv4 的地址空间，在 VLSM（变长子网掩码）的基础上 IETF 研究出采用无分类编址的方法 CIDR 来进一步提高 IP 地址资源的利用率。

CIDR 消除了传统的 A 类、B 类和 C 类地址以及划分子网的概念，因而可以更加有效地分配 IPv4 的地址空间。CIDR 使用各种长度的"网络前缀"（network-prefix）来代替分类地址中的网络号和子网号。IP 地址从三级编址又回到了两级编址。

除了用点分十进制的 IP 地址与子网掩码的方法外，CIDR 还可以使用"斜线记法"（slash notation），又称为 CIDR 记法，即在 IP 地址后面加上一个斜线"/"，然后写上网络前缀所占的比特数（这个数值对应于三级编址中子网掩码中比特位为 1 的个数）。例如，121.48.32.0/20 表示的地址块共有 $2^{12} - 2 = 4094$ 个（因为斜线后面的 20 是网络前缀的比特数，所以主机号的比特数是 12，当然，可用的 IP 地址要除去网络地址和广播地址）。

CIDR 将网络前缀都相同的连续的 IP 地址组成"CIDR 地址块"，一个 CIDR 地址块可以表示很多地址，这种地址的聚合常称为路由聚合，使得路由表中的一个项目可以表示很多个（例如上千个）原来传统分类地址的路由。路由聚合也称为构成超网（supernetting）。CIDR 虽然不使用子网，但仍然使用"掩码"这一名词（但不叫子网掩码）。前缀长度不超过 23 比特的 CIDR 地址块都包含了多个 C 类地址。这些 C 类地址合起来就构成了超网。

例如，某大学的 IP 地址范围就是由 16 个 C 类地址聚集而成，其描述如下：IP 地址范围为 121.48.32.1 ～ 121.48.47.254；掩码为 255.255.240.0/20；广播地址是 121.48.47.255。

在这样的网络中，原本不在一个 C 类网络中的地址 121.48.32.4 和 121.48.36.80 就是同一网络（超网）中了，如图 4-5 所示。

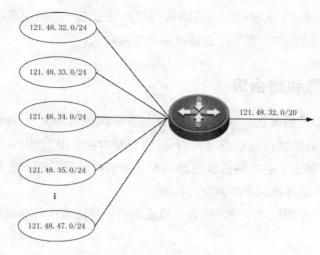

图 4-5　使用 CIDR 地址划分构成超网

第 4 阶段：网络地址转换技术。

第 4 阶段的主要技术是于 1996 年提出的网络地址转换（NAT）技术。IP 地址短缺已经是非常严重的问题，根本解决的办法就是采用 IPv6，但是从 IPv4 到 IPv6 需要非常漫长的过程，人们迫切需要一种能在短期内快速缓解地址短缺问题的方法，这就是网络地址转换 NAT，目前 NAT 主要应用在专用网、虚拟专用网以及 ISP 为用户拨号连入互联网提供的服务上。

NAT 技术的基本原理是：给每个公司分配少量的公网 IP 地址，用于传输需要通过互联网的流量，为公司内部的每台主机分配一个不能在互联网上使用的私网 IP 地址，私网 IP 地址用于内部网络的通信，如果需要访问外部互联网主机，必须由运行 NAT 的主机或者路由器将私网 IP 地址转换成公网 IP 地址。

4.3　数据报转发与路由选择

4.3.1　IP 数据报转发

数据报转发是指互联网中主机、路由器转发 IP 数据报的过程。多数的主机先接入一个局域网，局域网再通过路由器接入互联网。这样，这台路由器就是局域网主机的默认路由器，通常也将默认路由器称作网关，每当这台主机发送一个 IP 数据报时，首先将该数据报发送到默认路由器，也就是网关。

数据报的转发分为两类：直接转发和间接转发。路由器需要根据数据报所携带的目的地址与源地址判断是否属于同一个网络，再决定是直接转发还是间接转发。当源主机和目的主机在同一个网络，将直接转发。如果不在同一个网络，就要间接转发。路由器从路由

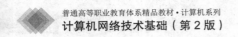

表中找出下一个路由器的 IP 地址，然后将数据报转发给下一个路由器。当数据报到达目的主机所在的网络连接的路由器时，数据报将被直接转发。

4.3.2　路由选择和路由表

路由表是路由器中的数据，包含目的网络与下一跳的对应关系。路由器根据 IP 包的目的 IP 地址和路由器的路由表信息确定 IP 包的转发方向。IP 包的目的 IP 地址是有源主机发送该 IP 包时就确定了的。路由器的路由表又是怎样获得的呢？这就是路由选择协议的功能，路由选择协议就是构建路由表的协议。

有 3 种方法可以分别构建 3 种路由表：直连路由、静态路由和动态路由。

1. 直连路由

路由器的接口与相邻设备正确连接后，该接口物理层就连通了。若该接口与相邻设备正确运行链路层协议，则数据链路层也连通了。若该接口与相邻设备正确运行网络层协议（一般情况下指 IP 协议），并且配置了正确的 IP 地址（与相邻设备都在同一网段），则网络层也连通了。此时，该接口所在的网络就会作为直连路由加入路由表。直连路由就像邮局知道到本邮局所管辖区域的路径一样。

直连路由是路由器最先获知的路由信息，也是其他路由的基础。如果路由器中没有任何直连路由，也就不会有静态和动态路由的存在。这是因为要知道到任何远处的路径，必须知道第一步该怎样走，而第一步即下一跳一定要在某个直连路由中。

2. 静态路由

与路由器直接相连的网络的路由是由路由器自动添加到路由表的，到远处网络的路由有两种方法添加到路由表中：静态路由、动态路由。

静态路由是由网络管理人员手工为路由器指定到某网络的路径。这就像在邮局中人为指定到某区域的邮件应该从哪条路发送。

在下面几种情况下常常使用静态路由：

- 在小型网络中常常只有几台路由器，管理人员很容易判断每台路由器到达某网段的最优路径。在这种情况下，如果使用动态路由协议会增加额外的协议开销。
- 在某些大型局域网，如大型校园网等环境，虽然网络规模大，但在网络层，仅通过单条线路接入 Internet。在网络边缘的路由器上也只需要指定静态路由。
- 在结构单一且变化较小的网络中，如星型和树型网络中，例如大型企业的广域网中，大多以企业总部为中心，分支机构为分支点，不论在中心还是分支，都可以很容易地指定各网络的静态路由。

③ 动态路由

在网络规模较大，结构复杂或网络线路经常发生变化的网络中，使用静态路由添加路由表，会增加网络管理人员的工作量，甚至是人工无法完成的。这种情况就要使用动态路由协议让路由器自动获得路由表。

动态路由协议实际上是一种应用层协议。每个动态路由协议对应一个应用层程序，该程序的功能就是动态地与网络中使用相同动态路由协议的其他路由器交换网络信息，并根据当前的网络信息动态地为路由器生成当前的路由表。

因为是自动获得路由表，所以动态路由协议可以用于大型网络。又因为是动态地维护路由表，所以动态路由协议可以适用于频繁变化的网络。实际上，大多数网络中静态路由和动态路由同时工作，共同为路由器维护路由表。

4.3.3 路由选择协议

① 路由协议基本思路

- 采用分层思想，用"化整为零、分而治之"的办法解决路由选择问题。
- 路由选择算法的目标是产生一个路由表，为转发 IP 分组寻找合理下一跳路由器地址，而路由选择协议的目的是实现路由表信息的动态更新。

② 路由选择协议分类

路由选择协议分为两大类：内部网关协议（IGP）和外部网关协议（EGP）。

（1）IGP：这里的"内部"也称为一个自治系统，是指由一个独立的管理部门管理的网络，如一家公司内部，或一家 ISP 内部。常用的 IGP 有 RIP（路由信息协议）、IGRP（内部网关路由协议）、EIGRP（增强型内部网关路由协议）、OSPF（开放最短路径优先）、IS-IS（中间系统到中间系统）等。

（2）EGP：这里的外部是指多个自治系统之间，如在多个大型 ISP 之间的路由协议。现在的 EGP 只有一个协议，就是 BGP（边界网关协议）。

4.4 网络层其他配套协议

TCP/IP 中网络层最重要的协议是 IP 协议，为了完成网络层的功能，在网络层还有一些其他配套协议，最著名的有 ARP（Address Resolution Protocol，地址解析协议）、RARP（Reverse Address Resolution Protocol，反向地址解析协议）、ICMP（Internet Control Messages Protocol，Internet 控制消息协议）、IGMP（Internet Group Management

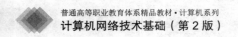

Protocol，Internet 组管理协议）。其中，RARP 是反向地址解析协议，是在已知本接口 MAC 地址的情况下，解析本接口 IP 地址的协议，常用于无盘工作站等情况，现在已经基本不再使用。IGMP 是在局域网内部确定组播成员的协议。以下主要介绍配合 IP 协议工作最重要的 ARP 协议和 ICMP 协议。

4.4.1　地址解析协议（ARP）

ARP 是地址解析协议，其功能是将目的 IP 地址解析为目的 MAC 地址（MAC 地址是链路层地址，在以太网中就是网卡地址）。为什么知道了 IP 地址还要知道其对应的 MAC 地址呢？这是因为 IP 包要转发，还要下传到数据链路层，数据链路层要封装 IP 包就要知道该目的 MAC 地址。

当 IP 协议知道 IP 包的下一跳（或目的地址）IP 地址，但不知道其 MAC 地址时，就调用 ARP 协议。

IP 协议调用 ARP 协议后，ARP 协议通过 ARP 请求和 ARP 应答实现地址解析。下面说明解析的过程，如图 4-6 所示。

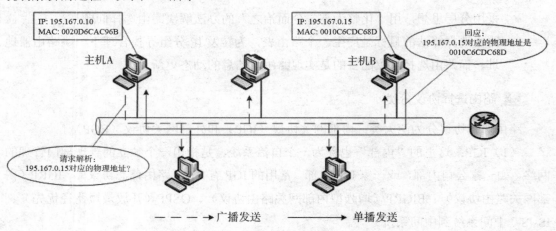

图 4-6　获取主机物理地址的解析过程

（1）源主机 A 调用 ARP 请求，请求 IP 地址为 195.167.0.15 的目的主机物理地址。

（2）主机 A 创建一个 ARP 请求分组数据包，其内容包括：源主机 A 物理地址、源主机 A 的 IP 地址、目的主机 B 的 IP 地址，并封装在链路层数据帧中。

（3）主机 A 在本地网络中广播 ARP 请求分组的数据帧，请求数据帧的地址为广播地址 195.167.0.255。

（4）该网络中的所有计算机都收到此广播，并将 ARP 请求分组中的目的主机地址与自己的 IP 地址进行匹配，如果不匹配则丢弃。

（5）如果某主机（例如图 4-6 中的主机 B）发现地址与自己地址一致，则产生一个包含自己的物理地址的 ARP 应答分组，其中包含应答主机 B 的物理地址。

（6）主机 B 的 ARP 应答分组直接以单播形式回送给主机 A。

（7）主机 A 利用应答分组中得到的主机 B 的地址，完成地址解析过程。

4.4.2　因特网控制报文协议（ICMP）

IP 协议是尽力（而不可靠）的数据传输协议，优点是简单，缺点是缺少差错控制和查询机制。

当 IP 分组发出后，是否到达目的主机以及在传输的过程中是否出现错误，源主机是不知道的，必须通过一种差错报告与查询、控制机制来了解分组的传输情况，再决定怎么处理。ICMP 协议就是为解决上面的问题而设计的，ICMP 的差错与查询、控制功能对保证 TCP/IP 的可靠运行非常重要。

ICMP 协议的特点如下：

- 不能独立于 IP 单独存在（IP 辅助协议），解决 IP 不可靠问题。
- 要封装成 IP 分组（长度 ≤ 576B），再传送给数据链路层。
- 用于 IP 分组转发过程中检测错误，由路由器向源主机报告差错原因。
- 不能纠正差错（只报告差错）。
- 传输层（高层）要得到可靠传输，需要采用其他机制来保证。

ICMP 信息必须全部封装在 IP 分组的数据字段中，根据 IP 分组头的规定，分组头的协议字段值为 1 就表明数据字段中封装的是 ICMP 信息。

ICMP 报文类型分为两类：差错报文和查询报文，如表 4-2 所示。

表 4-2　ICMP 报文类型

报 文 类 型	种　　类
差错报文	目的站不可达
	数据报超时
	数据报参数问题
	源站点抑制
	路由重定向
查询报文	时间戳请求与应答
	回应请求与应答
	地址掩码请求与应答
	路由器询问与通告报文

（1）ICMP 差错报文种类。

- 目的站不可达：当路由器因为某种原因不能转发 IP 包到下一跳或目的主机不能向

其上层提交 IP 包时，可能向源主机发该类型的 ICMP 包。

- 数据报超时：路由器收到 TTL 为 0 的 IP 包后将丢弃该 IP 包，并且发 ICMP 报文通知源主机。另外，若目的主机收到被分片的 IP 包，在一定时间内若不能收到该 IP 包的全部分片，也将通过 ICMP 包通知源主机。最常用的测试网络路径的命令 tracert 就是利用 ICMP 的时间（TTL）超时完成的。

- 数据报参数问题：路由器或目的主机收到首部检验有问题的 IP 包，将丢弃该 IP 包，并且发 ICMP 报文通知源主机。

- 源站点抑制：当路由器或目的主机因为拥塞而丢弃 IP 包时，向源主机发送该类型的 ICMP 包，通知源主机降低 IP 包的发送速度。

- 路由重定向：在局域网中路由器若发现源主机指向本路由器的路由不是最佳的路由时，将用本类型的 ICMP 包通知源主机。

（2）ICMP 查询报文种类。

- 时间戳请求与应答：用来确定 IP 分组在两个机器之间往返所需要的时间，也可用作两个机器中时钟的同步。

- 回应请求与应答：用来测试目的主机和路由器是否能到达。

- 地址掩码请求与应答：如果需要得到子网掩码，主机可发送地址掩码请求报文给路由器，路由器收到此报文则响应地址掩码应答报文，向主机提供所需的掩码。

- 路由器询问与通告报文：若主机想将数据发送给另一个网络中的主机，需要知道连接到本网络上的路由器 IP 地址和这些路由器是否正常工作，此时，可使用路由器询问与通告报文。

4.4.3　Internet **组管理协议**（IGMP）

传统的 IP 规定 IP 分组的目的地只能是一个单播地址，但是单播工作模式对于视频会议、交互式游戏、新闻信息的发布等由多个用户参与的网络应用来说会浪费大量网络资源，网络使用效率低。1988 年，为了适应多用户交互式语音和视频信息服务的需要，人们提出了 IP 组播的概念。

组播数据是从一个源主机发送到一组主机。在 IP 组播中，一组组播主机用一个 IP 组播地址标识，指定了发送报文的目的组。若一个主机想要接收发到一个特定组的组播报文，需要监听发往那个特定组的所有报文。为了解决网络上组播报文的选路问题，主机需要通过通知其他子网上的组播路由器来加入一个组，组播中采用 Internet 组管理协议 IGMP 来实现本地组播路由器与主机之间的组播组管理。

对于 IGMP 协议要注意下面几个方面：

（1）IGMP 协议并不能对全网范围内的所有组播组成员进行管理，它不知道一个组播组有多少个成员，以及这些成员都在哪个网络上。组播路由器在与它直接连接的网络中的组播组成员主机的通信中使用 IGMP 协议，以获得组播组成员的动态信息。

（2）本地组播路由器通过 IGMP 协议获取本地组播组成员的动态信息，再将这些信息传递给网络中其他的组播路由器。

（3）组播组的成员关系是动态的，因此本地组播路由器要周期性地探询本网络上的主机，以便知道这些主机是否还继续是某个组播组的成员。如果主机希望留在某个组播组，就需要及时地向组播路由器发回应答报文。默认的探询时间间隔是 125 秒。

（4）与 ICMP 协议类似，IGMP 协议数据直接封装在 IP 分组中形成 IGMP 分组。IGMP 分组包括分组头的版本、协议、检验和 3 个字段，以及组播地址。其中，协议字段为 2。

4.5　网络地址转换（NAT）

4.5.1　NAT 概述

NAT（Network Address Translation，网络地址转换）是于 1994 年提出的。当在专用网内部的一些主机本来已经分配到了本地 IP 地址（即仅在本专用网内使用的私有地址），但又需要和 Internet 上的主机通信时，可使用 NAT 方法。这种方法需要在专用网连接到 Internet 的路由器上安装 NAT 软件。装有 NAT 软件的路由器叫做 NAT 路由器，该路由器至少有一个有效的外部全球 IP 地址。这样，所有使用本地地址的主机在和外界通信时，都要在 NAT 路由器上将其本地地址转换成公有 IP 地址，才能和 Internet 连接。NAT 不仅能解决 IP 地址不足的问题，还能够有效地避免来自网络外部的攻击，隐藏并保护网络内部的计算机。

虽然解决 IP 地址短缺的方法是使用 IPv6 技术，但是从 IPv4 到 IPv6 还要经过很长的时间，这种通过使用少量的公有 IP 地址代表较多私有 IP 地址的方式，将有助于减缓公有 IP 地址的使用情况。

NAT 技术适用于以下领域：

（1）ISP、ADSL 和有线电视的地址分配。

（2）移动无线接入地址分配。

（3）对互联网的访问需要严格控制的内部网络系统的地址分配（如电子政务）。

（4）与防火墙相结合。

4.5.2　NAT 实现方式

NAT 的实现方式有 3 种，即静态转换（Static Nat）、动态转换（Dynamic Nat）和端口多路复用（Port Address Translation，PAT）。

1. 静态转换

静态转换是指将内部网络的私有 IP 地址转换为公有 IP 地址，IP 地址对是一对一的，是一成不变的，某个私有 IP 地址只转换为某个公有 IP 地址。借助于静态转换，可以实现外部网络对内部网络中某些特定设备（如服务器）的访问。

2. 动态转换

动态转换是指将内部网络的私有 IP 地址转换为公有 IP 地址时，IP 地址是不确定的，是随机的，所有被授权访问 Internet 的私有 IP 地址可随机转换为任何指定的合法 IP 地址。也就是说，只要指定哪些内部地址可以进行转换，以及用哪些合法地址作为外部地址时，就可以进行动态转换。动态转换可以使用多个合法外部地址集。当 ISP 提供的合法 IP 地址略少于网络内部的计算机数量时，可以采用动态转换的方式。

3. 端口多路复用

端口多路复用是指改变外出数据包的源端口并进行端口转换，即端口地址转换。采用端口多路复用方式，内部网络的所有主机均可共享一个合法外部 IP 地址实现对 Internet 的访问，从而可以最大限度地节约 IP 地址资源。同时，又可隐藏网络内部的所有主机，有效避免来自 Internet 的攻击。因此，目前网络中应用最多的就是端口多路复用方式。

图 4-7 给出了 NAT 的基本工作原理。如果内部网络地址为 10.0.1.1 的主机希望访问互联网上地址为 135.2.1.1 的服务器，其分组包的源地址 S=10.0.1.1，端口号为 3342，目的地址 D=135.2.1.1，端口号为 80，当该分组到达执行 NAT 功能的路由器时，路由器将该分组的源地址从内部专用地址转换成可以在外部互联网上使用的公网 IP 地址，如 S=202.0.1.1，端口号为 5001。

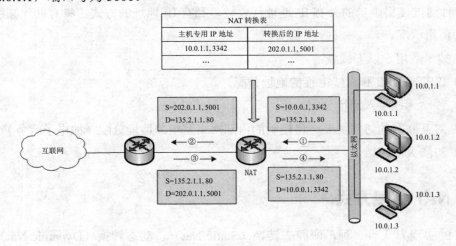

图 4-7　NAT 基本工作原理

　　NAT 技术虽然缓解了 IPv4 地址匮乏的危机，但容易成为网络性能瓶颈。NAT 带来的主要问题如下：

　　（1）NAT 破坏了全球网络地址的唯一性和稳定性。

　　（2）NAT 破坏了端到端的特性，使得 NAT 后面的私有地址用户在互联网上不可见。

　　（3）NAT 容易发生单点故障，NAT 设备必须要维护公网和私网两个地址的映射关系。一旦主 NAT 发生故障，NAT 设备将无法保存 NAT 状态信息。

　　（4）NAT 直接导致众多网络安全协议无法执行，从而更加无法保障互联网服务质量（QoS）。

　　（5）如果使用 P2P 下载技术等消耗大量端口资源的应用，地址利用率将迅速下降，同样会出现地址压力危机。

　　因此，NAT 也仅仅是现阶段解决 IPv4 地址不足的一种暂时的解决方案，而不能成为一种长期有效的解决方案。

4.6　IPv6 协议

　　TCP/IP 几乎完美地工作了许多年，但随着 Internet 的迅速发展，IPv4 的地址正迅速耗尽。工程师们提出了多个临时解决方案，其中私有地址和网络地址转换（NAT）较好地缓解了地址空间不足的问题，也使 IPv6 的普及推迟了十几年。2011 年 2 月 2 日，互联网地址分配机构（IANA）宣布 IPv4 地址全部耗尽，而 5 个地区分配机构（RIR）也即将耗尽自己手中的 IPv4 地址，最终 IPv4 面临的很多问题已经无法用"补丁"的办法来解决，只能设计新的协议统一加以考虑和解决。

4.6.1　IPv6 与 IPv4 的区别

　　IPv6 与 IPv4 的主要区别如下：

　　（1）IPv6 将原来的 32 位地址空间扩大到 128 位，地址数目达 2^{128}。

　　（2）IPv6 使用组播地址中的"被请求节点组播地址"代替广播地址。

　　（3）使用 Flow Label 字段可以识别服务质量 QoS。

　　（4）IPv6 可采用无状态自动配置获取 IP 地址。

　　（5）IPv6 使用 MLD 消息取代 IGMP。

　　（6）在 IPv6 中，IPSec 不再是 IP 协议的补充部分，而是 IPv6 自身所具有的功能。

　　（7）IPv6 通过在 IPv6 协议头之后添加新的扩展协议头，可以很方便地实现功能的扩展，IPv4 协议头中最多可以支持 40 字节的选项，而 IPv6 扩展协议头的长度只受 IPv6 数据包的长度限制。

4.6.2　IPv6 的分组格式

IPv4 的首部共 13 个字段，占 20 字节，IPv6 的首部只有 8 个字段，占 40 字节。虽然首部长于 IPv4 的首部长度，但这是因为 IPv6 的源和目的地址就占了 32 字节。

IPv6 的首部结构如表 4-3 所示。

表 4-3　IPv6 包首部

版本	流量等级	流标签	
载荷长度		下一报头	跳数限制
TTL	协议	首部检验和	
源 IP 地址			
目的 IP 地址			

各字段的简要介绍如表 4-4 所示。

表 4-4　IPv6 基本头部字段含义

字　段	含　义
版本	表示协议版本，值为 6
流量等级（8 位）	用于 QoS。类似于 IPv4 的服务类型字段
流标签（20 位）	标识同一个流中的报文。一个"流"的分组具有相同的流标记，它们在经过 IPv6 网络多个路由器时，要提供符合分组头中"流量等级"字段所要求的 QoS 服务
载荷长度（16 位）	IPv6 分组基本头部后所包含的字节数。有效载荷长度包括扩展报头和高层 PDU
下一报头（8 位）	指明报头后接的分组头部类型，若存在扩展头，则表示第一个扩展头的类型，否则表示其上层协议的类型
跳数限制（8 位）	类似于 IPv4 中的 TTL，分组每经过一个路由器，数值减 1。当该字段值减为 0，路由器向源节点发送"超时—跳数限制超时"ICMPv6 报文，并丢弃该分组
源 IP 地址（128 位）	标识该分组的源地址
目的 IP 地址（128 位）	标识该分组的目的地址

4.6.3　IPv6 的地址格式与分类

1. IPv6 的地址格式

IPv6 地址太长，人们读写时用二进制显然不方便，就像用点分十进制表示 IPv4 地址一样，用冒号分十六进制表示。例如，2001:0d8a:6007:1001:0001:0000:0000:0000。

为了更进一步简化读写 IPv6 地址，还可以使用以下几个原则：

（1）每字段前面的 0 可省略。例如，字段 0d8a 可写成 d8a，字段 0000 可写为 0。则 2001:0d8a:6007:1001:0001:0000:0000:0000 可写成 2001:d8a:6007:1001:1:0:0:0。

（2）连续几个全零的字段可写成两个冒号，即"::"。但这种写法在一个 IPv6 地址中只能出现一次，因为若仅出现一次，可以由 128 位总地址长度反推"::"所表示的 0 的位数，若在一个 IPv6 地址中出现多次，则不能判断各个"::"分别表示的 0 的位数。

例如，2001:0d8a:6007:1001:0001:0000:0000:0000 可写成 2001:d8a:6007:1001:1::，特别是 0000:0000:0000:0000:0000:0000:0000:0000 可写成"::"。

2. IPv6 地址分类

IPv6 地址空间巨大，可以有更多的层次结构。常用的地址分配方案如表 4-5 所示。

表 4-5　IPv6 地址分类

二进制前几位	类　型	占总地址空间的比例
001	全球单播地址	1/8
1111 1110 10	本地链路地址	1/1024
1111 1110 11	本地站点地址	1/1024
1111 1111	多播地址	1/256

（1）全球单播地址。全球单播地址由 IANA 分配，使用的地址范围是从二进制值 001（2000::/3）开始，占全部 IPv6 地址空间的 1/8。IANA 将 2001::/16 范围内的 IPv6 地址空间分配给五家 RIR 注册机构（ARIN、RIPE、APNIC、LACNIC 和 AfriNIC）。各家注册机构再将其分配的地址分配给其下的 ISP，ISP 再将其地址分配给其下的站点（IPv6 中称独立的组织单位为站点）。

站点地址通常是 48 位全球路由前缀（即前 48 位二进制位相同）。各站点常常使用 16 位子网字段创建自己的本地编址架构，即允许站点内部使用 65535 个子网。

（2）本地站点地址。IPv6 的本地站点地址类似 IPv4 中的私有地址，用于站点内部，其范围是 FEC::/10。公网中的路由器不会有到本地站点地址的路由，所以也就不会转发目的地址为本地站点地址的包。由于本地站点地址的使用有问题，2003 年起，IPv6 已不赞成使用此类地址。

（3）本地链路地址。本地链路地址仅限于一个物理链路（如在一个 VLAN 中），其范围是 FE8::/10。任何路由器都不会转发目的地址为本地链路地址的包。本地链路地址用于本地链路中的通信，例如，相邻设备发现、无类自动地址配置、路由器发现等。另外一些 IPv6 的路由协议也使用本地链路地址。

同 IPv4 类似，IPv6 也有两类特殊的地址：环回地址和不特定地址。

（1）环回地址。与 IPv4 的 127.X.X.X 一样，IPv6 中主机的环回地址是 0:0:0:0:0:0:0:1，即 ::1。

（2）不特定地址。IPv4 中，当无自己的 IP 地址而又要向其他地址发包（如 DHCP 的 discovery）时，用 0 代表自己。在 IPv6 中也有类似的地址，即全零地址（0:0:0:0:0:0:0:0），

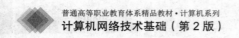

且给它一个规范的名称叫"不特定"地址，可简单地记为"::"。

3. IPv6 地址配置方式

IPv6 使用接口 ID 符标识链路上的接口（类似于 IPv4 地址中的主机部分）。接口 ID 始终为 64 位。

IPv6 地址分配有以下方法：使用手动指定接口 ID 的静态指定；使用 EUI-64 接口 ID 静态指定；无状态自动配置；DHCPv6 地址分配方案（全状态）。

（1）使用手动指定接口 ID 的静态指定。用手动的方法指定网络接口的 128 位 IPv4 地址，如在华为交换机上指定 IPv6 的方法是：

[Swith-vlan-interface1]#ipv6 address 2001:DB8:6007:1001::1/64

（2）使用 EUI-64 接口 ID 的静态指定。手动指定 IPv6 地址的前 64 位（网络部分），自动根据接口 MAC 地址提取接口 ID（主机部分），这样的接口 ID 称为 EUI-64 接口 ID。如在华为交换机上指定 IPv6 的方法是：

[Swith-vlan-interface1]#ipv6 address 2001:DB8:6007:1001::1/64 eui-64

EUI-64 标准说明了将 MAC 地址从 48 位扩展为 64 位的方法。

（3）无状态自动配置。这是 IPv6 独有的自动地址分配方案。主机在产生了自己的本地链路地址后，向本网段所有路由器发路由请求多播，若本网段有已配置的路由器，则会为主机分配本网段的全球单播地址的网络部分，主机再自动生成后 64 位（主机部分）。

（4）DHCPv6 地址分配方案（全状态）。与 IPv4 的 DHCP 类似，DHCPv6 能为本网段的主机自动配置 IPv6 地址及相关选项。该方案也可与无状态地址自动配置同时使用，以获得配置参数（如用无状态分配地址，用 DHCPv6 分配 DNS 地址等选项）。

4.6.4 IPv6 过渡技术

IPv4 需要平滑地过渡到 IPv6，现在有多种可用的过渡策略。使用各种过渡策略时尽可能使用双协议栈，仅在迫不得已的情况下才使用隧道。

1. 双协议栈

新集成的网络一般都使用该方案。如图 4-8 所示，在该方案中，站点内部网络中的所有三层网络设备都需要同时支持 IPv4 和 IPv6 双协议，节点既能实施和连接 IPv4 网络，又能连接 IPv6 网络。

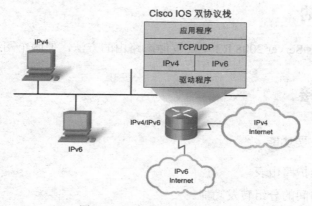

图 4-8　IPv6 与 IPv4 双协议栈

2. 动态 6to4 隧道

通过 IPv4 网络（通常是 Internet）自动建立各 IPv6 站点的连接。如图 4-9 所示的站点可以部署 IPv6 网络，而无须从 ISP 或注册机构获得地址。

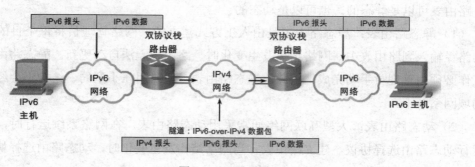

图 4-9　IPv6 隧道

还有一些其他不常用的方案，包括站内自动隧道编址协议（ISATAP）隧道、Teredo 隧道、NAT - 协议转换（NAT-PT）。

4.7　实训任务　Windows Server 静态路由配置

4.7.1　任务描述

某公司为了管理和安全，在两个部门建立了两个不同的网络。两个部门均有安装了 Windows Server 2008 的计算机，为了让两个不同的网络之间通信而又节省经费，计划让两台计算机来充当路由器。

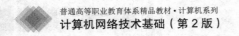

4.7.2　任务目的

掌握在 Windows Server 2008 R2 中配置静态路由的方法，使两个网络能够相通。

4.7.3　知识链接

1. 路由器的主要功能

（1）建立并维护路由表。

（2）提供网络间的分组转发功能。

2. 路由选择

在网络中路由器采用的是表驱动的路由选择算法。路由表存储了可能的目的地地址与如何达到目的地地址的信息。路由器在传送 IP 分组时必须查询路由表，以决定将分组从哪个端口转发出去。

3. 路由表

路由表可以是静态的，也可以是动态的。

（1）静态路由表：静态路由表是由人工方式建立的，网络管理员将每个目的地的地址的路径输入到路由表中。网络结构发生变化时，路由表无法自动更新。静态路由表的更新工作必须由管理员手动完成。因此，静态路由表一般只用在小型的、结构不会经常改变的局域网系统中。

（2）动态路由表：大型互联网络通常采用动态路由表。在网络系统运行时，系统自动运行动态路由选择协议，建立路由表。当网络结构发生变化时，动态路由选择协议就会自动更新所有路由器中的路由表。

4. Windows Server 路由功能

Windows Server 2008 集成了功能强大的远程访问服务和路由功能，为企业网络的数据通信提供了灵活、廉价的解决方案。

路由和远程访问（Routing and Remote Access）是 Windows Server 2008 系统提供的软件路由器，也是一个用于路由和互联网络工作的开放平台，为局域网（LAN）和广域网（WAN）环境中的 IP 通信提供路由选择服务，通过路由器将到网际网络上某一位置的通信从源主机转发到目标主机。

4.7.4 任务实施

1. 实施规划

（1）实训拓扑。

根据任务的需求与目标，实训的拓扑结构及网络参数如图 4-10 所示，以两台 PC 模拟公司用户计算机，Server1、Server2 模拟公司的两台服务器。

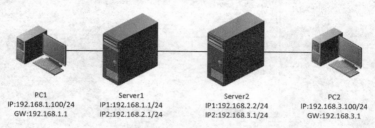

图 4-10　实训拓扑结构

（2）实训设备。

根据任务描述和实训拓扑结构，实训设备主要有服务器（Windows Server 2008）、计算机、交换机以及双绞线。环境可用虚拟机环境进行搭建。

（3）IP 地址规划。

根据实训拓扑结构，两台用户计算机的 IP 地址和服务器的 IP 地址规划如表 4-6 所示。

表 4-6　实训 IP 地址规划

设　备	IP	子　网　掩　码	网　关　地　址
PC1	192.168.1.100	255.255.255.0	192.168.1.1
PC2	192.168.3.100	255.255.255.0	192.168.3.1
Server1 网卡 1	192.168.1.1	255.255.255.0	无
Server1 网卡 2	192.168.2.1	255.255.255.0	无
Server2 网卡 1	192.168.2.2	255.255.255.0	无
Server2 网卡 2	192.168.3.1	255.255.255.0	无

2. 实施步骤

（1）根据实训拓扑图进行交换机、服务器、计算机的连接，按照表 4-6 配置好 PC1、PC2、Server1、Server2 的网络参数，并验证同一网段的计算机与服务器之间能相互 ping 通，此时 PC1 与 PC2 互相不通。

（2）在 Server1 上安装路由服务。

登录 Server1 打开"管理工具"的服务器管理器，在服务器管理界面选择"角色"并单击"添加角色"按钮，将出现添加角色向导。选中"网络策略和访问服务"复选框，如图 4-11 所示。

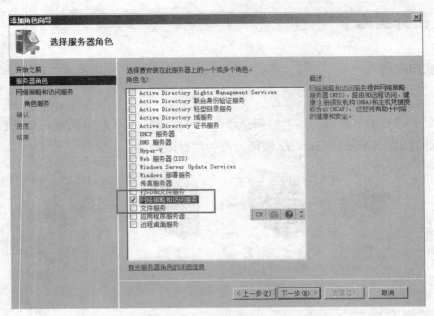

图 4-11　选择网络策略和访问服务角色

单击"下一步"按钮，然后选中"路由和远程访问服务"复选框，如图 4-12 所示。

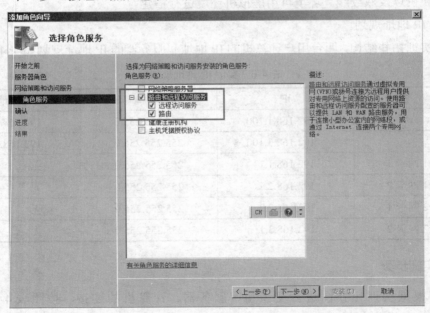

图 4-12　路由和远程访问服务

单击"下一步"按钮后单击"安装"按钮，等待安装完成，如图 4-13 所示。

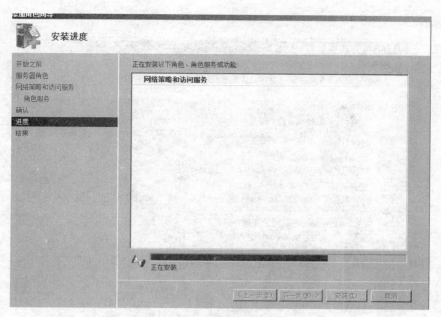

图 4-13 安装路由和远程访问服务

（3）在 Server1 上配置和启用路由服务。

在 Server1 上选择管理工具的"路由和远程访问"选项，此时路由和远程服务并未配置也未启动服务，选择主机名称并右击，在弹出的快捷菜单中选择"配置并启用路由和远程访问"命令，将出现路由和远程访问服务安装向导，如图 4-14 所示。

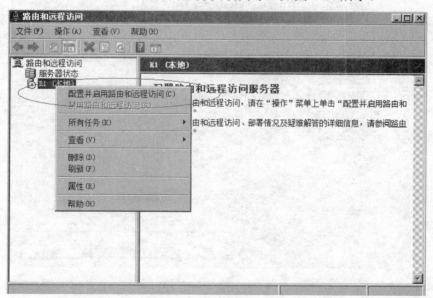

图 4-14 路由和远程访问界面

单击"下一步"按钮，出现配置类型选项的界面，选中"自定义配置"单选按钮，如

图 4-15 所示。

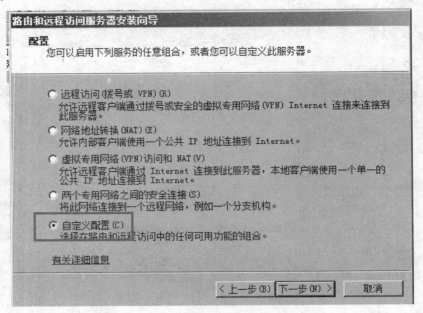

图 4-15　路由和远程访问服务类型选项

单击"下一步"按钮后选中"LAN 路由"单选按钮，如图 4-16 所示。

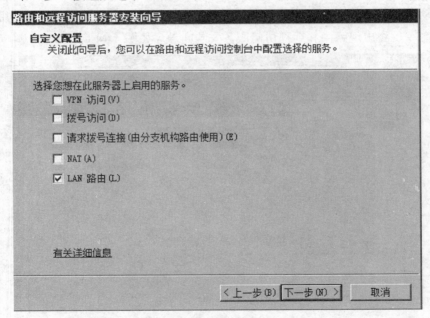

图 4-16　选择 LAN 路由

单击"下一步"按钮后再单击"完成"按钮，选择启动服务以启动路由和远程访问服务，如图 4-17 所示。

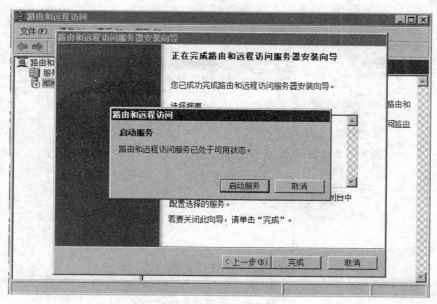

图 4-17 启动路由和远程访问服务

（4）配置静态路由。

路由和远程访问服务启动成功后，主机处的图标由红色变成绿色，出现相关的配置内容，选择 IPv4 下面的"静态路由"，如图 4-18 所示。

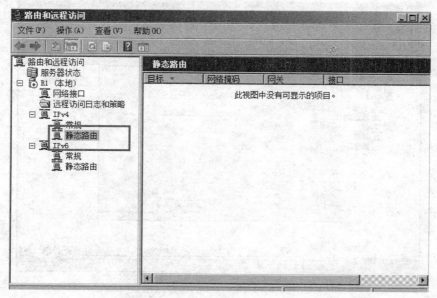

图 4-18 静态路由选项

选择静态路由后右击，在弹出的快捷菜单中选择"新建静态路由"命令，如图 4-19 所示。

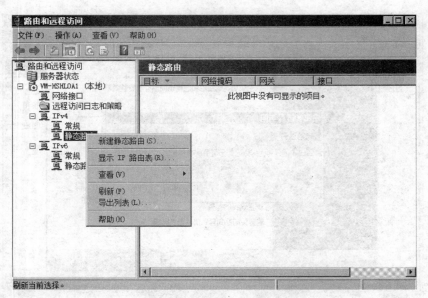

图 4-19　新建静态路由

在出现的静态路由配置界面里，接口选择本地连接 2（对应 IP 为 192.168.2.1 的接口），根据实训拓扑图和实训参数并结合静态路由的原理，分别输入正确的目标、网络掩码、网关参数，如图 4-20 所示。

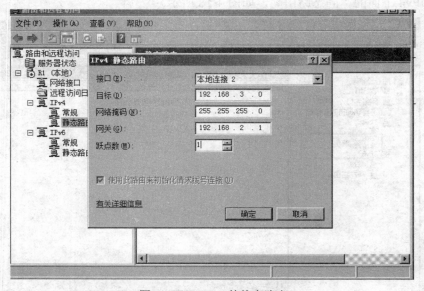

图 4-20　Server1 的静态路由

单击"确定"按钮后即完成 Server1 的静态路由配置，在静态路由项里将会显示配置的静态路由表。

（5）在 Server2 上也同样按照以上步骤操作，Server2 上的静态路由配置信息如图 4-21所示。

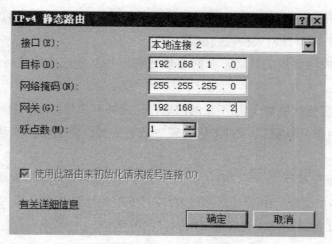

图 4-21　Server2 的静态路由

4.7.5　任务验收

在 PC1、PC2 上分别运行 ping 命令，相互 ping 对方 IP 的地址，能相互连通则表明任务完成。

4.7.6　任务总结

通过此次实训任务了解使用 Windows Server 2008 作为路由器连接两个网络，完成网络间的数据通信功能。需要注意的是，如何向路由器中添加静态路由地址，在配置静态路由前必须启动路由和远程访问功能。

本 章 小 结

（1）网络层的功能是为网络中的终端设备之间提供数据传输服务，经过网络层封装后，就能以最小开销将封装的内容传送到位于同一个网络或其他网络中的目的设备。

（2）IP 协议是 TCP/IP 协议中最重要的一个协议。IP 协议封装传输层数据段或数据报，以便网络将其传送到目的主机。网络层的每个接口都必须有唯一的地址。IP 协议定义的网络层地址是 IP 地址，IPv4 地址用 32 位二进制表示，IPv6 地址用 128 位二进制表示。每个 IPv4 网络的地址范围内都有 3 种类型的地址：网络地址、广播地址、主机地址。IPv4 地址的划分和使用过程大致分为 4 个阶段。

（3）路由表是路由器中的数据，包含目的网络与下一跳的对应关系。有 3 种方法可以分别构建 3 种路由表：直连路由、静态路由、动态路由。路由选择协议分为两大类：内部网关协议（IGP）和外部网关协议（EGP）。

（4）为了完成网络层的功能，在网络层还有一些其他配套协议：ARP 协议、ICMP 协议和 IGMP 协议。

（5）NAT 不仅能解决 IP 地址不足的问题，还能够有效地避免来自网络外部的攻击，隐藏并保护网络内部的计算机。NAT 的实现方式有 3 种：静态转换、动态转换和端口多路复用。

（6）IPv6 地址空间巨大，可以有更多的层次结构，分为全球单播地址、本地链路地址、本地站点地址、多播地址。IPv6 使用接口 ID 符标识链路上的接口，接口 ID 始终为 64 位。IPv4 需要平滑地过渡到 IPv6，有多种可用的过渡策略。

（7）通过 Windows Server 静态路由配置实训任务了解静态路由的相关知识和配置方法。

习　题

一、填空题

1. 路由表是路由器中的数据，包含目的网络与下一跳的对应关系，构建路由表的 3 种路由类型是 _____、_____、_____。

2. 每个 IPv4 网络的地址范围内都有 3 种类型的地址：_____、广播地址、_____。

3. 请写出以下 IP 地址及其掩码所属的网络地址：

（1）192.168.56.254/255.255.255.0 的网络地址是 _____，广播地址是 _____。

（2）172.16.1.1/255.255.255.0 的网络地址是 _____，广播地址是 _____。

（3）10.10.8.9/255.255.255.0 的网络地址是 _____，广播地址是 _____。

（4）10.10.8.9/255.255.254.0 的网络地址是 _____，广播地址是 _____。

4. NAT 的实现方式有 3 种：静态转换、_____ 和 _____。

5. IPv6 网络的回路测试地址为 _____。

6. IPv6 地址主要分为 _____、_____、_____。

7. IPv6 过渡技术有 _____、_____、_____。

二、选择题

1．在因特网中，路由器通常利用（　　）进行路由选择。

A．源 IP 地址 　　　　　　　　　　　　B．目的 IP 地址

C．源 MAC 地址 　　　　　　　　　　　D．目的 MAC 地址

2．如果借用一个 C 类 IP 地址的 3 位主机号部分划分子网，那么子网掩码应该是（　　）。

A．255.255.255.192 　　　　　　　　　B．255.255.255.224

C．255.255.255.240 　　　　　　　　　D．255.255.255.248

3．网络层功能需借助数据链路层实现，当网络层 IP 数据包转交给数据链路层封装为帧时，IP 地址需转换成 MAC 地址，下列哪种协议实现了将 IP 地址转换成 MAC 地址（　　）？

A．ARP 　　　　　　　　　　　　　　　B．RARP

C．ICMP 　　　　　　　　　　　　　　　D．IGMP

4．IPv6 是下一代 IP 协议，其中 IPv6 地址采用（　　）位地址编码。

A．128 　　　　　　　　　　　　　　　　B．32

C．48 　　　　　　　　　　　　　　　　　D．8

5．对比 IPv4 分组头，下面哪个是 IPv6 分组头部新增的字段？（　　）

A．流标记 　　　　　　　　　　　　　　B．服务类型

C．段偏移 　　　　　　　　　　　　　　D．生存时间

6．下面的 IPv6 地址书写正确的是（　　）。

A．32AB:0000:2AA::2::9C5A 　　　　　　B．21DA::2AA:F:FE00:9C5A

C．2001:0DB8:0:CD30 　　　　　　　　　D．FF02::3::5

三、简答题

1．请描述网络层的基本功能。

2．请准确描述 IPv4 数据分组首部的 13 个字段的大小及其功能。

3．请描述在以太网中 ARP 的工作过程。

4．与 IPv4 相比，IPv6 具有的新特征有哪些？

第 5 章　数据链路层

■　学习内容：

　　数据链路层的模型和功能，共享介质和非共享介质的访问控制方法，数据链路层的主要协议：帧、以太网协议、PPP 协议、PPPoE 协议，局域网技术：以太网交换技术、二层交换技术、三层交换技术、无线局域网，广域网技术：帧中继、ATM。公司办公区网络组建实训、图书馆无线网络组建实训。

■　学习要求：

　　理解数据链路层的通信模型和功能，了解介质访问的控制方法，掌握以太网帧和协议的知识，同时应了解局域网和以太网交换的相关技术和应用，对广域网的相关知识和技术也应有所了解。完成两个网络组建实训任务。

5.1　数据链路层基本概念

5.1.1　数据链路层模型

　　网络模型可以使各个层的正常运作极少受其他层功能的影响。数据链路层工作在 OSI 参考模型的第 2 层（TCP/IP 模型的网络接口层），负责将数据放置到网络上并从网络接收和发送数据，规范数据帧在介质上传输的方法，实现物理层对网络层的透明，从而缓解了上层（网络层）的压力。该层提供了各种服务来支持数据传输经过的各介质的通信过程。如果没有数据链路层，则网络层协议（如 IP 协议）必须提供连接到传送路径中可能存在的各种类型介质所需的连接。而且，每当系统开发出一种新的网络技术或介质时，IP 协议必须做出相应调整。此过程会妨碍网络协议和网络介质的创新和发展。这是采用分层式方法进行联网的主要原因。

　　当两个主机（主机 A 和主机 B）要进行通信时，主机 A 的应用进程要把数据从应用层逐层往下传，经过传输层再到网络层，组成 IP 数据报，网络层 IP 数据报在从源主机传输到目的主机的过程中，必须通过各种物理网络。这些物理网络可由不同类型的物理介质组成，如铜缆、微波、光纤以及卫星链路等。网络层数据报无法直接访问这些介质，必须再往下传到数据链路层组成帧，然后经物理层形成比特流，才能进入物理网络传输。从主机 A 到主机 B 数据传输的路径中可能有多个路由器，每个路由器的物理层在收到比特流后，先由数据链路层将比特流恢复成帧,再将数据帧解封成 IP 报,由路由器转发 IP 数据报时又把它封装成另一个新的帧,然后通过物理层发送给下一个路由器。通过这样的方式,数据最后到达目的主机 B 的物理层。由主机 B 的数据链路层提取出 IP 数据报,再逐层解封上传,由应用层交给主机 B 的应用进程,完成两个主机的通信。两台主机的数据链路层通信模型如图 5-1 所示。

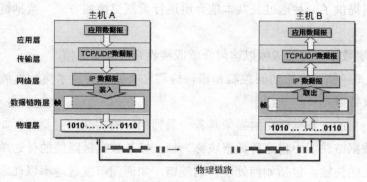

图 5-1 数据链路层的通信模型

在任意指定的网络层数据报交换过程中,可能存在多次数据链路层和介质的转换。在路径沿途的每一跳上,中间设备(通常为路由器)从介质接收帧、解封帧,然后将数据包重新封装在适合该段物理网络介质的新帧中,再转发出去。

尽管两台远程主机之间的数据通信可能通过网络层协议(如 IP)来相互通信,但是很可能使用了多种数据链路层协议才能使 IP 数据报通过各种 LAN 和 WAN 网络进行传输。两台主机之间的这类数据报交换需要数据链路层上必须有多种不同的协议。路由器中的每次转换都可能需要不同的数据链路层协议,这样才能在新介质中传输。在不同的 LAN 和 WAN 网络中数据链路层采用了不同的协议,需要转换数据包中的帧头部分,而其中作为数据的 IP 数据报内容不变,数据链路层的转换如图 5-2 所示。

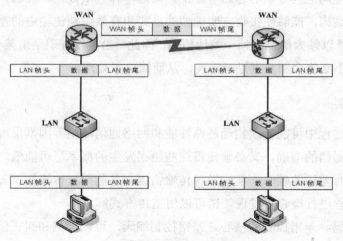

图 5-2 数据链路层帧头的变化

5.1.2　数据链路层功能

数据链路层的主要功能是使网络层数据包做好传输准备以及控制对物理介质的访问。数据链路层把网络层交下来的数据封装成帧发送到链路上，以及把接收到的帧中的数据取出并交给网络层。

数据链路层提供了一种通过公共本地介质进行数据交换的方式。数据链路层执行以下两种基本服务：

（1）将上层数据包封装成帧以访问介质或接收来自介质的帧。

（2）控制如何使用介质访问控制和错误检测之类的各种技术将数据放置到介质上，以及从介质接收数据。

为达到这一目的，数据链路层必须具备一系列相应的功能，主要有：如何将数据组合成数据块，在数据链路层中将这种数据块称为帧，帧是数据链路层的传送单位；如何控制帧在物理信道上的传输，包括如何处理传输差错，如何调节发送速率以使之与接收方的接收能力相匹配；在两个网络实体之间提供数据链路通路的建立、维持和释放管理。这些功能具体表现在以下几个方面：

1. 链路管理

链路管理是指数据链路的建立、维持和释放。当两个节点要开始进行通信时，发送方必须明确接收方是处在准备接收数据的状态。为此，双方必须交换一些必要的信息，建立数据链路连接；同时在传输数据时要维持数据链路，当通信完毕时要释放数据链路。

2. 帧定界

帧定界也称帧同步，在数据链路层，数据的传输单元是帧。帧同步是指接收方能从所收到的比特流中准确地区分帧的起始与终止。帧是一种包括数据、控制、校验、起始与结束码在内的数据结构，能够使接收方明确帧的格式和有效识别传输中的差错。在数据链路层中，由于数据是以帧为单位一帧一帧地传输，因此，当接收方识别出某一帧出现错误时，只需重发此帧而不必将全部数据进行重发，从而简化了处理。

3. 差错控制

在数据通信过程中可能会因物理链路性能和网络通信环境等因素出现一些传送错误，但为了确保数据通信的准确，又必须使得这些错误发生的概率尽可能低。差错控制要实现当接收端检测出有差错的帧时，能够发现传输错误，并能纠正传输错误。数据链路层实体将对帧的传输过程进行检查，发现差错可以用重传方式解决。

差错就是误码。差错控制的核心是差错控制编码，可以检测和纠正信息传输过程中出现的错误。差错控制编码的基本思路是：在发送端被传输的信息码序列的基础上，按照一定的规则加上若干控制码（冗余码）后进行传输，这些加入的码元与原来的信息码序列之间存在着某种确定的约束关系。在接收数据时，检验信息码元与控制码元之间的既定的约束关系，如果这种关系遭到破坏，则在接收端可以发现传输中出现的错误，甚至可以纠正错误。差错控制编码可以分为差错检测编码和差错纠错编码两类。常见的差错检测编码有奇偶校验码、水平垂直奇偶校验码、CRC 循环冗余码等。差错控制的方式主要有前向纠错 FEC、检错重发 ARQ、混合纠错检错 HEC 和信息反馈 IRQ 等几种方式。

在计算机网络发展的初期，通信网的传输质量普遍不好，因而数据传输的差错率较高，此时数据链路层协议就必须解决可靠传输的问题，于是数据链路层协议从最简单的停止等待协议（stop-and-wait），发展到功能最复杂的滑动窗口协议。

然而随着网络通信技术的发展，通信线路产生的误码率已经极大地下降。在这种情况下，在数据链路层实行可靠传输的策略就不是必要的了，而是把可靠传输的责任让传输层来完成。

4. 流量控制

流量控制并不是数据链路层特有的功能，许多高层协议中也提供流量控制功能。数据链路层的流量控制功能使数据的发送与接收必须遵循一定的传送速率规则，可以使得接收方能及时地接收发送方发送的数据，并且当接收方来不及接收时，必须及时控制发送方数据的发送速率，使两方面的速率基本匹配。实现流量控制的一个重要方法是滑动窗口机制。

5. 透明传输

透明传输是指数据链路层的数据的比特组合必须是不受限制的，可以让无论是哪种比特组合的数据，都可以在数据链路上进行有效传输。这就需要在所传数据中的比特组合恰巧与某一个控制信息完全一样时，能采取相应的技术措施，使接收方不会将这样的数据误认为是某种控制信息。只有这样，才能保证数据链路层的传输是透明的。

6. 寻址

在多点共享介质连接的情况下，要保证每一帧能传送到正确的目的节点，接收方应当知道发送方是哪一个节点，发送方也需知道接收方是哪一个节点。这是以太网中的 MAC 子层的主要功能。

5.2　介质访问控制方法

数据链路层协议所描述的介质访问控制方法定义了网络设备访问网络介质的过程以及在不同网络环境中传输帧的过程。

数据链路层协议指定了将数据报封装成帧的过程，以及用于将已封装数据报放置到各介质上和从各介质获取已封装数据报的技术。用于将帧放置到介质上和从介质获取帧的技术称为介质访问控制方法。对于通过多种不同介质传输的数据，各通信过程可能需要不同的介质访问控制方法。

介质访问控制相当于规范机动车上路的交通规则。缺少介质访问控制就等同于车辆无视所有其他行人车辆，自顾自地直接进入道路。但是，并非所有道路和入口都相同。车辆可通过并道、在停车信号处等待轮到自己或通过遵循信号灯来进入道路。驾驶员需遵循每种入口的不同规则集。

同理，用于规范将帧放入介质中的方法也有很多种。数据链路层上的协议定义了访问不同介质的规则。某些介质访问控制方法使用高度可控过程来确保帧可安全放置到介质上。这些方法是按各种复杂协议定义的，它们所需的机制会给网络带来开销。

数据链路层所用的介质访问控制方法取决于介质共享和拓扑，介质共享定义了节点是否共享以及如何共享介质，拓扑则表示节点之间的连接如何显示在数据链路层中。

5.2.1 共享介质与非共享介质

1. 共享介质

网络中的所有主机在传输数据时都需要使用的传输介质称为共享介质。在早期网络，特别是半双工通信的网络中，共享介质在某一特定时刻只能被一台主机使用，如果同时有两台或两台以上的主机使用共享介质传输数据，将发生冲突，即共享介质冲突。共享介质冲突是一种网络故障，将导致数据丢失，必须尽量避免。

要合理分配共享传输介质的使用权限，确保主机和主机之间不发生使用共享介质冲突的情况，就需要借助介质访问控制方法。因此，介质访问控制方法在一定程度上可以理解为，为了合理分配共享介质的使用权限而采用的机制和策略。

对于共享介质，有两种基本介质访问控制方法：

（1）受控访问共享介质。

此方法也称为定期访问或确定性访问，网络中的主机按照严格的顺序轮流使用共享传输介质。此种方法实现简单，无须复杂的计算，能较好地避免冲突的发生。但它将网络中的主机等同看待，缺乏灵活性，无法适应网络多变的情况。

如果使用受控访问方法，网络设备将依次访问介质。如果设备不需要访问介质，则使用介质的机会将传递给等待中的下一设备。如果某个设备将帧放到介质上传输，则直到该帧到达目的地并被处理后，其他设备才能将帧放到介质上。令牌环网和 FDDI 网就采用此种访问方式，如图 5-3 所示。

图 5-3　受控访问共享介质

（2）争用访问共享介质。

争用访问共享介质也称为非确定性访问，允许任意设备在它有需要发送的数据时尝试访问介质。网络中的设备只要符合两个条件即可使用共享介质。第一个条件是设备有传输数据的需求；第二个条件是此时共享传输介质处于空闲状态。

争用访问共享介质能较好地反映网络实际情况，具有较好的灵活性，但如何确定共享传输介质是否处于空闲需要耗费较多的资源。以太网和无线网络使用争用介质访问控制方法。争用访问共享介质示意图如图 5-4 所示。

图 5-4　争用访问共享介质

2. 非共享介质

针对非共享介质的介质访问控制协议需要少量甚至不需要控制。这些协议具有更简单的介质访问控制规则和过程。例如，在点对点拓扑中，介质仅互连两个节点。在这种情况下，节点无须与其他主机共享介质，或者确定帧的发送目的地是否为该节点。因此，数据链路层协议几乎不需要控制非共享介质的访问。一些广域网技术便是使用此方法。

5.2.2　CSMA 技术

载波侦听多路访问（Carrier Sense Multiple Access，CSMA）技术是一种典型的争用访问共享介质技术，利用特殊的信号"载波"表示共享介质是否处于空闲状态。其实现的主要过程是，当网络中的主机需要传输数据时，首先去侦听网络中是否有载波。如果有载波，表明共享介质此时被占用，该台主机必须等待；如果没有载波，表明共享介质此时处于空闲状态，该主机即把数据放到共享介质上进行传输。CSMA 技术通过载波分配共享介质的

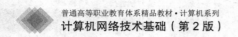

使用权限，在一定程度上能降低冲突发生的可能。但当有两台或两台以上的主机同时去侦听，而此时又没有载波，这些主机会同时认为共享介质是处于空闲状态，会同时将数据放到共享介质上去传输，此时冲突将不可避免。针对此问题，CSMA 技术进行了改进并发展出了两种技术：CSMA/CD、CSMA/CA。

1. CSMA/CD

CSMA/CD，即载波侦听多路访问 / 冲突检测，其实现的思路是网络中的主机在发送数据前首先侦听信道是否空闲，即是否有载波，若空闲，则立即发送数据。在发送数据时，边发送边继续侦听。若在传输数据过程中侦听到载波，则立即停止发送数据，采用一定的算法推举一台主机使用共享介质传输数据。CSMA/CD 的优点是简单，效率较高，能较好地解决共享介质使用冲突的情况；缺点是在网络负载增大时，发送时间增长，发送效率会急剧下降。目前 CSMA/CD 技术广泛应用于以太网。

2. CSMA/CA

CSMA/CA，即载波侦听多路访问 / 冲突避免，其实现思路是网络中的主机在发送数据前首先侦听信道是否空闲，即是否有载波，如果有载波，则必须等待。如果没有载波，会等待一个随机时间再次进行侦听，如果此时还没有载波，则把数据放到共享传输介质上去传输。CSMA/CA 广泛应用于 IEEE 802.11 无线局域网。

5.3　数据链路层协议

在 TCP/IP 网络中，所有第 2 层数据链路层协议均与第 3 层的 Internet 协议配合使用。然而，实际使用的数据链路层协议必须取决于网络的逻辑拓扑以及物理层的实施方式。为了适应多样的链路类型，数据链路层协议的类型非常丰富。本节从帧的角度来介绍常用的数据链路层协议。

5.3.1　帧

帧是数据链路层协议的关键，不同的数据链路层协议均需要成帧才能经过物理层使用介质传输数据包。数据链路层协议需要控制信息才能使协议正常工作，控制信息可能提供哪些节点正在相互通信，各节点之间开始通信和结束通信的时间，节点通信期间发生了哪些错误，接下来哪些节点会参与通信等信息。

数据链路层使用帧头和帧尾将来自上层的数据包封装成帧，以便经本地介质传输数据包。数据链路层协议描述了通过不同介质传输数据包所需的功能。虽然有许多描述数据链路层帧的不同数据链路层协议，但每种帧都有帧头、数据、帧尾 3 个基本组成部分，其组成和与上下层的结构如图 5-5 所示。

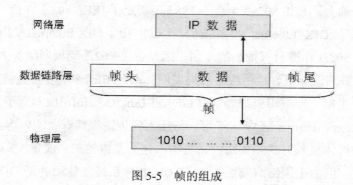

图 5-5 帧的组成

（1）帧头。

帧头包含了数据链路层协议针对使用的特定逻辑拓扑和介质指定的控制信息。帧控制信息对于每种协议均是唯一的，数据链路协议使用它来提供通信环境所需的功能。数据链路协议提供了通过共享本地介质传输帧时要用到的编址方法。此层中的设备地址称为物理地址。数据链路层地址包含在帧头中，指定了帧在本地网络中的目的节点。帧头还可能包含帧的源地址。

不同数据链路层协议的帧头可能使用不同的字段，帧头中的字段主要包括以下内容。

- 帧起始定界字段：表示帧的起始位置，通知接收端确定帧的起始位置。
- 源地址和目的地址字段：表示介质上的源节点和目的节点的物理地址。
- 类型字段：表示帧中包含的上层服务。

另外还包括优先级 / 服务质量字段、流量控制字段、拥塞控制字段等控制字段。

（2）数据。

数据部分将来自于上层的数据报信息封装到帧，以太网中最常用的就是封装 IP 数据报。

（3）帧尾。

帧尾主要包括帧校验字段和帧结束字段，帧校验字段的作用主要是为确保在目的地接收的帧的内容与离开源节点的帧的内容相匹配，针对组成帧的内容创建一个逻辑摘要，称为循环冗余校验（CRC）值。此值将放入帧的帧校验序列（FCS）字段中以检测帧内容是否无传输差错。帧结束字段使用特殊的帧定界字符对帧进行结束定界，以通知接收端从连续的比特流中确定结束位置。

5.3.2 以太网协议

以太网是近年来使用最广泛的局域网技术，全球 90% 以上的局域网都是以太网，其传输速率从 10Mbit/s 发展到今天的 100Mbit/s、1000Mbit/s 和 10Gbit/s。

1973 年，施乐公司（Xerox）开发出了一个设备互连技术并将这项技术命名为以太网（Ethernet）。1982 年 DIX（DEC、Intel、Xerox 公司）修改并发布了自己的以太网新标准：DIX 2.0。在此基础上，IEEE 802 委员会于 1983 年制定了 IEEE 802.3 规范。严格来说，"以太网"应当是指符合 DIX Ethernet V2 标准的局域网，由于 DIX Ethernet V2 标准与 IEEE（电气电子协会）的 802.3 标准只有很小的差别，因此也将 802.3 局域网简称为"以太网"。

为了使数据链路层能更好地适应多种局域网标准，IEEE 802 委员会将局域网的数据链路层拆分成两个子层，即逻辑链路控制（Logical Link Control，LLG）子层和媒体接入控制（Medium Access Control，MAC）子层。与接入到传输媒体有关的内容放到 MAC 子层，LLC 子层提供与媒体接入方式无关的链路控制，包括差错控制和流量控制，提供面向连接和无连接的服务。但由于因特网发展很快，TCP/IP 体系经常使用的是 DIX Ethernet V2 标准而不是 802.3 标准，现在 IEEE 802 委员会制定的 LLC 子层作用已经不大，很多厂商生产的网卡就只装有 MAC 协议而没有 LLC 协议，因此本节介绍的以太网协议及局域网不考虑 LLC 子层，以便能更加简洁地理解以太局域网。

以太网采用的介质访问控制方法是 CSMA/CD，共享介质要求以太网数据包头使用数据链路层地址来确定源节点和目的节点。与大部分局域网协议一样，该地址称为节点的 MAC 地址。

为了标识以太网上的每台主机，需要给每台主机上的网络适配器（网络接口卡）分配一个唯一的通信地址，即以太网地址或称为网卡的物理地址、MAC 地址。

以太网地址长度为 48 比特，共 6 个字节，如图 5-6 所示。其中，前 3 个字节为 IEEE 分配给厂商的厂商代码（例如，华为产品前 3 个字节是 0x00e0fc），后 3 个字节为网络适配器编号。

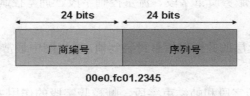

00e0.fc01.2345

图 5-6　以太网地址编号

IEEE 负责为网络适配器制造厂商分配以太网地址块，各厂商为自己生产的每块网络适配器分配一个唯一的以太网地址。因为在每块网络适配器出厂时，其以太网地址就已被烧录到网络适配器中。所以，有时也将此地址称为烧录地址（Burned-In-Address，BIA）。

以太网帧具有多个字段，主要包括前导码、目的地址、源地址、类型、数据、帧校验等字段，如图 5-7 所示。其中，目的地址和源地址使用 MAC 地址标识两个进行通信的节点地址，类型字段用来标识上一层使用的是什么协议，以便把收到的帧的数据上交给上一层的这个协议。例如，当类型字段的值为 0x0800 时，表示上层使用的是 IPv4 数据报，当类型字段的值为 0x86DD 时，表示上层使用的是 IPv6 数据报。若类型字段的值为 0x8137 时，则表示该帧是由 Novell IPX 发过来的。

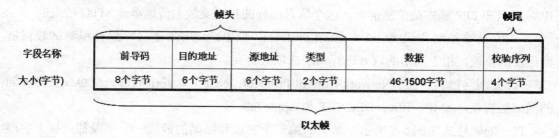

图 5-7　以太帧的结构

原始以太网标准将最小的帧定义为 64 个字节，最大的帧定义为 1518 个字节。包括从"目的 MAC 地址"字段到"帧校验序列（FCS）"字段的所有字节。在描述帧的大小时，不包含"前导码"和"帧首定界符"字段。1998 年发布的 IEEE 802.3ac 标准将允许的最大帧扩展到 1522 个字节。帧大小的增加是为了支持虚拟局域网（VLAN）的技术。在数据链路层中，所有速度的以太网的帧结构几乎相同。然而在物理层，不同以太网将各个位放到介质上的方法各有不同。

以太网是数据通信非常重要的一个组成部分和目前局域网的主要组网方式，后面将介绍采用以太网协议的局域网技术。

5.3.3　PPP 协议

PPP（Point-to-Point Protocol，点对点协议）是用于在两个节点之间传送帧的链路层协议。这种链路提供全双工操作，并按照顺序传递数据包。设计目的主要是用来通过拨号或专线方式建立点对点连接并发送数据，使其成为各种主机、网桥和路由器之间简单连接的一种共同的解决方案。

PPP 协议是 IETF 在 1992 年制定的，经过 1993 年和 1994 年的修订，现在的 PPP 协议已成为因特网的正式标准（RFC1661）。PPP 协议常用于广域网连接，可用于各种物理介质（包括双绞线、光缆和卫星传输）以及虚拟连接。用户使用拨号电话线接入因特网时，一般都是使用 PPP 协议，使用 ADSL 方式连接因特网也多采用基于 PPP 的 PPPoe 协议（Point-to-Point Protocol over Ethernet，以太网上的 PPP）。

PPP 也使用分层体系结构。为满足各种介质类型的需求，PPP 在两个节点间建立称为会话的逻辑连接。PPP 会话向上层 PPP 协议隐藏底层物理介质。这些会话还为 PPP 提供了用于封装点对点链路上的多个协议的方法。链路上封装的各协议均建立了自己的 PPP 会话。PPP 还允许两个节点协商 PPP 会话中的选项，包括身份验证、压缩和多重链接（使用多个物理连接）。

PPP 协议主要由 3 个部分组成：

（1）将 IP 数据报封装到串行链路的方法。PPP 既支持异步链路，也支持同步链路。IP 数据报在 PPP 帧中是信息部分，这个信息部分的长度受最大传送单元 MTU 的限制。

（2）链路控制协议（Link Control Protocol，LCP），用来建立、配置和测试数据链路连接的协议，用于通信的双方进行一些选项的协商。

（3）网络控制协议（Network Control Protocol，NCP），其中的每一个协议支持不同的网络层协议，如 IP、IPX、DECNET 和 AppleTalk 等。

PPP 的帧格式如图 5-8 所示，帧头的第一个字段和帧尾的最后一个字段都是标志字段 F（Flag），规定为 0x7E，表示一个帧的开始或结束，是 PPP 帧的定界符。地址字段 A（Address）规定为 0xFF，控制字段规定为 0x03，实际并未携带 PPP 帧的信息。协议字段标识上一层使用的协议，当字段值为 0x0021 时，PPP 帧的信息字段就是 IP 数据报。若为 0xc021，信息字段是 PPP 链路控制协议 LCP 的数据，而 0x8021 表示是网络层的控制数据 NCP。信息字段的长度是可变的，不超过 1500 字节。帧尾的 FCS 校验字段使用帧校验序列 FCS。

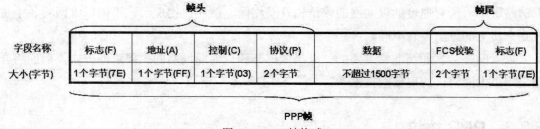

图 5-8　PPP 帧格式

5.3.4　PPPoE 协议

PPPoE（PPP over Ethernet）即基于以太网的 PPP 协议，是指在以太网上承载 PPP 协议，利用以太网将大量主机组成网络，通过远端接入设备连入因特网，并对接入的每一个主机实现控制、计费功能。极高的性能价格比使 PPPoE 在包括家庭、小区组网建设等应用中广泛采用，例如，在 ADSL、FTTH 等宽带接入方式中。

PPPoE 实质是以太网和拨号网络之间的一个中继协议，所以在网络中，其物理结构与原来的 LAN 接入方式相比没有任何变化，只需在保持原接入方式的基础上安装一个 PPPoE 客户端。PPPoE 客户端软件通常集成了用户认证、计费、带宽控制、安全隔离等功能，用户通过 PPPoE 虚拟拨号软件能方便快速地连接互联网，目前已成为家庭、小区及中小企业连接互联网的主要协议。

PPPoE 协议的工作流程包含两个阶段：发现阶段和会话阶段。发现阶段是无状态的，目的是获得 PPPoE 终结端（在局端的 ADSL 设备上）的以太网 MAC 地址，并建立一个唯一的 PPPoE SESSION-ID（会话 ID）。发现阶段结束后，就进入标准的 PPP 会话阶段。

* **提示**：目前的企业及家用路由器上一般都预置了 PPPoE 拨号方式，配置时选取 PPPoE 方式后输入分配的用户名和密码即可连接互联网。

5.4 局域网技术

局域网是计算机网络的重要形式，自 20 世纪 70 年代末以来，随着计算机产品价格的不断下降而获得了日益广泛的应用和发展，由于计算机技术和通信技术的发展促使局域网技术得到了飞速发展，成为计算机网络中研究与应用的热点之一。纵观局域网发展历程，主要有令牌环网、FDDI、以太网、无线局域网等几种。其中，令牌环网和 FDDI 受性能和通信效率的限制，已经被淘汰。目前广泛应用的局域网技术主要是以太网和无线局域网。当前，最主要的局域网技术——以太网，已经从一种共享介质、有争议的技术发展成为今天的高带宽、全双工的通信技术，并随着千兆、万兆以太网技术的出现和应用，大大扩展了原有的局域网技术的使用范围，大有朝着城域网（MAN）、广域网（WAN）发展的趋势。

5.4.1 局域网概述

1 局域网主要特点

局域网简称 LAN（Local Area Network），是指在某一区域内由多台计算机互连成的计算机组。最主要的特点是：网络为一个单位或组织所拥有，覆盖较小地理范围和拥有一定的数据通信设备。

以太网（IEEE 802.3 标准）是最常用的局域网组网方式，最初的同轴粗缆和同轴细缆等物理介质被双绞线电缆所取代，早期局域网所采用的总线型物理和逻辑拓扑结构也演变为星型结构，并经历了以交换机取代了集线器的重大发展。目前最普及的以太网类型数据传输速率为 100Mbit/s，更新的标准则支持 1000Mbit/s 和 10Gbit/s 的速率。

其他主要的局域网类型有令牌环（Token Ring，IBM 所创，之后申请为 IEEE 802.5 标准）和 FDDI（光纤分布数字接口，IEEE 802.8）。令牌环网络采用同轴电缆作为传输媒介，具有更好的抗干扰性，但是网络结构不能很容易地改变。FDDI 采用光纤传输，网络带宽大，适于用作连接多个局域网的骨干网。本节主要介绍以太局域网。

随着局域网体系结构、协议标准研究的发展，局域网技术特征与性能参数发生了很大变化，现在局域网主要的技术特点有以下几点。

（1）局域网覆盖有限的地理范围，一般为数百米至数千米。可满足一幢大楼、一所校园或一个企业的计算机、终端与各类信息处理设备连网的需求。

（2）局域网具有高数据传输速率（10Mbit/s ～ 1000Mbit/s），目前已出现速率高达

10Gbit/s 的以太局域网。可交换各类数字和非数字（如语音、图像、视频等）信息。

（3）局域网具有误码率低、高质量的数据传输环境，误码率一般在 10^{-11} 以下。局域网通常采用短距离基带传输，可以使用高质量的传输介质，从而提高了数据传输质量。

（4）局域网一般属于一个单位或组织所有，具有协议简单、结构灵活、建网成本低、周期短、便于管理和扩充等特点。

（5）决定局域网特性的主要要素是网络拓扑、传输介质与介质访问控制方法。

（6）局域网已从传统的共享介质发展到目前的交换式局域网，从根本上改变了共享介质冲突的工作方式，极大地提高和改善了局域网的性能与服务质量。

2. 局域网参考模型与协议标准

早期的局域网网络技术都是各不同厂家所专有，互不兼容。后来，IEEE（国际电子电气工程师协会）推动了局域网技术的标准化，由此产生了 IEEE 802 系列标准。这使得在建设局域网时可以选用不同厂家的设备，并能保证其兼容性。这一系列标准覆盖了双绞线、同轴电缆、光纤和无线等多种传输媒介和组网方式，并包括网络测试和管理的内容。随着新技术的不断出现，这一系列标准仍在不断地更新变化之中。

IEEE 802 标准的局域网参考模型与 OSI/RM 的对应关系如图 5-9 所示，该模型包括了 OSI/RM 最低两层（物理层和数据链路层）的功能，也包括网间互联的高层功能和管理功能。

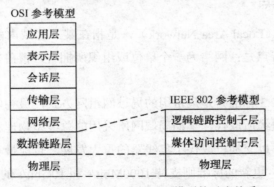

图 5-9　IEEE 802 标准与 OSI 模型的对应关系

基于 IEEE 802.3 的局域网采用 CSMA/CD 的介质访问控制技术，即带有冲突检测的载波侦听多路访问，主要用于早期总线结构共享介质的局域网。其数据链路层采用的以太网协议和介质访问控制技术已在前面章节中作了介绍，此处不再赘述。

5.4.2　以太网的发展

以太网是由 Xerox（施乐）公司创建的，并由 Xerox 公司、Intel 和 DEC 三家公司联合开发的基带（未经调制的原始信号）局域网规范。1973 年 Xerox 公司开发出了一个设备互连技术，并将该技术命名为"以太网"（Ethernet）。1982 年，DIX（DE、Cintel、Xerox 公司）修改并发布了自己的以太网新标准：DIX2.0。在此基础上 IEEE 802 委员会于 1983 年制定了 IEEE 802.3 规范，严格来说，Ethernet 是指符合 DIX Ethernet V2 标准的局域网，但由于 DIX Ethernet V2 标准与 IEEE 802.3 标准只有很小的差别。因此也将 IEEE 802.3 局域网简称为 Ethernet 标准。

早期的以太网技术被设计为多台计算机通过一根共享的同轴电缆进行通信的局域网技术，随后又逐渐扩展到包括双绞线在内的多种传输介质上。早期以太网结构如图 5-10 所示。

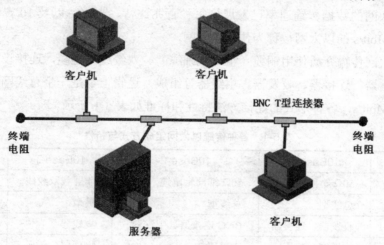

图 5-10 早期以太网结构示意图

以太网本质上属于共享式网络，即网络中的所有节点共享传输介质，任意时刻只允许一台计算机发送数据，其他计算机必须等待。为了合理分配共享传输介质的使用权限，避免出现使用共享传输介质冲突的情况发生，以太网采用 CSMA/CD 技术实现介质访问控制。

早期以太网使用同轴电缆的总线型网络拓扑结构，随着集线器的出现，以太网又发展到了星型网络拓扑结构。随着交换机的出现，以太网又从早期的共享式以太网发展成了交换式以太网。当前的以太网技术已经基本脱离了共享式特性而转向了交换式特性。基于 CSMA/CD 的介质访问控制方法在百兆以太网、千兆以太网中之所以仍然被保留，主要目的不是为了避免出现使用共享传输介质时的冲突，而是为了能和传统以太网保持向下兼容。在万兆以太网中，由于只工作在全双工模式，介质访问控制方法已经失去意义，因此已经完全放弃了 CSMA/CD 技术。当今的以太网已经形成了一系列标准。从传统以太网（10Mbit/s）发展到现在的快速以太网（100Mbit/s、1000Mbit/s）和万兆以太网（10000Mbit/s）。以太网技术已经成为当今局域网技术的主流。当今 90% 以上的局域网都是以太网。以太网技术之所以能取得如此令人瞩目的成就和它具有一系列的优点是分不开的。具体而言，以太网技术具有如下优势：

（1）能满足不同种类的网络拓扑结构的需要。以太网能够适应几乎所有的网络拓扑结构的需要，如总线型、环型、星型、树型、网状型等，而早期的令牌环网和 FDDI 只能适应环型网络拓扑结构。

（2）能满足不同种类传输介质的需要。以太网可以满足当今几乎所有的网络传输介质的需要，如同轴电缆、双绞线、光缆等，而令牌环网只能使用 IBM 自己开发的双绞线，FDDI 只能采用光纤。

（3）网络接口工作模式丰富。以太网的网卡、设备接口可以工作在两种通信模式之下：半双工和全双工。令牌环网和 FDDI 只能工作在半双工通信模式。

现在以太网的数据传输速率已发展到每秒百兆比特、吉比特以及 10 吉比特，早期传输速率为 10Mbit/s 的以太网被称为传统以太网。

传统以太网传输介质使用铜缆（粗缆或细缆）、双绞线或光缆，连接设备使用工作在物理层的中继器、连接器、收发器、集线器等组成，逻辑上都是一个总线网络，最大传输数据率为 10Mbit/s，各种形式的连接方法特性和标准如表 5-1 所示。

表 5-1　各种传统以太网组成方式与特性

特　　性	10Base-5	10Base-2	10Base-T	10Base-F
传输介质	50Ω 粗同轴电缆	50Ω 细同轴电缆	非屏蔽双绞线	光缆
拓扑结构	总线型	总线型	星型	点对点
连接设备	收发器、连接器	BNC 连接器、中继器	集线器	收发器
工作层次	物理层	物理层	物理层	物理层
数据速率	10Mbit/s	10Mbit/s	10Mbit/s	10Mbit/s
最大网段长度	500m	185m	100m	2000m

随着更多的设备加入以太网和 LAN 服务对于基础设施的要求不断提高，帧的冲突量大幅增加。当通信活动少时，偶尔发生的冲突可由 CSMA/CD 管理，因此性能很少甚至不会受到影响。但是，当设备数量和随之而来的数据流量增加时，冲突的上升就会给用户体验带来明显的负面影响。传统以太网的物理或逻辑拓扑面临的问题越来越难解决。

纵观以太网发展历程，主要经历了如下几个发展阶段：

1. 传统以太网

传输速率为 10Mbit/s 的以太网称为传统以太网，其物理层标准主要是基于 10Base-T。传统以太网主要采用两种拓扑结构组网：总线型拓扑结构、星型拓扑结构。

总线型拓扑结构中所有计算机被连接在一条总线电缆上，一般采用同轴电缆作为传输介质。在星型拓扑结构中，所有主机都连接在集线器上，可以使用同轴电缆，也可使用双绞线作为传输介质。传统以太网一般都是共享式以太网，传输效率较为低下，随着网络中主机数量的不断增加，网络性能会急剧下降，只适合小规模网络。

2. 高速以太网

数据传输速率为 100Mbit/s 及以上的以太网称为高速以太网，高速以太网能够为桌面用户以及服务器或者服务器集群等提供更高的网络带宽。

高速以太网一般都是交换式以太网，以太网的一个重大发展是交换机取代了传统的集线器，从而大大增强了 LAN 的性能。这一发展与高速以太网的发展密切相关。交换机可以隔离每个端口，只将帧发送到正确的目的地（如果目的地已知），而不是将帧发送到每台设备，数据的流动得到了有效的控制。

交换机减少了接收每个帧的设备数量，从而最大限度地降低了冲突的概率。交换机以及后来全双工通信（连接可以同时携带发送和接收的信号）的出现，促进了 1000Mbit/s 和更高速度的以太网的发展。

（1）100Base-T 快速以太网。

100Base-T 是由 10Base-T 标准发展而来的星型局域网，称为快速以太网。快速以太网在双绞线或光纤上传送 100Mbit/s 基带型号的星型以太网，沿用了 IEEE 802.3 规范所采用的 CSMA/CD 技术。无论是帧的结构、长度还是错误检测机制等都没有做任何的改动。但由于使用了交换式集线器，可以在全双工方式下工作而无冲突发生，因此 CSMA/CD 协议对在全双工方式下工作的快速以太网是不起作用的（但在半双工方式工作时一定要使用 CSMA/CD 协议）。

100Base-T 快速以太网对应的标准为 IEEE 802.3u，常见的类型有 100Base-TX、100Base-FX、100Base-T4 这 3 种，其中 100Base-TX 和 100Base-FX 合称为 100Base-X。

● 100Base-TX。

100Base-TX 支持通过两对 5 类 UTP 铜线进行发送。100Base-TX 与 10Base-T 一样，也使用两对线对和 UTP 引脚。但 100Base-TX 要求使用 5 类或更高规格的 UTP。100Base-T 以太网采用 4B/5B 编码。

同 10Base-TX 一样，100Base-TX 也是以物理星型拓扑连接。但与 10Base-T 不同的是，100Base-TX 网络一般在星型的中心使用交换机而不是集线器。几乎在 100Base-TX 技术成为主流技术的同时，LAN 交换机也得到广泛采用。共同的发展使它们自然而然地融入了 100Base-TX 网络设计。

● 100Base-FX。

100Base-FX 标准使用的通信步骤与 100Base-TX 相同，但它是通过光纤介质而不是 UTP 铜缆来传送。这两种介质虽然编码、解码和时钟恢复步骤都相同，但信号发送不同，铜缆是电子脉冲，而光缆是光脉冲。100Base-FX 使用低成本光纤接口连接器（通常称为双工 SC 连接器）。

（2）吉比特以太网（千兆以太网）。

吉比特以太网允许在 1Gbit/s 下采用全双工和半双工两种方式工作，使用 IEEE 802.3 协

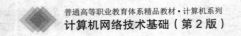
议规定的帧格式。在半双工方式下使用 CSMA/CD 协议（全双工方式不需要使用 CSMA/CD 协议），与 10Base-T 和 100Base-T 技术向后兼容。

吉比特以太网仍然保持一个网段的最大长度为 100m，但采用了"载波延伸"的办法，使最短帧长仍为 64 字节，同时将争用时间增大为 512 字节。

吉比特以太网采用了两种不同的物理层标准：

- 1000Base-X （IEEE 802.3z 标准）。

1000Base-X 是基于光纤通道的物理层，即 FC-0 和 FC-1，其使用的传输媒体有 3 种。

- 1000Base-SX。SX 表示短波长，使用光纤纤芯直径为 62.5μm 和 50μm 的多模光纤时，传输距离分别为 275m 和 550m。
- 1000Base-LX。LX 表示长波长，使用光纤纤芯直径为 62.5μm 和 50μm 的多模光纤时，传输距离为 550m。使用纤芯直径为 10μm 的单模光纤时，其传输距离为 5km。
- 1000Base-CX。CX 表示铜线，使用两对短距离的屏蔽双绞线电缆，传输距离为 25m。
- 1000Base-T （IEEE 802.3ab 标准）。

使用 4 对超 5 类或 6 类线 UTP，传输距离可达 100m。

（3）10 吉比特以太网（万兆以太网）。

10 吉比特以太网与 10Mbit/s，100Mbit/s 和 1Gbit/s 以太网的帧格式完全相同，保留了 IEEE 802.3 标准规定的以太网最小和最大帧长，便于升级。10 吉比特以太网不再使用铜线而只使用光纤作为传输介质，只工作在全双工方式，因此没有争用问题，也不使用 CSMA/CD 协议。

10 吉比特以太网目前主要应用于宽带交换机之间互联、数据中心或服务器群组网络中宽带汇聚、城域网宽带汇聚与骨干更新、SoIP（统一承载所有业务 IP 网络）或 SAN（存储网络）等方面。

10 吉比特以太网采用了 3 种不同的物理层标准：

- 10GBase-X。

使用一种特紧凑包装，含有 1 个较简单的 WDM 器件、4 个接收器和 4 个在 1300nm 波长附近以大约 25nm 为间隔工作的激光器，每一对发送器/接收器在 3.125Gbit/s 速度（数据流速度为 2.5Gbit/s）下工作。

- 10GBase-R。

使用一种使用 64B/66B 编码（不是在千兆以太网中所用的 8B/10B）的串行接口，数据流为 10.000Gbit/s，产生的时钟速率为 10.3Gbit/s。

- 10GBase-W。

使用广域网接口，与 SONET OC-192 兼容，其时钟为 9.953Gbit/s，数据流为 9.585Gbit/s。

5.4.3 以太网交换技术

以太网交换技术是在传统的以太网技术的基础上发展而来，随着局域网范围的扩大和网络通信技术的发展，目前在企业网络中以太网交换技术是网络发展中非常活跃的部分，交换技术在局域网中处于非常重要的地位，随着以太网的发展，目前在城域网和广域网中也使用了以太网技术。

1. 交换技术原理

以太网交换技术是 OSI 参考模型中的第二层——数据链路层上的技术，所谓"交换"，实际上就是指转发数据帧（frame）。使用交换技术的网络设备就是以太网交换机（Switch）。

在数据通信中，所有的交换设备（即交换机）执行两个基本的操作：

（1）交换数据帧，将从输入介质上收到的数据帧转发至相应的输出介质。

（2）维护交换操作，构造和维护交换地址表。

交换机判断当一个数据帧的目的地址在 MAC 地址表中有映射时，被转发到连接目的节点的端口而不是所有端口，以太网交换机了解每一端口相连设备的 MAC 地址，并将地址同相应的端口映射起来存放在交换机缓存中的 MAC 地址表中。

2. 交换方式

依照交换机处理帧时不同的操作模式，交换方式分为 3 种：

（1）存储转发方式。

交换机在转发之前必须接收整个帧，并进行错误校检，如无错误，再将这一帧发往目的地址。帧通过交换机的转发时延随帧长度的不同而变化。

（2）直通交换方式。

交换机只要检查到帧头中所包含的目的地址就立即转发该帧，而无须等待帧全部被接收，也不进行错误校验。由于以太网帧头的长度总是固定的，因此帧通过交换机的转发时延也保持不变。

（3）改进的直接交换方式。

改进的直接交换方式则将直接交换方式和存储转发方式结合起来，在接收到帧的前64 字节后，判断帧的帧头字段是否正确，如果正确，则转发出去。这种方法对于短的帧来说，其交换延迟时间与直接交换方式比较接近；对于长的帧来说，由于只对帧的地址字段与控制字段进行差错检测，因此延迟时间将会减少。

3. 交换特性

（1）冲突域。

冲突域是指同一物理网段上所有节点的集合或以太网上竞争同一带宽的节点集合。在

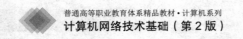

网络中所有直接连接在一起的节点都接收、发送帧的部分，此部分的多个网络节点竞争访问相同的物理媒介，称为冲突域。

交换机在同一时刻可进行多个端口对之间的数据传输，每一个端口所连接的网段都是一个独立的冲突域，因此交换机极大地缩小了局域网冲突域。

（2）广播域。

广播域是指接收同样广播消息的节点的集合。该集合中的任何一个节点传输一个广播帧，则所有其他能收到这个帧的节点都被认为是该广播帧的一部分。

交换机所连接的设备仍然在同一个广播域内，也就是说交换机不隔绝广播（除非采用VLAN技术或三层交换技术）。

4. 多层交换

（1）二层交换。

传统的交换网络是使用一种二层网络交换设备，它是在 OSI 网络标准模型中的第二层——数据链路层进行操作的，在操作过程中不断收集信息去建立起它本身的一个 MAC 地址表。使用二层交换的整个网络就是一个广播域，当网络规模增大时，网络广播严重，效率下降，不利于管理。目前二层交换常用于企业园区网的接入层和小型局域网。

（2）三层交换。

三层交换（也称多层交换或 IP 交换技术）是相对于传统交换概念而提出的。三层交换在网络模型中的第三层（IP 网络层）实现了分组的高速转发。简单地说，三层交换技术就是"二层交换技术 + 三层转发"。三层交换技术的出现，解决了局域网中网段划分之后网段中的子网必须依赖路由器进行管理的局面，解决了传统路由器低速、复杂所造成的网络瓶颈问题。目前三层交换常用于企业园区网的汇聚层和核心层。

（3）四层交换。

四层交换不仅基于 MAC 地址或 IP 地址，同时也基于第四层参数来作为转发依据，可根据网络模型中的第四层（传输层）来区分数据包和控制流量，使用第四层信息包的报头信息，根据应用区间识别业务流，将整个区间段的业务流分配到合适的应用服务器进行处理。

多层交换综合了第二层交换、第三层选择的功能，并缓存了第四层的端口信息，多层交换通过专用集成电路（ASIC）提供了线速交换。

5. 分层模型

网络设计传统上将基本网络级服务放在网络的中心，将共享带宽放在用户级。随着新的 20/80 规则（即 20% 的流量是到本地网络，80% 的流量需要流出本地网络）形成，越来越多的分布式网络服务和交换已经转换到用户级，形成了新的网络结构模型，如图 5-11

所示，各分层的定义和功能如下：

（1）核心层。

核心层是一个高速的交换骨干，其主要目的是尽可能快地交换数据，使得分组交换所耗费的时间延迟最小。常见的做法是在核心层完全采用第三层交换环境，不对数据包 / 帧进行复杂的操作和处理。核心层的主要功能是在各个汇聚层设备之间和提供服务的设备之间提供高速的连接。

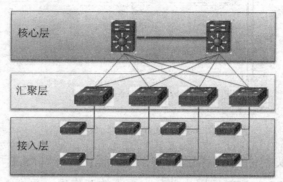

图 5-11　交换网络结构分层模型

（2）汇聚层。

汇聚层是接入层和核心层的分界点，对网络的边界进行定义。对数据包 / 帧的处理应该在这一层完成，广播 / 组播域的定义、地址或区域的汇聚、数据包的处理、过滤、路由总结、路由过滤、路由重新分配、VLAN 间路由选择、策略路由和安全策略等都是汇聚层的主要功能，常采用三层交换环境。

（3）接入层。

接入层是本地终端用户接入网络的点。该层能够使用访问列表或者过滤器来提供对用户流量和安全进一步控制。接入层常使用第二层交换机（常称为接入交换机或边缘交换机）来实现共享带宽、交换带宽、MAC 层过滤等基本功能。

5.4.4　二层交换技术

二层交换技术是从网桥发展而来的，是多层交换技术的来源和基础，随着千兆以太网和万兆以太网的出现和发展也得到飞速发展，其中采用的一些主要技术在加强网络安全性、优化网络可靠性和冗余性、链路组合、接入控制等方面都得到广泛应用。

1. VLAN 技术

VLAN（Virtual Local Area Network）即虚拟局域网，是一种通过将局域网内的设备逻辑地而不是物理地划分成一个个网段，从而实现虚拟工作组的技术，这些网段内的机器有着共同的需求而与物理位置无关，如图5-12所示。

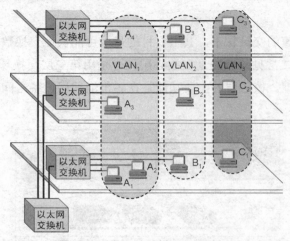

图5-12　VLAN结构示意图

VLAN是为解决以太网的广播问题和安全性而提出的一种协议，在以太网帧的基础上增加了VLAN头，用VLAN ID把用户划分为更小的工作组，每个VLAN都有一个明确的标识符，即VLAN ID号，限制不同工作组间的用户互访，每个工作组就是一个虚拟局域网。虚拟局域网的好处是可以限制广播范围，并能够形成虚拟工作组，动态管理网络，并能进一步结合IP技术实现三层交换功能。

VLAN其实只是局域网给用户提供的一种服务，对于用户而言是透明的，并不是一种新型的局域网。

（1）VLAN的类型。

VLAN中可以根据具体的网络结构选择合适的VLAN类型来构造虚拟局域网，在划分方法和功能上这些类型也有区别。

● 基于端口的VLAN。

基于端口的VLAN，顾名思义就是明确指定各端口属于哪个VLAN的设定方法。基于端口的VLAN的划分简单、有效，但其缺点是当用户从一个端口移动到另一个端口时，网络管理员必须对VLAN成员进行重新配置。这是最常应用的一种VLAN划分方法，目前绝大多数VLAN协议的交换机都提供这种VLAN配置和划分方法，如图5-13所示。

图5-13　基于端口的VLAN

● 基于 MAC 的 VLAN。

这种划分 VLAN 的方法是根据每个主机的 MAC 地址来划分，即对每个 MAC 地址的主机都配置它属于哪个组，其实现的机制就是每一块网卡都对应唯一的 MAC 地址，VLAN 交换机跟踪属于 VLAN MAC 的地址。这种方式的 VLAN 允许网络用户从一个物理位置移动到另一个物理位置时，自动保留其所属 VLAN 的成员身份，如图 5-14 所示。

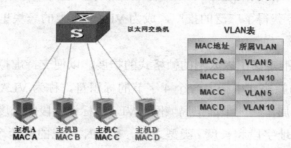

图 5-14　基于 MAC 的 VLAN

● 基于子网的 VLAN。

根据主机所属的 IP 子网来划分 VLAN，即对每个 IP 子网的主机都配置其属于哪个组，无论节点处于哪一个物理网段，都可以以它们的 IP 地址为基础或根据报文协议的不同来划分子网，如图 5-15 所示，这使得网络管理和应用变得更加方便。

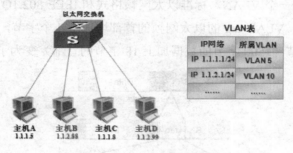

图 5-15　基于子网的 VLAN

● 基于协议的 VLAN。

VLAN 按网络层协议来划分，可分为 IP、IPX、DECnet、AppleTalk、Banyan 等 VLAN 网络。这种按网络层协议来划分的 VLAN，可使广播域跨越多个 VLAN 交换机。这种方法的优点是用户的物理位置改变了，不需要重新配置所属的 VLAN，而且可以根据协议类型来划分 VLAN，这对网络管理者来说很重要。另外，这种方法不需要附加的帧标签来识别 VLAN，这样可以减少网络的通信量。这种方法的缺点是效率低，因为检查每一个数据包的网络层地址是需要消耗处理时间的。

（2）VLAN 的标准。

在 1995 年，Cisco 公司提倡使用 IEEE 802.10 协议。在此之前，IEEE 802.10 曾经在全球范围内作为 VLAN 安全性的统一规范。Cisco 公司试图采用优化后的 IEEE 802.10 帧格式在网络上传输 FrameTagging 模式中所必需的 VLAN 标签。然而，大多数 IEEE 802 委员会的成员都反对推广 IEEE 802.10，因为该协议是基于 FrameTagging 方式的。

1996 年 3 月，IEEE 802.1 Internetworking 委员会结束了对 VLAN 初期标准的修订工作。新出台的 IEEE 802.3ac 标准进一步完善了 VLAN 的体系结构，统一了 FrameTagging 方式中不同厂商的标签格式，并制定了 VLAN 标准在未来一段时间内的发展方向，形成 IEEE 802.3ac 的标准在业界获得了广泛的推广，成为 VLAN 史上的一块里程碑，推动了 VLAN 的迅速发展。

IEEE 802.3ac 标准定义了以太网的帧格式的扩展，以便支持虚拟局域网。虚拟局域网协议允许在以太网的帧格式中插入一个 4 字节的标识符，称为 VLAN 标记（tag），用来指明发送该帧的节点属于哪一个虚拟局域网。VLAN 标记字段的长度是 4 字节，插入在以太网 MAC 帧的源地址字段和长度 / 类型之间，VLAN 标记的前两个字节和原来的长度 / 类型字段的作用一样，但它总是设为 0x8100，称为 802.1Q 标记类型。当数据链路层检测到 MAC 帧的源地址字段后面的长度 / 类型字段的值是 0x8100 时，就知道当前的帧插入了 4 字节的 VLAN 标记，于是就接着检查后两个字节的内容。在后面的两个字节中，前 4 个比特位是用户优先级字段和规范格式标识符 CFI（Canonical Format Indicator），接下来的 13 个比特位就是该虚拟局域网的 VLAN 标识符 VID（VLAN ID），该标识符唯一地标志了此以太网帧属于哪一个 VLAN。标准以太网帧格式和 IEEE 802.1Q 标记帧的格式的比较如图 5-16 所示，用于 VLAN tag 的以太网帧的首部增加了 4 个字节，因此以太网的最大长度由原来的 1518 字节（1500 字节的数据加上 18 字节的首部）变为了 1522 字节。

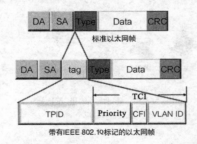

图 5-16   标准以太网帧格式和 802.1Q 标记帧格式的比较

2. STP 技术

STP（Spanning Tree Protocol，生成树协议）是一种二层协议，通过一种专用的算法来发现网络中的物理环路并产生一个逻辑的无环拓扑结构。

STP 可实现交换机之间的备份链路，避免网络环路的出现，实现网络的高可用性。生成树协议通过阻塞一个或多个冗余端口，维护一个无回路的网络。

STP 协议中定义了根桥（RootBridge）、根端口（RootPort）、指定端口（DesignatedPort）、路径开销（PathCost）等概念，目的就在于通过构造一棵自然树的方法达到裁剪冗余环路的目的，同时实现链路备份和路径最优化。用于构造这棵树的算法称为生成树算法 SPA（Spanning Tree Algorithm）。

利用 STP 技术与 VLAN 技术可以实现在大型网络中的线路冗余和负载均衡，从而构建稳健的园区主干网络结构，其结构如图 5-17 所示。

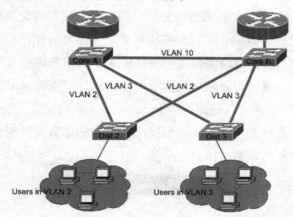

图 5-17   利用 STP 技术实现线路负载均衡

3. 端口与链路技术

交换机端口是连接用户设备或交换设备的物理接口，为保证接入的设备与交换机的其他端口或提供的网络服务进行正常和安全的通信，常需要使用下面一些技术和功能来实现。

（1）端口属性。目前的交换机提供了快速以太网端口、千兆以太网端口和万兆以太网端口，在与用户设备或其他交换机连接时，需要自动协商或指定端口速率，同时可根据情况配置全双工 / 半双工和 MDI/MDIX 自适应功能（双绞线自适应线序），对于模块化交换机和多端口的交换机，还可以进行端口描述来简化管理，与端口相关的配置还有端口流量控制、端口广播风暴抑制等功能。

（2）端口镜像。端口镜像功能将交换机上一个或多个端口（被镜像端口）的数据复制到一个指定的目的端口（监控端口）上，通过镜像可以在监控端口上获取这些被镜像端口的数据，以便进行网络流量分析、错误诊断等。

（3）端口安全。端口安全功能决定可以访问内部网络的设备的权限，防止某些设备或用户机器访问网络，增强安全性。一些交换机可以配置端口 MAC 地址来防止未经登记和允许的设备接入网络。

（4）链路聚合（Link Aggregation）。链路聚合又称 Trunk 或端口聚合（一些厂家又称为以太通道），是指将多个物理端口捆绑在一起，成为一个逻辑端口，以实现出 / 入流量在各成员端口中的负荷分担，交换机根据用户配置的端口负荷分担策略决定报文从哪一个成员端口发送到对端的交换机。当交换机检测到其中一个成员端口的链路中断时，就停止在此端口上发送报文，直到这个端口的链路恢复正常。链路聚合在增加链路带宽、实现链路传输弹性和冗余等方面是一项很重要的技术。

（5）堆叠技术。交换机堆叠是通过厂家提供的一条专用连接电缆，从一台交换机的UP 堆叠端口直接连接到另一台交换机的 DOWN 堆叠端口。以实现单台交换机端口数的扩充。当多个交换机通过堆叠连接在一起时，其作用就像一个模块化交换机一样，堆叠在一起的交换机可以当作一个单元设备来进行管理，即堆叠中所有的交换机从拓扑结构上可视为一个交换机。根据连接方式的不同，交换机堆叠主要分为两种方式：

- 菊花链路堆叠。菊花链路堆叠是一种基于级联结构的堆叠技术，对交换机硬件没有特殊的要求，通过相对高速的端口串接和软件的支持，最终实现构建一个多交换机的层叠结构，通过环路，可以在一定程度上实现冗余。但主干部分负载较重，要求交换机距离很近，适用于高密度端口需求的单节点机构，可以使用在网络的边缘。其连接方式如图 5-18 所示。

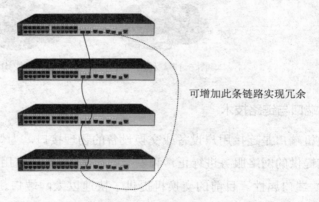

可增加此条链路实现冗余

图 5-18　菊花链路堆叠连接方式

- 星型链路堆叠。星型链路堆叠技术是一种高级堆叠技术，对交换机而言，需要提供一个独立的或者集成的高速交换中心（堆叠中心），所有的堆叠主机通过专用的（也可以是通用的）高速堆叠端口上行到统一的堆叠中心。与菊花链路堆叠相比，星型链路堆叠可以显著地提高堆叠成员之间数据的转发速率，但需要提供高带宽MATRIX，成本较高。其连接方式如图 5-19 所示。

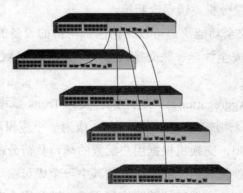

图 5-19　星型链路堆叠连接方式

传统的堆叠技术应用往往受地理位置的限制，需要放置在同一个机架中，在高密度端口应用时，会给布线带来困难。所以各大厂商纷纷积极寻求支持分布式堆叠的技术。目前，华为公司、Cisco 公司的系列以太网交换产品可提供集群管理模式。

（6）IEEE 802.1x 技术。IEEE 802.1x 协议称为基于端口的访问控制协议，能够在利用 IEEE 802 局域网优势的基础上提供一种对连接到局域网的用户进行认证和授权的手段，达到了接受合法用户接入，保护网络安全的目的。IEEE 802.1x 协议仅关注交换机端口的打开与关闭，对于合法用户（根据账号和密码）接入时，该端口打开，而对于非法用户接入或没有用户接入时，则该端口处于关闭状态。认证的结果在于端口状态的改变，而不涉及通常认证技术必须考虑的 IP 地址协商和分配问题，是各种认证技术中比较简化的实现方案。

4. QoS 技术

传统网络提供的是尽力而为的服务，所有报文都被无区别地对待，网络设备按照先来先服务的原则尽最大努力把报文送到目的地，但对报文传送的可靠性、传送延迟等性能不提供任何保证。随着新应用的不断出现，对网络的服务质量也提出了新的要求，传统网络的"尽力服务"已经不能满足应用的需要。如 VoIP 业务、实时图像传输，如果报文传送延时太长，用户将无法正常使用。

QoS（网络服务质量）旨在针对各种应用的不同需求，为其提供不同的服务质量，如提供专用带宽、减少报文丢失率、降低报文传送时延及时延抖动等。为实现上述目的，QoS 提供了流分类、流量监管、流量整形、队列调度及默认 802.1p 优先级、重定向及策略路由、优先级标记、流镜像、流量统计等功能来实现根据不同类型的网络服务进行管理和分配资源。

5.4.5 三层交换技术

三层交换通过合理的硬件组合使得数据交换加速，优化的路由软件使得路由过程效率提高，除了必要的路由决定过程由路由模块处理外，大部分数据转发过程由第二层交换处理。具有第三层交换功能的交换设备是带有第三层路由功能的二层交换机，但它是二者的有机结合，并不是简单地把路由器设备的硬件及软件叠加在局域网交换机上。三层交换机除了具备二层交换机的全部功能和技术外，还具有以下主要功能：

1. 路由技术

第三层交换机既能像二层交换机那样通过 MAC 地址来标识转发数据包，也能像传统路由器那样在两个网段之间进行路由转发。传统路由器采用软件来维护路由表，而第三层交换机采用 ASIC 硬件来维护路由表，因而能实现线速的路由。和传统的路由器相比，第

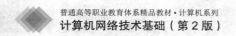

三层交换机的路由速度一般要快十倍或数十倍。

第三层交换机不仅路由速度快，而且配置简单。在最简单的情况下交换机接入网络，只要设置完 VLAN，并为每个 VLAN 设置一个路由接口，第三层交换机就会自动把子网内部的数据流限定在子网之内，并通过路由实现子网之间的数据包交换。三层交换机可采用直连路由、静态路由和动态路由（例如 RIP、OSPF、IS-IS、BGP）等多种路由方式来实现子网间的路由。

2. DHCP 技术

DHCP（动态主机配置协议）能够让网络上的主机从一个 DHCP 服务器上获得一个可以让其正常通信的 IP 地址以及相关的配置信息。DHCP 采用 UDP 作为传输协议。

默认情况下，三层交换机或路由器不会将收到的广播包从一个子网发送到另一个子网。而当 DHCP 服务器和客户主机不在同一个子网时，充当客户主机默认网关的路由器或三层交换机必须将广播包发送到 DHCP 服务器所在的子网，这一功能就称为 DHCP 中继。

三层交换机或路由器既可以作为 DHCP 服务器也可以充当 DHCP 中继转发 DHCP 信息，但两种功能一般不能同时使用。

3. VRRP 技术

通常一个广播域中的主机都会设置一个默认网关充当路由数据包的下一跳。当这个默认网关不能正常工作时，广播域中的主机就不能与其他网络中的主机进行通信。为了避免由这个默认网关造成的单点故障，可以在一个广播域中配置多个路由器接口，并在这些路由器或三层交换机上运行 VRRP（Virtual Router Redundancy Protocol）。

VRRP 把在同一个广播域中的多个路由器接口编为一组，形成一个虚拟路由器，并为其分配一个 IP 地址，作为虚拟路由器的接口地址。在这个广播域中的主机上，把虚拟路由器的 IP 地址设为网关。当主用路由器发生故障时，将在备用路由器中选择优先级最高的路由器接替它的工作，同时还可以利用 VRRP 来实现线路的负载均衡。

4. ACL 技术

网络设备为了过滤数据，需要设置一系列匹配规则，以识别需要过滤的对象。在识别出特定的对象之后，根据预先设定的策略允许或禁止相应的数据包通过。ACL（Access Control List）可用于实现这些功能。

使用 ACL 实现对数据报文的过滤、策略路由以及特殊流量的控制。一个 ACL 中可以包含一条或多条针对特定类型数据包的规则（ACE），这些规则告诉交换机，对于与规则中规定的选择标准相匹配的数据包是允许还是拒绝通过。访问控制规则 ACE 是根据以太网报文的某些字段来标识以太网报文的，这些字段介绍如下。

（1）二层字段（Layer 2 fields）：48 位的源 MAC 地址、48 位的目的 MAC 地址。

（2）三层字段（Layer 3 fields）：源 IP 地址字段（可以定义源 IP 地址或对应的子网）、目的 IP 地址字段（可以定义目的 IP 地址或对应的子网）。

（3）四层字段（Layer 4 fields）：可以定义 TCP 的源端口、目的端口，可以定义 UDP 的源端口、目的端口。

5. 组播技术

组播是一种点到多点或多点到多点的通信方式，即多个接收者同时接收一个源发送的相同信息。基于组播的应用有视频会议、远程教学、软件分发等。

IP 组播和单播的目的地址不同，IP 组播的目的地址是组地址，即 D 类地址，D 类地址范围为 224.0.0.0 ～ 239.255.255.255 的 IP 地址。224.0.0.1 表示子网中所有的组播组，224.0.0.2 表示子网中的所有路由器。

为了支持 IP 组播，Internet 权威机构把 01-00-5E-00-00-00 ～ 01-00-5E-7F-FF-FF 范围的组播地址保留用于以太网。IP 组播地址的 23 个低序位被直接映射到 MAC 层组播地址 23 个低序位，如图 5-20 所示。

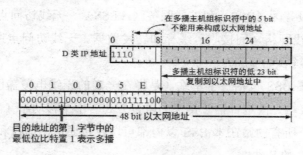

图 5-20　组播地址与 MAC 地址的映射

组播协议包括 Internet 组管理协议（IGMP）和组播路由协议，Internet 组管理协议用于管理组播主机的加入和离开，组播路由协议负责在路由器之间交互信息来建立组播树。组播路由协议又可以分为域内组播路由协议和域间组播路由协议。

5.4.6　无线局域网

随着网络的飞速发展，笔记本电脑的普及，人们对移动办公的要求越来越高。传统的有线局域网要受到布线的限制，网络中各节点的搬迁和移动也非常麻烦，因此高效快捷、组网灵活的无线局域网应运而生。

无线局域网 WLAN 是 20 世纪 90 年代计算机网络与无线通信技术相结合的产物，提供了使用无线多址信道的一种有效方法来支持计算机之间的通信，并为通信的移动化、个人化和多媒体应用提供了潜在的手段。

1. 无线局域网的拓扑结构

目前无线局域网采用的拓扑结构有两种：对等网络和结构化网络。

（1）对等网络。

对等网络也称 Ad-hoc 网络，它覆盖的服务区称独立基本服务区。对等网络用于一台无线工作站和另一台或多台其他无线工作站的直接通信，该网络无法接入有线网络中，只能独立使用。对等网络的结构如图 5-21 所示。

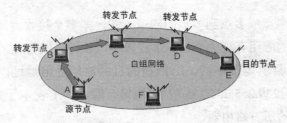

图 5-21　对等网络的结构图

（2）结构化网络。

结构化网络由无线访问点（AP）、无线工作站（STA）以及分布式系统（DSS）构成，覆盖的区域分基本服务区（BSS）和扩展服务区（ESS）。无线访问点也称无线 HUB，用于在无线 STA 和有线网络之间接收、缓存和转发数据。无线访问点通常能够覆盖几十至几百个用户，覆盖半径达上百米。

一个基本服务集 BSS 包括一个基站（是指在一定的无线电覆盖区中，通过移动通信交换中心，与移动终端之间进行信息传递的电台）和若干个移动站（能够移动并在移动的过程中进行通信），所有的站在本 BSS 以内都可以直接通信，但在和本 BSS 以外的站通信时都要通过本 BSS 的基站。

基本服务集中的基站叫做接入点 AP（Access Point），其作用和网桥相似。ESS 组网模式如图 5-22 所示。

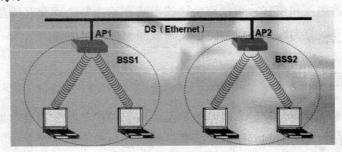

图 5-22　ESS 组网结构

2. 无线局域网组成

（1）无线网卡（Wireless LAN Card）。计算机通过安装无线网卡连接无线局域网，大多为 PCMCIA、PCI 和 USB 这 3 种类型。目前笔记本电脑普遍使用的 Intel 迅驰技术就是由芯片组、移动 CPU 和无线局域网芯片组成的移动计算技术，把无线通信和安全功能集成在本机芯片中。

（2）无线 AP（Access Point）。无线 AP 一般俗称无线接入点，其作用类似于有线局域网中的 HUB。

（3）无线路由器。带有无线覆盖功能的路由器，主要应用于用户上网和无线覆盖。

（4）天线。常见的天线有两种，一种是室内天线，一种是室外天线。

在企业中，无线局域网常作为有线局域网的补充，典型的企业无线局域网组成如图 5-23 所示，图中无线设备以华为 H3C 的 WX3000 有线无线一体化交换机为例。

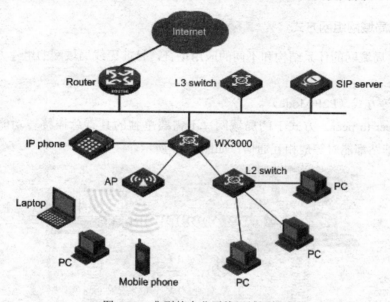

图 5-23　典型的企业无线局域网组成

3. 无线局域网标准与协议

1997 年 IEEE 802.11 标准的制定是无线局域网发展的里程碑，其物理层标准主要有 IEEE 802.11b、IEEE 802.11a、IEEE 802.11g 以及 IEEE 802.11n。

（1）IEEE 802.11b。

IEEE 802.11b 标准是 IEEE 802.11 协议标准的扩展，可以支持最高 11Mbit/s 的数据速率，运行在 2.4GHz 的 ISM 频段上，采用的调制技术是 CCK。

（2）IEEE 802.11a。

IEEE 802.11a 工作在 5GHz 频段上，使用 OFDM 调制技术，可支持 54Mbit/s 的传输速率。

（3）IEEE 802.11g。

在 2.4GHz 频段使用 OFDM 调制技术，使数据传输速率提高到 20Mbit/s 以上，目前支持 54Mbit/s；IEEE 802.11g 标准能够与 IEEE 802.11b 的 Wi-Fi 系统互相连通，共存在同一 AP 的网络里，保障了后向兼容性。

（4）IEEE 802.11n。

IEEE 802.11n 将 WLAN 的传输速率从 IEEE 802.11a 和 IEEE 802.11g 的 54Mbit/s 增加至 108Mbit/s 以上，最高速率可达 320Mbit/s。IEEE 802.11n 协议为双频工作模式（包含 2.4GHz 和 5GHz 两个工作频段）。这样，IEEE 802.11n 协议保障了与以往的 IEEE 802.11a、IEEE 802.11b 和 IEEE 802.11g 标准兼容。IEEE 802.11n 标准全面改进了 IEEE 802.11 标准，不仅涉及物理层标准，同时也采用新的高性能无线传输技术提升 MAC 层的性能，优化数据帧结构，提高网络的吞吐量性能。

4. 无线局域网组网方式

根据无线局域网的体系结构和不同的应用场合，目前无线局域网的组建方式主要有以下几种：

（1）对等方式（P2P Mode）。

对等（peer to peer）方式下的局域网，不需要单独的具有总控接转功能的接入设备 AP，所有的基站都能对等地相互通信，如图 5-24 所示。

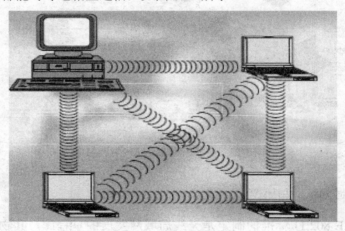

图 5-24　对等无线网

（2）接入点方式（AP Mode）。

接入点方式以星型拓扑为基础，以接入点 AP 为中心，所有的基站通信要通过 AP 转接，相当于以无线链路作为原有的基干网或其一部分，相应地在 MAC 帧中，同时有源地址、目的地址和接入点地址。AP 方式是无线局域网最主要的组网方式，其组网结构如图 5-25 所示。AP 组网方式经过十几年的发展，已经历了三代技术及产品的发展。

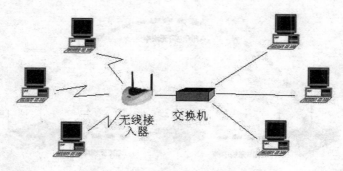

图 5-25　无线接入点（AP）组网方式

第一代无线局域网主要是采用 FAT AP，AP 本身存储了大量的网络和安全的配置，包括密钥。认证报文终结等，每台 AP 都要单独进行配置，费时、费力、费成本。

第二代无线局域网采用无线控制器（AC）和 FIT AP 的架构，将密集型的无线网络和安全处理功能转移到集中的无线控制器中实现，AP 只作为无线数据的收发设备，大大简化了 AP 的管理和配置功能，甚至可以做到"零"配置。

第三代无线局域网依然采用无线控制器（AC）和 FIT AP 的架构，但它基于有线、无线一体化组网的理念，增加了统一的 QoS 策略部署，分布式加密，丰富的转发类型，有线、无线统一网管等功能。

（3）点对点桥接方式。

桥接是建立在接入原理之上的，是以两个无线网桥点对点链接，由于独享信道，较适合两个或多个局域网的远距离互联（架设高增益定向天线后，传输距离可达到 50km），其组网方式如图 5-26 所示。

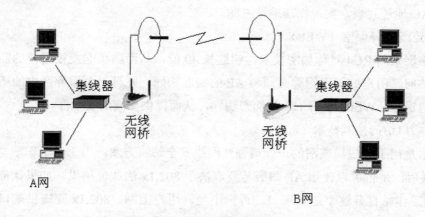

图 5-26　无线网点对点桥接方式

（4）中继方式。

无线中继方式可以使用多个无线网桥实现信号的中继和放大，从而延伸无线网络的覆盖范围，其中继连接如图 5-27 所示。

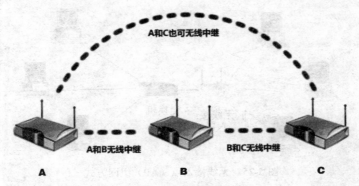

图 5-27 无线网中继连接方式

5. 无线局域网安全性

由于无线局域网采用公共的电磁波作为载体，因此与有线线缆不同，任何人都有条件窃听或干扰信息，因此在无线局域网中，网络安全很重要。常见的无线网络安全措施有以下几种：

（1）服务区标识符（SSID）。

无线工作站必须出示正确的 SSID 才能访问 AP，因此可以认为 SSID 是一个简单的口令，从而提供一定的安全保障。

* **提示**：SSID 也就是无线终端连接无线局域网时看到的网络标识。

（2）物理地址（MAC）过滤。

每个无线工作站网卡都由唯一的物理地址标示，因此可以在 AP 中手动维护一组允许访问的 MAC 地址列表，实现物理地址过滤。

（3）连线对等保密（WEP）。

在链路层采用 RC4 对称加密技术，钥匙长 40 位，从而防止非授权用户的监听以及非法用户的访问。用户的加密钥匙必须与 AP 的钥匙相同，并且一个服务区内的所有用户都共享同一把钥匙。WEP2 采用 128 位加密钥匙，从而提供更高的安全性。

（4）端口访问控制技术（802.1x）。

该技术是用于无线局域网的一种增强性网络安全解决方案。当无线工作站与无线访问点 AP 关联后，是否可以使用 AP 的服务要取决于 802.1x 的认证结果。如果认证通过，则 AP 为无线工作站打开这个逻辑端口，否则不允许用户上网。802.1x 除提供端口访问控制能力之外，还提供基于用户的认证系统及计费，特别适合于公共无线接入解决方案。

5.5 广域网技术

广域网是指覆盖范围广阔（通常可以覆盖一个城市、一个省、一个国家）的一类通信子网，有时也称为远程网。本节主要介绍在大中型企业中应用到的几种主要广域网技术：帧中继、ATM、SDH 等。

5.5.1 广域网概述

广域网由一些节点交换机、路由器、调制解调器以及连接这些交换机的链路组成，节点交换机在单个网络中转发分组，而路由器在多个网络构成的互联网中转发分组。连接在一个广域网（或一个局域网）上的主机在该网内进行通信时，只需要使用其网络的物理地址即可。

广域网中的最高层是网络层，网络层服务的具体实现是数据报（无连接的网络服务）和虚电路（面向连接的服务）的服务。

主机可以随时向网络发送分组（即数据报），网络为每个分组单独选择路由。网络不保证所传送的分组不丢失，也不保证按源主机发送分组的顺序以及在多长的时限内必须将分组交给目的主机。当网络发生拥塞时，网络中的某个节点可根据当时的情况将一些分组丢弃。所以，数据报提供的服务是不可靠的，它不能保证服务质量，只能"尽最大努力交付"。

虚电路在传送数据之前，首先通过虚呼叫建立一条虚电路，所有分组沿同一条虚电路传送，数据传送完毕后，还要将这条虚电路释放掉，好处是可以在数据传送路径上的各交换节点预先保留一定数量的资源（如带宽、缓存）。在虚电路建立后，网络向用户提供的服务就好像在两个主机之间建立了一对穿过网络的数字管道。到达目的站的分组顺序就与发送时的顺序一致，对服务质量 QoS 有较好的保证。虚电路一般分为交换虚电路 SVC 和永久虚电路 PVC 两种。

5.5.2 帧中继

帧中继（Frame Relay）技术是在 OSI 第二层上用简化的方法传送和交换数据单元的一种技术，是由 X.25 分组交换技术演变而来的，帧中继网络向上提供面向连接的虚电路服务。

帧中继在数据链路层实现分组交换，使用永久虚电路（PVC）来建立通信连接，并通过虚电路实现多路复用，用链路层的帧来封装各种不同的高层协议，如 IP、IPX、AppleTalk 等。

1. 工作原理

帧中继本质上仍是分组交换技术，但舍去了 X.25 的分组层，仅保留物理层和数据链路层，以帧为单位在链路层上进行发送、接收、处理。在链路层上完成统计复用，实现帧定界、寻址、差错检测，但省略了帧编号、重传、流控、窗口、应答、监视等功能。

帧出错或发生阻塞时，仅仅简单地丢弃；重传、纠错和流控在端设备中由上层协议（如 TCP）完成。帧中继用数据链路连接标识符 DLCI 来标识虚电路（最多 1024 个），不同的 DLCI 在链路层上实现了复用。

2. 应用范围

在企业网络实际应用中，帧中继主要适用于以下几种情况：

（1）用户的带宽需求为 64Kbit/s ～ 2Mbit/s，而且参与通信的节点多于两个时，使用帧中继是一种较好的解决方案。

（2）当通信距离较长时，帧中继的高效性使用户可以享有较好的经济性。

（3）当客户传送的数据突发性较强时，由于帧中继具有动态带宽分配的功能，选用帧中继可以有效地处理突发性数据。

3. 帧中继网的组成

帧中继网络包括物理部分和电路逻辑部分，其组成结构如图 5-28 所示。

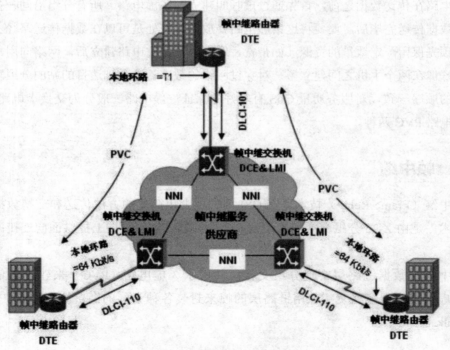

图 5-28　帧中继网络组成

（1）物理部分。

包括帧中继网接入设备 FRAD（用户设备，如支持帧中继的主机、桥接器、路由器等）、接入电路（基带传输、光纤、SDH、DDN）和帧中继网交换设备 FRS（网络服务提供者设备，如 T1/E1 一次群复用设备和帧交换节点机）。

（2）电路逻辑部分。

主要包括 PVC（永久虚电路），其带宽控制通过 CIR（承诺的信息速率）、Bc（承诺的突发大小）和 Be（超过的突发大小）3 个参数设定完成。

5.5.3　ATM

ATM（Asynchronous Transfer Mode，异步传输模式）技术是以分组传输模式为基础，并融合了电路传输模式高速化的优点发展而成的，可以满足各种通信业务的需求。ATM 已被 ITU-T 于 1992 年 6 月指定为 B-ISDN 的传输和交换模式。由于其灵活性以及对多媒体业务的支持，被认为是实现宽带通信的核心技术。

ATM 是建立在电路交换和分组交换的基础上的一种面向连接的快速分组交换技术。ATM 采用定长分组作为传输、复用和交换的单位，这种定长分组叫做信元（cell）。ATM 信元具有 53 个字节的固定长度，其中前 5 个字节是信元头，其余 48 个字节是有效载荷。ATM 信元头的功能有限，主要用来标识虚连接，另外也完成了一些功能有限的流量控制、拥塞控制、差错控制等功能。

ATM 的"异步"是指将 ATM 信元"异步"插入到同步的 SDH（Synchronous Digital Hierarchy，同步数字体系）比特流中。

1. ATM 特点

ATM 的优点主要有：

（1）选择固定长度的短信元作为信息传输的单位，有利于数据高速交换。

（2）能支持不同速率的各种业务，例如 25Mbit/s、45Mbit/s、155Mbit/s、625Mbit/s。

（3）所有信息在最低层是以面向连接的方式传送，保持了电路交换在保证实时性和服务质量方面的优点。

（4）ATM 使用光纤信道传输。在 ATM 网内不必在数据链路层进行差错控制和流量控制（放在高层处理），因而明显地提高了信元在网络中的传送速率。

ATM 的不足主要有：

（1）ATM 的一个明显缺点就是信元首部的开销太大，即 5 字节的信元首部在整个 53 字节的信元中所占的比例相当大。

（2）ATM 的技术复杂且价格较高。

（3）ATM 能够直接支持的应用不多。

（4）万兆以太网的问世，进一步削弱了 ATM 在因特网高速主干网领域的竞争能力。

2. ATM 应用范围

在企业网络实际应用中，ATM 主要适用于以下几种情况：

（1）适用于高速信息传送和对服务质量（QoS）的支持，还具备了综合多种业务的能力，以及动态带宽分配与连接管理能力和对已有技术的兼容性。

（2）在 ATM 网上进行 LAN 局域网的模拟，把分布在不同区域的网络互联起来，在广域网上实现局域网的功能。

（3）支持现有电信网逐步从传统的电路交换技术向分组（包）交换技术演变，支持话音技术的研究。

（4）作为 Internet 骨干传送网和互连核心路由器，支持 IP 网的持续发展。

3. ATM 网组成

ATM 网的网络元素主要由两部分组成：ATM 端点和 ATM 交换机，其组成结构如图 5-29 所示。

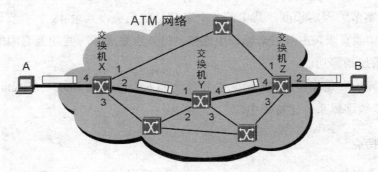

图 5-29　ATM 网络的组成

（1）ATM 端点。

又称为 ATM 端系统，通过点到点链路与 ATM 交换机相连。

（2）ATM 交换机。

ATM 交换机是一个快速分组交换机（交换容量高达数百 Gbit/s），其主要构件是交换结构（switching fabric）、若干个高速输入端口、输出端口和必要的缓存。

ATM 是面向连接的交换，其连接是逻辑连接，即虚电路。每条虚电路（Virtual Circuit，VC）用虚路径标识符（Virtual Path Identifier，VPI）和虚通道标识符（Virtual Channel Identifier，VCI）来标识。一个 VPI/VCI 值对只在 ATM 节点之间的一段链路上有局部意义，在 ATM 节点上被翻译。当一个连接被释放时，与此相关的 VPI/VCI 值对也被释放，并被放回资源表，供其他连接使用。

5.6　实训任务一　公司办公区网络组建

5.6.1　任务描述

　　某公司计划搬入新的一层办公区，在综合布线工程完成后，需要组建公司的局域网。公司具有多个部门，网络区域需按部门来进行划分，各部门的计算机之间可以通信，不同部门间无须通信，请规划并实施。

5.6.2　任务目的

　　通过本任务进行交换机基础配置、VLAN 基础配置的实训，以帮助读者掌握交换机基础配置、VLAN 划分与配置的方法，具备交换机与 VLAN 应用的能力。

5.6.3　知识链接

1.　交换机管理方式

以太网交换机的管理配置方式有多种，其中最常用的配置方式如下：

（1）Console 口配置。

可进行网络管理的交换机上一般都有一个 Console 端口，专门用于对交换机进行配置和管理。通过 Console 端口连接并配置交换机，是配置和管理交换机必需的步骤。

Console 端口配置是通过交换机配备的 Console 控制线缆，将计算机的串行口与交换机的 Console 端口进行连接，如图 5-30 所示，使用计算机 Windows 操作系统的"超级终端"组件程序或其他终端仿真软件（例如 NetTerm、SecurCTR 等）进行配置。

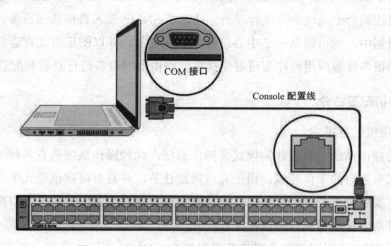

COM 接口

Console 配置线

图 5-30　计算机与交换机 Console 端口的连接

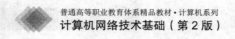

（2）Telnet 远程管理。

Telnet 协议是一种远程访问协议，可以用它登录到远程计算机、网络设备或网络。Windows 系统、UNIX/Linux 等系统中都内置有 Telnet 客户端程序，或使用其他终端仿真软件（例如 NetTerm、SecurCTR 等）来实现与远程交换机的通信。

在使用 Telnet 连接至交换机前，应当确认已经做好以下准备工作：

在用于管理的计算机中安装有 TCP/IP 协议，并配置好了 IP 地址参数。

在被管理的交换机上已经配置好正确的 IP 地址参数，管理计算机要能通过 IP 地址与交换机通信。如果尚未配置 IP 地址信息，则必须通过 Console 端口进行设置。

在被管理的交换机上应开放和配置 Telnet 服务，提供远程计算机通过 Telnet 协议进行管理的功能。

在被管理的交换机上建立了具有管理权限的用户账户。如果没有账户，则需要在交换机上建立用户账户。

（3）Web 配置。

当为交换机设置好 IP 地址并启用 HTTP 服务后，即可通过支持 Java 的 Web 浏览器访问交换机，并可通过 Web 浏览器修改交换机的各种参数并对交换机进行管理。通过 Web 界面，可以对交换机的许多重要参数进行修改和设置，并可实时查看交换机的运行状态。

（4）SNMP 配置。

SNMP 是基于 TCP/IP 的 Internet 网络管理标准，是应用广泛的一种网络管理协议，也是一个从网络上的设备收集管理信息的公用通信协议。SNMP 因被设计成一个应用层协议而称为 TCP/IP 协议簇的一部分。

目前，几乎所有的网络设备生产厂家都实现了对 SNMP 的支持。设备的管理者收集这些信息并记录在管理信息库（MIB）中。这些信息报告设备的特性、数据吞吐量、通信超载和错误等。MIB 有公共的格式，所以来自多个厂商的 SNMP 管理工具可以收集 MIB 信息，在管理控制台上呈现给系统管理员。通过将 SNMP 嵌入数据通信设备，如路由器、交换机或集线器中，就可以从一个中心站管理这些设备，并以图形方式查看和配置信息。目前可获取的很多管理应用程序都可对交换机、路由器等设备进行查看和配置管理。

2. 交换机配置命令

（1）交换机配置模式。

交换机的操作系统一般设计为模式化操作系统，此种操作系统具有多种工作模式或视图，每种模式有各自的工作领域，用于完成特定任务，并具有可在该模式下使用的特定命令集。例如，要配置某个交换机接口，用户必须进入接口配置模式。在接口配置模式下输入的所有配置命令仅应用到该接口。

* **提示**：H3C 系列交换机采用的是视图模式。

主要的模式有以下几种（按照从上到下的顺序排列可通过命令进行切换）。

● 用户模式（或用户视图）。

登录交换机时进入该模式，在这个模式下只能查看交换机的部分信息，但不能修改信息。默认情况下，从控制台访问用户执行模式时无须身份验证。

● 特权模式（或系统视图）。

与用户模式具有相似的命令，不过特权模式具有更高的执行权限级别。管理员若要执行配置和管理命令，需要使用特权模式或处于其下级的特定模式。特权模式由采用与用户模式不同符号结尾的提示符标识。

● 全局配置模式。

全局配置模式又称为主配置模式。在全局配置模式中进行的命令配置更改会影响设备的整体工作情况。还可将全局配置模式用作访问各种具体配置模式的中转模式。

● 具体配置模式（或具体视图）。

从全局配置模式可进入多种不同的具体配置模式，例如，接口配置模式、VLAN 配置模式、路由协议配置模式、线路配置模式等。其中的每种模式可以用于配置设备的特定部分或特定功能。在某个接口或进程中进行的配置更改只会影响该接口或进程。

以锐捷、Cisco 系列交换机和 H3C 系列交换机为例，默认的各种模式界面及模式之间的切换命令如图 5-31 和图 5-32 所示。

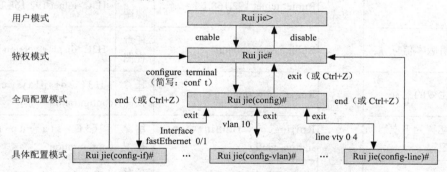

图 5-31 锐捷、Cisco 系列交换机配置模式

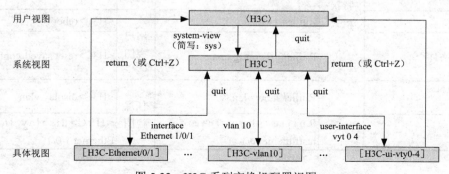

图 5-32 H3C 系列交换机配置视图

＊ **提示：**H3C 系列交换机无全局配置模式，系统视图作为用户视图和具体视图的中转。

交换机配置模式某些命令可供所有用户使用，还有些命令仅在用户进入提供该命令的模式后才可执行。每种模式都具有独特的提示符，且只有适用于相应模式的命令才能执行。默认情况下，每个提示符都以设备名称开头。

（2）基本配置命令。

交换机的各种模式下的命令都具有特定的格式或语法，并在相应的提示符下执行。常规命令语法为命令后接相应的关键字和参数。某些命令包含一个关键字和参数子集，子集可提供额外功能。命令是在命令行中输入的初始字词，不区分大小写。命令后接一个或多个关键字和参数。输入包括关键字和参数在内的完整命令后，按 Enter 键将该命令提交给命令解释程序。表 5-2 列出了锐捷、Cisco 系列交换机和 H3C 系列交换机的一些基本的以及与本任务相关的交换机命令和格式。

表 5-2　交换机基本命令和格式

功　能	锐捷、Cisco 系列交换机		H3C 系列交换机	
	配置模式	基　本　命　令	配置视图	基　本　命　令
ping 主机	用户模式	Ruijie>ping 192.168.1.1	任意视图	<H3C>ping 192.168.1.1
telnet 主机		Ruijie>telnet 192.168.1.1	用户视图	<H3C>telnet 192.168.1.1
查看交换机版本信息		Ruijie>show version	任意视图	<H3C>display version
查看当前生效的配置	特权模式	Ruijie#show running-config	任意视图	<H3C>display current-configuration
保存当前配置为下次启动时使用的配置		Ruijie#copy running-config startup-config	用户视图	<H3C>startup saved-configuration
保存配置信息		Ruijie#write memory	任意视图	<H3C>save
重启动		Ruijie#reload	用户视图	<H3C>reboot
删除配置文件		Ruijie#del config.text		<H3C>reset saved-configuration
查看 VLAN 信息		Ruijie#show vlan	任意视图	<H3C>display vlan
查看接口信息		Ruijie#show interface fastEthernet 0/1		<H3C>display interface Ethernet 1/0/1

功　能	锐捷、Cisco 系列交换机		H3C 系列交换机	
	配置模式	基 本 命 令	配置视图	基 本 命 令
配置主机名	全局配置模式	Ruijie(config)#hostname sw1	系统视图	[H3C]sysname sw1
配置特权（或高级别用户）密码		Ruijie(config)#enable password 123		[H3C]super password 123
进入或创建 VLAN（如果指定的 VLAN 不存在）		Ruijie(config)#vlan 10		[H3C]vlan 10
删除指定 VLAN（默认的 VLAN1 无法删除）		Ruijie(config)#no vlan 10		[H3C]undo vlan 10
指定一个以太网接口，并进入该接口的配置模式		Ruijie(config)#interface fastEthernet 0/1		[H3C]#interface Ethernet 1/0/1
指定一组以太网接口，并进入该组接口的配置模式		Ruijie(config)#interface range fastEthernet 0/1 - 8		[H3C]#interface range fastEthernet 0/1 to fastEthernet 0/8
进入串口线路配置模式		Ruijie(config)#line con 0		[H3C]user-interface
进入使用 vty 线路登录的配置模式		Ruijie(config)#line vty 0 4		[H3C]user-interface vty 0 4
接口注释描述	具体配置模式	Ruijie(config-if)#description PC1	配置视图	[H3C-Ethernet1/0/1]description PC1
关闭接口		Ruijie(config-if)#shutdown		[H3C-Ethernet1/0/1]shutdown
开启接口		Ruijie(config-if)#no shutdown		[H3C-Ethernet1/0/1]undo shutdown
配置接口（VLAN）的 IP 地址和子网掩码		Ruijie(config-if-VLAN 1)#ip address 192.168.1.1 255.255.255.0		[H3C-Vlan-interface1]ip address 192.168.1.1 255.255.255.0
设置 VLAN 名称		Ruijie(config-vlan)#name vlan10		[H3C-vlan10]name vlan10
将一个 Access 接口指派给一个 VLAN		Ruijie(config-if-FastEthernet 0/1)#switchport access vlan 10		[H3C-Ethernet1/0/1]port access vlan 10
启用 telnet 登录验证		Ruijie(config-line)#login		[H3C-ui-vty0-4]authentication-mode password
设置 vty 线路 Telnet 登录的密码		Ruijie(config-line)#password 0 ruijie		[H3C-ui-vty0-4]set authentication password simple 123

续表

功　能	锐捷、Cisco 系列交换机		H3C 系列交换机	
	配置模式	基本命令	配置视图	基本命令
列出命令的下一个关联的关键字或变量	配置帮助	? 或命令字符串 ?	配置帮助	? 或命令字符串 ?
获得相同开头字母的命令关键字字符串		命令字符串 +?		命令字符串 +?
补全命令的关键字		命令字符串 +Tab		命令字符串 +Tab

5.6.4　任务实施

1. 实施规划

（1）实训拓扑。

根据任务的需求与分析，实训的拓扑结构及网络参数如图 5-33 所示，以 PC1、PC2 模拟公司办公室的计算机，PC3 模拟公司业务部的计算机。

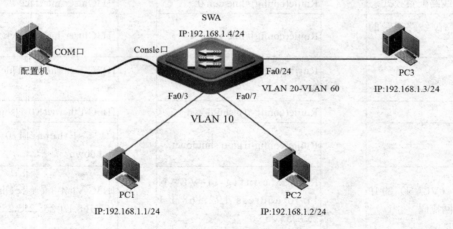

图 5-33　实训拓扑

（2）实训设备。

根据任务的需求和实训拓扑，实训小组的实训设备配置建议如表 5-3 所示。

表 5-3　实训设备配置清单

设 备 类 型	设 备 型 号	数　量
交换机	锐捷 RG-S2328G	1
计算机	PC，Windows 2003	4
双绞线	RJ-45	3

（3）VLAN 规划与端口分配。

根据任务的需求和内容，交换机新划分 6 个 VLAN，每个 VLAN 对应一个部门。各部门的 VLAN 与交换机端口的规划如表 5-4 所示。

表 5-4　VLAN 与交换机端口的规划

部　　门	VLAN	交换机端口	部　　门	VLAN	交换机端口
办公室	VLAN 10	Fa0/1 ～ Fa0/2	工程部	VLAN 40	Fa0/11 ～ Fa0/16
总经理	VLAN 20	Fa0/3 ～ Fa0/6	后勤部	VLAN 50	Fa0/17 ～ Fa0/20
财务部	VLAN 30	Fa0/7 ～ Fa0/10	网络部	VLAN 60	Fa0/21 ～ Fa0/24

（4）IP 地址规划。

IP 地址规划应充分考虑可实施性，便于记忆和管理，并考虑未来可扩展性，根据任务的需求分析和 VLAN 的规划，本实训任务中各部门的 IP 地址参数规划为 192.168.1.0//24，其中，交换机的管理 IP 地址为 192.168.1.4/24，管理 VLAN 为 VLAN 60。

2. 实施步骤

（1）根据实训拓扑图进行交换机、计算机的线缆连接，配置 PC1、PC2、PC3 的 IP 地址。

（2）使用计算机 Windows 操作系统的"超级终端"组件程序通过串口连接到交换机的配置界面，其中超级终端串口的属性设置还原为默认值（每秒位数 9600、数据位 8、奇偶校验无、数据流控制无）。

（3）超级终端登录到 SWA 交换机，进入用户模式界面，练习各种模式的切换和主要命令。

（4）SWA 基本配置与 VLAN 配置，主要配置清单如下：

```
Ruijie>                                        // 用户模式
Ruijie>enable                                  // 进入特权模式
Ruijie#configure terminal                      // 进入全局配置模式
Ruijie(config)#hostname SWA                    // 设置交换机名称
SWA(config)#vlan 10                            // 创建 VLAN10
SWA(config-vlan)#name vlan10                    // 设置 VLAN 名称
SWA(config-vlan)#exit
SWA(config)#vlan 20                            // 创建 VLAN20
SWA(config-vlan)#name vlan20
SWA(config-vlan)#exit
SWA(config)#vlan 30                            // 创建 VLAN30
SWA(config-vlan)#name vlan30
SWA(config-vlan)#exit
SWA(config)#vlan 40                            // 创建 VLAN40
SWA(config-vlan)#name vlan40
```

```
SWA(config-vlan)#exit
SWA(config)#vlan 50                                     // 创建 VLAN50
SWA(config-vlan)#name vlan50
SWA(config-vlan)#exit
SWA(config)#vlan 60                                     // 创建 VLAN60
SWA(config-vlan)#name vlan60
SWA(config-vlan)#exit
SWA(config)#interface range fastEthernet 0/1 - 2       // 进入 fa0/1~fa0/2 组端口
SWA(config-if-range)#switchport access vlan 10         // 将该组端口加入 VLAN10
SWA(config-if-range)#exit
SWA(config)#interface range fastEthernet 0/3 - 6       // 进入 fa0/3~fa0/6 组端口
SWA(config-if-range)#switchport access vlan 20         // 将该组端口加入 VLAN20
SWA(config-if-range)#exit
SWA(config)#interface range fastEthernet 0/7 - 10      // 进入 fa0/7~fa0/10 组端口
SWA(config-if-range)#switchport access vlan 30         // 将该组端口加入 VLAN30
SWA(config-if-range)#exit
SWA(config)#interface range fastEthernet 0/11 - 16     // 进入 fa0/11~fa0/16 组端口
SWA(config-if-range)#switchport access vlan 40         // 将该组端口加入 VLAN40
SWA(config-if-range)#exit
SWA(config)#interface range fastEthernet 0/17 - 20     // 进入 fa0/17~fa0/20 组端口
SWA(config-if-range)#switchport access vlan 50         // 将该组端口加入 VLAN50
SWA(config-if-range)#exit
SWA(config)#interface range fastEthernet 0/21 - 24     // 进入 fa0/21~fa0/24 组端口
SWA(config-if-range)#switchport access vlan 60         // 将该组端口加入 VLAN60
SWA(config-if-range)#end                               // 切换到全局模式
SWA#write                                              // 保存配置
```

（5）SWA 配置 Telnet 远程登录，主要配置清单如下。

```
SWA #configure terminal
SWA(config)# interface vlan 60                         // 进入 VLAN60 虚拟接口
SWA(config-if-VLAN60)#ip address 192.168.1.46 255.255.255.248
                                                       // 配置 VLAN60 的 IP 地址
SWA(config-if-VLAN 60)#no shutdown                     // 启用 VLAN60 虚拟接口
SWA(config-if-VLAN 60)#exit
SWA(config)#enable password 0  123456                  // 配置 enable 的密码
SWA(config)#line vty 0 4                               // 进入线程配置模式
SWA(config-line)#password 0 123456                     // 配置 Telnet 密码
SWA(config-line)#login                                 // 启用 Telnet 的用户名密码验证
SWA(config- line)#end                                  // 切换到全局模式
SWA#write                                              // 保存配置
```

5.6.5 任务验收

1. 设备验收

根据实训拓扑图检查交换机、计算机的线缆连接，检查 PC1、PC2、PC3 的 IP 地址。

2. 配置验收

（1）查看 VLAN 信息：

```
SWA#show vlan
VLAN Name              Status    Ports
---- -------------------------------- --------- -----------------------------------
1 VLAN0001             STATIC    Gi0/25, Gi0/26
10 vlan10              STATIC    Fa0/1,Fa0/2
20 vlan20              STATIC    Fa0/3, Fa0/4, Fa0/5, Fa0/6
30 vlan30              STATIC    Fa0/7,Fa0/8, Fa0/9, Fa0/10
40 vlan40              STATIC    Fa0/11, Fa0/12, Fa0/13, Fa0/14
                                 Fa0/15, Fa0/16
50 vlan50              STATIC    Fa0/17, Fa0/18, Fa0/19, Fa0/20
60 vlan60              STATIC    Fa0/21, Fa0/22, Fa0/23, Fa0/24
```

（2）查看配置信息。

在特权模式下运行 show running-config 命令查看交换机当前的配置信息。

3. 功能验收

（1）VLAN 功能。

在 PC1 上运行 ping 命令检查与 PC2、PC3 的连通情况，根据实训拓扑和配置，PC1 与 PC2 能够 ping 通，与 PC3 之间不能 ping 通。

在 PC2 上运行 ping 命令检查与 PC1、PC3 的连通情况，根据实训拓扑和配置，PC2 与 PC1 能够 ping 通，与 PC3 之间不能 ping 通。

在 PC3 上运行 ping 命令检查与交换机的连通情况，根据实训拓扑和配置，PC3 能 ping 通交换机的 IP 地址。

将 PC2 的双绞线换至交换机 SWA 的 Fa0/4 口，在 PC1 上运行 ping 命令检查与 PC2 的连通情况，根据 VLAN 配置，PC1 不能与 PC2 ping 通。

（2）远程管理交换机。

在 PC3 上运行 telnet 命令，能使用密码远程登录交换机。

```
C:\ >telnet 192.168.1.46
User Access Verification
Password:                                    // 输入密码 123456
```

SWA>	// 用户模式
SWA>enable	// 进入特权模式
Password:	// 输入密码 123456
SWA#	// 进入全局模式
SWA#exit	// 退出 Telnet

5.6.6 任务总结

针对某公司办公区内部网络的建设任务的内容和目标，通过需求分析进行了实训的规划和实施，通过本任务进行了交换机基础配置、VLAN 基础配置等方面的实训。

5.7 实训任务二 图书馆无线网络组建

5.7.1 任务描述

某学院图书馆已建立了有线的网络信息点，但各阅览室信息点较少，由于面积较大，在阅览室中学生携带的笔记本电脑较多，为了满足带笔记本的学生在阅览室能够方便地上网查阅相关图书资料和访问校园网，需要在保持现有网络不变动的情况下，采用简单快速、方便管理的方法增加网络接入数量和扩充容量。请规划并实施。

5.7.2 任务目的

通过本任务进行无线局域网的组建实训，以帮助读者了解无线局域网的基本知识，掌握组建无线局域网的方法，具备组建无线局域网的能力。

5.7.3 知识链接

无线局域网的配置方法根据组网方式和设备种类具有各种不同的配置方式，例如，对等方式使用无线网卡和操作系统的无线网络设置软件进行配置，FAT AP 方式采用 Web 配置方式进行配置，FIT AP 方式采用 Web 方式、无线管理软件和命令配置方式等。目前家庭和小型网络普遍采用的 FAT AP 方式基本都采用 Web 方式进行无线配置，Web 界面配置 AP 比较简单，根据向导设置 AP 的 SSID、信道、模式以及安全设置即可。如图 5-34 所示为典型的无线 AP 配置 Web 界面。

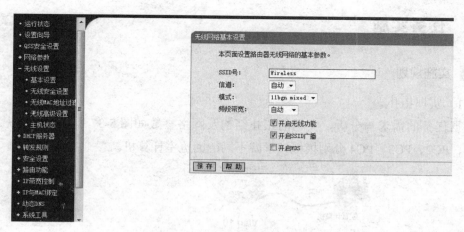

图 5-34　AP 的无线配置界面

　　FIT AP 方式由于采用无线控制器 AC 或无线交换机统一管理，简化了 AP 的管理和配置功能，AP 可以做到"零"配置，只需在 AC 或无线交换机上进行配置后下发到 AP。无线交换机无线服务配置的主要命令与对应关系如表 5-5 所示。

表 5-5　无线交换机无线服务命令和格式

功能	锐捷（或 Cisco）系列无线设备		H3C 系列无线设备	
	配置模式	基本命令	系统视图	基本命令
设置管理地址	全局配置模式	Ruijie-MX# set system ip-address 192.168.20.1	系统视图 具体视图	[AC]int vlan 70 [AC-Vlan-interface70]ip address 192.168.20.1/24
设置国家代码	全局配置模式	Ruijie-MX#set system countrycode CN	系统视图	[AC]wlan country-code cn
配置服务模板	全局配置模式	Ruijie-MX# set service-profile top ssid-name top01	系统视图 具体视图	[AC]int WLAN-ESS 2 [AC-WLAN-ESS2]quit [AC]wlan service-template 2 clear
创建 SSID	全局配置模式	Ruijie-MX#set service-profile top ssid-name top01	系统视图 具体视图	[AC-wlan-st-2]ssid top01 [AC-wlan-st-2]bind wlan-ess 2
设置加密类型为开放式类型	全局配置模式	Ruijie-MX # set service-profile top auth-fallthru last-resort	具体视图	[AC-wlan-st-2]authentication-method open-system
使能广播 SSID	全局配置模式	Ruijie-MX# set service-profile top01 beacon enable	具体视图	[AC-wlan-ap-ap110-radio-1]radio enable
注册并添加 AP	全局配置模式	Ruijie-MX# set ap 1 serial-id 0990200597 model MP-71	系统视图 具体视图	[AC]wlan ap ap1 model WA2100 [AC-wlan-ap-ap1]serial-id 210235A22W0074000123
自动信道开启	具体配置	Ruijie-MX#set radio-profile shixun auto-tune channel-config enable	系统视图 具体视图	[AC]wlan ap ap110 [AC-wlan-ap-ap110]serial-id auto

5.7.4 任务实施

1. 实施规划

（1）实训拓扑。

根据任务的需求与分析，实训的拓扑结构及网络参数如图 5-37 所示，以带无线网卡的 PC1、PC2、PC3、PC4 分别模拟该学院不同的阅览室计算机。

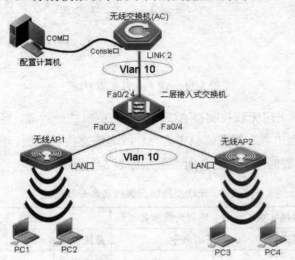

图 5-35　实训任务拓扑

如拓扑结构图所示，配置计算机的 COM 通过配置线与无线交换机 Consle 端口相连。无线交换机 LINK 2 口与二层交换机 Fa0/24 端口相连。AP1、AP2 分别通过 POE 适配器使用双绞线与二层交换机的 Fa0/2、Fa0/4 端口相连，通过 POE 适配器可利用双绞线为 AP 提供电源。

（2）实训设备。

根据任务的需求和实训拓扑，实训小组的实训设备配置建议如表 5-6 所示。

表 5-6　实训设备配置清单

设 备 类 型	设 备 型 号	数　量
无线交换机	锐捷 MXR-2	1
无线 AP	锐捷 MP-71	2
笔记本电脑	带无线网卡	4
PC	Windows 2003	1
网线	RJ45	若干
二层接入交换机	RG-2328G	1
POE 适配器	锐捷 POE 适配器	2

（3）IP 地址规划。

本实训任务中，无线交换机 DHCP 服务器地址范围为 192.168.10.1/24 ~ 192.168.10.100/24。其他设备 IP 地址规划如表 5-7 所示。

表 5-7　IP 地址规划

设 备 类 型	IP 地 址
无线交换机	192.168.20.1/24
VLAN 100	192.168.10.1/24
无线笔记本电脑	自动获得 192.168.10.1/24-192.168.10.100/24 范围内地址

2.　实施步骤

（1）根据实训拓扑图进行交换机、计算机、无线交换机、AP 的线缆连接。

（2）使用计算机 Windows 操作系统的超级终端组件程序通过串口连接到交换机的配置界面，其中，超级终端串口的属性设置还原为默认值（每秒位数 9600、数据位 8、奇偶校验无、数据流控制无）。

（3）超级终端登录到无线交换机，使用命令进行相关功能配置。

（4）无线交换机的配置清单如下：

清除配置：

MXR-2> enable

MXR-2# quickstart　// 清除配置

This will erase any existing config. Continue? [n]: y　// 输入 y 表示确定

System Name [MXR-2]: ^C　// 按 Ctrl+C 快捷键清除配置

初始化配置：

*MXR-2# set system countrycode CN　// 设置国家代码

This will cause all APs to reboot. Are you sure? (y/n) [n]y　// 输入 y 表示确定

*MXR-2# set timezone CNT 8　// 设置时区

*MXR-2# set timedate date November 23 2010 time 09:08:30　// 设置时间

*MXR-2# set enablepass　// 设置 enable 密码

Enter old password:　// 输入旧密码，默认为空

Enter new password:　// 输入新密码

Retype new password:　// 重复输入新密码

*MXR-2# set system ip-address 192.168.20.1　// 设置系统管理地址

This will cause all APs to reboot. Are you sure? (y/n) [n]y　// 输入 y 表示确认

VLAN 与接口信息配置：

*MXR-2# set vlan 10 name user　// 创建 VLAN 10，命名为 user

*MXR-2# set vlan 10 port 1 tag 10　// 配置端口 1 为 trunk 模式，tag 为 100

*MXR-2# set vlan 20 name manager　// 创建 VLAN 20，命名为 manager

*MXR-2# set vlan 20 port 1 tag 20

*MXR-2# set interface 10 ip 192.168.10.1 255.255.255.0　// 配置 VLAN 10 接口地址

*MXR-2# set interface 20 ip 192.168.20.1 255.255.255.0　// 配置 MX 的接口地址

无线网络的建立：

*MXR-2# set service-profile wlan ssid-name wifi // 创建名 wlan 的 SP，SSID 名为 wifi

*MXR-2# set service-profile wlan ssid-type crypto // 加密类型为 crypto，即加密

*MXR-2# set service-profile wlan wep key-index 1 key 1111111111 // 设置 wep 密钥

*MXR-2# set service-profile wlan auth-fallthru last-resort // 设置认证类型为 last-resort，即开放

式认证

*MXR-2# set service-profile wlan attr vlan-name user // 设置该 SP 关联的用户 vlan 为 user，

即 VLAN 100

其他参数配置：

*MXR-2# set service-profile wlan beacon enable // 配置广播 SSID 名

*MXR-2# set interface 10 ip dhcp-server start 192.168.10.1 stop 192.168.1 0.254 // 配置 DHCP 服务器

R-P 建立：

*MXR-2# set radio-profile wlan service-profile wlan // 创建名为 wlan 的 R-P，并与名为 wlan 的

S-P 绑定

*MXR-2# set radio-profile wlan auto-tune channel-config enable // 配置 wlan 的自动信道调整为开启

*MXR-2# set radio-profile wlan auto-tune power-config enable // 配置 wlan 的自动功率调整开启

（默认关闭）

*MXR-2# set radio-profile wlan countermeasures rogue // 配置wlan 的信号反制功能开启（默认关闭）

AP 添加：

*MXR-2# set ap 1 serial-id 0990200597 model MP-71 // 注册 AP 1 的型号和序列号。AP 的序列号

在 AP 背面，此处为 0990200597

*MXR-2# set ap auto mode enable // 开启自动发现模式

*MXR-2# set ap 1 radio 1 radio-profile wlan mode enable // 将 R-P wlan 应用到 AP 的 radio 1 上

*MXR-2# set ap 2 serial-id 0893600445 model MP-71 // 注册 AP 的型号和序列号。AP 的序列号在

AP 背面，此处为 "0893600445"

*MXR-2# set ap auto mode enable // 开启自动发现模式

*MXR-2# set ap 2 radio 1 radio-profile wlan mode enable // 将 R-Pwlan 应用到 AP 2 的 radio 1 上

*MXR-2# save configuration // 保存配置

5.7.5 任务验收

1. 设备验收

根据实训拓扑结构图，查看交换机、无线交换机、无线 AP 等设备的连接情况。

2. 功能验收

打开无线笔记本电脑：PC1、PC2、PC3、PC4。通过无线网卡搜索无线网络。发现 SSID 为 Wi-Fi 的无线网络，输入正确的口令后，接入无线网络，此时无线笔记本电脑获得的地址为 192.168.10.1/24 ~ 192.168.10.100 的地址。PC1、PC2、PC3、PC4 能相互通信。

5.7.6　任务总结

针对该学院图书馆无线网络建设任务的内容和目标，通过需求分析进行了实训规划和实施，通过本任务进行了无线网络的组建、无线交换机、无线 AP 的配置等方面的实训。

本 章 小 结

（1）数据链路层负责将上层数据包形成帧以访问介质或接受来自介质的帧。数据链路层控制如何使用介质访问控制和错误检测之类的各种技术将数据放置到介质上，以及从介质接收数据。

（2）数据链路层所用的介质访问控制方法取决于介质共享和拓扑，介质共享定义了节点是否以及如何共享介质，拓扑是节点之间的连接如何显示在数据链路层中。对于共享介质，分为受控访问和争用访问两种介质访问控制方法，对于非共享介质的介质访问控制协议需要少量甚至不需要控制。

（3）帧是数据链路层协议的关键要素，不同的数据链路层协议均需要成帧才能经过物理层使用介质传输数据包。以太网使用数据链路层地址来确定源节点和目的节点，所有速度的以太网的帧结构几乎相同。PPP 协议是用于在两个节点之间传送帧的链路层协议。

（4）局域网是计算机网络的重要组成部分，局域网技术已经从一种共享介质、有争议的以太网技术发展成为今天的高带宽、全双工通信技术，并随着千兆以太网的出现扩展了原有的局域网技术，使以太网也成为城域网（MAN）和广域网（WAN）的标准。高速以太网和无线局域网是目前计算机网络组建和应用的主要方面。

（5）以太网交换技术是计算机网络发展中非常活跃的部分，交换技术在局域网中处于非常重要的地位。使用交换技术的以太网交换机目前在多层交换方面具有多种技术来实现网络安全、优化网络可靠性和冗余性、链路组合、接入控制、路由转发等功能。

（6）广域网由一些节点交换机、路由器、调制解调器以及连接这些交换机的链路组成，广域网在数据链路层使用的相关技术有帧中继、ATM 等。

（7）通过公司办公区网络组建任务进行交换机基础配置、VLAN 基础配置的实训，通过图书馆无线网络组建任务进行无线网络的组建实训。

习 题

一、填空题

1. 数据链路层的主要功能是使网络层数据包做好传输准备以及控制对 _____ 的访问。

2. 数据链路层实体将对帧的传输过程进行检查，发现差错可以用 _____ 方式解决。

3. 对于共享介质，有两种基本介质访问控制方法，即 _____ 和 _____。

4. 数据链路层的每种帧都有 _____、_____、帧尾 3 个基本组成部分。

5. 为了标识以太网上的每台主机，需要给每台主机上的网络适配器（网络接口卡）分配一个唯一的通信地址，即以太网地址或称为网卡的 _____ 地址。

6. 在数据通信中，所有的交换设备（即交换机）执行两个基本的操作：_____ 和 _____。

7. VLAN 是一种通过将局域网内的设备逻辑地而不是物理地划分成一个个网段，从而实现虚拟工作组的技术，这些网段内的机器有着共同的需求而与 _____ 无关。虚拟局域网协议允许在以太网的帧格式中插入一个 _____ 字节的标识符，称为 _____。

8. 无线局域网的标准主要有 IEEE 802.11b、IEEE 802.11a、_____ 以及 _____。

9. 虚电路一般分为 _____ 和 _____ 两种。

二、选择题

1. 数据链路层是 OSI 参考模型的（ ）。

A. 第 1 层　　　　　　　　　　　　B. 第 2 层

C. 第 3 层　　　　　　　　　　　　D. 第 4 层

2. 以下（ ）正确描述了数据链路层的功能。

A. 为应用进程提供服务

B. 将数据传输到其他的网络层

C. 将上层数据包形成帧以访问介质或接受来自介质的帧

D. 将来自物理连接的信号进行过滤和放大后传输

3. 通常数据链路层交换的协议数据单元被称作（ ）。

A. 报文　　　　　　　　　　　　　B. 比特

C. 帧　　　　　　　　　　　　　　D. 报文分组

4. 传统的以太网采用的是（ ）介质访问控制方式。

A. 受控访问　　　　　　　B. 载波侦听多路访问 / 冲突检测（CSMA/CD）

C. 非共享　　　　　　　　D. 载波侦听多路访问 / 冲突避免 （CSMA/CA）

5. 以太网地址又称为（　　　）。

A．ARP 地址

B．IP 地址

C．MAC 地址

D．网络地址

6. 传输速率为（　　　）的以太网被称为传统以太网。

A．10Mbit/s

B．100Mbit/s

C．1000Mbit/s

D．10Gbit/s

7. 10Mbit/s 以太网与 100Mbit/s 快速以太网工作原理的相同之处主要在于（　　　）。

A．网络层协议

B．发送时钟周期

C．物理层协议

D．介质访问控制方法

8. IEEE 802.11a 可支持（　　　）的传输速率。

A．11Mbit/s

B．20Mbit/s

C．54Mbit/s

D．108Mbit/s

9. 以下（　　　）不是交换机处理帧时的操作模式。

A．存储转发方式

B．直通交换方式

C．改进的直接交换方式

D．路由转发方式

10. 将交换机的端口逻辑地划分成不同网段的技术是（　　　）。

A．STP 技术

B．VLAN 技术

C．端口链路技术

D．QoS 技术

11. 采用了 VLAN 802.1Q 标记的帧使以太网的最大长度变为了（　　　）字节。

A．1500

B．1518

C．1522

D．1600

12. 三层交换机将广播包发送到 DHCP 服务器所在的子网，这一功能称为（　　　）。

A．DHCP 中继

B．DHCP 指派

C．DHCP 服务

D．DHCP 请求

13. ATM 采用定长分组作为传输和交换的单位，这种定长分组叫做（　　　）。

A．分组交换

B．PVC

C．SVC

D．信元

三、简答题

1. 数据链路层的主要功能是什么？

2. 简述载波侦听多路访问 / 冲突检测（CSMA/CD）的工作方式。

3. 请绘制以太网帧的结构，并简要描述各字段的作用。

4. VLAN 主要有几种划分方式？其主要特点是什么？

5. 请比较帧中继和 ATM 在组网方面的异同。

第6章 物 理 层

■ **学习内容：**

本章首先阐述了物理层的定义、功能和特性；接着对数据通信的基本概念、通信方式、主要传输介质、数据编码技术、传输技术和多路复用技术进行了较为详细的介绍；最后简单介绍了几种常用的宽带接入技术。

■ **学习要求：**

物理层是 OSI 参考模型的最底层。数据通信是完成计算机之间、计算机与终端以及终端与终端之间的信息传递的通信方式和通信业务。通过本章的学习，首先要理解物理层的定义、功能和特性，其次要了解数据通信的基本概念以及数据通信技术在计算机网络中的基本应用。

6.1　物理层基本概念

物理层是 OSI 参考模型的最低层，向下直接与传输介质相连，向上与数据链路层相邻并为其提供服务，如图 6-1 所示。物理层保证通信信道上传输 0 和 1 二进制比特流，用以建立、维护和释放数据链路实体间的连接。

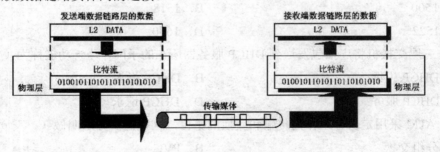

图 6-1　物理层与数据链路层的关系

物理层的主要功能是为数据链路层提供物理连接，在传输介质上实现比特流的透明传输。也就是说，物理层的任务是将代表数据链路层帧的二进制数字编码成信号，并通过连接网络设备的物理介质（铜缆、光缆和无线介质）发送和接收这些信号。

物理层并不是指物理传输介质，而是介于数据链路层和物理传输介质之间的一层。在网络参考模型中，物理层是数据链路层到物理传输介质之间的逻辑接口。

物理层的协议实际上是指物理接口标准，该标准定义了物理层与物理传输介质之间的边界与接口，主要包括 4 个特性。

（1）机械特性：指明接口所用接线器的形状和尺寸、引脚数目和排列方式，定义插接及锁紧方式等。

（2）电气特性：指明接口上信号电压及持续时间等。例如 RS-232C 协议规定，数据信号用 +12V 或 +8V 表示 0，–12V 或 –8V 表示 1。

（3）功能特性：指明接口上各条信号线的功能和作用。例如在协议 RS-232C 中，接口的第 2 个引脚用于数据发送，第 3 个引脚用于数据接收，第 4 个引脚用于请求发送，第 5 个引脚用于允许发送。

（4）规程特性：指明利用接口传输比特流的全过程及各项用于传输的事件发生的合法顺序，包括事件的执行顺序和数据传输方式，即在物理连接建立、维持和交换信息时，发送和接收双方在各自电路上的动作序列。

具体的物理层协议是非常复杂的，这是因为物理连接的方式很多，传输媒体的种类也非常多，针对不同的连接与不同的媒体，物理层协议是不同的，所以学习物理层应将重点放在掌握基本概念上。

6.2　数据通信基本知识

6.2.1　信息、数据与信号

1. 信息（Information）

在计算机网络中，通信的目的是为了交换信息。不同领域中对信息有不同的定义，一般认为信息是人对现实世界事物存在方式或运动状态的某种认识，也是人们通过通信系统传递的内容。信息的载体可以是数字、文字、语音、图形、图像和动画等。任何事物的存在，都伴随着相应信息的存在。信息不仅能反映事物的特征、运动和行为，还能够借助媒体传播和扩散。

2. 数据（Data）

在计算机、外围设备及计算机网络中进行信息的处理、存储和传输时，需要首先把信息表示成数据。通常，在网络中传输的二进制代码被称为数据，因此可以认为数据是信息的载体，是信息的表现形式，而信息是数据的具体含义。

数据的形式有两种：模拟数据和数字数据。

（1）模拟数据。模拟数据是用连续的物理量来表示的，例如，声音是典型的模拟数据，而温度、压力的变化也是一个连续的值。

（2）数字数据。数字数据是用离散的物理量来表示的，一般是由"0""1"构成的二进制代码组成的数字序列。

3. 信号（Signal）

信号是数据在传输过程中的电信号表示形式。信号可以分为模拟信号和数字信号两种类型。

（1）模拟信号。模拟信号是指在时间或幅度上连续变化的信号，如图6-2（a）所示，显然模拟信号的取值可以有无穷多个。语音信号、模拟电视图像等都是典型的模拟信号。模拟信号可以表示模拟数据，也可以表示数字数据。在使用模拟信号表示数字数据时，要利用调制解调器（Modem）将二进制数字数据调制成模拟信号。

（2）数字信号。数字信号是指在时间和幅度上都用离散数字表示的信号，如图6-2（b）所示，数字信号只有有限个取值。数字信号既可以表示数字数据，又可以表示模拟数据。在利用数字信号表示模拟数据时，要用编码解码器（Codec）对模拟数据进行数字编码。

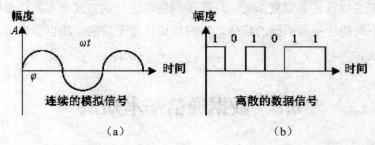

图6-2　模拟信号和数字信号

6.2.2　信道

信道（Channel）是指信号所走过的路径，由传输介质和相关设备组成。传输介质可以是有线介质，如双绞线、光纤等，也可以是无线介质，如微波、红外线等。常用的信道分类方法有两种。

1. 有线信道和无线信道

- 有线信道：有线信道使用的传输介质是有线介质，如电话线、双绞线、同轴电缆、光缆和电力线等。
- 无线信道：无线信道使用的传输介质是电磁波，如无线电、微波、红外线和卫星通信信道等。

2. 模拟信道和数字信道

按照信道上传输信号的种类不同，可以把通信信道分成模拟信道和数字信道两类。

- 模拟信道：能传输模拟信号的信道称为模拟信道，如电话线。模拟信道常用带宽的指标来描述。

- 数字信道：能传输离散数字信号的信道称为数字信道，如基带同轴电缆。数字信道常用数据传输速率的指标来描述。

6.2.3 数据通信系统的基本结构

按照在传输介质上传输的信号类型，可以将数据通信系统分为模拟通信系统和数字通信系统两种。传输模拟信号的系统称为模拟通信系统，而传输数字信号的系统称为数字通信系统。

1. 模拟通信系统

普通的电话、广播、模拟电视等都属于模拟通信系统。模拟通信系统通常由信源、调制器、信道、解调器、信宿以及噪声源组成，如图6-3所示。信源是指产生和发送信息的一端，信宿是指接收信息的一端。信源产生的原始模拟信号一般要经过调制后再送入信道传输。

图 6-3　模拟通信系统的结构模型

2. 数字通信系统

计算机通信、数字电话、数字电视等都属于数字通信系统。数字通信系统一般由信源、信源编码器、信道编码器、调制器、信道、解调器、信道译码器、信源译码器、信宿和噪声源等组成，如图 6-4 所示。

图 6-4　数字通信系统的结构模型

在数字通信系统中，信源送出的可能是模拟信号，也可能是数字信号。信源编码器的作用有两个：一是实现数/模（D/A）转换，将信源送出的模拟信号变成数字信号；二是实现数据压缩，降低数字信号的传输速率，减少信号传输时占用的带宽。信源解码是信源编码的逆过程。

由于信道上存在各种噪声的干扰，可能导致接收端接收到错误的信号，为了能够自动检测或者纠正错误，可以采用信道编码器，对信源编码器的输出信号进行差错控制编码，来提高通信系统的抗干扰能力，降低误码率。信道解码则是信道编码的逆过程。

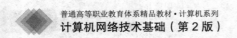
从信道编码器输出的数字信号是基带信号，不适合远距离传输。调制器的作用就是把基带信号调制成频带信号。解调是调制的逆过程。

6.2.4　数据通信的技术指标

1. 信息传输速率 Rb

信息传输速率 Rb 是指单位时间内传输的二进制位的个数，单位为比特 / 秒（bit/s），通常也用 bps（bits per second）来表示。信息传输速率描述了数据通信系统的传输能力，又称为比特率。例如，传统粗缆以太网（10Base-5 Ethernet）的比特率是 10Mbit/s，而千兆位以太网的速率可以达到 1000Mbit/s。

2. 误比特率 Pe

误比特率是指二进制位在传输过程中，错误比特个数占总传输比特个数的概率。误比特率是衡量数据通信系统传输质量的重要指标。

$$Pe = \frac{传输出错的比特数}{传输的总比特数}$$

3. 信道带宽和信道容量

信道带宽（W）是指信道中传输的信号在不失真的情况下所占用的频率范围，通常称为信道的通频带，单位用赫兹（Hz）表示。信道带宽是由信道的物理特性所决定的。例如，电话线路的带宽范围为 300 ～ 3400Hz。

信道容量（C）是指单位时间内信道上所能传输的最大比特数，用比特率表示。当传输速率超过信道的最大信号速率时就会产生失真。

信道带宽和信道容量的关系如下：

对于模拟信道而言，$C = W\log_2\left[1 + \frac{S}{N}\right]$，其中 $\frac{S}{N}$ 表示信号噪声比。

对于数字信道而言，$C = 2W\log_2 M$，其中 M 表示信号采用的进制数。

通常情况下，信道容量和信道带宽具有正比的关系，带宽越大，容量越高，所以要提高信号的传输率，信道就要有足够的带宽。从理论上看，增加信道带宽是可以增加信道容量的，但在实际上，信道带宽的无限增加并不能使信道容量无限增加，其原因是在一些实际情况下，信道中存在噪声或干扰，制约了带宽的增加。

6.2.5 数据的通信方式

1. 串/并行通信

并行通信是指数据以成组的方式在多个并行信道上同时进行传输,如图6-5所示。例如,将构成一个字符代码的8位二进制比特分别通过8个并行的信道同时传输,一次可以传输8个比特。并行通信的优点是速度快,缺点是发送端与接收端之间有若干条线路,费用高,仅适合于近距离和高速率的通信。并行通信在计算机内部总线以及并行口通信中已经得到广泛应用。

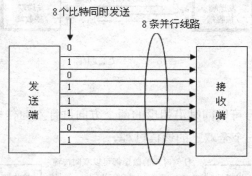

图 6-5 并行通信

串行通信是指数据以串行方式在一条信道上传输,一次只传输一个比特,如图6-6所示。串行通信的优点是收发双方只需要一条传输信道,易于实现,成本低,缺点是速度比较慢。串行通信主要用于计算机的串行口及远程通信。

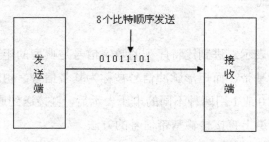

图 6-6 串行通信

2. 单工、半双工和全双工通信

按照信号传送方向与时间的关系,信道的通信方式可以分为单工、半双工和全双工3种。

（1）单工通信。

单工通信是指信号只能沿一个方向传输,发送方只能发送不能接收,而接收方只能接收而不能发送,任何时候都不能改变信号的传送方向,如图6-7所示。例如,无线电广播和有线电视都属于单工通信方式。

图 6-7　单工通信

（2）半双工通信。

半双工通信是指信号可以沿两个方向传送，但同一时刻一个信道只允许单方向传送，即两个方向的传输只能交替进行。当改变传输方向时，要通过开关装置进行切换，如图 6-8 所示。例如，对讲机系统和无线电收发报机系统都属于半双工通信方式。

图 6-8　半双工通信

（3）全双工通信。

全双工通信是指信号可以同时沿相反的两个方向进行双向传输，如图 6-9 所示。两台计算机之间的通信就是一个全双工的通信过程。

图 6-9　全双工通信

3.　信号的传输方式

（1）基带传输。

在计算机通信中，表示二进制比特序列的数字信号是典型的矩形脉冲信号。矩形脉冲信号的固有频带被称为基带，而矩形脉冲信号被称为基带信号。也就是说，基带信号是将计算机发送的数字信号 0 或 1 用两种不同的电压表示后，直接送到通信线路上传输的信号。基带传输就是在数字信道上直接传输基带信号的方法。

基带传输是一种最简单、最基本的信号传输方式。基带传输系统安装简单、成本低、信号传输速率高、误码率低。由于基带信号的传输距离较短，因此基带传输多用于局域网。

（2）频带传输。

频带信号是基带信号经过调制后形成的频分复用模拟信号。所谓频带传输，是指在模拟信道上传输数字信号的方法。在实现远距离通信时，经常需要借助于电话线路，此时应使用频带传输方式，如图 6-10 所示。

采用频带传输方式时，发送端和接收端都要安装调制解调器，在发送端将数字信号调制成模拟信号后再进行发送和传输，当模拟信号到达接收端时，把模拟信号解调成原来的数字信号。利用频带传输，不仅解决了在模拟信道上传输数字信号的问题，还可以实现多路复用，提高传输信道的利用率。

图 6-10　频带传输示意图

4. 异步和同步传输

在数据通信系统中，当发送方和接收方采用串行通信方式时，必须要解决数据传输的同步问题。同步是指接收方必须按照发送方发送比特的起止时刻和速率来接收数据，否则会造成接收数据错误的结果。实现收发双方之间同步的技术有两种：异步方式和同步方式。

（1）异步方式。

异步传输方式一般以字符为单位传输，每传送一个字符（7 或 8 位）都要在前面加一个起始位，极性为 0，表示字符代码的开始；在后面加 1 ～ 2 个停止位，极性为 1，表示字符代码的结束。接收方根据起始位和停止位来判断一个字符的开始和结束，从而使通信双方实现同步，如图 6-11 所示。

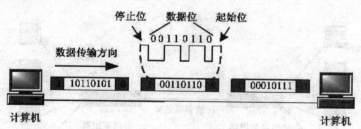

图 6-11　异步通信方式

异步方式的实现比较容易，但每传输一个字符都需要多使用 2 ～ 3 位，所以适合于低速通信。

（2）同步方式。

通常，同步传输方式的信息格式是一组字符或若干个二进制位组成的数据块（帧）。在发送一个数据块之前，先发送一个同步字符 SYN（以 01101000 表示）或一个同步字节（以 01111110 表示），用于接收方进行同步检测，从而使收发双方进入同步状态。在同步字符或字节之后，可以连续发送任意多个字符，发送数据完毕后，再使用同步字符或字节来标识整个发送过程的结束，如图 6-12 所示。

图 6-12　同步通信方式

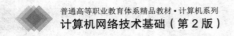

在同步传输时，由于发送方和接收方将整个字符组作为一个单位传送，且附加位又非常少，从而提高了数据传输的效率，所以这种方法一般用在高速传输数据的系统中，例如，计算机之间的数据通信。

另外，在同步通信中，要求收发双方之间的时钟严格同步，因此除了使用同步字符或同步字节来保证接收数据帧的同步之外，还要使用位同步的方法来保证接收方接收的每一个比特都与发送方的保持一致，接收方才能正确地接收数据。实现位同步的方法主要有两种，一种方法是使用一个额外的专用信道发送同步时钟来保持双方同步，另一种方法是使用编码技术将时钟信号编码到数据中，在接收方接收数据的同时就可以获取同步时钟。

6.2.6　信道复用技术

在数据通信系统中，通信线路可利用的频率带宽较大，如果在一条物理信道上只传输一路信号，将是对资源的极大浪费。为了高效合理地利用资源，通常采用多路复用技术，利用一个物理信道同时传输多个信号，如图 6-13 所示。多路复用技术一般可以分为 3 种类型：频分多路复用（Frequency Division Multiplexing，FDM）、时分多路复用（Time Division Multiplexing，TDM）和波分多路复用（Wave-length Division Multiplexing，WDM）。

图 6-13　多路复用示意图

1. 频分多路复用

频分多路复用技术利用频率分割的方式来实现多路复用。由于传输介质的带宽远高于单路信号的带宽，因此可以把传输介质的频带划分为若干个子频带，每个子频带作为一个信道，传输一路用户的信号。为了防止相邻信道信号频率覆盖造成的干扰，在相邻两个信号的频率段之间设立一定的"保护"带，以保证各个子频带互相隔离不会交叠，如图 6-14 所示。

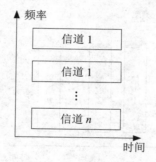

图 6-14 FDM 信道划分

频分多路复用的工作原理是：几路数字信号被同时送入载波频率不同的调制器中，经过调制后，每一路数字信号的频率分别被调制到不同频率的子频带上，这样就可以将多路信号合起来放在一条信道上传输。接收方先利用带通滤波器将收到的多路信号分开，再利用解调器将分路后的信号恢复成调制前的信号，如图 6-15 所示。

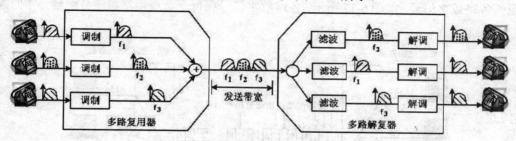

图 6-15 FDM 的原理图

频分多路复用技术主要用于宽带模拟通信系统。例如，有线电视系统，采用的传输介质是阻抗为 75Ω 的宽带同轴电缆，其带宽可以达到 300 ～ 400MHz。如果以 6MHz 带宽作为一个子频带，那么模拟电视线路可以划分成 50 ～ 80 个独立信道，同时传输 50 多路模拟电视信号。

2. 时分多路复用

时分多路复用技术是以信号传输的时间作为分割对象，将传输时间分为若干个时间片（Slot time，又称为时隙），给每个用户分配一个或几个时间片，使不同信号在不同时间段内传送，如图 6-16 所示。在用户占有的时间片内，用户使用通信信道的全部带宽来传输数据。

模拟通信系统一般采用频分多路复用技术，而时分多路复用技术则广泛应用于包括计算机网络在内的数字通信系统。根据信道动态利用的情况，时分多路复用分为同步时分复用（Synchronous Time Division Multiplexing，STDM）和异步时分复用（Asynchronous Time Division Multiplexing，ATDM）两种类型。

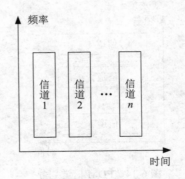

图 6-16   TDM 信道划分

（1）同步时分复用。

同步时分复用采用时间片固定分配的方式，即将信号传输的时间按特定长度连续划分成若干个时间段（或周期），再将每个时间段划分成若干个时隙，每个时隙以固定的方式分配给各路数字信号，如图 6-17 所示，各路数字信号在每一个周期都顺序分配到一个时隙。

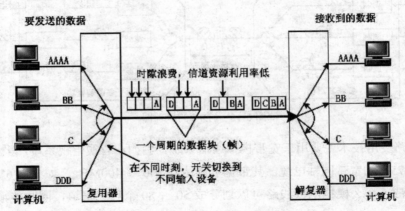

图 6-17   同步时分多路复用的原理图

图 6-17 中，数据帧是指一个周期内所有输入设备发送数据的总和，例如，在第一周期内，4 个终端分别占用一个时隙顺序发送数据 A、B、C、D，那么 ABCD 就组成了一个数据帧。在第二个周期内，第三个输入设备没有需要传输的数据，但是它仍然占用了一个时隙，因此 ABD 构成了一个数据帧。

在同步时分复用方式中，由于时隙预先分配且固定不变，无论时隙拥有者是否传输数据都占有一定时隙，这就形成了时隙浪费，使得时隙的利用率很低。为了克服 STDM 的缺点，引入了异步时分复用技术。

（2）异步时分复用。

异步时分复用技术又被称为统计时分复用技术（Statistical Time Division Multiplexing），能动态地按需分配时隙，以避免每个时间段中出现空闲时隙。

异步时分复用技术只在某一路用户有数据要发送时才分配时隙；当用户暂停发送数据时，就不分配时隙。电路的空闲时隙可分配给其他用户使用，如图 6-18 所示。每一个时间段被划分为 3 个时隙，复用器轮流扫描每一个输入端，在扫描的过程中，若某个终端没有数据，则接着扫描下一个终端。图 6-18 中，在第一个周期内，第一个、第二个和第三个终端的数据 A1、B2 和 C3 形成了第一个完整的数据帧。在第二个周期内，第四个、第一个和第二个终端的数据 D4、A1 和 B2 形成第二个帧。如此往复，在所有的数据帧中，除最后一帧以外，其他数据帧都不会出现空闲的时隙，这就提高了资源的利用率，也提高了传输速率。

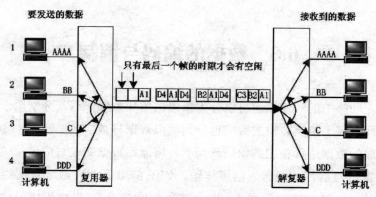

图 6-18　异步时分多路复用的原理图

3. 波分多路复用

波分多路复用主要用于全光纤网组成的通信系统。波分复用就是光的频分复用，由于光载波的频率很高，因此习惯上用波长而不用频率来表示光载波，因而称其为波分复用。

在波分多路复用中，不同的用户使用不同波长的光波来传送数据，如图 6-19 所示。在发送端，两根光纤连在一个棱镜或衍射光栅上，两根光纤里的光波处于不同的波段上，这样的两束光通过棱镜或衍射光栅合到一根共享的光纤上传输，到达目的地后，再将两束光分解开来。

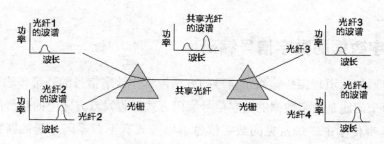

图 6-19　波分多路复用示意图

波分多路复用和频分多路复用的区别在于：波分多路复用在光学系统中利用衍射光栅实现了多路不同频率的光波信号的合成和分解，而光栅是无源的，因此可靠性非常高。

4. 码分多址

码分多址是在数字技术的分支——扩频通信技术上发展起来的一种崭新而成熟的无线通信技术。CDMA技术的原理是基于扩频技术，即将需传送的具有一定信号带宽信息数据，用一个带宽远大于信号带宽的高速伪随机码进行调制，使原数据信号的带宽被扩展，再经载波调制并发送出去。接收端使用完全相同的伪随机码，与接收的宽带信号做相关处理，把宽带信号换成原信息数据的窄带信号即解扩，以实现信息通信。CDMA是一种扩频多址数字式通信技术，通过独特的代码序列建立信道，可用于二代和三代无线通信中的任何一种协议。

6.3 数据的编码与调制

如前所述，网络中的通信信道可以分为模拟信道和数字信道，分别用于传输模拟信号和数字信号，而依赖于信道传输的数据也分为模拟数据与数字数据两类。为了正确地传输数据，必须对原始数据进行相应的编码或调制，将原始数据变成与信道传输特性相匹配的数字信号或模拟信号后，才能送入信道传输。如图6-20所示，数字数据经过数字编码后可以变成数字信号，经过数字调制（ASK、FSK、PSK）后可以成为模拟信号；而模拟数据经过脉冲编码调制（PCM）后可以变成数字信号，经过模拟调制（AM、FM、PM）后可以成为与模拟信道传输特性相匹配的模拟信号。

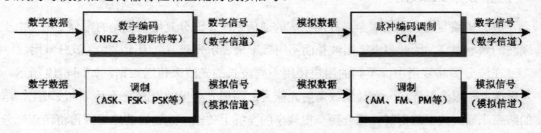

图 6-20 数据的编码与调制示意图

6.3.1 数字数据的数字信号编码

利用数字通信信道直接传输数字信号的方法，称作数字信号的基带传输。而基带传输需要解决的两个问题是数字数据的数字信号编码方式及收发双方之间的信号同步。

在数字基带传输中，最常见的数字信号编码方式有不归零码、曼彻斯特编码和差分曼彻斯特编码3种。以数字数据011101001为例，采用这3种编码方式后，其编码波形如图6-21所示。

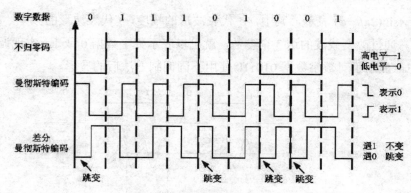

图 6-21 数字数据的编码方式

1. 不归零码（Non-Return to Zero，NRZ）

NRZ 码可以用低电平表示逻辑 0，用高电平表示逻辑 1，并且在发送 NRZ 码的同时，必须传送一个同步信号，以保持收发双方的时钟同步。

2. 曼彻斯特编码（Manchester）

曼彻斯特编码的特点是每一位二进制信号的中间都有跳变，若从低电平跳变到高电平，就表示数字信号1；若从高电平跳变到低电平，就表示数字信号0。曼彻斯特编码的原则是：将每个比特的周期T分为前T/2和后T/2，前T/2取反码，后T/2取原码。

曼彻斯特编码的优点是每一个比特中间的跳变可以作为接收端的时钟信号，以保持接收端和发送端之间的同步。

3. 差分曼彻斯特编码（Difference Manchester）

差分曼彻斯特编码是对曼彻斯特编码的改进，其特点是每比特的值要根据其开始边界是否发生电平跳变来决定，若一个比特开始处出现跳变则表示 0，不出现跳变则表示 1，每一位二进制信号中间的跳变仅用作同步信号。

差分曼彻斯特编码和曼彻斯特编码都属于"自带时钟编码"，发送时不需要另外发送同步信号。

6.3.2 数字数据的模拟信号调制

传统的电话通信信道是为传输语音信号设计的，用于传输音频为 300 ～ 3400Hz 的模拟信号，不能直接传输数字数据。为了利用廉价的公共电话交换网实现计算机之间的远程数据传输，就必须首先利用调制解调器将发送端的数字数据调制成能够在公共电话网上传输的模拟信号，经传输后在接收端再利用调制解调器将模拟信号解调成对应的数字数据。

在调制过程中，首先要选择一个频率为 f 的正（余）弦信号作为载波，该正（余）弦

信号可以用 $A\sin(2\pi ft+\varphi)$ 表示，其中，A 代表波形的幅度，f 代表波形的频率，φ 代表波形的初始相位。通过改变载波的这 3 个参数，就可以表示数字数据 0 或 1，实现调制的过程。在图 6-22 中，显示了对数字数据 010110 使用不同调制方法后的波形。

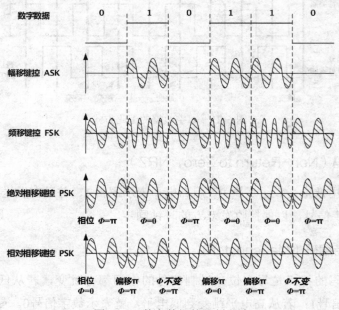

图 6-22　数字数据的调制方法

1. 幅移键控（Amplitude Shift Keying，ASK）

ASK 是通过改变载波信号的幅度值来表示数字数据 1 和 0 的，用载波幅度 A_1 表示数据 1，用载波幅度 A_2 表示数据 0（通常 A_1 取 1，A_2 取 0），而载波信号的参数 f 和 φ 恒定。

2. 频移键控（Frequency Shift Keying，FSK）

FSK 是通过改变载波信号频率的方法来表示数字数据 1 和 0 的，用频率 f_1 表示数据 1，用频率 f_2 表示数据 0，而载波信号的参数 A 和 φ 不变。

3. 相移键控（Phase Shift Keying，PSK）

PSK 是通过改变载波信号的初始相位值 φ 来表示数字数据 1 和 0 的，而载波信号的参数 A 和 f 不变。PSK 包括绝对调相和相对调相两种类型。

（1）绝对调相。

绝对调相使用相位的绝对值，φ 为 0 表示数据 1，φ 为 π 表示数据 0。

（2）相对调相。

相对调相使用相位的偏移值，当数字数据为 0 时，相位不变化，而数字数据为 1 时，相位要偏移 π。

6.3.3 模拟数据的数字信号编码

由于数字信号具有传输失真小、误码率低、传输速率高等优点，因此常常需要将语音、图像等模拟数据变成数字信号后经计算机进行处理。脉冲编码调制（Pulse Code Modulation，PCM）是将模拟数据数字化的主要方法，在发送端把连续输入的模拟数据变换为在时域和振幅上都离散的量，然后将其转化为代码形式传输。

脉冲编码调制一般通过抽样、量化和编码 3 个步骤将连续的模拟数据转换为数字信号，如图 6-23 所示。

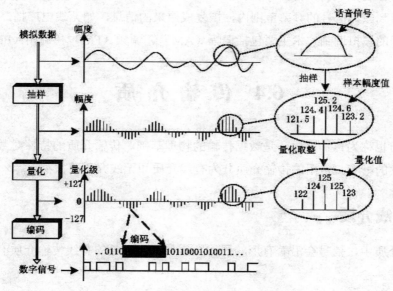

图 6-23　脉冲编码调制的 3 个步骤

1. 抽样

模拟信号是电平连续变化的信号。每隔一定的时间间隔，采集模拟信号的瞬时电平值作为样本，这一系列连续的样本可以表示模拟数据在某一区间随时间变化的值。抽样频率以奈奎斯特抽样定理为依据，即当以等于或高于有效信号频率两倍的速率定时对信号进行抽样，就可以恢复原模拟信号的所有信息。

2. 量化

量化是将抽样样本幅度按量化级决定取值的过程，就是把抽样所得的样本幅值和量化之前规定好的量化级相比较，取整定级。显然，经过量化后的样本幅度为离散值，而不是连续值。

量化级可以分为 8 级、16 级或者更多级，这取决于系统的精确度要求。为便于用数字电路实现，其量化级数一般取 2 的整数次幂。

3. 编码

编码是用相应位数的二进制代码表示已经量化的抽样样本的级别。例如，如果有 256 个量化级，就需要使用 8 个比特进行编码。经过编码后，每个样本都由相应的编码脉冲表示。

6.3.4 模拟数据的模拟信号调制

在模拟数据通信系统中，信源产生的电信号具有比较低的频率，不宜直接在信道中传输，需要对信号进行调制，将信号搬移到适合信道传输的频率范围内，接收端将接收的已调信号再搬回到原来信号的频率范围内，恢复成原来的消息，如无线电广播。

模拟数据的模拟调制技术主要包括调幅（AM）、调频（FM）和调相（PM）3 类。

6.4 传 输 介 质

传输介质也称为传输媒体，是数据传输的物理基础。传输介质的特性对数据传输质量的好坏有很大的影响。常用的传输介质分为有线介质和无线介质两大类。

6.4.1 有线介质

在有线介质中，信号会沿着有形的固体介质传输。常见的有线传输介质有双绞线、同轴电缆和光缆。

1. 双绞线（Twisted Pair）

双绞线是由两根相互绝缘的铜线按一定的密度相互缠绕而成的。把两根绝缘导线相互绞合在一起，可以减少信号传输中串扰及电磁干扰影响的程度。在实际使用时，通常将一对或多对双绞线放置在一个绝缘护套里，形成双绞线电缆，其结构如图 6-24 所示。

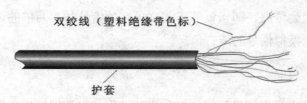

图 6-24　双绞线电缆结构示意图

双绞线可以用于传输模拟信号和数字信号。与其他有线介质相比，双绞线的价格是最便宜的，并且安装使用很容易。双绞线比较适合于较短距离的信息传输，通常用作电话用户线和局域网传输介质，当超过几千米时，信号因衰减可能会产生畸变，这时就要使用中继器（Repeater）来放大信号和再生波形。

局域网中使用的双绞线可以分为非屏蔽双绞线（Unshielded Twisted Pair，UTP）和屏蔽双绞线（Shielded Twisted Pair，STP）两类。二者的差异在于屏蔽双绞线（STP）在双绞线和外层绝缘护套之间增加了一个铅箔屏蔽层，如图 6-25 所示。屏蔽层可减少辐射，防止信息被窃听，也可阻止外部电磁干扰的进入，因此屏蔽双绞线比同类的非屏蔽双绞线具有更高的传输速率。

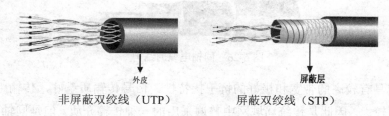

非屏蔽双绞线（UTP）　　　　屏蔽双绞线（STP）

图 6-25　UTP 与 STP 的结构示意图

* **提示**：屏蔽双绞线主要用于安全性要求较高的网络环境中，如军事网络和股票网络等。

由于使用 STP 的成本比较高，所以 UTP 得到更为广泛的使用。下面仅对 UTP 做一些简要介绍。UTP 可以分为以下几类。

- 1 类 UTP：主要用于电话连接，通常不用于数据传输。此类标准主要用于 20 世纪 80 年代初之前的电话线缆。
- 2 类 UTP：传输带宽为 1MHz，用于语音传输和最高传输速率为 4Mbit/s 的数据传输，现代网络很少使用。
- 3 类 UTP：一种包括 4 个线对的 UTP 形式。最高带宽为 16MHz，常用于语音传输和传输速率为 10Mbit/s 的以太网或速率为 4Mbit/s 的令牌环网中。如今，3 类线已基本被 5 类线所替代。
- 4 类 UTP：传输带宽为 20MHz，通常用于基于令牌的局域网和 10Base-T/100Base-T 以太网，可以传输语音和最高传输速率为 16Mbit/s 的数据。
- 5 类 UTP：支持 100Mbit/s 的数据传输速率，广泛用于现代局域网中。
- 超 5 类 UTP：和 5 类 UTP 相比，超 5 类具有衰减小，串扰少，时延误差小的特点，能支持高达 200Mbit/s 的速率，是常规 5 类线容量的 2 倍。
- 6 类 UTP：传输带宽高达 250MHz，最适用于传输速率高于 1Gbit/s 的应用。6 类 UTP 极大地改善了在串扰以及回波损耗方面的性能，使得 6 类布线的传输性能远远高于超 5 类标准。

随着新的千兆位以太网技术的开发和广泛运用，如今已经较少采用 5 类和超 5 类 UTP 的电缆，新建筑安装推荐使用 6 类 UTP 的电缆。

2. 同轴电缆（Coaxial Cable）

同轴电缆也是一种常用的传输介质。如图 6-26 所示，组成同轴电缆的内外两个导体是环绕同一轴线的，同轴之名由此而来。内导体是圆形的铜芯导线，外导体是一个由金属丝编织而成的圆柱形套管，其作用是屏蔽干扰和辐射。内外导体之间用绝缘材料隔离。

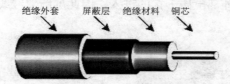

绝缘外套　屏蔽层　绝缘材料　铜芯

图 6-26　同轴电缆的结构

同轴电缆具有较高的带宽和极好的抗干扰特性，信号传输质量好，传输距离较远，覆盖的地域范围较大，因此是传统局域网中普遍采用的一种传输介质。但是同轴电缆比较硬，弯折困难，不适合用于楼宇内的结构化布线。

按照特征阻抗数值的不同，可以将同轴电缆分为 50Ω 同轴电缆和 75Ω 同轴电缆两类。50Ω 同轴电缆主要用于以太网组网，75Ω 同轴电缆主要用于有线电视信号的传输。

特性阻抗为 50Ω 的同轴电缆也叫做基带同轴电缆，主要用于传输数字信号。根据直径大小的不同，基带同轴电缆又可以分为粗缆和细缆两种。传统以太网 10Base-5 和 10Base-2 就是分别使用粗缆和细缆组网的。粗缆的直径约为 1cm，抗干扰性能最好，可作为网络的干线，但价格高，安装比较复杂；而细缆比较柔软，价格低，安装比较容易，在传统局域网中使用较为广泛。

阻抗为 75Ω 的 CATV 同轴电缆又称为宽带同轴电缆，主要用于传输模拟信号。在局域网中可以通过电缆调制解调器将数字信号变换成模拟信号后送入 CATV 电缆中传输。

3. 光纤（Fiber Optics）

光导纤维是一种由石英玻璃纤维或塑料制成的直径很细、能传导光信号的媒体。光纤的基本结构一般是双层或多层的同心圆柱体，如图 6-27 所示。其中，中心部分是纤芯，纤芯外面的部分是包层，纤芯的折射率高于包层的折射率，从而形成一种光波导效应，使大部分的光被束缚在纤芯中传输，实现光信号的长距离传输。最外层是外部保护层，用来缓冲外界的压力，增加光纤的抗拉、抗压强度，并改善光纤的温度特性和防潮性能等。

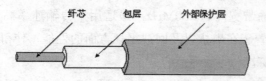

纤芯　包层　外部保护层

图 6-27　光纤的结构示意图

光导纤维通过内部的全反射来传输一束光信号，其过程如图 6-28 所示。由于纤芯的折射率高于包层的折射率，因此在纤芯与包层的交界面上可以形成光波的全反射。光纤常用的光波波段的中心波长是 0.85μm、1.31μm 和 1.55μm，这 3 个波段的带宽都在 25000 ～ 30000GHz 之间，因此光纤通信的容量是很大的。

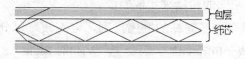

图 6-28　光在光纤中传输

光缆传输系统中的光源可以是发光二极管 LED 或注入式激光二极管 ILD，当光通过这些器件时发出光脉冲，光脉冲通过玻璃芯从而传递信息。在光缆传输系统的两端都要有一个装置来完成光信号和电信号的相互转换。

根据使用的光源和传输模式，光纤可分为多模光纤和单模光纤两种。多模光纤采用发光二极管产生的可见光作为光源，纤芯的直径比光波波长大很多。在多模光纤中，多路光线以不同的角度进入纤芯，它们的传播路径均不相同，也就是说，光束是以多种模式在纤芯内不断反射而向前传播的，如图 6-29（a）所示。多模光纤的传输距离一般在 550m 以内。

单模光纤采用注入式激光二极管作为光源，激光的定向性较强。单模光纤的纤芯直径非常接近于光波的波长，光线能以单一的模式无反射地沿轴向传播，如图 6-29（b）所示。单模光纤的传输距离一般在 3000m 以内。

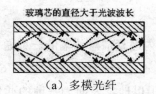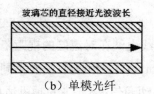

（a）多模光纤　　　　　　　　（b）单模光纤

图 6-29　光纤的种类

光纤主要用于长距离的数据传输和网络的主干线。与其他有线介质相比，光纤具有以下优点：

- 光纤有较大的带宽，通信容量大。
- 光纤的传输速率高，每秒能超过千兆位。
- 光纤的传输衰减小，连接的范围更广。
- 光纤不受外界电磁波的干扰，因而电磁绝缘性能好，适宜在电气干扰严重的环境中使用。
- 光纤无串音干扰，不易被窃听和截取数据，因而安全保密性好。

在大多数企业环境中，光纤主要用作数据分布层设备间的高流量点对点连接和拥有多栋建筑物的校园或园区建筑物互连的主干布线。光纤不会导电且信号丢失率低，因此非常适合在这些场合应用。

6.4.2　无线介质

根据对通信距离和通信速率的要求，可以选用不同的有线介质。但是，如果通信线路要经过一些高山、岛屿或河流时，铺设有线电路就非常困难，而且成本也很高，此时就需要考虑使用电磁波在自由空间的传播来实现通信。

电磁波谱中，按照频率由低向高的顺序排列，电磁波可以分为无线电（Radio）、微波（Microwave）、红外线（Infrared）、可见光（Visible Light）、紫外线（Ultraviolet）、X 射线（X rays）与 γ 射线（γ rays）。目前，用于通信的无线传输介质主要有无线电、微波和红外线等。

1. 无线电

无线电又称广播频率（Radio Frequency，RF），其工作频率范围在几十兆赫兹到 200 MHz。无线电的优点是易于产生，能够长距离传输，能轻易地穿越建筑物，并且其传播是全向的，非常适合于广播通信。无线电波的缺点是其传输特性与频率相关：低频信号穿越障碍的能力强，但传输衰耗大；高频信号趋向于沿直线传输，但容易在障碍物处形成反射，并且天气对高频信号的影响大于低频信号。所有的无线电波都容易受外界电磁场的干扰。由于其传播距离远，不同用户之间的干扰也是一个问题，因此，各国政府对无线频段的使用都由相关的管理机构进行分配管理。

2. 微波

微波是利用无线电波在对流层的视距范围内进行信息传输的一种通信方式。其频率范围为 300MHz ～ 300GHz，根据频率的不同划分成了多个频段，如表 6-1 所示。其中，L 频段以下适用于移动通信；S ～ Ku 频段适用于以地球表面为基地的通信，包括地面微波接力通信及地球站之间的卫星通信，其中，C 频段的应用最为普遍，毫米波适用于空间通信及近距离地面通信。为满足通信容量不断增长的需要，已开始采用 K 和 Ka 频段进行地球站与空间站之间的通信。微波信号的主要特征是在空间沿直线传播，因而只能在视距范围内实现点对点通信，通常微波中继距离应在 80 km 范围内，具体的距离大小由地理条件、气候等外部环境决定。微波的主要缺点是信号易受环境的影响（如降雨、薄雾、烟雾、灰尘等），频率越高，影响越大，另外，高频信号也很容易衰减。

表 6-1　微波部分频段代号

代　　号	频段（GHz）	波长（cm）
L	1 ～ 2	30 ～ 15
S	2 ～ 4	15 ～ 7.5
C	4 ～ 8	7.5 ～ 3.75

续表

代　号	频段（GHz）	波长（cm）
X	8 ～ 13	3.75 ～ 2.31
Ku	13 ～ 18	2.31 ～ 1.67
K	18 ～ 28	1.67 ～ 1.07
Ka	28 ～ 40	1.07 ～ 0.75

微波通信有 3 种主要方式：地面微波接力通信、卫星通信和微波移动通信。

（1）地面微波接力通信。

由于微波在空间是直线传播的，而地球表面是曲面，因此其传播距离受到限制。为了实现远距离通信，必须在一条微波通信信道的两个终端之间建立若干个中继站。中继站把前一站送来的信号经过放大后再发送到下一站，故称为"接力"，如图 6-30 所示。中继站之间的距离一般只有 30 ～ 50km。但若采用 100m 的天线塔，则传输距离可增大到100km。

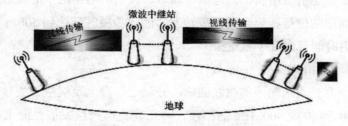

图 6-30　地面微波接力通信

微波通信按所提供的传输信道可分为模拟和数字两种类型，分别简称为模拟微波和数字微波。目前，模拟微波通信主要采用频分多路复用（FDM）技术和频移键控（FSK）调制方式，其传输容量可达 30 ～ 6000 个电话信道。数字微波通信被大量应用于计算机之间的无线通信，主要采用时分多路复用（TDM）技术和相移键控（PSK）调制方式，每一个信道可以传输速率为 64Kbit/s 的数字信号。

地面微波接力通信具有通信信道的容量大，信号传输质量较高的优点。但是，在微波接力通信中，相邻站之间必须直视，不能有障碍物。因此，地面微波接力通信也被称为"视距通信"。有时一个天线发射出的信号也会经过几条略有差别的路径到达接收天线，因而造成失真。与电缆通信系统相比较，微波通信的隐蔽性和保密性较差。

（2）卫星通信。

常用的卫星通信方法是在地球站之间利用位于 36000km 高空的人造地球同步卫星作为中继器的一种微波接力通信，如图 6-31 所示。通信卫星就是太空中无人值守的用于微波通信的中继器。

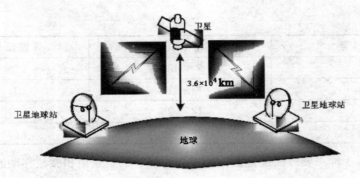

图 6-31　卫星通信

卫星通信可以克服地面微波通信距离的限制。因为一个同步卫星可以覆盖地球三分之一以上的表面，所以从技术角度上讲，只要在地球赤道上空的同步轨道上等距离地放置 3 颗相隔 120°的卫星，就能基本上实现全球通信。

卫星通信的优点是频带很宽，通信容量很大，距离远，信号受到的干扰也比较小，通信比较稳定。缺点是通信费用高，信号的传输时延较大。不论两个地面站之间的地面距离是多少，两个地面站的信号都要经过卫星转发，因此传播时延达到 500 ～ 600ms，这比地面电缆的传播延迟时间要高几个数量级。

（3）微波移动通信。

通信双方或一方处于运动中的微波通信，分陆上、海上及航空三类移动通信。陆上移动通信多使用 150、450 或 900MHz 的频段，并正向更高频段发展。海上、航空及陆上移动通信均可使用卫星通信。海事卫星可提供此种移动通信业务。低地球轨道（LEO）的轻卫星将广泛用于移动通信业。

3. 红外线

红外线指 1012 ～ 1014Hz 范围的电磁波信号。与微波相比，红外线最大的缺点是不能穿越固体物质，因而主要用于短距离、小范围内的设备之间的通信。由于红外线无法穿越障碍物，也不会产生微波通信中的干扰和安全性等问题，因此使用红外传输，无须向专门机构进行频率分配申请。

红外线通信目前主要用于家电产品的远程遥控，便携式计算机通信接口等。

在表 6-2 中，从费用、速度、衰减、电磁干扰和安全性方面对几种传输媒体进行了比较。

表 6-2　传输媒体的比较

传输媒体	费 用	速 度	衰 减	电磁干扰	安 全 性
UTP	低	1Mbit/s ～ 1000Mbit/s	高	高	低
同轴电缆	中等	1Mbit/s ～ 1Gbit/s	中等	中等	低
光纤	高	10Mbit/s ～ 2.5Gbit/s	低	低	高

续表

传 输 媒 体	费　用	速　度	衰　减	电 磁 干 扰	安　全　性
无线电	中等	1Mbit/s ～ 10Mbit/s	低～高	高	低
微波	高	1Mbit/s ～ 10Gbit/s	变化	高	中等
卫星	高	1Mbit/s ～ 10Gbit/s	变化	高	中等

6.5　宽带接入技术

随着 Internet 的迅猛发展，人们对远程教学、远程医疗、视频会议、电子商务等多媒体应用的需求大幅度增加。多媒体业务的出现对网络带宽及速率提出了更高的要求，促使网络由低速向高速、由共享到交换、由窄带向宽带方向迅速发展。对于主干网而言，各种宽带组网技术正在迅速发展，IP over ATM、IP over SDH、IP over WDM（DWDM）等新型技术已经投入使用，网络的主干已经为承载各种宽带业务做好了准备。但是位于通信网络与用户之间的接入网发展相对滞后，很多用户还是通过基于电路交换的、窄带的、模拟化的接入网络进行信息传输和交换，接入网技术日益成为制约通信发展的瓶颈。为了保证宽带业务的开展，接入网必须向宽带化、数字化、综合化、无线化的方向发展。

目前广泛兴起的宽带网接入相对于传统的窄带接入网而言，显示了其不可比拟的优势和强劲的生命力。为了适应新的形势和需要，出现了多种宽带接入网技术，包括铜线接入技术、光纤接入技术、混合光纤同轴（HFC）接入技术等多种有线接入技术以及无线接入技术等。

6.5.1　xDSL

数字用户线环路（Digital Subscriber Loop，DSL）技术是一种为满足宽带业务传输需求而发展起来的新型宽带铜线接入技术。该技术采用特殊的数字技术和调制解调技术，在传统的用户铜线（电话线）上传送宽带数字信号，为用户提供高速的端到端的全数字信道接入。采用 DSL 技术时，传统电话业务只使用 0 ～ 4kHz 的低端频谱，而原来没有被利用的高端频谱用于传输用户上网数据。

数字用户线技术主要包括高比特率数字用户线环路（HDSL）、对称数字用户线环路（SDSL）、非对称数字用户线环路（ADSL）、速率自适应数字用户线环路（RADSL）、甚高比特率数字用户线环路（VDSL）等。

1. 高比特率数字用户线环路（High-rate Digital Subscriber Loop，HDSL）

HDSL 是一种对称的高速数字用户环路技术，上行速率和下行速率相等，通过 2 对或 3 对铜双绞线，可以实现速率为 2.048Mbit/s（E1）或 1.544Mbit/s（T1）的全双工数据传输能力，传输距离为 3km ～ 5km。

由于 HDSL 技术成熟、投资少、见效快、传输质量高，因此在实际中得到了广泛的应用。HDSL 常用于 PBX 的接入、局域网的互联、高速因特网接入、移动无线基站与中心交换机的连接、专用 / 公用数据网接入、全动态视频电话会议等用户宽带业务。

2. 对称数字用户线环路（Symmetric Digital Subscriber Loop，SDSL）

SDSL 也是一种对称宽带接入技术，其上、下行速率相等，使用一对双绞线或电话线作为传输介质，可以同时传输模拟话音和宽带数据，最大传输距离可达 3.3km。SDSL 可以提供双向、高速、可变速率的连接，用户能够根据数据流量的需求，选择最合适的速率，速率范围是 160Kbit/s ～ 2.048Mbit/s。SDSL 比较适合于宽带对称业务的传输，如局域网互联、文件传输、视频会议等数据收发量相当的应用。

3. 非对称数字用户线环路（Asymmetrical Digital Subscriber Loop，ADSL）

ADSL 是目前使用最多的一种宽带接入方式，采用一对普通用户电话线或一对 3 ～ 5 类双绞线作为传输介质，向普通用户同时提供模拟话音业务和宽带数据传输业务，传输距离可达 5.5km。

为实现普通双绞线上互不干扰地同时传输电话业务与高速数据，ADSL 利用 FDM 频分复用技术（或回波抵消法）把传输铜线的频谱分成低频区、上行区和下行区 3 部分，如图 6-32 所示。其中，低频区频谱（$f_0 \sim f_1$）用于传送普通电话线上的语音信号；上行区频谱（$f_2 \sim f_3$）用于传输用户端发往局端的数据，其速率可以是 144Kbit/s、384Kbit/s 或 640Kbit/s；下行区频谱（$f_4 \sim f_6$）用于传输局端发往用户端的数据，其速率可以是 2Mbit/s、4Mbit/s、6Mbit/s 或 8Mbit/s。

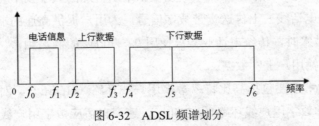

图 6-32　ADSL 频谱划分

ADSL 的下行速率远大于上行速率，这种速率的"非对称性"特点非常适合传输一些宽带非对称数据业务，如高速国际互联网访问、视频点播（VOD）、远程医疗、远程教学等。ADSL 用户接入示意图如图 6-33 所示。

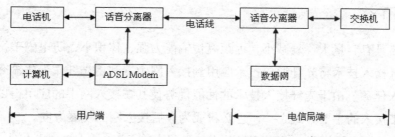

图 6-33   ADSL 用户接入示意图

符合 ITU-T G.922.1 建议的全速 ADSL 在实际应用中存在一些具体问题，主要表现为用户端设备投资大，需要使用话音分离器，需派安装人员到现场安装。此外，全速 ADSL（Full-rate ADSL）由于速率较高，对传输线路质量和传输距离要求较严，实际上很难实现。

为了解决全速 ADSL 的这些具体问题，ITU-T 提出了 G.922.2 建议，规定了一种用户端不用话音分离器的简化型 ADSL。该标准的特点是：

（1）取消了用户端的话音分离器，将话音分离的功能放在局端完成，用户可自行安装用户端设备。

（2）上行速率为 32Kbit/s ～ 512Kbit/s，下行速率为 64Kbit/s ～ 1.5Mbit/s，既满足了一般用户的宽带接入需求，又提高了价格带宽比。

（3）传输距离可延长至 7km，大大提高了覆盖范围。

（4）主要定位于高速国际互联网的接入，支持 IP 业务，面向家庭用户和小型商业用户。

4. 速率自适应数字用户线环路（Rate Adaptive DSL，RADSL）

RADSL 是在 ADSL 基础上发展起来的新一代接入技术，能够根据传输线路的质量和传输距离，自动调整传输速率，以达到最佳工作状态，其上行速率为 128Kbit/s ～ 1Mbit/s，下行速率为 640Kbit/s ～ 8Mbit/s，传输距离可以达到 5.5km 左右。同 ADSL 一样，RADSL 技术利用一对双绞线同时传输话音和宽带数据业务，支持同步和非同步传输方式。RADSL 的自适应特性，使其成为网上高速冲浪、视频点播和远程局域网接入的理想技术。

5. 甚高比特率数字用户线环路（Very High Bit Rate Digital Subscriber Loop，VDSL）

VDSL 技术是 ADSL 的发展方向，在一对双绞线上既可以实现对称传输，又可以实现非对称传输，而且传输速率和传输距离都可以变化。对于非对称型 VDSL，其下行速率为 6.5Mbit/s ～ 52Mbit/s，上行速率为 0.8Mbit/s ～ 6.4Mbit/s；对于对称型 VDSL，其上、下行速率均为 6.5Mbit/s ～ 26Mbit/s；传输距离为 300m ～ 1500m。

类似于 ADSL，VDSL 利用传输线路较高的频谱（0.138MHz ～ 12MHz）传输数据，利用较低的频带传输语音信息。VDSL 的传输速率极高，而传输距离相对较近，在实际使用时经常和光纤传输系统配合，用于图像信号的传输、局域网互联等场合。

6.5.2　FTTx

光纤通信具有容量大、衰减小、远距离传输能力强、体积小、防电磁干扰、保密性强等优点。光纤接入技术将光纤通信技术应用到接入网中，利用光纤作为传输介质，完成用户的宽带接入任务。由于光纤接入技术的性能优势使其在接入网中的应用得以高速推广，成为当今宽带接入的主要方式之一，也必将成为今后接入网的发展方向。

光纤接入的示意图如图 6-34 所示。其中，光网络单元（Optical Network Unit，ONU）具有光 / 电转换、用户信息分接和复接以及向用户馈电和信令转换的功能。当用户终端为模拟终端时，ONU 还具有模拟信号和数字信号相互转换的功能。

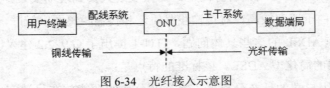

图 6-34　光纤接入示意图

根据 ONU 放置的具体位置不同，光纤接入技术可以分为光纤到路边（Fiber To The Curb，FTTC）、光纤到大楼（Fiber To The Building，FTTB）、光纤到户（Fiber To The Home，FTTH）、光纤到小区（Fiber To The Zone，FTTZ）、光纤到办公室（Fiber To The Office，FTTO）等几种类型，统称为 FTTx。

1.　光纤到户

FTTH 是一种全光纤网络，由于 ONU 设置在用户家中，使得从局端设备到用户终端设备之间全部采用光连接传输，中间不使用其他介质，也没有有源电子设备，是全透明的光网络。其主要特点如下：

（1）FTTH 是全透明网络，对传输信号的制式、带宽、波长和传输技术没有任何限制，适合提供各种宽带业务，是光接入技术的发展方向。

（2）由于没有任何有源电子设备，ONU 可以方便地安装在用户室内，改善了设备使用环境，降低了设备成本，减少了故障率，简化了安装、维护、测试等工作。

（3）全光网络具有巨大的宽带传输能力，可为用户提供真正的宽带传输服务，是为用户提供其他新技术、新业务的基础。

（4）光纤和光元器件的费用较高，用户的初始投资较大。

2.　光纤到路边

FTTC 是一种光缆 / 铜缆混合系统，ONU 设置在路边的入孔或电线杆上的分线盒处，也可设置在交接箱处，从 ONU 到用户设备之间可采用双绞线或同轴电缆。FTTC 主要采用点到点或点到多点的树状分支拓扑结构，适合居民住宅用户和小型企事业单位用户使用。

其主要特点如下：

（1）可以充分利用现有的铜缆资源，经济性较好。

（2）预先敷设了一条很靠近用户的潜在宽带传输链路，一旦有宽带业务需要，可以很快地将光纤引至用户处，实现 FTTH。

（3）FTTC 是一种光缆/铜缆混合系统，到用户的最后一段仍为铜缆，存在室外有源设备，不利于运行维护。综合考虑初始投资和维护费用，FTTC 结构在提供 2Mbit/s 以下的窄带业务时是光接入技术中最经济的方式。然而对于需要同时提供窄带和宽带业务的场合，这种结构就不够理想了。

3. 光纤到大楼（FTTB）

FTTB 也是一种光缆/铜缆混合系统，ONU 设置在楼内（如居民住宅楼或单位办公楼），再经多对双绞铜线将信息分送给各个用户。FTTB 采用点到多点拓扑结构，光纤化程度比 FTTC 更进一步，光纤已敷设到楼内，因而更适合于高密度用户区，也更接近于 FTTH 的长远发展目标。FTTB 正在获得越来越广泛的应用，特别是那些新建工业区、居民楼等场合。

4. 光纤到办公室（FTTO）

FTTO 结构与 FTTH 结构类似，不同之处是将 ONU 放在大型企事业单位（如公司、大学、科研机构和政府机关等）终端设备处，并能提供一定范围的灵活业务。由于大型企事业单位所需业务量较大，因而 FTTO 适合于点到点结构或环形结构。FTTO 也是一种全光纤连接网络，可将其归入到与 FTTH 同类的结构中，但要注意二者的结构特征不同，应用场合也不一样。

6.5.3　HFC

光纤和同轴电缆混合接入技术（Hybrid Fiber Coaxial，HFC）是在有线电视（Cable Television，CATV）系统的基础上发展起来的一种新型宽带用户接入技术。传统的有线电视网只能单向传输模拟电视信号，而 HFC 是可以同时支持模拟信号和数字信号传输的、双向的交互式综合传输系统，能够向用户提供各种传输服务，例如，数字电视广播（Digital Video Broadcasting，DVB）、视频点播（Video On Demand，VOD）、远程教育（Tele-Education）、网络游戏（Net Game）、网上银行（Bank Online）等。

HFC 采用频分复用（FDM）技术在宽带同轴电缆上传输数字/模拟电视信号、电话信号、广播信号和数据信号，其频谱资源的划分尚未形成统一的国际标准，通常使用的频谱分配示意图如图 6-35 所示。

图 6-35　HFC 频谱分配示意图

在 HFC 频谱分配示意图中，HFC 的上行数据区占据的频段较窄（5MHz ～ 50MHz），主要用于传输低速用户控制信息、数据和电话业务，传输速率为 768Kbit/s 或 10Mbit/s。下行数据区所占用的频段较宽（80MHz ～ 750MHz）且分成 3 段：80MHz ～ 110MHz 用于传输广播业务；110MHz ～ 450MHz 用于传输模拟 CATV 业务；450MHz ～ 750MHz 用于传输下行电话、数据和压缩数字视频信号，传输速率可达 10Mbit/s ～ 30Mbit/s。

HFC 的典型拓扑结构是采用光缆作为干线传输网络，以有线电视台前端为中心呈星状或环状分布，一直延伸到居民、办公小区。形成许多光节点。每个光节点可服务 300 ～ 500 个用户。从光节点开始，通过宽带同轴电缆连接到最终用户。HFC 的典型拓扑结构如图 6-36 所示。

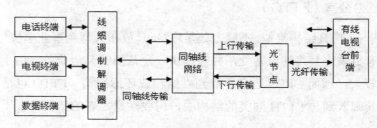

图 6-36　HFC 典型拓扑结构

HFC 的优点是：

- 具有很好的数模兼容性，成本比光纤用户环路低，具有双绞线无法比拟的传输带宽优势。
- HFC 充分利用了现有的有线电视网资源，可以大大节省新建网络的费用。
- 信号传输距离远。

HFC 的缺点是：

- 上行带宽过窄，只能使用 5MHz ～ 50MHz，且由于外界干扰，一般只能用到 18MHz ～ 42MHz。
- 在网络的双向改造过程中，密集的居住人群以及电缆老化等问题使得回传系统产生了棘手的漏斗噪声问题，双向改造不易进行，用户群只能限于较小的范围内。
- 系统的标准目前还不统一，使得各系统之间不能很好地互连。

6.5.4 无线宽带接入技术

无线宽带接入技术（Wireless Broadband Access，WBA）是目前通信与信息技术领域发展最快的技术之一，以无线通信的方式在宽带业务接口与宽带业务用户之间实现宽带业务的接入，从而达到为用户提供语音、视频及多媒体等高质量的应用服务的目的，如图 6-37 所示。

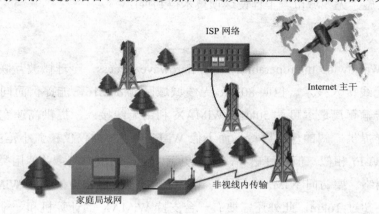

图 6-37　无线宽带接入服务

常见的无线宽带接入技术有 LTE、Wi-Fi、WiMAX 等。LTE 具有覆盖地域广、高移动性和数据传输速率高的特点；Wi-Fi 可以提供热点覆盖、低移动性和高数据传输速率；WiMAX 则能够实现城域网覆盖和高数据传输速率。由于移动通信环境的复杂性和多样性，多种无线接入技术将长期共存，相互之间形成既是竞争又是互补的关系。

1. LTE

LTE（Long Term Evolution，长期演进）技术包括 TD-LTE（分时长期演进）和 FDD-LTE（频分双工长期演进）两种制式，也被通俗地称为 3.9G，被视作从 3G 向 4G 演进的主流技术。LTE 改进并增强了 3G 的空中接入技术，在 20MHz 频谱带宽下能够提供下行 100Mbit/s 与上行 50Mbit/s 的峰值速率，能够快速传输数据、高质量音频、视频和图像等。LTE 能够以 100Mbit/s 以上的速度下载，比目前的家用宽带 ADSL（4Mbit/s）快 25 倍，能够满足几乎所有用户对于无线服务的要求。

2. Wi-Fi

Wi-Fi（Wireless Fidelity，无线保真）是一种可以将个人计算机、手持设备（如 PAD、手机）等终端以无线方式互相连接的技术，事实上它是一个高频无线电信号。无线保真是一个无线网络通信技术的品牌，由 Wi-Fi 联盟所持有，目的是改善基于 IEEE 802.11 标准的无线网络产品之间的互通性。几乎所有智能手机、平板电脑和笔记本电脑都支持无线保真上网，Wi-Fi 是当今使用最广的一种无线网络传输技术。无线保真信号是由有线网提供的，如家

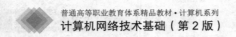

里的 ADSL、小区宽带等，只要接一个无线路由器，就可以把有线信号转换成无线保真信号，在这个无线路由器的电波覆盖的有效范围内，终端设备都可以采用 Wi-Fi 连接方式进行联网。如果无线路由器连接了一条 ADSL 线路或者别的上网线路，则又被称为"热点"。国外很多发达国家城市里到处覆盖着由政府或大公司提供的无线保真信号供居民使用，我国也有许多地方实施"无线城市"工程使这项技术得到推广。

3. WiMAX

WiMAX（Worldwide Interoperability for Microwave Access，全球微波互联接入）是一项新兴的宽带无线接入技术，也叫 802.16 无线城域网或 802.16，能提供面向互联网的高速连接，数据传输距离最远可达 50km。WiMAX 利用无线接入，提供高速宽带服务，还像手机网络那样提供广阔的覆盖区域，而不像 Wi-Fi 热点那样仅仅覆盖小范围。WiMAX 的工作方式与 Wi-Fi 相似，但速度更高，距离更远，支持的用户更多，使用类似于手机塔的 WiMAX 塔网络。要访问 WiMAX 网络，用户订购的 ISP 网络应确保其 WiMAX 塔到用户驻地的距离不超过 16km，此外还需要有一台支持 WiMAX 的计算机和一个专门的加密密钥才能访问基站。

6.6　实训任务一　双绞线的制作

6.6.1　任务描述

某家庭刚刚装修了房屋，分别在书房和主卧安装了信息端口，并购置了一台台式机置于书房内，另有一台笔记本置于主卧内。在没有其他网络设备的情况下，需要自行制作网线以实现两台计算机的互连。

6.6.2　任务目的

通过双绞线的制作，了解双绞线的相关知识，熟练掌握双绞线的制作规范和步骤，以及双绞线的验证测试方法。

6.6.3　知识链接

1. 双绞线制作工具

双绞线的制作工具主要有以下两种，如图 6-38 所示。

剥线 / 夹线钳：主要用于双绞线的切割分段及水晶头的压接。

电缆测线仪：主要用于双绞线的连通性测试，看是否符合各种连接要求。

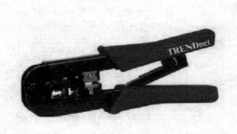
剥线/夹线钳

电缆测试仪

图 6-38　双绞线制作工具

2. 双绞线标准

目前，在通信线路上使用的传输介质主要有：双绞线、大对数双绞线、光缆。双绞线是一种综合布线工程中最常用的传输介质，是由两条相互绝缘 22 ～ 26 号铜导线按照一定的规格互相缠绕（一般以顺时针缠绕）在一起而制成的一种通用配线。两根绝缘的铜导线按一定密度互相绞在一起，可以降低信号干扰的程度，每一根导线在传输中辐射的电波会被另一根线上发出的电波抵消。

实际使用时，双绞线是由多对传输线一起包在一个绝缘电缆套管里的。典型的传输线有 4 对，也有更多对传输线放在一个电缆套管里，如用于语音的大对数电缆。

目前，双绞线可分为非屏蔽双绞线（Unshielded Twisted Pair，UTP）和屏蔽双绞线（Shielded Twisted Pair，STP），如图 6-39 所示。非屏蔽双绞线是一种数据传输线，由 4 对不同颜色的传输线组成，广泛用于以太网和电话线中。屏蔽双绞线在双绞线与外层绝缘封套之间有一个金属屏蔽层。屏蔽层可减少辐射，防止信息被窃听。

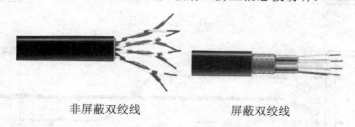
非屏蔽双绞线　　　　　　　屏蔽双绞线

图 6-39　非屏蔽双绞线和屏蔽双绞线

随着网络技术的发展和应用需求的提高，双绞线传输介质标准也得到了发展与提高。从最初的一、二类线，发展到今天最高的七类线。在这些不同的标准中，传输带宽和速率也相应得到了提高，七类线已达到 600 MHz，甚至 1.2GHz 的带宽和 10Gbit/s 的传输速率，支持千兆位以太网的传输。双绞线的各种类型和标准如图 6-40 所示。

图 6-40　双绞线的种类和标准

3. 双绞线的制作标准

双绞线的色标和排列方法是有统一的国际标准严格规定的，工程中主要遵循的是 TIA/EIA568A 和 TIA/EIA568B 两种标准，目前综合布线工程中常用的是 TIA/EIA568B 标准。在打线时应按照表 6-3 所示的顺序进行。

表 6-3　双绞线两种标准的顺序

类　　别	4 对双绞线顺序							
T568B	1 白橙	2 橙	3 白绿	4 蓝	5 白蓝	6 绿	7 白棕	8 棕
T568A	1 白绿	2 绿	3 白橙	4 蓝	5 白蓝	6 橙	7 白棕	8 棕

直通线（平行线）是两端都采用 T568B 的标准排线，如图 6-41 所示。

交叉线一端采用 T568A 标准，另外一端采用 T568B 标准来排线，如图 6-42 所示。

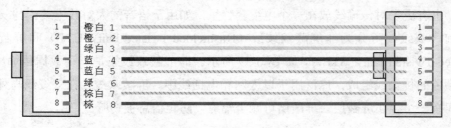

图 6-41　直通双绞线

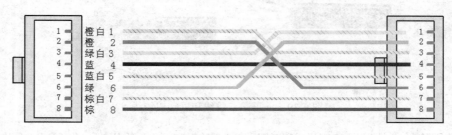

图 6-42　交叉双绞线

直通线与交叉线的使用应根据不同的设备和环境，一般情况下为同种设备间使用交叉线，异种设备间使用直通线，如表 6-4 所示。

表 6-4　直通线与交叉线的使用环境

使 用 环 境	接 线 方 法
计算机——计算机	交叉线
计算机——交换机	直通线
交换机的 UPLINK 口连接到交换机的普通口	直通线
交换机的 UPLINK 口连接到交换机的 UPLINK 口	交叉线
交换机的普通口连接到交换机的普通口	交叉线
交换机具有 MDI/MDIX 自适应功能的端口之间	直通线或交叉线

＊ **提示**：目前的大部分交换机端口都具有 MDI/MDIX 自适应功能。

6.6.4　任务实施

1. 实施准备

（1）实训设备。

根据任务的需求，每小组的实训设备和工具的配置建议如表 6-5 所示。

表 6-5　实训设备配置清单

设 备 类 型	设 备 型 号	数　量
双绞线	VCOM 非屏蔽超 5 类双绞线	若干
水晶头	超 5 类 RJ45 水晶头	若干
剥线器	VCOM 剥线器	1
压线钳	VCOM RJ45 压线钳	1
测试仪	VCOM 通断测试仪	1
卷尺	3m 卷尺	1

（2）实训环境。

本实训在综合布线实训操作台或工作台上进行。

2. 实施步骤

（1）制作准备。

制作双绞线时，两头顺序应采用 T568A 或 T568B，如果不采用这种方式，而使用电缆两头任意一对一的连接方式，会使一组信号（负电压信号）通过不绞合在一起的两根芯线传输，造成极大的近端串扰 NEXT（Near-end-crosstalk）损耗，从而造成通信状况不佳，所以应按照国际标准规则打线。

（2）剥线操作。

截取一段不少于 0.5m 的非屏蔽双绞线，利用压线钳的剪线刀口在双绞线一端剪裁出计划需要使用到的双绞线长度，一般剥出 3cm 长，如图 6-43 所示。剥掉双绞线的外层保护层，可以利用压线钳的剪线刀口将线头剪齐，再将线头放入剥线专用的刀口，稍微用力握紧压线钳慢慢旋转，让刀口划开双绞线的保护胶皮。把一部分的保护胶皮去掉。在这个步骤中需要注意的是，压线钳挡位离剥线刀口长度通常恰好为水晶头长度，这样可以有效避免剥线过长或过短。若剥线过长，不仅不美观，同时因线缆不能被水晶头卡住，容易松动；若剥线过短，因有保护层塑料的存在，不能完全插到水晶头底部，造成水晶头插针不能与网线芯线完好接触，也会影响到线路的质量。

图 6-43　剥线长度

（3）解线操作。

将双绞线的护胶皮按照合适的长度剥出后，将每对相互缠绕在一起的线缆逐一解开。解开后则根据需要接线的规则将 4 组线缆依次排列好并理顺，排列时应该注意尽量避免线路的缠绕和重叠。按 T568B 顺序制作水晶头，如果以深色的 4 根线为参照对象，在手中从左到右可排成：橙、蓝、绿、棕，如图 6-44 和图 6-45 所示。

图 6-44　解线

图 6-45　理线

（4）裁线操作。

拧开每一股双绞线，浅色线排在左，深色线排在右，深色、浅色线交叉排列；将白蓝和白绿两根线对调位置，对照 T568B 标准顺序：白橙、橙、白绿、蓝、白蓝、绿、白棕、棕。把线缆依次排列好并理顺压直之后，细心检查排列顺序，如图 6-46 所示，然后利用压线钳的剪线刀口把线缆顶部裁剪整齐，需要注意的是裁剪时应该是水平方向插入，否则线缆长度不同会影响到线缆与水晶头的正常接触，保留的去掉外层保护层的部分约为 15mm，这个长度正好能将各细导线插入到各自的线槽，如图 6-47 所示。如果该段留得过长，会由于线对不再互绞而增加串扰，同时造成水晶头不能压住护套而可能导致电缆从水晶头中脱出，造成线路的接触不良甚至中断。

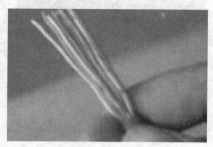

图 6-46　排线

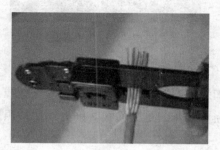

图 6-47　裁线

（5）连接水晶头。

将整理好的双绞线插入 RJ45 水晶头内。需要注意的是，要将水晶头有塑料弹簧片的一面向下，有针脚的一方向上，使有针脚的一端指向远离自己的方向，有方形孔的一端对着自己。此时，最左边的是第 1 脚，最右边的是第 8 脚，其余依次顺序排列。插入时需要注意，要缓缓地用力，把 8 条线缆同时沿 RJ45 水晶头内的 8 个线槽插入，一直插到线槽的顶端，如图 6-48 和图 6-49 所示。

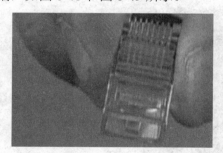

图 6-48　插入水晶头

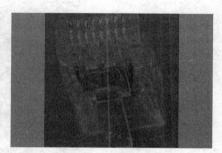

图 6-49　插到线槽顶端

（6）压线操作。

将双绞线插到线槽的顶端后就可以进行压线了，确认无误之后将水晶头插入压线钳的 8P 槽内压线，用力握紧线钳进行压接，如图 6-50 所示。压接的过程使得水晶头凸出在外面的针脚全部压入水晶头内，受力之后听到轻微的"啪"一声即可。制作完成的水晶头如图 6-51 所示。

＊**提示**：放置水晶头时，8 个锯齿要正好对准铜片。压接水晶头时，用力要均匀，否则水晶头有可能报废。

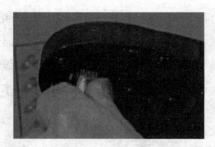

图 6-50　压接水晶头

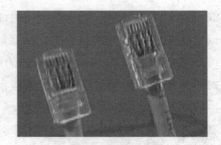

图 6-51　制作完成的水晶头

（7）完成跳线制作。

如果需要制作的双绞线跳线为直通线，对双绞线另一端同样按照 T568B 的顺序制作。如果需要制作的是交叉线，则另一端按照 T568A 的顺序进行制作。

6.6.5　任务验收

双绞线制作完成后，可以使用通断测试仪来进行双绞线的验证测试。将双绞线一端插到测试仪主设备，另一端插到测试辅设备上。打开电源开关，如果测试线缆为平行线，则测试仪的主设备与辅设备上显示灯会按照 1 ～ 8 的顺序依次循环闪亮。如果测试线缆为交叉线，则测试仪的主设备显示灯亮顺序为 1 ～ 8，而辅设备灯闪亮顺序为 3、6、1、4、5、2、7、8，如图 6-52 所示。

图 6-52　双绞线的测试

如果双绞线某一芯线出现故障，不能连通，则是出现断路。那么在使用测试仪测试时，该芯线所对应的显示灯不会亮。通过测试仪的测试后，可以判断这根双绞线的打线顺序及每一芯线的通断情况。

6.6.6　任务总结

通过完成本次双绞线制作的实训任务，了解双绞线的相关知识和标准，熟悉双绞线的制作规范和步骤。

6.7 实训任务二 光纤的熔接与测试

6.7.1 任务描述

某家庭用户选择 FTTH 光纤到户方式入网，施工时需要实现室外光缆中的光纤和室内设备中的光纤跳线对接。光纤的连接分为热熔和冷接两种，光纤热熔技术比较成熟，损耗小，维护成本低；而利用冷接子来连接光纤简单快速，但是损耗大，使用寿命短。通过综合考虑，施工人员选择使用光纤热熔技术来完成光纤对接。

6.7.2 任务目的

通过光纤的热熔与测试，了解光纤的相关知识，熟练掌握光纤热熔接的步骤，光纤熔接机的使用方法及光纤链路基本测试的方法。

6.7.3 知识链接

1. 光纤

见本章 6.4.1 节光纤部分。

2. 光纤接续

FTTX 工程中大规模使用皮线光缆，主要采用了两种接续方式：一种是以冷接子为主的光缆冷接技术（物理接续），另一种是以熔接机为工具的热熔技术。

（1）冷接技术。

光纤冷接子是两根尾纤对接时使用的，其内部的主要部件就是一个精密的 V 型槽，在两根尾纤拨纤之后利用冷接子来实现两根尾纤的对接。操作起来更简单快速，比用熔接机熔接省时间，主要应用在光缆通信中断后应急应用。

冷接技术存在明显缺陷：

- 冷接损耗大。由于采用物理接续，两根光纤完全靠 V 型槽和匹配液来实现接续，这样的损耗明显要大于热熔连接点。在 FTTX 工程中，虽然对于线路的损耗要求没有干线要求严格，但是大损耗点就是潜在的故障点。

- 使用寿命短，维护成本高。冷接技术中，匹配液的作用很重要。引用运营商客户统计的数据，进口的匹配液一般使用寿命会在 3 年左右，而国产的匹配液，使用寿命只有 1.5 ～ 2 年。而且冷接子标称是可拆卸重复利用的，但实际上拆卸后再用的精准度大大降低，所以，在施工过程中，冷接子都是只用一次的，实际使用维护成本高。

（2）热熔技术。

熔接是通过将光纤的端面熔化后将两根光纤连接到一起的，这个过程与金属线焊接类似，通常要用电弧来完成，熔接示意图如图6-53所示。

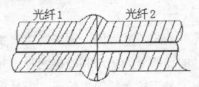

光纤1　　　光纤2

图6-53　熔接示意图

热熔技术的优点是：

- 熔接损耗小。两根光纤采用热熔技术，按照干线标准来进行的熔接，大大降低了熔接损耗。
- 使用寿命长，维护成本低。由于热熔标准按照干线施工进行要求，一般熔接点的寿命都会和普通光缆的寿命相差不多，不存在单个点的寿命问题。

3. 光纤熔接工具

光纤熔接与测试的主要工具如图6-54所示，部分工具介绍如下。

光纤剥线钳：主要用于剥去光纤的外表皮和涂覆层。

光纤切割机：切割光纤的装置，主要作用是实现光纤端面的切口平滑，为下一步光纤的焊接做准备。

光纤熔接机：用于将切割好的两段光纤按标准参数熔合连接。

光纤剥线钳 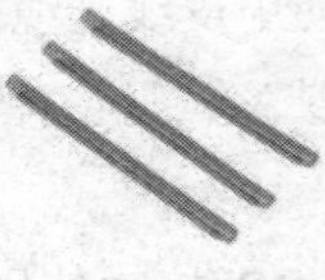　　　　　　　　　　　热缩套管

光纤切割机　　　　　　　光纤熔接机　　　　　　　光纤测试笔

图6-54　光纤熔接及测试的主要工具

6.7.4 任务实施

1. 实施准备

（1）实训设备。

根据任务的需求，每小组的实训设备和工具的配置建议如表 6-6 所示。

表 6-6　实训设备配置清单

设备类型	设备型号	数　量
皮线光缆	单芯	若干米
热缩套管	60mm	若干
光纤切割机		1
光纤剥线钳		1
光纤熔接机		1
光纤测试笔		1
工业酒精		1
棉片		若干
剪刀		1

（2）实训环境。

本实训在光纤熔接测试平台上进行。

2. 实施步骤

（1）剥线：剥线时首先使用光纤剥线钳的大口在光纤外表皮上剪一刀，然后将外表皮剥离，如图 6-55 所示。

（2）剪去缓冲层：使用光纤剪刀剪去光纤的缓冲层，即凯夫拉层，如图 6-56 所示。

图 6-55　剥光纤外表皮

图 6-56　剪去缓冲层

（3）安装热缩套管：在光纤上安装热缩套管，如图 6-57 所示。

（4）剥去光纤涂覆层：使用光纤剥线器剥去光纤的外表皮和涂覆层，具体方法是先使用光纤剥线器小口在垂直方向剪下光纤，然后将光纤剥线器逆时针旋转一定角度，一只手拉紧光纤，慢慢将光纤剥线器向外剥线，直到将光纤的表皮和涂覆层完全剥离，如图 6-58 所示。

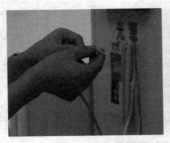
图 6-57　安装热缩套管

图 6-58　剥去光纤涂覆层

（5）清理光纤表面：用棉片蘸取适量酒精，清理光纤表面，清除光纤碎屑，如图 6-59 所示。

（6）端面切割准备：将光纤放入光纤切割刀，并使用压板进行固定，如图 6-60 所示。

图 6-59　清理光纤表面

图 6-60　端面切割准备

（7）切割：将光纤切割刀的底部滑块往前推，进行光纤端面切割，如图 6-61 所示。

（8）设置熔接程序：在进行光纤熔接前，首先需要在熔接机上进行程序设置，包括光纤类型、熔接程序、放电时间等，如图 6-62 所示。

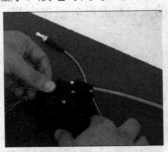
图 6-61　切割

图 6-62　设置熔接程序

（9）放置光纤：将切割完成后的光纤放置在光纤熔接机的一端，并使用压片进行固定，如图 6-63 所示。

（10）熔接准备：光纤熔接机的另一端光纤也进行光纤剥线、端面切割操作，同样使用压片进行固定，放置光纤时注意应将光纤放在两根电极之间，如图 6-64 所示。

图 6-63　放置光纤　　　　　　　图 6-64　熔接准备

（11）自动对芯：使用熔接机上的调整按钮对线芯进行调整，可选择自动对芯或者手动对芯，如图 6-65 所示。

（12）熔接：使用熔接按钮对光纤进行熔接操作，一般情况下，熔接完成后其估算损耗应低于 0.01dB，如图 6-66 所示。

图 6-65　自动对芯　　　　　　　图 6-66　熔接

（13）调整热缩套管：熔接完成后，轻轻移动热缩套管，移动至熔接区域，如图 6-67 所示。

（14）开始加热操作：将热缩套管放置在加热盘中，使用熔接机上的加热按钮对热缩套管进行加热处理，如图 6-68 所示。

（15）冷却：将热缩套管放置在冷却盘中，对热缩套管进行冷却，如图 6-69 所示。

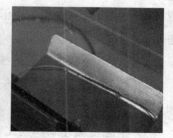

图 6-67　调整热缩套　　　　图 6-68　加热处理　　　　图 6-69　冷却

6.7.5　任务验收

简易光纤测试可使用光纤测试笔进行。打开光纤测试笔开关后，可在光纤链路的另一端看到有明显的光线射出，如图 6-70 所示。如出现对光纤链路进行简单测试不通过的现象，一般情况下是光纤端面的熔接出现了问题，可使用光纤显微镜对光纤端面进行查看，如图 6-71 所示。

 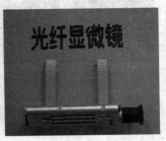

图 6-70　测试　　　　　　　　图 6-71　光纤显微镜

6.7.6　任务总结

通过完成本次光纤熔接及测试实训任务，了解光纤的相关知识和接续方法，熟练光纤热熔接的步骤，光纤熔接机的使用方法及光纤链路基本测试的方法。

本 章 小 结

（1）物理层是 OSI 参考模型的最低层，其主要功能是为数据链路层提供物理连接，在传输介质上实现比特流的透明传输。物理层的协议实际上是指物理接口标准，主要包括 4 个特性：机械特性、电气特性、功能特性和规程特性。

（2）信号是数据在传输过程中的电信号的表示形式。按照在传输介质上传输的信号类型可以分为模拟信号和数字信号两类，相应地，数据通信系统也分为模拟通信系统与数字通信系统两种。

（3）设计一个数据通信系统时，首选要确定采用串行通信方式还是采用并行通信方式。

（4）数据通信按照信号传送方向与时间的关系可以分为 3 种：单工通信、半双工通信和全双工通信。

（5）信息传输速率和误比特率是描述数据传输系统的重要技术指标。

（6）多路复用技术用以解决在单一的物理通信线路上如何建立多条并行通信信道的问题。多路复用一般有 3 种类型：频分多路复用（FDM）、时分多路复用（TDM）和波分多路复用（WDM）。

（7）为了正确地传输数据，必须对原始数据进行相应的编码或调制，将原始数据变成与信道传输特性相匹配的数字信号或模拟信号后，才能送入信道传输。

（8）传输介质是网络中连接收发双方的物理通路，也是通信中实际传送信息的载体。传输介质的特性对网络中数据通信质量的影响很大。由于光纤具有低损耗、高数据传输速率、低误码率与安全保密性好等特点，因此是一种最有前途的传输介质。

（9）常见的宽带接入网技术包括铜线接入技术、光纤接入技术、混合光纤同轴（HFC）接入技术等多种有线接入技术以及无线接入技术。

（10）通过双绞线的制作实训、光纤的熔接与测试实训，熟悉传输介质的制作方法。

习 题

一、填空题

1. 物理层的协议定义了物理层与物理传输媒体之间的接口，主要包括 4 个特性：机械特性 _____、_____、规程特性。

2. 按照信号传送方向与时间的关系，信道的通信方式可以分为 _____、_____ 和单工通信。

3. 脉冲编码调制一般通过 _____、量化和 _____ 3 个步骤将连续的模拟数据转换为数字信号。

4. 微波通信有两种主要的方式：_____ 和 _____。

5. _____ 技术是一种为满足宽带业务传输需求而发展起来的新型宽带铜线接入技术。

6. 根据 ONU 放置的具体位置不同，光纤接入技术可以分为 _____、光纤到大楼（FTTB）、_____、光纤到小区（FTTZ）、光纤到办公室（FTTO）等几种类型，统称为 FTTx。

二、选择题

1. （   ）是指数据以成组的方式在多个并行信道上同时进行传输，发送端与接收端之间有若干条线路。

   A. 串行通信　　　　　　　　　　　B. 并行通信
   C. 模拟通信　　　　　　　　　　　D. 数字通信

2. （   ）是指在模拟信道上传输数字信号的方法。

   A. 串行传输　　　　　　　　　　　B. 并行传输
   C. 基带传输　　　　　　　　　　　D. 频带传输

3. 利用载波信号频率的不同来实现多路复用的方法有（   ）。

A. 频分多路复用　　　　　　　　　　　B. 码分多址

C. 时分多路复用　　　　　　　　　　　D. 波分多路复用

4. 误比特率是描述数据通信系统质量的重要参数之一，在下面这些有关误比特率的说法中正确的是（　　　　）。

A. 误比特率是衡量数据通信系统在正常工作状态下传输可靠性的重要参数

B. 当一个数据传输系统采用差错控制技术后，这个数据传输系统的误比特率为0

C. 采用光纤作为传输介质的数据传输系统的误比特率可以达到0

D. 如果用户传输 1KB 信息时没发现传输错误，那么该数据传输系统的误比特率为0

5. 通过改变载波信号的频率来表示数据 1 和 0 的方法叫做（　　　　）。

A. 绝对调相　　　　　　　　　　　　　B. 振幅键控

C. 相对调相　　　　　　　　　　　　　D. 频移键控

6. （　　　　）这种数字数据编码方式属于自含时钟编码。

A. 非归零码　　　　　　　　　　　　　B. 脉冲编码

C. 曼彻斯特编码　　　　　　　　　　　D. 二进制编码

7. 在常用的传输介质中，带宽最宽、信号传输衰减最小、抗干扰能力最强的一类传输介质是（　　　　）。

A. 双绞线　　　　　　　　　　　　　　B. 光纤

C. 同轴电缆　　　　　　　　　　　　　D. 无线信道

8. 两台计算机利用电话线路传输数据信号时需要的设备是（　　　　）。

A. 调制解调器　　　　　　　　　　　　B. 网卡

C. 中继器　　　　　　　　　　　　　　D. 集线器

9. （　　　　）是在有线电视CATV系统的基础上发展起来的一种新型宽带用户接入技术。

A. FTTH　　　　　　　　　　　　　　B. ADSL

C. HFC　　　　　　　　　　　　　　　D. HDSL

三、判断题

1. 物理层的主要功能是为数据链路层提供物理连接，在传输介质上实现比特流的透明传输。（　　　）

2. 比特率是指每秒传输的比特个数。（　　　）

3. 通常，信道容量和信道带宽具有正比的关系，带宽越大，容量越高，所以要提高信号的传输率，信道就要有足够的带宽。（　　　）

4. 全双工通信在一条通信线路中信号可以双向传送，但一个时间只能向一个方向传送。（　　　）

5. 时分多路复用是以信道传输时间作为分割对象，通过为多个信道分配互不重叠的

时间片来实现多路复用。（　　　）

6．为了正确地传输数据，必须对原始数据进行相应的编码或调制，将原始数据变成与信道传输特性相匹配的数字信号或模拟信号后，才能送入信道传输。（　　）

7．在脉冲编码调制方法中，第一步要做的是对模拟信号进行量化。（　　）

8．在数据传输中，多模光纤的性能要优于单模光纤。（　　）

9．随着 Internet 的迅猛发展，人们对远程教学、远程医疗、视频会议、电子商务等多媒体应用的需求大幅度增加。为了适应新的形势和需要，出现了多种宽带接入网技术。包括铜线接入技术、光纤接入技术、混合光纤同轴接入技术等多种有线接入技术以及无线接入技术。（　　）

四、简答题

1．请说明物理层和数据链路层的关系。

2．试举一个例子说明信息、数据和信号之间的关系。

3．通过比较说明双绞线、同轴电缆与光纤这 3 种常用传输介质的特点。

4．试说明调制解调器的基本工作原理。

5．多路复用技术主要有几种类型？它们各有什么特点？

6．试说明光纤到户（FTTH）接入技术的特点。

COMPUTER
NETWORK
Basics

第 **2** 篇

计算机网络技术应用

第 7 章　网络安全与管理技术

■ **学习内容：**

计算机网络受到的安全威胁、目前主要的网络安全技术；现代信息认证技术：信息加密技术、数字签名技术、数字证书；Internet 网络安全技术包括防病毒、防火墙、VPN 以及各层次安全；操作系统安全包括账号和组的管理、NTFS 文件系统和 Windows 安全设置。计算机网络管理概念、网络管理功能、网络管理协议 SNMP、网络配置协议 Netconf；服务器安全检测与防护实训、SNMP 配置实训。

■ **学习要求：**

通过本章的学习，应能了解计算机网络受到的各种安全威胁和常用的安全技术措施。对现代信息加密技术和现代信息认证技术有初步的了解。掌握病毒防护软件和防火墙软件的安装和设置，熟悉操作系统的安全设置。了解网络管理的基本概念及常见技术。通过两个实训任务加强对网络安全与网络管理的认识。

7.1　网络安全概述

随着计算机网络技术的飞速发展和互联网的广泛普及，病毒与黑客攻击日益增多，攻击手段也千变万化，使大量企业、机构和个人的计算机随时面临着被攻击和入侵的危险，这导致人们不得不在享受网络带来的便利的同时，寻求更为可靠的网络安全解决方案。

网络安全是指计算机网络系统的硬件、软件及其系统中的数据受到保护，不因偶然的或者恶意的原因而遭受到破坏、更改、泄露，系统连续、可靠、正常地运行，网络服务不中断。网络安全从其本质上来讲就是网络上的信息安全。从广义来说，凡是涉及网络上信息的保密性、完整性、可用性、真实性和可控性的相关技术和理论都是网络安全的研究领域。网络安全是计算机网络技术发展中一个至关重要的问题，也是 Internet 的一个薄弱环节。

7.1.1　网络存在的安全威胁

由于当初设计 TCP/IP 协议族时对网络安全性考虑较少，随着 Internet 的广泛应用和商业化，电子商务、网上金融、电子政务等容易引入恶意攻击的业务日益增多，目前计算机网络存在的安全威胁主要表现在以下几个方面：

1. 非授权访问

指没有预先经过同意，非法使用网络或计算机资源，例如，有意避开系统访问控制机制，对网络设备及资源进行非正常使用，或擅自扩大权限，越权访问信息等。非授权访问主要有以下几种表现形式：假冒、身份攻击、非法用户进入网络系统进行违法操作、合法用户以未授权方式进行操作等。

2. 信息泄露或丢失

指敏感数据在有意或无意中被泄露出去或丢失。通常包括信息在传输过程中丢失或泄漏（如黑客利用网络监听、电磁泄漏或搭线窃听等方式可获取如用户口令、账号等机密信息，或通过对信息流向、流量、通信频度和长度等参数的分析，推测出有用信息），信息在存储介质中丢失或泄漏，通过建立隐蔽隧道等窃取敏感信息等。

3. 破坏数据完整性

指以非法手段窃得对数据的使用权，删除、修改、插入或重发某些重要信息，以取得有益于攻击者的响应，恶意添加、修改数据，以干扰用户的正常使用。

4. 拒绝服务攻击

指不断对网络服务系统进行干扰，浪费资源，改变正常的作业流程，执行无关程序使系统响应减慢甚至瘫痪，影响用户的正常使用，使正常用户的请求得不到正常的响应。

5. 利用网络传播木马和病毒

指通过网络应用（如网页浏览、即时聊天、邮件收发等）大面积、快速地传播病毒和木马，其破坏性大大高于单机系统，而且用户很难防范。病毒和木马已经成为网络安全中极其严重的问题之一。

7.1.2　网络安全技术简介

网络安全防护技术总体来说有攻击检测、攻击防范、攻击后恢复这三大方向，每一个方向上都有代表性的系统：入侵检测系统负责进行前瞻性的攻击检测，防火墙负责访问控制和攻击防范，攻击后的恢复则由自动恢复系统来解决。涉及的具体技术主要有：

1. 入侵检测技术

入侵检测（Intrusion Detection）是对入侵行为的检测，通过收集和分析网络行为、安全日志、审计数据、其他网络上可以获得的信息以及计算机系统中若干关键点的信息，检查网络或系统中是否存在违反安全策略的行为和被攻击的迹象。入侵检测技术是最近几年

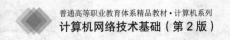

出现的新型网络安全技术，目的是提供实时的入侵检测及采取相应的防护手段，如记录证据用于跟踪和恢复、断开网络连接等。

2. 防火墙技术

防火墙（Firewall）是用一个或一组网络设备（如计算机系统或路由器等），在两个网络之间加强访问控制，对通信进行过滤，以保护一个网络不受来自于另一个网络的攻击的安全技术。防火墙主要服务于以下几个目的：

（1）限定他人进入内部网络，过滤掉不安全的服务和非法用户。

（2）限定人们访问特殊的站点。

（3）为监视网络访问行为提供方便。

3. 网络加密和认证技术

互联网是一个开放的环境，应用领域也得到不断地拓展，从邮件传输、即时通信到网上交易，这些活动的通信内容中可能包含了一些敏感性的信息，如商业秘密、订单信息、银行卡的账户和口令等，如果将这些信息以明文形式在网络上传输，可能会被黑客监听，造成机密信息的泄露，所以现代网络安全中广泛应用了各种加密算法和技术，将信息明文转换成为他人难以识别的密文之后再放到网上传输，有效地保护机密信息的安全。此外，很多网络应用中需要确定交易或通信对方的身份，以防止网络欺诈，由此出现了诸如数字证书、数字签名等信息认证技术，这将在后面详细阐述。

4. 网络防病毒技术

在网络环境下，计算机病毒的传播速度是单机环境的几十倍，网页浏览、邮件收发、软件下载等网络应用均可能感染病毒，而网络蠕虫病毒更是能够在短短的几小时内蔓延全球。因此，网络病毒防范也是网络安全技术中重要的一环。随着网络防病毒技术的不断发展，目前已经进入"云安全"时代，即识别和查杀病毒不再仅仅依靠本地硬盘中的病毒库，而是依靠庞大的网络服务，实时进行采集、分析以及处理，整个互联网就是一个巨大的"杀毒软件"，参与者越多，每个参与者就越安全，整个互联网就会更安全。

5. 网络备份技术

备份系统存在的目的是尽可能快地全面恢复运行计算机系统所需的数据和系统信息。备份不仅在网络系统硬件故障或人为失误时起到保护作用，也在入侵者非授权访问或对网络攻击及破坏数据完整性时起到保护作用，同时也是系统灾难恢复的前提之一。

7.2　现代信息认证技术

现代信息认证技术是互联网安全通信和交易的重要保障，其解决的问题主要有：

（1）信息传输的保密性。

网络通信的内容可能会涉及公文、信用卡账号和口令、订货和付款等信息，这些敏感信息在传输过程中存在被监听而泄露的可能性，因此这些敏感信息在传输中均有加密的要求。

（2）身份的确定性。

网络通信的双方和交易的双方素昧平生，如何确定对方的真实身份显得尤为重要。例如，甲收到一封邮件，邮件落款是乙，那么甲凭什么相信这封邮件的确是由乙发送的，而不是其他人冒充他发送的？因此，确定网络通信双方的身份是安全通信和交易的前提。

（3）信息的不可否认性。

不可否认性是指凡是发出的信息就不能再否认或者更改，正如现实生活中签订的合同，一旦双方签字，就不能再对合同的内容进行否定和更改，必须要负担相应的法律责任。

（4）信息的完整性。

信息的完整性是指信息在存储或传输过程中不受偶然或者恶意的原因而更改、破坏。例如，数字签名技术就可以针对信息完整性进行检验，让信息接收方检验收到的数据是否是发送方发送的原版信息，如果信息在传输过程中完整性受到破坏，那么接收方就不再相信信件的内容。

现代信息认证技术建立在现代加密技术基础之上，因此必须对现代加密技术有一定的了解。

7.2.1　信息加密技术

1. 加密技术模型

加密的实质就是对要传输的明文信息进行变换，避免信息在传输过程中被其他人读取，从而保证信息的安全，加密模型中涉及的概念介绍如下。

- 明文（M）：即未经加密的信息或数据，即数据信息的原始形式。
- 密文（Ciphertext，C）：明文经过变换后，局外人难以识别的形式。
- 加密算法（Encryption，E）：加密时使用的信息变换规则。
- 解密算法（Decryption，D）：解密时所使用的信息变换规则。
- 密钥（K）：控制算法进行运算的参数，对应加密和解密两种情况，密钥分为加密密钥和解密密钥。密钥可以是很多数值里的任意值，其可能的取值范围叫做密钥空间。

例如，甲需要向乙发送一个数字串1、2、3、4，担心发送明文会被窃听，于是甲采用一个数学函数 $y=kx+1$ 来对数字串进行转换，这个数学函数就相当于加密算法。由于 k 取不同的值会有不同的加密结果，因此甲必须选用一个确定的 k 值，假定取 $k=2$，就相当于是加密密钥，转换后的结果是则是3、5、7、9，相当于是密文。接收方收到3、5、7、9后必须要用函数 $x=(y-1)/k$ 才能解密，这个函数就相当于是解密函数，然而还必须知道 k 的取值才能正确解密，这里 $k=2$ 就相当于是解密密钥。

2. 现代信息加密技术

（1）对称密钥加密技术。

如果加密密钥和解密密钥相同，则称这种加密技术为对称密钥加密技术，模型如图 7-1 所示，其加密和解密的数学表示为：EK(M)=C；DK(C)=M。

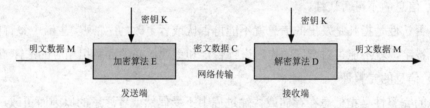

图 7-1　对称密钥加密技术模型

对称密钥加密技术的特点是：加密速度快，安全性高，但是密钥管理成为重要事宜。在这种加密技术下，算法是可以公开的，必须对密钥进行保密，安全性依赖于密钥的保密。

对称密钥加密技术的代表性算法是 DES（Data Encryption Standard）算法，它是 20 世纪 50 年代以来密码学研究领域出现的最具代表性的两大成就之一，由 IBM 公司研制。DES 算法以 56 位长的密钥对以 64 位为长度单位的二进制数据加密，产生 64 位长度的密文数据。

（2）非对称密钥加密技术。

如果加密的密钥 K1 和解密的密钥 K2 不同，虽然两者存在一定的关系，但是不容易从一个推导另一个，可以将一个公开，另一个保密，这种加密密钥和解密密钥不同 (K1 ≠ K2) 的加密技术称为非对称密钥加密技术，模型如图 7-2 所示，其数学表示为：EK1(M)=C；DK2(C)=M。

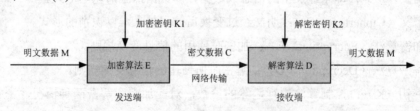

图 7-2　非对称密钥加密技术模型

非对称密钥加密技术比较适合网络的开放性要求，但算法复杂，速度较慢，大量用于数字签名。其代表性算法是 1978 年诞生的 RSA 算法，但 RSA 的安全性一直未能得到理论上的证明。几十年来一直有人做了大量的工作试图破解，但都没成功。其原理是依赖于大数因子的分解，同时产生一对密钥，一个作为"公钥"公开，一个作为"私钥"不告诉任何人。这两个密钥是互补的，即用公钥加密的密文可以用私钥解密，反过来也可以。

RSA 是第一个既能用于数据加密也能用于数字签名的算法。现将 RSA 算法的运算步骤简单介绍如下：

① 选择两个大素数 p 和 q（典型情况下为 1024 位，保密）。

② 计算 $n=p×q$ 和 $z=(p-1)×(q-1)$。

③ 选择一个与 z 互素的数，称其为 e。

④ 找到 d 使其满足 $e×d=1 \bmod z$。

算法和密钥的情况如表 7-1 所示。

表 7-1　RSA 算法原理

公 开 密 钥	n：是两个素数 p 和 q 的乘积 e：与 $(p-1)×(q-1)$ 互素
私 有 密 钥	n：是两个素数 p 和 q 的乘积 d：满足 $e×d=1\bmod(p-1)×(q-1)$
加 密 运 算	$c=m^e\bmod n$
解 密 运 算	$m=c^d\bmod n$

下面以一个例子详细阐述 RSA 算法的原理。

① 选择素数：p=17，q=11。

② 计算 $n=p×q=17×11=187$；$z=(p-1)×(q-1)=16×10=160$。

③ 选择 e：$\gcd(e,160)=1$（该公式表示 e 和 160 的最大公约数为 1）；选择 e=7。

④ 确定 d：$d×e=1 \bmod 160$ 且 $d<160$，可选择 d=23。

⑤ 公钥为 ku={7,187}；私钥为 kr={23,187}。

假定给定的消息为 M=88，则

- 加密：$c=88^7 \bmod 187=11$。

- 解密：$m=11^{23} \bmod 187=88$。

作为一种公开密钥算法，RSA 算法具有以下特性：

- 同时产生一对密钥，即加密密钥 E 和解密密钥 D，两个密钥基本不能相互推导。

- 加密密钥和加密、解密算法一起公开，只对解密密钥 D 保密，而且必须保密。

- 加密密钥只能用于加密，不能用于解密。

- 只有同时拥有解密密钥和解密算法才能解读密文得到明文。

（3）Hash 加密技术（散列技术 / 哈希技术）。

Hash 一般翻译为"散列"，就是把任意长度的输入通过单向散列算法，变换成固定长度的输出，该输出就是散列值。这种转换是一种压缩映射，即散列值的空间通常远小于输入的空间。数学表述为

$$h = H(M)$$

其中，$H()$ 是单向散列函数，M 是任意长度明文，h 是固定长度散列值。

典型的散列算法包括 MD4、MD5 和 SHA1 等。

Hash 加密技术的主要特点如下。

① 单向性：单向散列算法是公开的，但是不能从散列值算出输入值。

② 唯一性：只要输入信息发生微小变化，散列值就将不同，所以散列算法主要用于保证文件的完整性和不可更改性。

由于 Hash 加密技术具有以上的特点，所以常用于不可还原的密码存储、信息完整性校验等场合。

7.2.2　数字签名技术

1. 数字签名概念

数字签名是通过一个单向函数对要传送的报文进行处理，得到的用以认证报文来源并核实报文是否发生变化的一个字母数字串。数字签名并非手写签名或者盖章的图像化，从形态上来看，它是附加在文档末尾的字母数字串。从技术上来看，数字签名是发送方用自己的私钥对信息摘要加密的结果。

2. 数字签名作用

数字签名的作用主要体现在以下两个方面：

（1）验证信息发送者的身份。

当用户收到一封带有数字签名的信件时，可以根据数字签名的验证情况判断信件是否确由信件中所声称的身份发出，而不是被冒充的；同时，信件中数字签名的法律效用相当于手写签名或者印章。

（2）保证信息传输的完整性。

当用户接收到信件时，可以对数字签名进行验证，从而判断信件是不是在传输过程中被第三者修改过，对于完整性受到破坏的信件不予信任。

2004 年 8 月 28 日，全国人大常委会审议通过了《中华人民共和国电子签名法》（以下简称《电子签名法》），并于 2005 年 4 月 1 日起施行。《电子签名法》的出台，使数字签名这种电子签名形式获得了法律地位，开启了中国电子商务立法的大门，为网络经济

的发展提供了良好的环境。

7.2.3　数字证书和公钥基础设施

1. 数字证书

数字证书是网络通信中标志各方身份信息的一系列数据，提供了一种在 Internet 环境上验证身份的方式，是由权威公正的第三方机构——CA 中心颁发的，用于证明证书中的公钥确实属于该证书持有人。

数字证书的作用主要体现在以下 3 个方面：

（1）身份认证。

网上双方经过相互验证数字证书后，不用再担心对方身份的真伪，可以放心地与对方进行交流或授予相应的资源访问权限。

（2）加密传输信息。

无论是文件、批文，还是合同、票据、协议、标书等，都可以经过加密后在 Internet 上传输。发送方用接收方数字证书中所包含的公钥对报文进行加密，接收方用自己保密的私钥进行解密，得到报文明文。

（3）数字签名抗否认。

在现实生活中用公章、签名等来实现的抗否认在网上可以借助数字证书的数字签名来实现。

基于数字证书的应用角度，数字证书可以分为以下几种：

（1）服务器证书：被安装于服务器设备上，用来证明服务器的身份（防站点假冒）和进行通信加密，一般网上银行的服务器通常都有相应的服务器证书。

（2）电子邮件证书：用于对电子邮件进行签名和加密，认证邮件来源和保护邮件内容的机密性。

（3）个人客户端证书：客户端证书主要被用来进行身份验证和电子签名。

（4）企业证书：颁发给独立的单位、组织，在互联网上证明该单位、组织的身份。

（5）代码签署证书：颁发给软件开发者的证书，方便用户识别软件的来源和完整性。

数字证书可以存储于计算机中，也可以存储于专用的芯片中。为了提高数字证书的安全性，防止受到病毒和木马的攻击，现在越来越多的重要场合将数字证书存储到专用芯片中。如图 7-3 所示是中国工商银行颁发给网上银行用户的客户端证书——U 盾。

图 7-3　中国工商银行的 U 盾

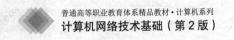

2. CA 中心

CA 中心又称证书授权（Certificate Authority）中心，是负责签发证书、认证证书、管理已颁发证书的第三方权威公正机关。CA 中心在整个电子商务环境中处于至关重要的位置，是电子商务整个信任链的基础。如果 CA 中心颁发的数字证书不安全或者不具有权威性，那么网上电子交易就无从谈起。CA 中心的权威性来自于国家的认证，CA 认证机构必须获得国家颁发的《电子认证服务许可证》等资质证书之后才能提供 CA 认证服务。

3. 公钥基础设施

PKI（Public Key Infrastructure）是基于公钥算法和技术，为网络应用提供安全服务的基础设施，是创建、颁发、管理、注销公钥证书所涉及的所有软件、硬件的集合体。PKI 的核心元素是数字证书，核心执行者是 CA 认证机构。PKI 的基本构成包括：

（1）权威认证机构（CA），即数字证书的签发和管理机关。

（2）数字证书库，用于存储已签发的数字证书及公钥，用户可由此获得所需的其他用户的证书及公钥。

（3）密钥备份及恢复系统，防止解密密钥丢失。

（4）证书作废处理系统，对密钥泄露或用户身份改变的情况要对证书进行作废处理。

（5）应用接口系统。

7.3　Internet 网络安全技术

7.3.1　防病毒技术

1. 计算机病毒概述

计算机病毒（Computer Virus）是一种人为编制的能够自我复制并传染的一组计算机指令或者程序代码，具有一定的破坏作用。目前，广义上的病毒也包括以窃取用户信息为主的木马。

（1）计算机病毒的特点。

计算机病毒虽然也是程序，但和普通程序有所不同，具有区别于其他程序的明显特点。总体上讲，无论什么样的病毒，通常都具有以下特点：

● 破坏性。

计算机病毒可以破坏计算机的操作系统、用户数据甚至硬件设备（如 20 世纪 90 年代初流行的 CIH 病毒，会破坏主板的 BIOS，使主板损坏）。根据病毒作者意图的不同，病毒破坏性的表现也有所不同。

- 传染性。

传染性是计算机病毒的本质特征，计算机病毒一般能够通过网络或者复制文件进行传染，传染途径非常多。

- 潜伏性。

有些病毒就像是定时炸弹，病毒感染计算机后，不一定会立刻表现出其破坏作用，而是会进行一段时间的潜伏，等待触发条件满足时才会发作，如"黑色星期五"病毒只有在星期五才会发作。病毒的潜伏性越好，其在系统中存在的时间就越长，传染的范围也就越广。

- 隐藏性。

计算机病毒具有很强的隐蔽性，可以在不被人察觉的情况下进入系统，寄生于某些位置，并在不被察觉的情况下得到运行，有的可以通过杀毒软件检查出来，有的根本就查不出来，有的时隐时现、变化无常，给病毒预防的清除带来极大困难。计算机病毒的隐藏地点常在系统的引导区、可执行文件、数据文件、硬盘分区表、分区根目录、操作系统目录等。

随着计算机病毒数量和技术的不断演化，用户的计算机系统和数据面临越来越严峻的考验，但是不论病毒技术如何进化，病毒所具有的破坏性、传染性、潜伏性、隐藏性这四大特征是没有变化的，其中，隐藏性是传染性、潜伏性、破坏性得以实施和表现的根本保障。

（2）计算机病毒的分类。

从第一个计算机病毒出现以来，世界上究竟有多少种病毒，说法不一。至今病毒的数量仍然以加速度方式不断增加，且表现形式也日趋多样化。通过适当的标准把它们分门别类地归纳成几种类型，从而更好地来了解和掌握它们。在计算机病毒出现的早期，计算机病毒的形式不多，变化不大，所以人们简单地按照寄生方式将病毒分为引导型、文件型和混合型 3 种。现在的计算机病毒已经有了很大变化，但是 3 种类型的分法还是沿用至今，只是对新的病毒冠以特殊的名称，如宏病毒、脚本病毒、蠕虫等。

- 引导型病毒。

这种病毒寄生于磁盘的主引导扇区，当使用被感染的 MS-DOS 系统时，病毒被触发。这种病毒开机即可启动，且先于操作系统存在，常驻内存，破坏性很大，典型的有 Brain、小球病毒等。

- 文件型病毒。

这种病毒寄生在文件中（包括数据文件和可执行文件），当运行文件时即可激活病毒，常驻内存，破坏性大。如 2007 年出现的"磁碟机"病毒，其主要寄生对象为扩展名为 .exe 的可执行文件，用户通过肉眼很难判断文件是否已经寄生病毒。

- 混合型病毒。

集引导型病毒和文件型病毒的特点于一身，既感染磁盘的引导记录，又感染文件，因此其破坏性更大，传染机会更多，杀灭也更困难。

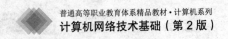

- 宏病毒。

宏病毒是由 MS Office 的宏语言编写（如 VBA 语言），专门感染微软 MS Office 软件的一种病毒。由于 MS Office 应用非常广泛，而且宏语言简单易学，功能强大，所以宏病毒广泛流行。

- VBS 脚本病毒。

用微软的 VBScript 脚本编写，通过 IE 浏览器激活。当访问一个被感染的网页时，病毒即被下载到本地并激活。

- 蠕虫。

蠕虫病毒是一种通过网络自动传染的恶性病毒，对计算机系统和网络具有极大的破坏性。

- 木马。

"木马"程序是目前比较流行的病毒，与传统的病毒不同，它不会表现出明显的破坏作用。木马通过伪装吸引用户下载执行，执行后盗取用户计算机内的有用数据或者打开系统后门以方便黑客远程连接和控制，其潜在的破坏性比传统病毒大得多，所以目前也将其称为"第二代病毒"。

（3）计算机病毒的传播途径。

从第一个病毒的诞生到现在，病毒技术不断演化，不仅种类繁多，其传播途径也在不断增多，病毒（含木马）的传播途径主要有以下几种：

- 复制文件。

这是病毒发展早期就采用的传播途径，但是由于复制文件的频繁性，时至今日这仍是病毒传播的最主要途径之一。用户将移动存储设备（如移动硬盘、U盘、可刻录光盘等）插上感染病毒的计算机后，病毒进程会自动在这些设备上写入病毒文件，或者是用户复制了带有病毒文件的文件夹，病毒被动地复制到存储设备上。将这些带有病毒文件的移动存储设备插到其他计算机时，很容易造成新的感染。例如，病毒可以在移动存储设备的根目录下建立一个名为 autorun.inf 的文件，利用操作系统的自动播放或者用户双击来感染计算机，让用户防不胜防。

- 软件下载。

一些非正规的网站以软件下载为名义，将病毒捆绑在软件安装程序上，用户下载后，只要运行这些程序，病毒就会安装并运行。

- 网页浏览。

现在很多病毒（尤其是木马病毒）都使用了网页插件的方式传播，如果浏览器安全设置过低就很容易感染计算机。

- 电子邮件附件。

攻击者将木马程序以附件的形式夹在邮件中发送出去，收信人只要打开附件就很容易感染病毒。当用户收到以 EXE、VBS、VBE、JS、JSE、WSH、WSF 等为扩展名的附件时，在不能确认来源的情况下，建议谨慎打开。

- 通过即时通信软件进行传染。

目前大多数的即时通信软件（如 QQ、MSN 等）都具备传送文件的能力，而病毒可以隐藏在程序或者图片等文件中，随着文件的分散而不断得到传播。

- 通过网络自动传染。

蠕虫病毒在传染时可以不依赖于用户的介入，只要接通网络，并且计算机存在相应的漏洞，就可以实现自动传染，蠕虫病毒的传播将在后面做详细介绍。

（4）计算机病毒的危害。

- 对计算机数据信息的直接破坏作用。

部分病毒在发作时直接破坏计算机的重要信息数据，所利用的手段有格式化磁盘、改写文件分配表和目录区、删除重要文件或者用无意义的"垃圾"数据改写文件、破坏 CMOS 设置等。

- 占用磁盘空间和对信息的破坏。

寄生在磁盘上的病毒总要非法占用一部分磁盘空间。引导型病毒的一般侵占方式是由病毒本身占据磁盘引导扇区，而把原来的引导区转移到其他扇区，也就是引导型病毒要覆盖一个磁盘扇区。被覆盖的扇区数据永久性丢失，无法恢复。一些文件型病毒传染速度很快，在短时间内感染硬盘中大量文件，使每个文件体积都不同程度地变大，就造成磁盘空间的严重浪费。

- 抢占系统资源。

除少数病毒外，大多数病毒在动态下都是常驻内存的，这就必然要抢占一部分系统资源。病毒所占用的基本内存长度大致与病毒本身长度相当。病毒抢占内存，导致内存减少，一部分软件不能运行。除占用内存外，病毒还抢占中断，计算机操作系统的很多功能是通过中断调用技术来实现的，病毒为了传染发作，总是修改一些有关的中断地址，从而干扰了系统的正常运行。

- 影响计算机运行速度。

病毒进驻内存后不但干扰系统运行，还影响计算机速度，其原因在于病毒运行时通常要监视计算机的工作状态，对病毒文件自身进行加密和解密等，这些操作会占用大量的 CPU 时间，造成计算机变慢。

- 计算机病毒错误与不可预见的危害。

病毒程序的编制并不像正常程序的开发那样，发布前需要经过大量的测试。很多计算机病毒都是个别人在一台计算机上匆匆编制调试后就向外抛出。反病毒专家在分析大量病毒后发现绝大部分病毒都存在不同程度的错误。错误病毒的另一个主要来源是变种病毒。有些初学计算机者尚不具备独立编制软件的能力，出于好奇或其他原因修改别人的病毒，

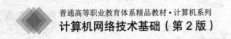
生成病毒变种，其中隐含很多错误。计算机病毒错误所产生的后果往往是不可预见的，有可能比病毒本身的危害性还要大。

● 计算机病毒给用户造成严重的心理压力。

据有关计算机销售部门统计，计算机售后用户怀疑"计算机有病毒"而提出咨询占售后服务工作量的60%以上，经检测确实存在病毒的约占70%，另有30%情况只是用户怀疑，而实际上计算机并没有病毒。在这种疑似"有病毒"的情况下，用户可能会选择格式化硬盘，重新安装操作系统，甚至有的企业中断服务器服务以进行检查维护等，极大地影响了计算机系统的正常工作，造成一些不必要的损失。

2. 防病毒软件

软件防病毒技术就是指通过病毒防护软件来保护计算机免受病毒的攻击和感染。病毒防护软件国际上通称为"反病毒软件"（Anti-virus Software），国内通常称之为杀毒软件。随着病毒传播方式的增多和隐蔽性的增强，杀毒软件也集成了越来越多的功能。云计算是当今IT领域新兴的理念和技术，是未来IT行业的发展趋势，依托云计算技术，发展出了云安全、云杀毒等技术，这是未来很长一段时间内防病毒软件技术的发展趋势。

（1）防病毒软件的原理。

防病毒软件的任务是实时监控和扫描磁盘，这是任何反病毒软件的两大基本功能。防病毒软件的实时监控方式因软件而异。有的是通过在内存里划分一部分空间，将内存中的程序代码与反病毒软件自身所带的病毒库（包含病毒特征代码）的特征码相比较，以判断是否为病毒。反病毒软件开发商不断搜集新出现的病毒，搜集到样本后对其进行分析，将其特征代码纳入病毒库中，只有当用户更新杀毒软件病毒库后，其安装的反病毒软件才能识别新的病毒。另一些反病毒软件则在所划分到的内存空间里面，虚拟执行系统或用户提交的程序，根据其行为或结果做出判断。而扫描磁盘的方式，和实时监控的工作方式类似，反病毒软件将会对磁盘上所有的文件（或者用户自定义的扫描范围内的文件）做一次检查。

（2）常见防病毒软件产品。

● 金山毒霸。

金山毒霸（Kingsoft Anti-Virus）是金山软件股份有限公司研制开发的高智能反病毒软件。融合了启发式搜索、代码分析、虚拟机查毒等经业界证明成熟可靠的反病毒技术，使其在查杀病毒种类、查杀病毒速度、防治未知病毒等多方面达到世界先进水平，同时金山毒霸具有病毒防火墙实时监控、压缩文件查毒、查杀电子邮件病毒等多项先进的功能。金山毒霸是国内目前通过国际权威认证VB100次数最多的杀毒软件，达到了14次（截至2015年8月）。

"金山毒霸10"是目前金山公司推出的一款最新杀毒软件（截至2016年1月），是国产杀毒软件中首款云杀毒软件。

● 360 杀毒。

360 杀毒是 360 安全中心出品的一款免费的云安全杀毒软件。它创新性地整合了五大领先查杀引擎，包括国际知名的 BitDefender 病毒查杀引擎、小红伞病毒查杀引擎、360 云查杀引擎、360 主动防御引擎以及 360 第二代 QVM 人工智能引擎，为用户带来安全、专业、有效、新颖的查杀防护体验。据艾瑞咨询数据显示，截至目前，360 杀毒月度用户量已突破 3.7 亿，一直稳居安全查杀软件市场份额头名。

360 杀毒软件具有查杀率高、资源占用少、升级迅速等优点。零广告、零打扰、零胁迫，一键扫描，快速、全面地诊断系统安全状况和健康程度，并进行精准修复。其防杀病毒能力得到多个国际权威安全软件评测机构认可，荣获多项国际权威认证。

● 卡巴斯基。

卡巴斯基反病毒软件是世界上拥有最尖端科技的杀毒软件之一，总部设在俄罗斯首都莫斯科，全名"卡巴斯基实验室"，是国际著名的信息安全领导厂商，创始人为俄罗斯人尤金·卡巴斯基。公司为个人用户、企业网络提供反病毒、防黑客和反垃圾邮件产品。经过十四年与计算机病毒的战斗，卡巴斯基获得了独特的知识和技术，成为病毒防卫的技术领导者和专家。该公司的旗舰产品——著名的卡巴斯基安全软件，主要针对家庭及个人用户，能够彻底保护用户计算机不受各类互联网威胁的侵害。

（3）反病毒软件实例。

通常情况下，用户可以免费到杀毒软件官方网站下载试用版本的反病毒软件，可以免费升级一段时间，到期后需要购买授权才能继续使用，当然也有终身免费的杀毒软件，如360 杀毒。下面以 360 杀毒软件作为例子讲解如何安装和使用反病毒软件。

● 安装。

360 杀毒软件的安装在双击安装程序后按照向导提示进行即可，主要步骤包括同意安装许可协议、选择安装目录、是否安装 360 安全卫士等。

● 查杀病毒。

运行 360 杀毒软件，主要有两种杀毒模式：全盘扫描和快速扫描。其中，全盘扫描是扫描整个硬盘内的所有文件，可以较为彻底地清除病毒，但所需时间较长；而快速扫描只扫描系统关键区域和可执行程序等，不能彻底清除病毒，但花费时间较少。360 杀毒软件还提供了其他一些功能，如文件粉碎机、上网加速、软件净化、弹窗拦截、垃圾清理、进程追踪等，如图 7-4 所示为 360 杀毒软件的运行界面。

图 7-4　360 杀毒软件运行界面

7.3.2　防火墙技术

1. 防火墙概念

古代人们在房屋之间修建一道墙，这道墙可以防止发生火灾时火蔓延到别的房屋，因此被称为防火墙，与之类似，计算机网络中的防火墙是在两个网络之间（如外网与内网之间，LAN 的不同子网之间）加强访问控制的一整套设施，可以是软件、硬件或者是软件与硬件的结合体。防火墙可以对内部网络与外部网络之间的所有连接或通信按照预定的规则进行过滤，合法的允许通过，不合法的不允许通过，以保护内网的安全，如图 7-5 所示。

图 7-5　防火墙

随着网络的迅速发展和普及，人们在享受信息化带来的众多好处的同时，也面临着日益突出的网络安全问题。事实证明，大多数的黑客入侵事件都是由于未能正确安装防火墙造成的。

（1）防火墙的作用。

防火墙是一种非常有效的网络安全模型，通过它可以隔离风险区域和安全区域。防火墙的基本功能和作用主要表现在以下方面：

①限制未授权的外网用户进入内部网络，保证内网资源的私有性；②过滤掉内部不安全的服务被外网用户访问；③对网络攻击进行检测和告警；④限制内部用户访问特定站点；⑤记录通过防火墙的信息内容和活动，为监视 Internet 安全提供方便。

（2）防火墙的局限性。

值得注意的是，安装了防火墙之后并不能保证内网主机和信息资源的绝对安全，防火墙作为一种安全机制，也存在以下的局限性：

①防火墙不能防范恶意的知情者。例如，不能防范恶意的内部用户通过复制磁盘将信息泄露到外部。②防火墙不能防范不通过它的连接。如果内部用户绕开防火墙和外部网络建立连接，那么这种通信是不能受到防火墙保护的。③防火墙不能防备全部的威胁，即未知的攻击。④防火墙不能查杀病毒，但可以在一定程度上防范计算机受到蠕虫病毒的攻击和感染。

防火墙技术经过不断发展，已经具有了抗 IP 假冒攻击、抗木马攻击、抗口令字攻击、抗网络安全性分析、抗邮件诈骗攻击的能力，并且朝着透明接入、分布式防火墙的方向发展。但是防火墙不是万能的，需要与防病毒系统和入侵检测系统等其他网络安全产品协同配合，进行合理分工，才能从可靠性和性能上满足用户的安全需求。

2. 防火墙分类

随着防火墙的不断发展，防火墙的分类也在不断细化，但总的来说，从原理上可以分为包过滤型防火墙、代理防火墙、状态检测防火墙和自适应代理防火墙，从形式上分为基于软件的防火墙和硬件防火墙，根据应用的范围还分为网络防火墙和个人防火墙。

（1）包过滤型防火墙。

包过滤（Packets Filtering）型防火墙是在网络层中对数据包实施有选择的通过，根据事先设置的过滤规则检查数据流中的每个包，根据包头信息来确定是否允许数据包通过，拒绝发送可疑的包。包过滤型防火墙工作在网络层，所以又称为网络层防火墙。

网络上的数据都是以包为单位进行传输的，数据在发送端被分割成很多有固定结构的数据包，每个数据包都包含包头和数据两大部分，包头中含有源地址和目的地址等信息。包过滤型防火墙读取包头信息，与信息过滤规则进行比较，顺序检查规则表中的每一条规则，直到发现包头信息与某条规则相符。如果有一条规则不允许发送某个包，则将该包丢弃；如果有一条规则允许通过，则将其进行发送；如果没有任何一条规则符合，防火墙就会使用默认规则，一般情况下，默认规则就是禁止该包通过。

* **提示**：防火墙一般有两种设计原则，一是除非明确允许，否则就禁止；二是除非明确禁止，否则就允许。

常见的包过滤路由器是在普通路由器的基础上加入 IP 过滤功能而实现的，因而也可以认为是一种包过滤型防火墙。现在安装在计算机上的软件防火墙（如 360 安全卫士等）几乎都采取了包过滤的原理来保护计算机安全。

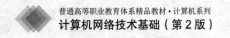
（2）代理防火墙。

所谓代理就是用专门的计算机（即代理服务器，位于内网和外网之间）替代网内计算机与外网通信，由于切断了内网计算机和外网的直接连接，故起到了保护内网安全的作用。

代理的基本工作过程是：当内网的客户机需要访问外网服务器上的数据时，首先将请求发送给代理服务器，代理服务器再根据这一请求向服务器索取数据，然后由代理服务器将数据传输给客户机。代理服务器通常有高速缓存，缓存中有用户经常访问站点的内容，在下一个用户要访问同样的资源时，服务器就不用重复地去读取同样的内容，既节省了时间，也节约了网络资源。

（3）状态检测防火墙。

状态检测防火墙摒弃了包过滤，仅考查数据包的 IP 地址等几个参数，而不关心数据包连接状态变化的缺点，在防火墙的核心部分建立状态连接表，并将进出网络的数据当成一个个会话，利用状态表跟踪每一个会话状态。状态检测对每一个包的检查不仅根据规则表，更考虑了数据包是否符合会话所处的状态，因此提供了完整的对传输层的控制能力。

该种防火墙由于不需要对每个数据包进行规则检查，而是一个连接的后续数据包（通常是大量的数据包）通过散列算法，直接进行状态检查，从而使得性能得到了较大提高；而且，由于状态表是动态的，因而可以有选择地、动态地开通 1024 号以上的端口，使得安全性得到进一步提高。

（4）自适应代理防火墙。

自适应代理技术（Self-adaptive agent Technology）是一种新颖的防火墙技术，把包过滤和代理服务等功能结合起来，形成新的防火墙结构，所用主机称为堡垒主机，负责代理服务，在一定程度上反映了防火墙目前的发展动态。该技术可以根据用户定义的安全策略，动态适应传送中的分组流量。如果安全要求较高，则安全检查应在应用层完成，以保证代理防火墙的最大安全性；一旦代理明确了会话的所有细节，其后的数据包就可以直接到达速度快得多的网络层。该技术兼备了代理技术的安全性和其他技术的高效率。

防火墙系统从形式上分为基于软件的防火墙和硬件防火墙，基于软件的防火墙价格便宜，易于在多个位置进行部署，不利方面在于需要大量的管理和配置，而且依赖于操作系统；硬件防火墙的优点在于都使用专用的操作系统，安全性高于基于软件的防火墙，采用专用的处理芯片和电路，可以处理不断增加的通信量，处理速度明显高于软件防火墙，但价格高于软件防火墙。目前，国外防火墙厂家中比较著名的是 Cisco、JuniperCheckpoint、Amaranten 等，国内的主要有天融信、安氏、启明星辰、华为、H3C 等品牌。

防火墙根据应用的范围还分为网络防火墙和个人防火墙，网络防火墙一般是在网络边界布置，实现不同网络的隔离与访问控制。个人防火墙安装在个人计算机上，用于保护个人计算机的安全。

7.3.3　VPN **技术**

1. VPN 概述

传统意义上，企业是基于专用的通信线路构建自己的 Intranet（一般租用电信运营商的广域网服务），此种方法昂贵又缺乏灵活性，而通过 Internet 直接连接各分支机构又缺乏足够的安全性和可扩展性。VPN 技术便在此背景下诞生。

VPN（Virtual Private Network）即虚拟专用网络，是在公用网络（一般是 Internet，当然也不局限于是 Internet，也可以是 ISP 的 IP 骨干网，甚至是企业的私有 IP 骨干网）上建立一个临时的、安全的连接，是一条穿过公用网络的安全、稳定的隧道。使用这条隧道可以对数据进行加密，达到安全使用私有网络的目的。VPN 替代了传统的拨号访问，利用公网资源作为企业专网的延续，节省昂贵的长途费用。通过公网组建的 VPN，能够让企业在极低的成本下得到与私有网络相同的安全性、可靠性和可管理性。VPN 主要采用了隧道技术、加解密技术、密钥管理技术和使用者与设备身份认证技术。

2. VPN 功能

总的来讲，用户通过 VPN 可以实现两大功能：远程接入和远程站点互连，远程接入用于远程用户通过公网接入企业内部网，一般通过拨号方式接入。远程站点互连实现大范围内不同站点之间的互连，构建超远距离的企业内部网。VPN 常见应用场景如图 7-6 所示。

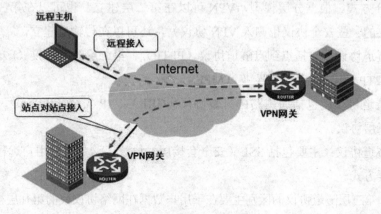

图 7-6　VPN 应用场景

3. VPN 特点

VPN 的主要特点有：

● 安全保障。

VPN 通过建立一条隧道，利用加密技术对传输数据进行加密，以保证数据的私有和安全性。

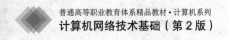
● 服务质量保证（QoS）。

VPN 可以按不同要求提供不同等级的服务质量保证。VPN QoS 通过流量预测与流量控制策略，可以按照优先级分配带宽资源，实现带宽管理，使得各类数据能够被合理地先后发送，并预防阻塞的发生。

● 可扩充性和灵活性。

VPN 必须能够支持通过 Intranet 和 Extranet 的任何类型的数据流，方便增加新的节点，支持多种类型的传输媒介，可以满足同时传输语音、图像和数据等新应用对高质量传输以及带宽增加的需求。

● 可管理性。

VPN 能从用户角度和运营商角度方便地进行管理、维护。VPN 管理主要包括安全管理、设备管理、配置管理、访问控制列表管理、QoS 管理等内容。

4. VPN 分类

就目前而言，VPN 的分类方式比较混乱。不同的生产厂家在销售它们的 VPN 产品时使用了不同的分类方式，主要是从产品和协议的角度来划分的。不同的 ISP 在开展 VPN 业务时也推出了不同的分类方式，主要是从业务开展的角度来划分的。而用户往往也有自己的划分方法，主要是根据自己的需求来划分的。

按协议实现类型划分 VPN，是 VPN 厂商和 ISP 最为关心的划分方式，也是目前最通用的一种划分方式。根据分层模型，VPN 可以在第二层建立，也可以在第三层建立（有人把在更高层的一些安全协议也归入 VPN 协议），还可以在传输层建立。

第二层隧道协议：包括点到点隧道协议（PPTP）、第二层转发协议（L2F），第二层隧道协议（L2TP）、多协议标记交换（MPLS）等。

第三层隧道协议：包括通用路由封装协议（GRE）、IP 安全（IPSec），这是目前最流行的两种三层协议。

传输层隧道协议：主要包括 SSL（安全套接层）协议，这是目前用户远程接入安全访问采用的主要方式。

第二层和第三层隧道协议的区别主要在于用户数据在网络协议栈的第几层被封装，其中 GRE、IPSec 和 MPLS 主要用于实现专线 VPN 业务，L2TP 主要用于实现拨号 VPN 业务（但也可以用于实现专线 VPN 业务），当然这些协议之间本身不是冲突的，而是可以结合使用的。

7.3.4 链路层安全技术

1. ARP 攻击防护

ARP 是早期网络协议，缺乏应有的安全性，因此目前利用 ARP 的缺点实施的攻击层出不穷，给用户带来了很大的不便和安全隐患。

ARP 攻击主要是通过伪造 IP 地址和 MAC 地址实现 ARP 欺骗，能够在网络中产生大量的 ARP 通信量使网络阻塞，攻击者只要持续不断地发出伪造的 ARP 响应包就能更改目标主机 ARP 缓存中的 IP-MAC 条目，造成网络中断或中间人攻击。

ARP 攻击主要存在于局域网中，局域网中若有一台计算机感染 ARP 木马，则感染该 ARP 木马的系统将会试图通过"ARP 欺骗"手段截获所在网络内其他计算机的通信信息，并因此造成网内其他计算机的通信故障。ARP 攻击的防范主要是要形成正确的 IP 地址和 MAC 地址的绑定关系，目前针对 ARP 攻击的技术层出不穷，不同通信厂商都有相应的技术。主要有几种类型：软件安全厂商的 ARP 防火墙、主流杀毒软件、主流通信厂商的技术，例如，Cisco 公司推出的 Dynamic ARP Inspection（DAI）技术，H3C 公司的 ARP Detection 技术等。

2. 端口隔离

端口隔离技术是为了实现报文之间的二层隔离。早期通过 VLAN 技术实现二层隔离，即将不同的端口加入不同的 VLAN，但这样会浪费有限的 VLAN 资源。采用端口隔离特性，可以实现同一 VLAN 内端口之间的隔离。用户只需要将端口加入到隔离组中，就可以实现隔离组内端口之间二层数据的隔离。端口隔离功能为用户提供了更安全、更灵活的组网方案。

7.3.5　网络层安全技术

早期 IP 协议被设计成在可信任的网络上提供通信服务。IP 本身只提供通信服务，缺乏安全性，当网络规模不断扩充，越来越不安全时，发生窃听、篡改、伪装等问题的概率就大大增加。为此，就需要在网络层提供一种安全技术以弥补 IP 协议安全性差的缺点。

IPSec（IP Security），即 IP 安全协议，就是一种典型的网络层安全保护机制，可以在通信节点之间提供一个或多个安全通信的路径。IPSec 在网络层对 IP 报文提供安全服务，其本身定义了如何在 IP 报文中增加字段来保证 IP 报文的完整性、私有性和真实性，以及如何加密数据。IPSec 并非单一的网络协议，它是由一系列的安全开放协议构成，使一个系统能选择其所需的安全协议，确定安全服务所使用的算法，并为相应安全服务配置所需的密钥。

7.3.6　传输层安全协议

安全套接字层（Security Socket Layer，SSL）协议是当前 Internet 上用得最广泛的传输层安全协议。SSL 是网景（Netscape）公司首先提出的基于 Web 应用的安全协议，该协议向基于 TCP/IP 的客户／服务器应用程序提供客户端和服务器的鉴别、数据完整性及信息机密性等安全措施。SSL 协议位于 TCP/IP 协议与各种应用层协议之间，为数据通信提供安全支持。

1. SSL 功能

（1）客户对服务器的身份认证。

在服务器和客户机都使用 SSL 协议的情况下，客户浏览器可以通过检查服务器的数字证书来确认服务器的合法性。

（2）服务器对客户的身份认证。

服务器也可以有选择性地要求客户端出示数字证书来核实客户的身份，SSL 中这个功能是可选的。

（3）建立服务器与客户端之间安全的数据通道。

SSL 协议下，客户与服务器之间所有发送的数据都是经过加密的，可防止信息在传输过程中泄露，同时可以保证信息在传输过程中的完整性。

2. SSL 工作原理

SSL 协议的工作原理如图 7-7 所示。

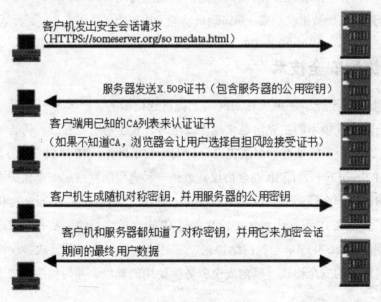

图 7-7   SSL 协议的工作过程

SSL 协议的基本过程如下。

（1）客户机发出访问服务器资源的请求，协议为 HTTPS（安全超文本传输协议）。

（2）服务器返回服务器的数字证书给客户端，数字证书中包含服务器的公钥。

（3）客户端收到证书，通过判断证书的有效性来推断服务器的真实性。客户端主要检查数字证书的以下项目：

① 根据客户机上的可信任证书颁发机构列表来检查证书是否由可信任机构颁发。

② 检查证书是否在有效期内。

③ 检查证书上列出的地址和地址栏的地址是否吻合。

④ 检查证书是否已吊销（默认情况下不会检查该项）。

如果证书合法，则进行后续步骤；如果证书有问题，则客户机会给出警告信息，如图 7-8 所示。

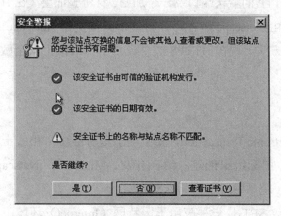

图 7-8　数字证书验证提示

（4）客户机随机生成对称密钥，并用服务器数字证书中的公钥将其加密，发送给服务器。

（5）服务器收到加密之后的对称密钥，并用自己的私钥解密，获得和客户机相同的随机对称密钥，这样客户机和服务器之间的通信数据就可以进行加密传输，形成了一个安全的数据通道。

SSL 协议广泛应用于网上银行、各种账号（如电子邮箱账号、上网卡账号）登录等，给用户提供了验证服务器真实性的手段，对防范"网络钓鱼"起到了重要的作用，也较好地保护用户的账户信息不会因为受到网络监听而泄露。由于 SSL 技术已建立到所有主要的浏览器和 Web 服务器程序中，因此，仅需安装数字证书就可以激活服务器功能了。

7.3.7　应用层安全协议

1. S/MIME

S/MIME（Secure Multipurpose Internet Mail Extensions，安全的多功能 Internet 电子邮件扩充）是在 RFC1521 所描述的多功能 Internet 电子邮件扩充报文基础上添加数字签名和加密技术的一种协议。MIME 是正式的 Internet 电子邮件扩充标准格式，但未提供任何安全服务功能。S/MIME 的目的是在 MIME 上定义安全服务措施的实施方式。S/MIME 已成为业界广泛认可的协议，如微软、Netscape、Novell、Lotus 等公司都支持该协议。

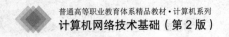

2. HTTPS

HTTPS（Hyper Text Transfer Protocol over Secure Socket Layer）是以安全为目标的HTTP 通道，简单地讲是 HTTP 的安全版，即 HTTP 下加入 SSL 层。HTTPS 的安全基础是 SSL，因此加密的详细内容就需要 SSL。HTTPS 是一个 URI scheme（抽象标识符体系），语法类同 http: 体系，用于安全的 HTTP 数据传输。https:URL 表明它使用了 HTTP，但HTTPS 存在不同于 HTTP 的默认端口及一个加密/身份验证层（在 HTTP 与 TCP 之间）。这个系统的最初研发由 Netscape 进行，并内置于其浏览器 Netscape Navigator 中，提供了身份验证与加密通信方法。现在 HTTPS 被广泛用于万维网上安全敏感的通信，例如交易支付方面。

3. SET

SET（Secure Electronic Transaction，安全电子交易协议）由威士（VISA）国际组织、万事达（MasterCard）国际组织创建，结合 IBM、Microsoft、Netscape、GTE 等公司制定的电子商务中安全电子交易的一个国际标准。

安全电子交易协议 SET 是一种应用于因特网（Internet）环境下，以信用卡为基础的安全电子交付协议，给出了一套电子交易的过程规范。通过 SET 协议可以实现电子商务交易中的加密、认证、密钥管理机制等，保证了在因特网上使用信用卡进行在线购物的安全。

7.4 操作系统安全

操作系统是其他软件运行的平台，也是计算机网络功能得以发挥的前提。操作系统的安全职能是网络安全职能的根基，有效防止病毒、木马、黑客等网络威胁必须依赖于操作系统本身的安全，如果缺乏这个安全的根基，构筑在其上的应用系统安全性将得不到保障。本节主要介绍 Windows 操作系统下的常用安全功能与设置。

7.4.1 账号和组的管理

Windows 操作系统中，为了防止网络或者本地非法用户登录系统，采用了账号安全机制。用户账号是用来登录到计算机或通过网络访问网络资源的凭证。操作系统通过账号来识别登录的用户，通过密码来验证用户，只有提供正确的操作系统账号和密码的用户才能登录并使用操作系统。账号分为自定义账号和内置账号。自定义账户可以由计算机管理员创建并分配给不同的用户。内置账户是在安装操作系统过程中创建的，不由计算机管理员手动创建，如系统管理员账户 Administrator 和来宾账户 Guest。

组是用户账户的集合，组的引入简化了管理。通过建立组，可以简化对大量用户进行管理和确定权限的任务。操作系统中的每一个账户都属于一个或者多个组，并享受该组相应的权限。如果一个账户同时属于多个组，则享受各组权限的累加。类似地，组也分为内置组和自定义组。

1. 账号和组的创建

本地用户账号驻留在本地计算机的安全账号数据库中，只能用于登录本地计算机，访问本地计算机上的资源。只要使用管理员账户登录系统，即可创建账户和组。创建账户的方法如下：选择"开始→设置→控制面板"命令，打开"控制面板"窗口，双击"管理工具"图标，打开"计算机管理"窗口，双击"本地用户和组"选项，选择"用户"选项，在右边窗口中右击，在弹出的快捷菜单中选择"新用户"命令，弹出如图 7-9 所示的对话框，输入用户名和密码等信息，单击"创建"按钮即可。

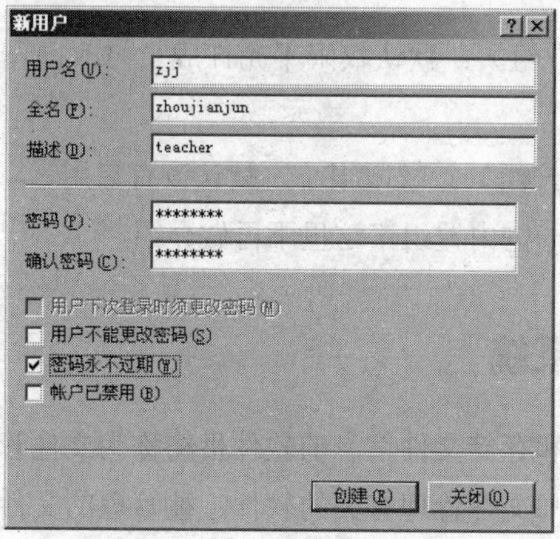

图 7-9　创建新账号

组的创建和账户的创建是类似的，选择"组"选项，在右边的窗口中右击，在弹出的快捷菜单中选择"新建组"命令，弹出如图 7-10 所示的"新建组"对话框，输入组的名称，并添加组的成员，单击"创建"按钮即可。

图 7-10　创建组

2. 常见的内置组

在默认情况下，Windows 操作系统创建了一系列内置组，并事先为这些内置组定义了一组执行系统管理任务的权利，管理员可以将用户加入指定的内置组，用户将获得该组所有的管理特权，从而简化系统管理。管理员可以重命名内置组，修改组成员，但不能删除内置组。Windows 有以下常用组：

（1）Administrators（管理员组）：该组成员有对计算机或域不受限制的完全访问权，可执行所有系统管理任务，可创建/删除用户和组，修改组成员，设置系统属性，关闭系统，修改资源访问权限等。

（2）Power Users（高级用户组）：该组成员可以创建、删除或修改本地用户和组，管理和维护本地组成员资格，但不能修改 Administrators 组成员资格，可创建和删除共享文件夹。

（3）Users（一般用户组）：默认权限不允许成员修改操作系统的设置或其他用户的数据。

（4）Guests（来宾用户组）：权限很小，默认没有启用。

Windows 中还有其他一些内置组，这里不再做介绍。

7.4.2 NTFS 文件系统

操作系统中负责管理和存储文件信息的软件机构称为文件管理系统，简称文件系统。文件系统由 3 部分组成：与文件管理有关的软件、被管理的文件以及实施文件管理所需的数据结构。从系统角度来看，文件系统是对文件存储器空间进行组织和分配，负责文件的存储并对存入的文件进行保护和检索的系统。具体地说，文件系统负责为用户建立文件，存入、读出、修改、转储文件，控制文件的存取，当用户不再使用时撤销文件等。NTFS（New Technology File System）是 Windows NT 操作环境和 Windows NT 高级服务器网络操作系统环境的文件系统，是微软公司为 NT 内核的操作系统所开发的一种高安全性的文件系统，在后来的微软 Windows XP、Windows Vista、Windows 7 等桌面操作系统以及 Windows Server 2000、Windows Server 2003、Windows Server 2008 等服务器操作系统中均使用了 NTFS 文件格式。

1. NTFS 文件访问控制

在传统的 FAT 和 FAT32 文件系统下，只要能够登录操作系统，不管什么样的账号都能对分区的任何数据进行完全访问，带来了很大的安全隐患。而 NTFS 文件系统可以针对同一目录或文件给不同的账户分配不同的访问权限，这种安全控制体现在两个层次上：一是谁可以访问；二是可以进行怎样的访问（如读取、写入、修改还是完全控制）。

例如，计算机中有两个账号 zjj 和 zs，对于某 NTFS 分区下有一个目录是属于 zjj 用户私有的，不允许除了 zjj 之外的任何用户访问（无论是本地登录还是远程登录），系统管理员可以设置访问控制列表，操作如下：右击目录，在弹出的快捷菜单中选择"属性"命令，进入属性对话框，选择"安全"选项卡，如图 7-11 所示，可以看到与该目录有关的所有账号和组的列表，将不相关的账号和组删除，添加 zjj，并选中将要赋予 zjj 的具体权限项目，单击"应用"按钮。这样设置之后，只有 zjj 账号可以访问，且只能读取，不能修改和删除。

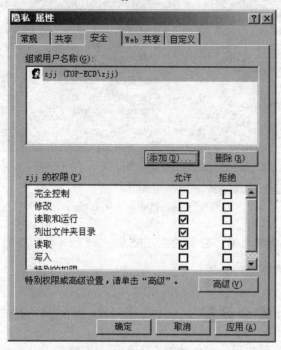

图 7-11　NTFS 下的文件访问控制

2. NTFS 加密

EFS（Encrypting File System，加密文件系统）是微软公司开发的用于 NTFS 文件系统下保护数据机密性的一种技术。对于 NTFS 卷上的文件和数据，都可以直接加密保存，在很大程度上提高了数据的安全性。EFS 功能特征主要体现在：

（1）保护数据的机密性，即使硬盘被盗或者操作系统被恶意重新安装后仍能受到加密保护，即能够提供脱离于操作系统的安全性。

（2）只有具有 EFS 证书的用户才能对被加密的文件进行读取和操作（例如，复制、移动、修改），反之不能对加密文件进行复制和读取，但是可以重命名和删除文件。

（3）文件所有者对加密文件操作是透明的。

由于文件所有者具有访问权限，在对加密文件进行访问时，和访问没有经过加密的文件是没有区别的（虽然解密的过程很复杂，但是用户感觉不到这种区别），不需要输入密码或者产生其他多余操作。

加密文件的操作如下：右击文件夹，在弹出的快捷菜单中选择"属性→常规→高级→加密内容以便保护数据"命令，如图 7-12 所示。

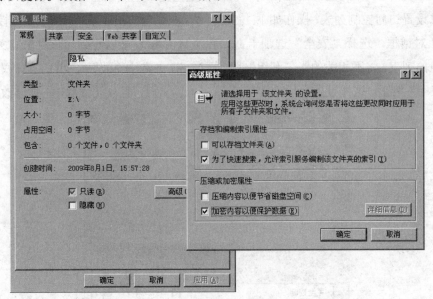

图 7-12　EFS 加密的操作

＊提示：对文件加密之后，最好能对 EFS 证书进行备份，否则重装系统之后会导致私钥丢失，使文件无法访问而作废。

7.4.3　Windows **安全设置**

Windows 作为目前最常用的操作系统，不仅用于家庭和办公领域，也广泛用于搭建各种服务器，所以 Windows 常成为黑客攻击的首要目标。作为 Windows 用户，应该通过合理设置操作系统来达到安全防范的目的。下面给出几个提高 Windows 安全性的措施，主要适用的操作系统包括 Windows 2000 专业版和服务器版、Windows XP 专业版、Windows Server 2003 标准版和企业版、Windows Server 2008 各版本等。

1. 合理设定组策略

组策略给用户提供了一个自定义操作系统的手段，虽然修改组策略事实上和修改注册表项的效果差不多，但是组策略使用了更完善的管理组织方法，可以对各种对象中的设置进行管理和配置，远比手动修改注册表方便、灵活，功能也更加强大。

打开组策略编辑器的方法是：选择"开始→运行"命令，在"运行"对话框中输入 gpedit.msc，按 Enter 键之后即可看到如图 7-13 所示的"组策略编辑器"窗口。

图 7-13　组策略编辑器

在组策略编辑器中，以层次方式列出了多种设置项目，通过展开"Windows 设置→安全设置"项目，可以看到"账户策略""审核策略""用户权限分配""安全选项"等和网络安全相关的项目，其中，"账户策略"中可以启用密码必须符合安全性要求、账户锁定等内容；"审核策略"可以使计算机以事件日志的方式记录计算机的启动和运行的相关信息，即使是黑客的攻击行为，往往也会在日志中留下蛛丝马迹，相当于是计算机的"黑匣子"；"安全选项"下可以设置众多的安全项目，由于每个项目都具有十分详细的阐述，这里不再一一介绍。

2. 取消默认共享

在 Windows 2000/XP/2003/2008 系统中，逻辑分区与 Windows 目录默认为共享状态，这是为管理员管理服务器的方便而设，但却成为别有用心的人有机可乘的安全漏洞。如果是个人计算机，建议将默认共享删除，这可以提高硬盘数据的安全性。删除默认共享可以用命令实现，如 NET SHARE C$ /DELETE 表示删除 C 盘的默认共享，类似地，删除其他盘的默认共享采用相同的命令，可以用批处理来实现对多个分区默认共享的删除，建立好批处理文件后，将该批处理文件放入系统"启动"文件夹下，则可以保证计算机运行时，默认共享被关闭。

＊ 提示：取消默认共享还可以通过修改注册表（运行 regedit）键值来实现：在 HKEY_LOCAL_MACHINE\SYSTEM\CurrentControlSet\Services\lanmanserver\parameters 里新增或修改 AutoShareServer 键的键值为 0（类型为 DWORD）。

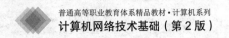

3. 采用 NTFS 文件系统

如前所述，NTFS 文件系统是 Windows 系统迄今为止最为先进和安全的文件系统，可以实现对文件和文件夹进行访问控制、加密、访问审核等很多高级功能。

4. 安装最新的系统补丁（Service Pack）与更新（Hotfix）程序

大量系统入侵事件是因为用户没有及时地安装系统的补丁，管理员重要的任务之一是更新系统，保证系统安装了最新的补丁。应及时下载并安装补丁包，修补系统漏洞。微软公司提供两种类型的补丁：Service Pack 和 Hotfix。

Service Pack 是一系列系统漏洞的补丁程序包，最新版本的 Service Pack 包括了以前发布的所有的 Hotfix。微软公司建议用户安装最新版本的 Service Pack。

Hotfix 通常用于修补某个特定的安全问题，一般比 Service Pack 发布更为频繁。微软采用安全通知服务来发布安全公告。

* 提示： Automatic Updates 自动更新服务是一种有预见性的"拉"服务，可以自动下载和安装 Windows 升级补丁。例如，重要的操作系统修补和 Windows 安全性升级补丁。

5. 安装性能良好的杀毒软件

用户对于病毒和木马的防范主要还是依靠杀毒软件来实现，装好杀毒软件之后要注意实时监控功能是否能正常工作，否则基本上起不到保护作用，此外要定期更新杀毒软件。

6. 安装并正确设置防火墙

防火墙不仅能防范黑客攻击，也可以阻止蠕虫病毒的传播。

7. 即时备份操作系统

由于使用计算机的过程中，会经常遇到病毒或者是黑客的攻击，导致计算机操作系统受损而不能正常使用，为了能在出现故障后迅速恢复系统，需要将系统进行备份，即在系统正常时对其制作一个副本存放于其他分区，待系统受损后利用副本快速地还原系统。对系统进行备份推荐使用美国赛门铁克公司所开发的 Ghost。

7.5 计算机网络管理技术

当前企业计算机网络发展的规模不断扩大，复杂性不断增加。一个企业网络，往往包含着若干个子系统，集成了多种网络操作系统及网络软件，包含不同公司生产的网络设备和通信设备。网络管理作为一项重要技术，是保障网络安全、可靠、高效和稳定运行的必要手段。

7.5.1　计算机网络管理概述

一般来讲，网络管理是指监督、组织和控制网络通信服务以及信息处理所必需的各种活动的总称。由于网络系统的复杂性、开放性，要保证网络能够持续、稳定和安全、可靠、高效地运行，使网络能够充分发挥其作用，就必须实施一系列的管理措施。

因此，网络管理的任务就是收集、监控网络中各种资源的使用和各种网络活动，如设备和设施的工作参数、工作状态信息，并及时通知管理员进行处理，从而使网络的性能达到最优，以实现对网络的管理。

具体来说，网络管理包含两大任务：一是对网络运行状态的监测，二是对网络运行状态进行控制。通过对网络运行状态的监测可以了解网络当前的运行状态是否正常，是否存在瓶颈和潜在的危机；通过对网络运行状态的控制可以对网络状态进行合理的调节，提高性能，保证服务质量。

1. 网络管理的范围

管理网络是网络高效运行的前提和保障，管理的对象不仅是网络链路的畅通、服务器的正常运行等硬因素，更包括网络应用、数据流转等软因素。

（1）设计规划网络。

根据企业财力情况、应用需求和建筑布局情况，规划设计合理的网络建设方案，包括网络布线方案、设备购置方案和网络应用方案。协助有关部门拟订招标书，并对网络施工情况进行实时监督。当企业对网络的需求进一步增大时，还应当及时制订网络扩容和升级方案。

（2）配置和维护网络设备。

在网络建设初期，应当根据性能最优化和安全最大化的原则，配置网络设备实现计算机互连。定期备份配置文件，随时监控网络设备的运行情况，保证网络安全稳定运行，并根据网络需求和拓扑结构的变化，及时调整网络设备的配置。

（3）搭建网络服务器。

网络服务器的搭建是实现网络服务的基础。很显然，每种网络服务都需要相应网络服务器的支持。因此，根据企业需要搭建并实现各种类型的网络服务，就成为网络管理的首要任务。Windows Server 2000、Windows Server 2003、Windows Server 2008 都提供了丰富的网络服务，可以实现所有基本的 Internet/Intranet 服务，并且搭建、配置和管理都比较简单。

（4）保障系统正常运行。

只有网络系统正常运行，才能提供正常的网络服务，无论是链路中断、设备故障，还是系统瘫痪，都将直接影响网络服务的提供。因此，网络管理员还担负着维护企业网络正常运行的职责。网络管理员必须定期检查网络链路、网络设备和服务器的运行状况，认真查看和记录系统日志，及时更新安全补丁和病毒库，及时发现潜在的故障隐患，防患于未然。

（5）制作和维护企业网站。

网站是企业在 Internet 上的名片。Internet 促成了网站经济的形成，特别是电子商务网站，是未来企业开展电子商务的基础设施和信息平台，可用于展示企业的产品与服务，宣扬企业文化，接受用户咨询和反馈信息，向用户提供技术支持和帮助等。因此，制作和维护网站也就成为网络管理的一项重要内容。

（6）保护网络安全。

Internet 已经成为企业获取和发布信息的重要工具。企业服务器中往往保存着非常重要或非常敏感的数据，如发展计划、人事档案、行政文件、会计报表、客户资料、销售策略、合同书、投标书等，采取各种必要的措施（如网络防火墙、安全策略）来保护网络安全，就成为网络管理的一项重要任务。

（7）保证数据安全。

由于绝大多数重要数据都被集中存储在网络服务器上，必须采取切实有效的手段保证数据的存储安全和访问安全。保证数据存储安全通常采用磁盘冗余的方式，确保不会由于硬盘损坏导致数据丢失。同时，还要对重要数据进行定期备份，以备不测。保证数据访问安全的方式通常采用控制访问权限的方式，拒绝非授权用户的访问。

2. 网络管理系统的构成

在一个网络的运营管理中，网络管理人员是通过网络管理系统对整个网络进行管理的。一个网络管理系统一般由管理进程、管理代理、管理信息库（MIB）和管理协议4部分构成。网络管理系统的逻辑模型如图 7-14 所示。

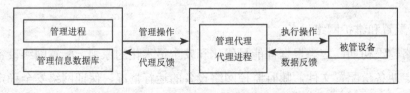

图 7-14　网络管理系统的逻辑模型

管理进程是一个或一组软件程序，一般运行在网络管理站（网络管理中心）的主机上，负责发出管理操作的指令；管理代理是一个软件模块，驻留在被管设备上，其功能是把来自网络管理者的命令或信息的请求转换成本设备特有的指令，完成管理程序下达的管理任务，如系统配置和数据查询等；管理信息数据库（MIB）是一个信息存储库，定义了一种对象数据库，由系统内的许多被管对象及其属性组成，管理程序可以通过直接控制这些数据对象去控制或配置网络设备；管理协议规定了管理进程与管理代理会话时所必须遵循的规则，网络管理进程通过网络管理协议来完成网络管理，目前最有影响的网络管理协议是简单网络管理协议（SNMP）和公共管理信息协议（CMIP）。

3.　网络管理的功能

国际标准化组织定义的网络管理有 5 大功能：配置管理、性能管理、故障管理、安全管理和计费管理。

（1）配置管理。

配置管理是最基本的网络管理功能，负责监测和控制网络的配置状态。具体地讲，就是在网络的建立、扩充、改造以及开展工作的过程中，对网络的拓扑结构、资源配备、使用状态等配置信息进行定义、监测和修改。配置管理主要有资源清单管理、资源提供、业务提供及网络拓扑结构服务等功能。

（2）性能管理。

性能管理保证有效运营网络和提供约定的服务质量，在保证各种业务服务质量的同时，尽量提高网络资源利用率。性能管理包括性能检测功能、性能分析和性能管理控制功能。从性能管理中获得的性能检测和分析结果是网络规划和资源提供的重要根据，因为这些结果能够反映当前（或即将发生）的资源不足。

（3）故障管理。

故障管理的作用是迅速发现、定位和排除网络故障，动态维护网络的有效性。故障管理的主要功能有告警监测、故障定位、测试、业务恢复以及修复等，同时还要维护故障目标。在网络的监测和测试中，故障管理会参考配置管理的资源清单来识别网络元素。当维护状态发生变化，或者故障设备被替换，以及通过网络重组迂回故障时，要对配置 MIB（管理信息库）中的有关数据进行修改。

（4）安全管理。

安全管理的作用是提供信息的保密、认证和完整性保护机制，使网络中的服务数据和系统免受侵扰和破坏。安全管理主要包括风险分析、安全服务、告警、日志和报告功能以及网络管理系统保护功能。安全管理与管理功能有着密切的关系。安全管理要调用配置管理中的系统服务，对网络中的安全设施进行控制和维护。发现网络安全方面的故障时，要向故障管理系统通报安全故障事件以便进行故障诊断和恢复。权限管理是安全管理的重要组成部分，在企业网络中，对各种权限（VLAN 访问权限、文件服务器访问权限、Internet 访问权限等）的划分非常重要。

（5）计费管理。

计费管理的作用是正确计算和收取用户使用网络服务的费用，进行网络资源利用率的统计和网络成本效益的核算。计费管理的目标是衡量网络的利用率，以便一个或一组用户可以按规则利用网络资源，这样的规则使网络故障降低到最小（因为网络资源可以根据其能力的大小而合理地分配），也可使所有用户对网络的访问更加公平。为了实现合理的计费，计费管理必须和性能管理相结合。

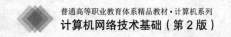
4. 网络管理员应具备的能力

随着网络规模的不断扩大和复杂性的日益提高，网络的构建和日常维护变得重要且棘手。因此要求网络管理员具备相应的网络知识结构和分析问题的能力，才能够在出现问题时做出正确的判断并及时解决。

- 网络管理员应该具备一定的设计能力，能够规划设计包含路由的局域网和广域网，为中小型企业网络（500节点以下）提供完全的解决方案。
- 深入了解TCP/IP网络协议，能够独立完成路由器、交换机等网络设备的安装、连接、配置和操作，搭建多层交换的企业网络，实现网络互联和Internet连接。
- 掌握网络软件工具的使用，迅速诊断、定位和排除网络故障，正确使用、保养和维护硬件设备。
- 网络管理员应当为企业设计完整的网络安全解决方案，以降低收益损失和攻击风险。根据企业对其网络安全弱点的评估，针对已知的安全威胁，选择适当的安全硬件、软件、策略以及配置以提供保护选择。
- 需要熟悉Windows Server 2000/2003/2008网络操作系统，具备使用高级的Windows平台和Microsoft服务器产品，为企业提供成功的设计、实施和管理商业解决方案的能力。
- 要掌握数据库的基本原理，能够围绕Microsoft SQL Server数据库系统开展实施与管理工作，实现对企业数据的综合应用。
- 根据企业网建设的经验，技术培训是企业网建设能否成功的关键环节。因此，网络管理员还往往承担着繁重的技术培训任务，必须能够胜任教师的工作，能够根据企业网中不同人员的责任和地位，分别进行不同内容以及不同深度的培训。

7.5.2 简单网络管理协议（SNMP）

SNMP提供了一种监控和管理计算机网络的系统方法，是最早提出的网络管理协议之一。由于SNMP简单明了，实现起来比较容易，一经推出便得到了广泛的应用和支持，已成为网络管理事实上的标准。

1. 管理信息库与管理信息结构（MIB/SMI）

网络管理中的资源是以对象表示的，每个对象表示被管资源的某一属性，这些属性就形成了管理信息库（MIB）。管理工作站通过查询MIB中多值对来实现监测功能，通过改变MIB对象的值来实现控制功能。MIB中应包括系统与设备的状态信息，运行的数据统计和配置参数等。

如果没有一种约束机制，各个厂商定义的 MIB 各不相同，在网络中实现对 MIB 中对象的协调管理就变得非常困难。而管理信息结构（SMI）正是这样一种机制，它规定了被管对象的格式、MIB 库中包含哪些对象以及怎样访问这些对象等。

2. SNMP 报文格式

SNMP 是一种基于用户数据报协议（UDP）的应用层协议，在 SNMP 管理中，管理者和代理之间信息的交换都是通过 SNMP 报文实现的。管理者和代理之间交换的管理信息构成了 SNMP 报文，所有 SNMP 操作都嵌入在一个 SNMP 报文中。SNMP 报文由 3 部分构成，如图 7-15 所示。

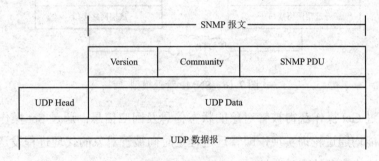

图 7-15　SNMP 报文格式

（1）版本号（Version）：指定 SNMP 协议的版本。

（2）公共体（Community）：用于身份认证的一个字符串，是为增强系统安全性而引入的，作用相当于口令。代理进程要求管理进程在其发来的报文中填写这一项，以验证管理进程是否合法。

（3）协议数据单元（PDU）：存放实际传送的报文，SNMP 定义了 5 种报文，分别对应以下的 5 种基本操作。

- GetRequest：从代理进程查询一个或多个变量值。
- GetNextRequest：从代理进程提取 MIB 中下一个变量值。
- SetRequest：对代理进程一个或多个变量进行设置。
- GetResponse：返回响应值。由代理进程发出，是前面 3 种操作的响应操作。
- Trap：由代理进程主动发出，通知管理进程被管对象发生的事件。

SNMP 管理模型主要由 3 个基本部分组成：SNMP 管理站（SNMP Manager）、SNMP 代理（SNMP Agent）和 SNMP 消息（SNMP Message），如图 7-16 所示。

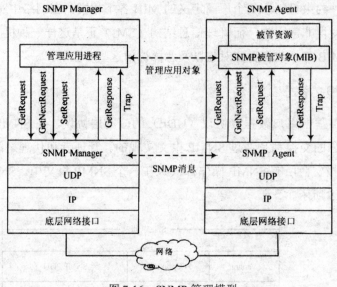

图 7-16　SNMP 管理模型

SNMP 通过 Get 操作获得被管对象的状态信息及回应信息；通过 Set 操作来控制被管对象，以上功能均通过轮询实现，即管理进程定时向被管对象的代理进程发送查询状态的信息，以维持网络资源的实时监控。

7.5.3　网络配置协议（Netconf）

随着网络规模的不断扩大，网络复杂度的不断增加，异构性网络的普及，传统的简单网络管理协议 SNMP 已经不能很好地适应当前复杂的网络管理的需求，特别是不能满足配置管理的需求。为了应对此问题，IETF 在此背景下制定了下一代配置管理协议——Netconf。

1. Netconf 简介

Netconf 协议由 RFC 6241 定义，是 IETF 设计的全新一代网络管理和配置协议。用以替代命令行界面（Command Line Interface，CLI）、简单网络管理协议（Simple Network Management Protocol，SNMP）以及其他专有配置机制。管理软件可以使用 Netconf 协议将配置数据写入设备，也可从设备中检索数据。所有数据用可扩展标记语言（Extensible Markup Language，XML）编码，通过 SSL 协议使用远程过程调用（Remote Procedure Calls，RPCs）方式传输。

Netconf 协议定义了多个数据存储或多套配置数据。正在运行的配置数据存储包含当前设备正在使用的配置信息。一些设备还存储启动配置数据，其中包含设备第一次启动时的配置数据，不过和运行中配置数据分离开来。除了配置数据，设备还存储状态数据和信息，如包统计数据、运行中设备收集的其他数据。控制软件可以读取这些数据，但是不能写入。

Netconf 协议也是目前 SDN（Software Defined Network，软件定义网络）架构里采用的主要协议之一。

2. Netconf 层次结构

如同 ISO/OSI 一样，Netconf 协议也采用了分层结构，每个层分别对协议的某一个方面进行包装，并向上层提供相关的服务。分层结构能让每个层次只关注协议的一个方面，实现起来更加简单，同时合理地解耦各个层之间的依赖，可以将各层内部实现机制的变更对其他层的影响降到最低。Netconf 协议分成 4 层：内容层、操作层、RPC 层、通信协议层。

（1）内容层。

内容层表示的是被管对象的集合。内容层的内容需要来自数据模型中，而原有的 MIB 等数据模型对于配置管理存在着如不允许创建和删除行，对应的 MIB 不支持复杂的表结构等缺陷，因此内容层的内容没有定义在 RFC4741 中。到目前为止，Netconf 内容层是唯一没有被标准化的层，没有标准的 Netconf 数据建模语言和数据模型，其相关理论还在进一步讨论中。

（2）操作层。

操作层定义了一系列在 RPC 中应用的基本的原语操作集，这些操作将组成 Netconf 的基本能力。为了简单，SNMP 只定义了 5 种基本操作，涵盖了取值、设值和告警 3 个方面。Netconf 全面地定义了 9 种基础操作，功能主要包括 3 个方面：取值操作、配置操作、锁操作和会话操作，其中，get、get-config 用来对设备进行取值操作，而 edit-config、copy-config、delete-config 则用于配置设备参数，lock 和 unlock 则是在对设备进行操作时为防止并发产生混乱的锁行为，close-session 和 kill-session 则是相对比较上层的操作，用于结束一个会话操作。

（3）RPC 层。

RPC 层为 RPC 模块的编码提供了一个简单的、与传输协议无关的机制。通过使用 <rpc> 和 <rpc-reply> 元素 对 Netconf 协议的客户端（网络管理者或网络配置应用程序）和服务器端（网络设备）的请求和响应数据（即操作层和内容层的内容）进行封装，正常情况下，<rpc-reply> 元素封装客户端所需的数据或配置成功的提示信息，当客户端请求报文存在错误或服务器端处理不成功时，服务器端在 <rpc-reply> 元素中会封装一个包含详细错误信息的 <rpc-error> 元素来反馈给客户端。

一旦 Netconf 会话开始，控制器和设备就会交换一组"特性"。这组"特性"包括一些信息，如 Netconf 协议版本支持列表、备选数据是否存在、运行中的数据存储可修改的方式。除此之外，"特性"在 Netconf RFC 中定义，开发人员可以通过遵循 RFC 中描述的规范格式添加额外的"特性"。

Netconf 协议的命令集由读取、修改设备配置数据，以及读取状态数据的一系列命令组成。命令通过 RPCs 进行沟通，并以 RPC 回复来应答。一个 RPC 回复必须响应一个 RPC 才能返回。一个配置操作必须由一系列 RPC 组成，每个都有与其对应的应答 RPC。

（4）通信协议层。

通信协议层主要提供一个客户端与服务器的通信路径。Netconf 可以基于任何能够提供基本传输需求的传输协议实现分层。

7.6　实训任务一　公司服务器安全检测与防护

7.6.1　任务描述

某公司已经组建了局域网，并且使用 Windows Server 2008 服务器提供了 Web、FTP、DNS 等服务。作为公司网络管理员，为了保障服务器的安全，需要定期对服务器操作系统进行安全检测，以便根据检测结果进行防护，请实施。

7.6.2　任务目的

了解操作系统安全的概念和原理，掌握操作系统安全的检测与防护方法。

7.6.3　知识链接

1. 系统漏洞

系统漏洞是指网络操作系统本身所存在的技术缺陷。系统漏洞往往会被病毒利用，导致病毒侵入并攻击用户计算机。漏洞影响的范围很大，包括系统本身及其支撑软件，网络客户和服务器软件，网络路由器和安全防火墙等。换言之，在这些不同的软硬件设备中都可能存在不同的安全漏洞问题。在不同种类的软、硬件设备，同种设备的不同版本之间，由不同设备构成的不同系统之间，以及同种系统在不同的设置条件下，都会存在各自不同的安全漏洞问题。

Windows 系统漏洞问题是与时间紧密相关的。一个 Windows 系统从发布的那一天起，随着用户的深入使用，系统中存在的漏洞会被不断暴露出来，这些早先被发现的漏洞也会不断被系统供应商——微软公司发布的补丁软件修补，或在以后发布的新版系统中得以纠正。而在新版系统纠正了旧版本中具有漏洞的同时，也会引入一些新的漏洞和错误。Windows 操作系统供应商将定期对已知的系统漏洞发布补丁程序，用户只要定期下载并安装补丁程序，就可以保证计算机不会轻易被病毒、黑客入侵。

一般情况下，在网络边界处企业都会部署硬件或软件防火墙，能根据企业的安全策略控制出入网络的信息流，防火墙本身具有较强的抗攻击能力，但是也存在一定的局限性：

- 防火墙不能解决来自内部网络的攻击和安全问题，对于防火墙内部各主机间的攻击行为，防火墙也无法处理。
- 防火墙无法解决 TCP/IP 等协议的漏洞，例如 Dos 攻击（拒绝服务攻击）。
- 防火墙对于合法开发端口的攻击无法阻止。例如，利用开放的 FTP、远程桌面端口漏洞提升权限问题。
- 防火墙不能防止受病毒感染文件或木马文件的传输。防火墙本身不具备查杀病毒、木马的功能。
- 防火墙不能防止数据驱动式的攻击。有些数据邮寄或传输到内部主机被执行时，可能会发生数据驱动式的攻击。
- 防火墙不能防止内部的泄密行为以及自身安全漏洞的问题。

2. 漏洞扫描

漏洞扫描是网络安全防御中的一项重要技术，其原理是采用模拟攻击的形式对目标可能存在的已知安全漏洞进行逐项检查。其目标是服务器、工作站、交换机、数据库应用、Web 应用等各种应用设施，然后根据扫描结果向网络管理员提供可靠的安全性评估分析报告，以便管理员能及时进行漏洞修补和加强安全防护，从而提高网络安全整体水平。

漏洞扫描主要通过以下两种方法来检查目标主机是否存在漏洞：在端口扫描后得知目标主机开启的端口以及端口上的网络服务，将这些相关信息与网络漏洞扫描系统提供的漏洞库进行匹配，查看是否有满足匹配条件的漏洞存在；通过模拟黑客的攻击手法，对目标主机系统进行攻击性的安全漏洞扫描，如测试弱势口令等。若模拟攻击成功，则表明目标主机系统存在安全漏洞。

在网络安全体系的建设中，安全扫描是一种花费低、效果好、见效快、独立于网络运行、安装运行简单的网络工具，可以减少网络管理员大量的手动重复劳动，有利于保持全网安全的稳定和统一标准。

目前市场上有很多漏洞扫描工具，按照不同的技术（基于网络、基于主机、基于代理、Client/Server）、不同的特征、不同的报告方式和不同的监听模式，可以分为很多种。在选择漏洞扫描工具时要充分考虑各种技术和漏洞库信息，漏洞库信息是基于网络系统漏洞库的漏洞扫描的主要判断依据。如果漏洞库信息不全面或得不到及时的更新，不但不能发挥漏洞扫描的作用，还会给系统管理员以错误的引导，从而对系统的安全隐患不能采取有效措施并及时消除。

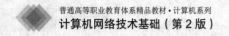
3. 微软安全扫描工具 MBSA

MBSA（Microsoft Baseline Security Analyzer）是微软公司提供的免费安全扫描工具，系统管理员可以通过它来对一些常用的微软安全漏洞进行评估，包括缺少的安全更新。MBSA 将扫描基于 Windows 的计算机，并检查操作系统和已安装的其他组件（如 IIS 和 SQL Server），以发现安全方面的配置错误，并及时通过推荐的安全更新进行修补。目前最新的 MBSA 版本为微软公司于 2015 年 1 月发布的 V2.3，可支持 Windows 8、Windows 8.1、Windows Server 2012（R2）等操作系统版本。

MBSA 目前可以运行在 Windows 桌面操作系统和 Windows Server 服务器环境中。该软件可以检查到 Windows 7/8、Windows Server 2008/2012、IIS、SQL Server、Internet Explorer 和 Office 等软件包中的结构性错误，还可以检查出 Windows 7/8、Windows Server 2008/2012、IIS、SQL Server、Internet Explorer、Office、Exchange Server、Windows Media Player、Microsoft Data Access Components（MDAC）、MSXML、Microsoft Virtual Machine、Commerce Server、Content Management Server、BizTalk Server、Host Integration Server 中遗漏的安全更新。

MBSA 检查 Windows 操作系统的安全内容主要有：

- 检查将确定并列出属于 Local Administrators 组的用户账户。
- 检查将确定在被扫描的计算机上是否启用了审核。
- 检查将确定在被扫描的计算机上是否启用了"自动登录"功能。
- 检查是否有不必要的服务。
- 检查将确定正在接受扫描的计算机是否为一个域控制器。
- 检查将确定在每一个硬盘上使用的是哪一种文件系统，以确保它是 NTFS 文件系统。
- 检查将确定在被扫描的计算机上是否启用了内置的来宾账户。
- 检查将找出使用了空白密码或简单密码的所有本地用户账户。
- 检查将列出被扫描计算机上的每一个本地用户当前采用的和建议的 IE 区域安全设置。
- 检查将确定在被扫描的计算机上运行的是哪一个操作系统。
- 检查将确定是否有本地用户账户设置了永不过期的密码。
- 检查将确定被扫描的计算机上是否使用了 Restrict Anonymous 注册表项来限制匿名连接 Service Pack 和即时修复程序。

MBSA 检查 IIS 的安全分析主要有：

- 检查将确定 MSADC（样本数据访问脚本）和脚本虚拟目录是否已安装在被扫描的 IIS 计算机上。
- 检查将确定 IISADMPWD 目录是否已安装在被扫描的计算机上。

- 检查将确定 IIS 是否在一个作为域控制器的系统上运行。

- 检查将确定 IIS 锁定工具是否已经在被扫描的计算机上运行。

- 检查将确定 IIS 日志记录是否已启用，以及 W3C 扩展日志文件格式是否已使用。

- 检查将确定在被扫描的计算机上是否启用了 ASP EnableParentPaths 设置。

- 检查将确定下列 IIS 示例文件目录是否安装在计算机上。

MBSA 2.0 的 SQL Server 安全分析功能主要有：

- 检查将确定 Sysadmin 角色的成员的数量，并将结果显示在安全报告中。

- 检查将确定是否有本地 SQL Server 账户采用了简单密码（如空白密码）。

- 检查将确定被扫描的 SQL Server 上使用的身份验证模式。

- 检查将验证 SQL Server 目录是否都将访问权只限制到 SQL 服务账户和本地 Administrators。

- 检查将确定 SQL Server 7.0 和 SQL Server 2000 sa 账户密码是否以明文形式写到 %temp%\sqlstp.log 和 %temp%\setup.iss 文件中。

- 检查将确定 SQL Server Guest 账户是否具有访问数据库（MASTER、TEMPDB 和 MSDB 除外）的权限。

- 检查将确定 SQL Server 是否在一个担任域控制器的系统上运行。

- 检查将确保 Everyone 组对 HKLM\Software\Microsoft\Microsoft SQL Server 和 HKLM\Software\Microsoft\MSSQLServer 两个注册表项的访问权被限制为读取权限。如果 Everyone 组对这些注册表项的访问权限高于读取权限，那么这种情况将在安全扫描报告中被标记为严重安全漏洞。

- 检查将确定 SQL Server 服务账户在被扫描的计算机上是否为本地或 Domain Administrators 组的成员，或者是否有 SQL Server 服务账户在 LocalSystem 上下文中运行。

MBSA 版本使用 Windows Update Agent（WUA）连接扫描结果。如果找到某个产品有新版本或更新，则会提供相关更新信息和下载连接。此外，MBSA 还能识别出操作系统版本和服务包。扫描报告还能列出需要升级的最近安装的更新。

7.6.4　任务实施

1. 实施规划

在需要进行安全检测的服务器上安装 MBSA 软件即可，也可进行远程检测，需要目标服务器的操作系统管理员账号。

2. 实施步骤

（1）MBSA 安装。

MBSA 作为免费的微软安全检测工具，可以从微软网站免费下载，下载地址为 https://www.microsoft.com/en-us/download/details.aspx?id=7558，根据操作系统下载相应版本（32位或64位）。

MBSA 的安装非常简单，打开下载的安装文件，根据向导提示单击"下一步"按钮即可完成软件的安装，在安装过程中需要选择接受微软公司的软件许可协议。

（2）MBSA 使用。

安装 MBSA 软件后，在程序菜单中选择 MBSA 即打开程序主界面，可以选择是检测一台计算机还是检测多台计算机，如图 7-17 所示。

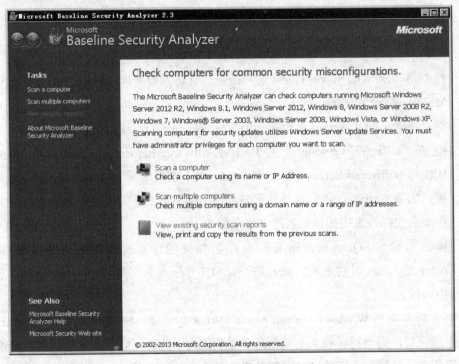

图 7-17 MBSA 安全检测主界面

＊ **提示**：要检测一台计算机，需要管理员访问权。在进行自动扫描时，用来运行 MBSA 的账户必须是管理员或者是本地管理员组的成员。在要检测多台计算机或远程计算机的情况下，也必须是每台计算机的管理员或者是域管理员。

如果要检测一台（通常是当前计算机，也可以是网络中其他有管理权限的计算机），则单击 Scan a computer 超链接，打开如图 7-18 所示的对话框。

在 Computer name 栏中默认显示当前计算机名。用户也可以更改，或者在下面的 IP address 中输入要检测的其他计算机的 IP 地址。计算机名和 IP 地址仅需要选择一种即可。

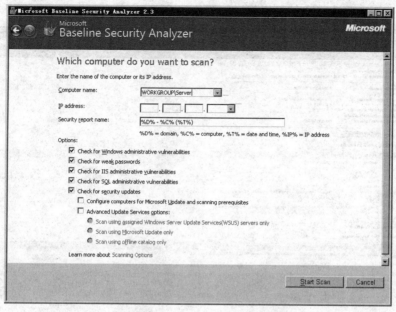

图 7-18　选择需要安全检测的目标计算机

对话框下面有许多复选框，主要涉及选择要扫描检测的项目，包括 Windows 系统风险、弱口令风险、IIS 风险和 SQL 风险等相关选项。根据所检测的计算机系统中所安装的程序系统和实际需求来确定即可。

输入要检测的计算机，并选择好要检测的项目后，单击窗口下方 Start Scan 按钮，程序则自动检查和下载安全更新信息后检测已选择的项目，显示 Scanning 界面，如图 7-19 所示。

* 提示： 第一次检测时，因要从微软服务器下载安全更新信息，所以会比较慢。

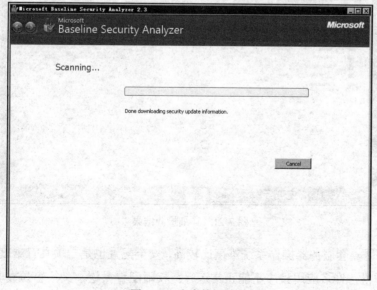

图 7-19　安全检测过程

检测完成后会形成一个结果报告，如图 7-20 所示。

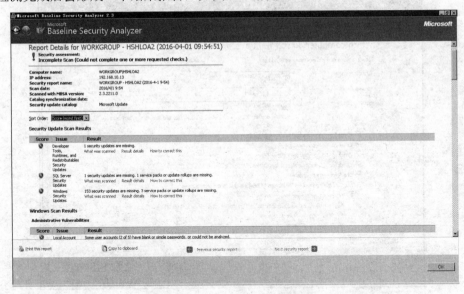

图 7-20　操作系统安全检测结果

在报告中凡是检测到存在严重安全隐患的以红色的"×"显示，中等级别的以黄色的"×"显示，安全的以绿色的"√"显示。对于存在安全隐患的栏目，可以单击 Result details 链接查看详细的检测结果，如图 7-21 所示为系统存在弱（空）口令账户的情况。用户还可以单击栏目的 How to correct this 链接，得知该如何配置才能纠正这些不正当的设置，根据帮助和前面介绍的操作系统安全相关知识进行安全隐患的改正。

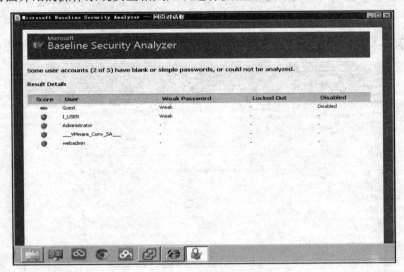

图 7-21　详细检测结果

安装、部署一套服务器操作系统难度比较高，安全配置也是一项具有难度的网络技术，权限配置太严格，许多应用程序不能正常运行；权限配置太松，又很容易被非法入侵者侵入。Windows Server 2008 操作系统是目前企业使用比较成熟和广泛的网络服务器平台，其安全性相对于 Windows Server 2003 有了极大的提高。Windows 系统平台的安全无疑是构建服务器安全的基础，涉及操作系统和应用程序的安装、系统服务、系统设置和用户账户等多方面安全配置。

7.6.5　任务验收

登录运行 MBSA 的计算机，检查扫描结果和根据结果所做的安全策略和防护。

7.6.6　任务总结

本任务通过使用微软安全扫描工具 MBSA，掌握操作系统安全检测的方法，提高对网络安全的认识。

7.7　实训任务二　公司设备 SNMP 配置

7.7.1　任务描述

某企业办公网具有较多的交换机和多台服务器，现需要对这些网络设备、服务器进行远程管理，为下一步的综合网络管理提供管理基础，请给出解决方法并实施。

7.7.2　任务目的

本任务针对企业办公网的交换机和服务器等相关网络设备进行 SNMP 功能配置。通过本任务，进行交换机和服务器 SNMP 功能配置，以帮助读者了解常用网络设备 SNMP 配置方法，了解网络管理的作用和功能。

7.7.3　知识链接

交换机、路由器关于 SNMP 配置的相关命令与对应关系如表 7-2 所示。

表 7-2　SNMP 配置命令

功　能	锐捷、Cisco 系列交换机		H3C 系列交换机	
	配 置 模 式	基 本 命 令	配 置 视 图	基 本 命 令
启用 SNMP 功能，并设置读写团体号		Ruijie(config)#SNMP-server community public rw		[H3C]SNMP-agent community read public
启用 SNMP TRAP 功能		Ruijie(config)#SNMP-server enable traps		[H3C] SNMP-agent trap enable
设置接收 SNMP TRAP 数据主机	全局模式	Ruijie(config)#SNMP-server host 192.168.2.3 private	系统视图	[H3C] SNMP-agent target-host trap address udp-domain 192.168.10.254 params securityname public v1
设置触发 TRAP 事件		Ruijie(config)#SNMP-server enable traps SNMP authentication coldstart		[H3C] SNMP-agent trap enable standard coldstart

7.7.4　任务实施

1. 实施规划

（1）实训拓扑。

根据任务的需求与分析，实训的拓扑结构及网络参数如图 7-22 所示，以 swA 模拟企业的交换机，Web 服务器模拟企业的网络服务器，验证机模拟网络管理员计算机。

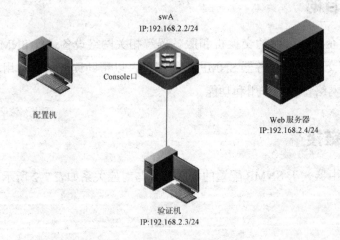

图 7-22　实训拓扑

（2）实训设备。

根据任务的需求和实训拓扑，实训小组的实训设备配置建议如表 7-3 所示。

表7-3　实训设备配置清单

设 备 类 型	设 备 型 号	数　量
交换机	锐捷 RG-3760（含配置线）	1
计算机	PC，Windows XP	2
服务器	Windows Server 2008	1
软件	SNMP Tester、receive_trap	1

（3）IP 地址规划。

根据实训需求，实训环境相关设备 IP 地址规划如表 7-4 所示。

表7-4　IP 地址规划

设 备 类 型	设备名称/型号	IP 地址
计算机	验证机	192.168.2.3/24
服务器	Web 服务器	192.168.2.4/24
交换机	swA	192.168.2.2/24

2. 实施步骤

（1）根据实训拓扑图进行交换机、计算机等网络设备的线缆连接，配置 PC、服务器的 IP 地址，搭建好实训环境。

（2）服务器安装 SNMP 服务功能。

在服务器上打开服务器管理器，选择"功能"界面，在界面的"功能摘要"里选择"添加功能"，将出现"选择功能"对话框，选中"SNMP 服务"复选框，如图 7-23 所示。

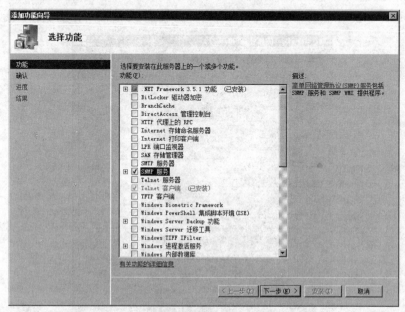

图 7-23　选择 SNMP 服务安装

单击"下一步"按钮后确认安装即可完成 SNMP 服务的安装。

＊提示：为使 SNMP 服务生效，需要重新启动 SNMP 服务。在服务器管理器的配置下，选择服务里的 SNMP Service，右击，在弹出的快捷菜单中选择"重新启动"命令。

（3）配置 SNMP 信息。

在服务器上打开管理工具的服务器管理器，选择"配置"下的"服务"，找到 SNMP Service，如图 7-24 所示。

图 7-24　SNMP 服务

双击 SNMP Service，打开"SNMP Service 的属性"对话框，如图 7-25 所示。

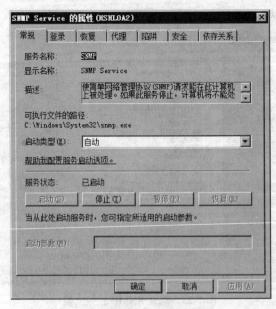

图 7-25　SNMP Service 属性

选择"安全"选项卡，单击"添加"按钮，设置 SNMP 团体权限和团体号，此处将团体权限设置为"只读"，团体号设置为 public，单击"添加"按钮，即可完成团体号的设置，如图 7-26 所示。

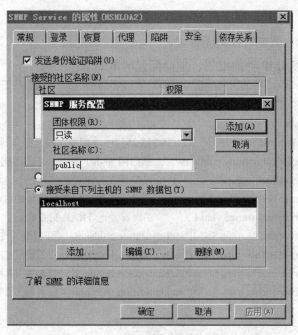

图 7-26　设置 SNMP 团体

设置该台服务器接收来自哪些主机的 SNMP 数据，此处选中"接受来自任何主机的 SNMP 数据包"单选按钮，如图 7-27 所示。

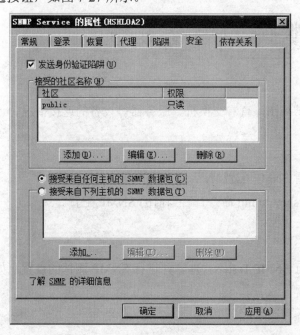

图 7-27　接受主机 SNMP 数据包

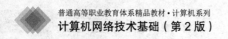

单击"确定"按钮完成 SNMP 服务的配置。

（4）配置交换机 SNMP 功能。

在配置机上，使用计算机 Windows 操作系统的超级终端组件程序，通过串口连接到交换机的配置界面，其中，超级终端串口的属性设置还原为默认值（每秒位数 9600、数据位 8、奇偶校验无、数据流控制无）。

在 swA 上进行 SNMP 功能配置，主要配置清单如下：

```
swA>enable
swA#configure terminal
swA(config)#interface vlan 1
swA(config-if-VLAN 1)#ip address 192.168.2.2 255.255.255.0   // 配置交换机管理地址
swA(config)#SNMP-server community public rw          // 启用 SNMP 功能并配置 SNMP 读写团体号
swA(config)#SNMP-server enable traps                 // 启用 TRAP 功能
swA(config)#SNMP-server host 192.168.2.3 private    // 设置接收 TRAP 数据包的主机地址和团体号
swA(config)#SNMP-server trap-source vlan 1            // 设置发送 TRAP 的源地址
swA(config)#SNMP-server enable traps SNMP authentication coldstart   // 设置触发 TRAP 的事件为冷启动
swA(config)#SNMP-server enable traps SNMP authentication linkdown  // 设置触发 TRAP 的事件为链路关闭
swA(config)#SNMP-server enable traps SNMP authentication linkup    // 设置触发 TRAP 的事件为链路启用
swA(config)#SNMP-server enable traps SNMP authentication warmstart// 设置触发 TRAP 的事件为热启动
swA(config)#exit
swA#write
```

（5）验证机安装 SNMP 测试软件。

在验证机上安装 SNMP Tester、receive_trap 软件，以验证 SNMP 的配置。

7.7.5　任务验收

1. 设备验收

根据实训拓扑结构图，查看交换机、服务器等设备的连接情况。

2. 配置验收

在服务器上查看 SNMP 配置情况。

在 swA 上通过 show snmp 命令查看当前的 SNMP 配置。

3. 功能验收

在验证机上运行 SNMP Tester 软件，并进行 SNMP 测试的设置，如图 7-28 所示。

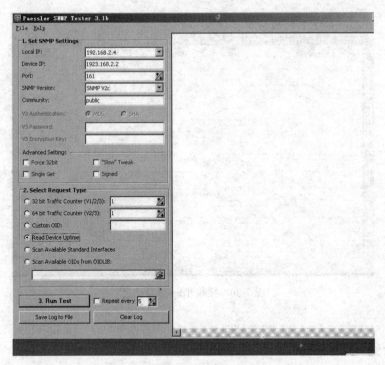

图 7-28　SNMP Tester 设置

在 Device IP 栏中输入服务器或交换机的 IP 地址，单击 Run Test 按钮，即可读出该服务器或交换机的相关 SNMP 信息。

在验证机上运行 receive_trap 软件，并通过"控制菜单"选择"启用"选项，开启 receive_trap 接收 Trap 数据包的功能，验收交换机的 SNMP Trap 功能，如图 7-29 所示。

图 7-29　receive_trap 配置

将 swA 的 VLAN 1 关闭，receive_trap 将接收到报警信息，如图 7-30 所示。

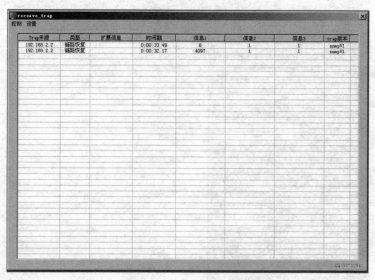

图 7-30　接收 Trap 报警信息

7.7.6　任务总结

针对某公司办公区内部网络的网络管理系统的建设，通过需求分析进行了实训的规划和实施，通过本任务进行了服务器 SNMP 配置、交换机 SNMP 基本配置、交换机 SNMP Trap 配置等方面的实训。

本 章 小 结

（1）随着 Internet 的广泛应用和商业化，目前计算机网络存在的安全威胁较多，需要通过各种网络安全技术来进行防护。总体来说有攻击检测、攻击防范、攻击后恢复这三大方向，每一个方向上都有代表性的系统。

（2）现代信息认证技术是互联网安全通信和交易的重要保障，主要解决信息传输的保密性、身份的确定性、信息的不可否认性和信息的完整性问题，通过信息加密、数字签名、数字证书和公钥基础来进行安全保证。

（3）Internet 网络安全技术主要包括防病毒技术、防火墙技术、VPN 技术、链路层安全、网络层安全、传输层安全和应用层安全。

（4）操作系统的安全职能是网络安全职能的根基，有效防止病毒、木马、黑客等网络威胁必须依赖于操作系统本身的安全，介绍操作系统下的常用安全功能与设置。

（5）网络管理的任务是收集、监控网络中各种资源的使用和各种网络活动，如设备和设施的工作参数、工作状态信息，并及时通知管理员进行处理，从而使网络的性能达到最优，以实现对网络的管理。国际标准化组织定义的网络管理有 5 大功能：配置管理、性能管理、故障管理、安全管理和计费管理。SNMP 提供了一种监控和管理计算机网络的系统方法，已成为网络管理事实上的标准。同时介绍了下一代配置管理协议 Netconf。

（6）通过服务器安全检测与防护实训任务掌握操作系统安全检测的方法，通过 SNMP 配置了解网络管理的作用和功能。

习　题

一、填空题

1．计算机病毒按照寄生方式大致可分为 3 类：＿＿＿＿型病毒、文件型病毒、混合型病毒。

2．PKI 的中文全称是＿＿＿＿。

3．Windows XP 操作系统中内置的超级管理员账号名称是＿＿＿＿。

4．信息认证有两个根本的目的，一是验证信息发送者的＿＿＿＿，即保证没有被冒充；二是验证信息的完整性，即信息在传输过程中没有被更改。

5．对于使用特征代码法的杀毒软件，必须要定期升级＿＿＿＿，才能识别新近出现的病毒。

6．一个网络管理系统一般由管理进程、＿＿＿＿、＿＿＿＿和管理协议 4 部分构成。

二、选择题

1．防火墙是指（　　　　）。

A．一个特定软件　　　　　　　　　B．一个特定硬件

C．执行访问控制策略的一组系统　　D．一批硬件的总称

2．不对称加密技术中必须保密的参数是（　　　　）。

A．加密算法　　　　　　　　　　　B．加密密钥

C．密文　　　　　　　　　　　　　D．解密密钥

3．最能保护硬盘文件安全的文件系统是（　　　　）。

A．FAT　　　　　　　　　　　　　B．FAT32

C．NTFS　　　　　　　　　　　　 D．FDISK

4．SSL 协议中对服务器与客户端来往的数据加密的密钥是（　　　　）。

A．随机对称密钥　　　　　　　　　B．服务器证书的公钥

C．服务器证书的私钥　　　　　　　D．客户端计算机的公钥

5．不论是网络的安全保密技术，还是站点的安全技术，其核心问题是（　　　　）。

A. 系统的安全评价　　　　　　　B. 保护数据安全

C. 是否具有防火墙　　　　　　　D. 硬件结构的稳定

6. 防火墙 _____ 不通过它的连接。

A. 不能控制　　　　　　　　　　B. 能控制

C. 过滤　　　　　　　　　　　　D. 能禁止

7. 一张个人数字证书一般会包含很多信息，但肯定不包含（　　　）。

A. 持证人的公钥　　　　　　　　B. 证书有效期

C. 持证人私钥　　　　　　　　　D. CA 的签名

8. 关于包过滤型防火墙对数据包进行过滤，以下说法错误的是（　　　）。

A. 可以根据源 IP 地址进行过滤　　B. 可以根据目的端口进行过滤

C. 可以根据文件扩展名进行过滤　　D. 可以根据传输协议进行过滤

9. 甲要给乙发送加密邮件，则甲必须先获得乙的（　　　）。

A. 私钥　　　　　　　　　　　　B. 公钥

C. 公钥和私钥　　　　　　　　　D. 解密算法

10. 数字签名是（　　　）。

A. 用接收方公钥对信息摘要加密的结果

B. 用发送方私钥对信息明文加密的结果

C. 用接收方私钥对信息摘要加密的结果

D. 用发送方私钥对信息摘要加密的结果

11. 以下哪项不是 VPN 技术所使用的协议？（　　　）

A. PPTP　　　　　　　　　　　B. IPSec

C. VLAN　　　　　　　　　　　D. SSL

12. 下面哪项属于网络层安全技术？（　　　）

A. 端口隔离　　　　　　　　　　B. ARP 防护

C. SSL　　　　　　　　　　　　D. IPSec

三、简答题

1. 简述计算机网络面临的主要安全威胁。

2. 简述防火墙的功能和局限性。

3. 简述非对称密钥加密技术的特点。

4. 简述数字签名的过程和数字签名的验证过程。

5. 简述计算机病毒的特点。

6. 简述 SNMP 管理的模型。

第8章 云计算与网络技术

■ **学习内容：**

云计算的概念，商业模式包括交付模式和部署模式，云计算的架构包括体系结构、结构模型和服务架构，云计算的关键技术包括虚拟化技术、并行编程模型、分布存储技术和云平台管理技术；传统网络与云计算网络的区别，云计算环境下网络的新技术，包括各种网络虚拟化技术和软件定义网络技术；云计算租户网络与云主机使用实训。

■ **学习要求：**

云计算是当前技术和商业模式的应用热点，通过本章的学习，应掌握云计算的概念，掌握云计算的商业模式和架构，了解云计算的关键技术；对云计算环境下的各种网络技术以及新兴的软件定义网络（SDN）技术进行了解，完成云计算租户网络与云主机使用的实训任务。

8.1 云计算概述

近年来，随着信息技术的飞速发展，特别是移动互联网、物联网、电子商务、三网融合等领域的需求和发展，对计算和数据的需求越来越大，一种新的技术和商业模式应运而生，这就是云计算。云计算继个人计算机变革、互联网变革之后被看作第三次 IT 浪潮，是中国战略性新兴产业的重要组成部分，将带来生活、生产方式和商业模式的根本性改变，也将成为当前全社会关注的热点。

8.1.1 云计算概念

1. 云计算的发展历史

云计算被视为科技界的下一次革命，将带来工作方式和商业模式的根本性改变。追根溯源，云计算与并行计算、分布式计算和网格计算不无关系，更是虚拟化、效用计算、SaaS、SOA 等技术混合演进的结果。几十年来，云计算的主要发展历史如下：

1959 年，计算机科学家 Christopher Strachey 发表了一篇名为"大型高速计算机中的时间共享"（Time Sharing in Large Fast Computers）的学术报告，他在文中首次提出了虚拟化的基本概念，被认为是虚拟化技术的最早论述。如今虚拟化是云计算基础架构的基石。

1984 年，Sun 公司的联合创始人 John Gage 说出了"网络就是计算机"的名言，用于

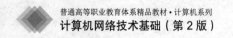

描述分布式计算技术带来的新世界，今天的云计算正在将这一理念变成现实。

1997 年，南加州大学教授 Ramnath K. Chellappa 提出云计算的第一个学术定义，认为计算的边界可以不是技术局限，而是经济合理性。

1998 年，VMware 公司成立并首次引入 X86 的虚拟技术。

2005 年，Amazon 宣布 Amazon Web Services 云计算平台。

2006 年，Amazon 相继推出在线存储服务 S3 和弹性计算云 EC2 等云服务，Sun 公司推出基于云计算理论的 Black Box 计划。

2007 年，Google 与 IBM 提出云计算的概念并在大学开设云计算课程。

2008 年 2 月，IBM 宣布在中国无锡太湖新城科教产业园为中国的软件公司建立第一个云计算中心。

2008 年 4 月，Google App Engine 发布。

2008 年 7 月，惠普、英特尔和雅虎联合创建云计算试验台 Open Cirrus。

2008 年 9 月，Google 公司推出 Google Chrome 浏览器，将浏览器彻底融入云计算时代。

2009 年 1 月，阿里软件在江苏南京建立首个"电子商务云计算中心"。

2009 年 4 月，VMware 推出业界首款云操作系统 VMware vSphere4。

2009 年 7 月，中国首个企业云计算平台诞生（中化企业云计算平台）。

2010 年 1 月，Microsoft 正式发布 Microsoft Azure 云平台服务。

2010 年 4 月，英特尔在 IDF（英特尔信息技术峰会）上提出互联计算，计划用 X86 架构统一嵌入式、物联网和云计算领域。

2010 年 7 月，由美国国家航空航天局（NASA）和 Rackspace 合作研发并发起 OpenStack 开源云计算平台，并得到 AMD、英特尔和戴尔等厂商的支持和参与。微软在 2010 年 10 月表示支持 OpenStack 与 Windows Server 2008 R2 的整合，Ubuntu 已把 OpenStack 加至 11.04 版本中。

2011 年 2 月，思科系统正式加入 OpenStack 项目，重点研制 OpenStack 的网络服务。

2012 年 4 月，IBM 宣布加入 OpenStack 项目，并作为主要赞助商。

2013 年 6 月 18 日，在南京召开了"中国云计算产业促进大会暨中国 OpenStack 服务中心发布会"，华胜天成在会上正式宣布推出中国首家 OpenStack 服务中心。

2. 云计算的概念

目前，云计算还没有完全统一的定义，这也与云计算本身特征很相似。维基对云计算的定义是：云计算（Cloud Computing），是一种基于互联网的计算方式，通过这种方式，共享的软硬件资源和信息可以按需求提供给计算机和其他设备。

美国国家标准与技术研究院（NIST）对云计算的定义是：云计算是一种按使用量付费的模式，这种模式提供可用的、便捷的、按需的网络访问，进入可配置的计算资源共享池（资源包括网络、服务器、存储、应用软件、服务），这些资源能够被快速提供，只需投入很少的管理工作，或与服务供应商进行很少的交互。"云计算"概念被大量运用到生产环境中，各种"云计算"的应服务范围正日渐扩大，影响力也无可估量。

典型的云计算提供商往往提供通用的网络业务应用，可以通过浏览器等软件或者其他Web 服务来访问，而软件和数据都存储在服务器上。云计算服务通常提供通用的通过浏览器访问的在线商业应用，软件和数据可存储在数据中心。

狭义云计算是指 IT 基础设施的交付和使用模式，通过网络以按需、易扩展的方式获得所需的资源（硬件、平台、软件）。提供资源的网络被称为"云"。"云"中的资源在使用者看来是可以无限扩展的，并且可以随时获取，按需使用，随时扩展，按使用付费。

广义云计算是指服务的交付和使用模式，通过网络以按需、易扩展的方式获得所需的服务。这种服务可以是 IT 和软件、互联网相关的，也可以是任意其他的服务。

云计算是分布式计算（Distributed Computing）、并行计算（Parallel Computing）、效用计算（Utility Computing）、网络存储（Network Storage Technologies）、虚拟化（Virtualization）、负载均衡（Load Balance）、热备份冗余（High Available）等传统计算机和网络技术发展融合的产物，旨在通过网络将多个成本相对较低的计算实体整合成一个具有强大计算能力的完美系统，并借助 SaaS、PaaS、IaaS、MSP 等先进的商业模式把强大的计算能力分布到终端用户手中。云计算的一个核心理念就是通过不断提高"云"的处理能力，进而减少用户终端的处理负担，最终使用户终端简化成一个单纯的输入/输出设备，并能按需享受"云"的强大计算处理能力。最终目标是将计算、服务和应用作为一种公共设施提供给公众，使人们能够像使用水、电、煤气和电话那样使用计算机资源。

3. 云计算的基本特征

在典型的云计算模式中，用户通过终端接入网络，向"云"提出需求，"云"接受请求后组织资源，通过网络为"端"提供服务。用户终端的功能可以大大简化，诸多复杂的计算与处理过程都将转移到终端背后的"云"上去完成。用户所需的应用程序并不需要运行在用户的个人计算机、手机等终端设备上，而是运行在互联网的大规模服务器集群中。用户所处理的数据也无须存储在本地，而是保存在互联网上的数据中心里。提供云计算服务的企业负责这些数据中心和服务器正常运转的管理和维护，并保证为用户提供足够强的计算能力和足够大的存储空间。在任何时间和任何地点，用户只要能够连接至互联网，就可以访问云，实现随需随用。通常云计算服务具备以下基本特征：

（1）资源配置动态化。

根据消费者的需求动态划分或释放不同的物理和虚拟资源，当增加一个需求时，可通过增加可用的资源进行匹配，实现资源的快速弹性提供；如果用户不再使用这部分资源，可释放这些资源。云计算为客户提供的这种能力是无限的，实现了 IT 资源利用的可扩展性。

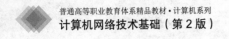

（2）需求服务自助化。

云计算为客户提供自助化的资源服务，用户无须同提供商交互就可自动得到自助的计算资源能力。同时云系统为客户提供一定的应用服务目录，客户可采用自助方式选择满足自身需求的服务项目和内容。

（3）以网络为中心。

云计算的组件和整体构架由网络连接在一起并存在于网络中，同时通过网络向用户提供服务。而客户可借助不同的终端设备，通过标准的应用实现对网络的访问，从而使得云计算的服务无处不在。

（4）服务可计量化。

在提供云服务的过程中，针对客户不同的服务类型，通过计量的方法来自动控制和优化资源配置，即资源的使用可被监测和控制，是一种即付即用的服务模式。

（5）资源的池化和透明化。

对云服务的提供者而言，各种底层资源（计算、存储、网络、资源逻辑等）的异构性（如果存在某种异构性）被屏蔽，边界被打破，所有的资源可以被统一管理和调度，成为所谓的"资源池"，从而为用户提供按需服务；对用户而言，这些资源是透明的，无限大的，用户无须了解内部结构，只关心自己的需求是否得到满足即可。

8.1.2 云计算商业模式

云计算是大规模分布式计算技术及其配套商业模式演进的产物，其发展主要有赖于虚拟化、分布式数据存储、数据管理、编程模式、信息安全等各项技术和产品的共同发展。与其说云计算是技术的创新，不如说云计算是思维和商业模式的转变。云计算最有价值的是其商业模式：按需取用，按需付费，是最美丽的商业模式，也是对产业带来最大的震撼，会被延伸至 IT 之外的产业，甚至可能影响企业的经营思维。

1. 云计算的交付模式

美国国家标准与技术研究院（NIST）制定了一套广泛采用的术语，用于描述云计算的各方面内容。NIST 针对"云"定义了三大交付模式，称为 S-P-I 模式：

软件即服务（Software-as-a-Service，SaaS），即将软件或应用作为一项服务来提供。

平台即服务（Platform-as-a-Service，PaaS），即将软件开发的平台作为一种服务来提供。

基础设施即服务（Infrastructure - as - a - Service，IaaS），即将基础的操作系统和存储功能作为一项服务来提供。

（1）软件即服务。

软件即服务，是基于互联网提供软件服务的软件应用模式。它是一种通过 Internet 提供软件的模式，用户无须购买软件，而是向提供商租用基于 Web 的软件来管理企业经营活动。云提供商在云端安装和运行应用软件，云用户通过云客户端（通常是 Web 浏览器）使用软件，不能管理应用软件运行的基础设施和平台，只能做有限的应用程序设置。

SaaS 是一种软件布局模型，其应用专为网络交付而设计，便于用户通过互联网托管、部署及接入。SaaS 应用软件的价格通常为"全包"费用，囊括了通常的应用软件许可证费、软件维护费以及技术支持费，将其统一为每个用户的月度租用费。对于广大中小型企业来说，SaaS 是采用先进技术实施信息化的最好途径。

SaaS 正在深入地细化和发展，最典型的应用当属 CRM，此外，ERP、eHR、SCM 等系统也都开始 SaaS 化。目前的典型 SaaS 厂商有美国的 Salesforce、WebEx Communication、Digital Insight 等，国内厂商有用友、中企开源、OLERP、Xtools、八百客等。

（2）平台即服务。

平台即服务，是指把服务器平台或者开发环境作为一种服务提供的商业模式。PaaS 实际上是将软件开发的平台作为一种服务，以 SaaS 的模式提交给用户。因此，PaaS 也是 SaaS 模式的一种应用。但是，PaaS 的出现可以加快 SaaS 的发展，尤其是加快 SaaS 应用的开发速度。

平台通常包括操作系统、编程语言的运行环境和工具（如 Java、Python、PHP、.Net）、数据库（如 MySQL、MongoDB）和 Web 服务器（如 Apache、Nginx），用户在此平台上部署和运行自己的应用，不能管理和控制底层的基础设施，只能控制自己部署的应用。

PaaS 的代表产品有 Google 的 Google Apps Engine、Salesforce 的 force.com 平台、新浪的 SAE 平台和八百客的 800APP。

（3）基础设施即服务。

基础设施即服务，是指消费者可以通过互联网从完善的计算机基础设施中获得服务。

在这一层面，服务提供者通过虚拟化、动态化将 IT 基础资源（计算、网络、存储）形成资源池。资源池即计算机（物理机和虚拟机）、存储空间、网络连接、负载均衡和防火墙等基本计算资源的集合，终端用户（企业）可以通过网络获得自己所需要的计算资源，在此基础上部署和运行各种软件，包括操作系统和应用程序，运行自己的业务系统，这种方式使用户不必自己建设这些基础设施，而只是通过付费租用云服务提供方的基础实施。

通过虚拟化技术，IaaS 服务商可以实现调配服务器资源，提高资源利用率并降低 IT 成本，达到集中管理和动态使用物理资源的目的。对于用户来说，采用 IaaS 服务，可以减少基础建设投资，根据自身需求随时扩充或者减少应用规模，按照实际使用量计费。IaaS 服务商的服务器规模通常都很大，是一种公共资源，理论上用户可以获得无限的计算能力和存储空间，而且应用和数据安全性也得到保障。

国外最为典型的 IaaS 服务商为亚马逊，国内有世纪互联、阿里云、青云等。

2. 云计算的部署模式

云计算的部署模式主要由下面几个部分组成：

（1）公有云，通常指第三方提供商为用户提供的能够使用的云。公有云一般通过互联网使用，可能是免费或成本低廉的。这种云有许多实例，可在当今整个开放的公有网络中提供服务。

（2）私有云，通常指企业自己使用的云，提供的服务不是供他人使用，而是供自己内部人员或分支机构使用。

（3）社区云，是大的"公有云"范畴内的一个组成部分，指在一定的地域范围内，由云计算服务提供商统一提供计算资源、网络资源、软件和服务能力所形成的云计算形式。社区云是一些由有着类似需求并打算共享基础设施的组织共同创立的云，目的是实现云计算的一些优势。由于共同承担费用的用户数比公有云少，这种选择往往比公有云贵，但隐私度、安全性和政策遵从都比公有云高。

（4）混合云，融合了公有云和私有云，是提供自己使用也提供外部客户共同使用的云，既可以利用私有云的安全性，将内部重要数据保存在本地数据中心，也可以使用公有云的计算资源，更高效快捷地完成工作，以获得最佳的效果。同单独的公有云、私有云或社区云相比，混合云具有更大的灵活性和可扩展性，极大地拓展了云计算的优势，企业用户在私有云能力不足时，能够快速借用外部公有云的资源，从而保证业务不因资源不足而断线。

所有这些所谓的业务交付模式和部署模式都是可以变化的，而且是多样的变化。目前基于云计算的技术已经是可用的，它是一个宽范围的 IT 资源，更重要的是其商业模式和服务可以被划分、按需消费，而普通用户只需关心使用，并不需要了解更多和更复杂的实现细节。

8.1.3　云计算架构

云计算是分布式处理（Distributed Computing）、并行处理（Parallel Computing）和网格计算（Grid Computing）及分布式数据库的改进和发展，其前身是利用并行计算解决大型问题的网格计算和将计算资源作为可计量的服务提供的公用计算，在互联网宽带技术和虚拟化技术高速发展后萌生出云计算。

大部分的云计算基础构架是由通过数据中心传送的可信赖的服务和创建在服务器上的不同层次的虚拟化技术组成的。人们可以在任何提供网络基础设施的地方使用这些服务。"云"通常表现为对所有用户的计算需求的单一访问点。人们通常希望商业化的产品能够满足服务质量的要求，并且一般情况下要提供服务水平协议（Service Level Agreement，SLA）。开放标准对于云计算的发展是至关重要的，并且开源软件已经为众多的云计算实例提供了基础。

1. 云计算体系结构

云计算的体系结构由五大部分组成，分别为资源层、平台层、应用层、用户访问层和管理层。云计算的本质是通过网络提供服务，所以其体系结构以服务为核心，如图8-1所示。

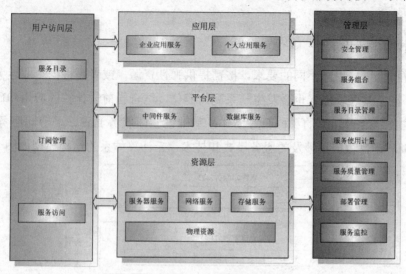

图 8-1　云计算体系结构

资源层是指基础架构层面的云计算服务，这些服务可以提供虚拟化的资源，从而隐藏物理资源的复杂性。物理资源指的是物理设备，如服务器、存储、网络设备等。服务器服务指的是操作系统的环境，如 Linux 集群等。网络服务指的是提供的网络处理能力，如防火墙、VLAN、负载均衡等。存储服务为用户提供存储能力。

平台层为用户提供对资源层服务的封装，使用户可以构建自己的应用。数据库服务提供可扩展的数据库处理的能力。中间件服务为用户提供可扩展的消息中间件或事务处理中间件等服务。

应用层提供软件服务。企业应用是指面向企业用户的服务，如财务管理、客户关系管理、商业智能等。个人应用指面向个人用户的服务，如电子邮件、文本处理、个人信息存储等。

用户访问层是方便用户使用云计算服务所需的各种支撑服务，针对每个层次的云计算服务都需要提供相应的访问接口。服务目录是一个服务列表，用户可以从中选择需要使用的云计算服务。订阅管理是提供给用户的管理功能，用户可以查阅自己订阅的服务，或者终止订阅的服务。服务访问是针对每种层次的云计算服务提供的访问接口，针对资源层的访问可能是远程桌面或者 Xwindows，针对应用层的访问，提供的接口可能是 Web。

管理层是提供对所有层次云计算服务的管理功能：安全管理提供对服务的授权控制、用户认证、审计、一致性检查等功能；服务组合提供对已有云计算服务进行组合的功能，使得新的服务可以基于已有服务创建；服务目录管理服务提供服务目录和服务本身的管理功能，管理员可以增加新的服务，或者从服务目录中除去服务；服务使用计量对用户的使用情况进行统计，并以此为依据对用户进行计费；服务质量管理提供对服务的性能、可靠性、可扩展性进行管理；部署管理提供对服务实例的自动化部署和配置，当用户通过订阅管理增加新的服务订阅后，部署管理模块自动为用户准备服务实例；服务监控提供对服务健康状态的记录。

2. 云计算结构模型

云计算可以根据用户不同的要求，按需提供弹性资源，或者是根据企业运营模式和开发体系的不同，其表现形式也会发生一系列的变化。结合当前云计算的应用和研究，其体系结构模型需结合云计算的3种服务模式：基础设施即服务IaaS、平台即服务PaaS、软件即服务SaaS，且根据所涉及的服务模式和技术，云计算体系的结构模型如图8-2所示。

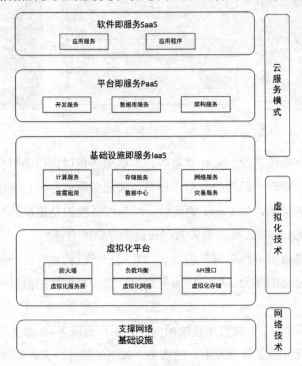

图8-2　云计算结构模型

3. 云计算服务架构

早在2007年，云计算的概念就由Google和IBM提出了。发展到现在，出现了更为细致的分别。狭义的云计算是通过网络以按需、易扩展的方式获得所需的资源（硬件、平台、软件）；而广义的云计算是通过网络以按需、易扩展的方式获得所需的服务。

根据目前最常用的NIST定义，云计算分为3种服务模式，即SaaS、PaaS、IaaS，这3层模式的分法主要是从用户使用的角度出发，结合下面提供服务的虚拟资源层和物理设备层，云计算的服务架构如图8-3所示。

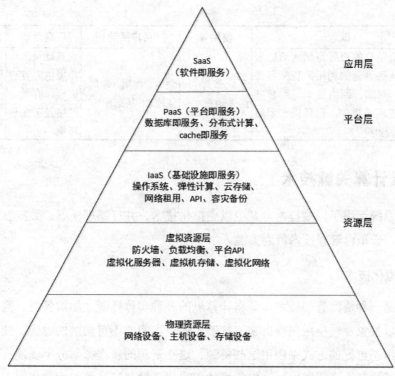

图 8-3　云计算服务架构

3 种模式之间的关系可以从两个角度进行分析：

（1）用户角度。三者之间的关系是独立的，因为它们面对不同类型的用户。

（2）技术角度。三者之间有一定的依赖关系但并不绝对，SaaS 可以基于 PaaS 或者直接部署于 IaaS 之上，PaaS 可以构建于 IaaS 之上，也可以直接构建在物理资源之上。目前还出现了跨越 PaaS 和 IaaS 的平台，如 docker。三者之间的关系和比较如表 8-1 所示。

表 8-1　3 种服务模式的关系与比较

层次	概念	使用者	用户活动	厂商活动	代表产品
SaaS 软件即服务	提供给用户的服务是运行在云计算基础设施上的应用程序，用户可以按订购的服务多少和时间长短向厂商支付费用，并利用各种设备和客户端通过互联网进行访问	软件终端用户	满足商业需求的应用、服务	在云基础设施上创建、管理、部署，支持应用软件	Saleforce Gmail 用友 八百客
PaaS 平台即服务	提供给用户的服务是在云供应商的云计算基础设施上采用开发语言和工具（如 Java、Python、PHP、.Net）部署的应用软件开发环境	应用开发者	在云环境中开发、测试、部署、管理应用软件	为平台用户提供云基础设施和开发、部署和管理工具	Google Apps Engine force.com 新浪 SAE 800APP

续表

层次	概念	使用者	用户活动	厂商活动	代表产品
IaaS 基础设施即服务	提供给用户的服务是供应商的云计算基础设施的利用，包括各种计算、存储、网络资源，用户能部署任意的软件，包括操作系统和应用程序	系统管理员、终端用户	创建、使用、管理、监控 IT 基础设施	为基础设施用户提供并管理进程、存储、网络及云主机环境	亚马逊 AWS Rackspace 世纪互联 阿里云 青云

8.1.4 云计算关键技术

云计算系统运用了许多技术，其中以虚拟化技术、并行编程模型、数据管理技术、数据存储技术、云平台管理技术最为关键。

1. 虚拟化技术

虚拟化是一种资源管理技术，是将计算机的各种实体资源，如服务器、网络、内存及存储等，予以抽象、转换后呈现出来，打破实体结构间的不可切割的障碍，使用户可以拥有比原本的组态更好的方式来应用这些资源。这些资源的新虚拟部分不受现有资源的架设方式、地域或物理组态所限制。一般所指的虚拟化资源包括计算能力和资料存储。在实际的生产环境中，虚拟化技术主要用来解决高性能的物理硬件产能过剩和老的旧的硬件产能过低的重组重用，透明化底层物理硬件，从而最大化地利用物理硬件。

虚拟化技术是云计算的基本支撑，虚拟机的快速部署与便捷的系统管理、资源利用率的提高极大地推动了云计算的发展。虚拟化技术可以扩大硬件的容量，简化软件的重新配置过程。CPU 虚拟化技术可以通过单 CPU 模拟多 CPU 并行，允许一个平台同时运行多个操作系统，并且应用程序都可以在相互独立的空间内运行而互不影响，从而显著提高计算机的工作效率。目前，虚拟化已经从单纯的虚拟服务器发展成为虚拟桌面、网络、存储等多种虚拟技术。

虚拟化技术包括两个层面：硬件层面的虚拟化和软件层面的虚拟化。通常所说的虚拟化是指服务器的虚拟化技术，除此之外，应用层、表示层、桌面 / 服务器、存储和网络都可以全方位地实现虚拟化，如图 8-4 所示。

应用虚拟化
应用运行在任何需要的计算机上
表示层虚拟化
表示层与流程分离
桌面 / 服务器虚拟化
操作系统可以分配到任意计算机或移动终端上
存储虚拟化
通过网络、主机或存储设备对存储资源进行抽象化表现
网络虚拟化
从物理网络元素中分离或模拟多个逻辑网络

图 8-4 云计算虚拟化技术

（1）网络虚拟化。

网络虚拟化就是在一个物理网络上模拟出多个逻辑网络，是使用基于软件的抽象从物理网络元素总分离网络流量的一种方式。在网络领域中，虚拟化并不是一项新兴的技术。虚拟网络允许不同需求的用户组访问同一个物理网络，但从逻辑上对它们进行一定程度的隔离，以确保安全。20 世纪 90 年代，二层交换是园区局域网的标志性特征，虚拟局域网（VLAN）是在一个通用基础设施中将局域网划分为不同工作组的标准。除了 VLAN，基础设施虚拟服务还包括虚拟路由器 VRF 和虚拟交换机等。在虚拟路由中，相同物理交换机中的路由进程为每个应用环境单独提供路由功能。在虚拟交换中，两个物理交换机被视为一个设备，从而简化了代码维护与配置管理工作，但更重要的是，通过支持跨越不同物理交换机的端口通道和状态来提供物理冗余。

现在，随着数据中心服务器虚拟化的发展，在数据中心有大量的用户租用多台虚拟机，当虚拟机都需要 VLAN 进行隔离时，传统的 VLAN 或 VRF 就存在着较大的缺陷和性能问题。2006 年，亚马逊推出了 AWS，开启了公有云的时代，大二层网络的呼声越来越高。面对着越来越多的用户，以及越来越大的流量压力和被迫闲置的链路带宽，数据中心网络的转型迫在眉睫，越来越需要利用虚拟化技术整合和简化网络资源。适用于网络虚拟化的大部分协议基本上都是利用封装和隧道技术来创建虚拟网络覆盖的。基于网络的虚拟化适用于多用户组环境，可将各组彼此隔离，并在多层应用环境中将每个层次或整个多层环境彼此隔离。网络虚拟化不但简化了数据和网络管理的复杂性，也进一步提升了数据的安全性。目前网络虚拟化技术主要分为两个方向，控制平面虚拟化与数据平面虚拟化。逐渐代替了传统的网络架构，成为最近几年炙手可热的新一代数据中心网络技术。

通过网络虚拟化技术，用户可以将多台设备连接，"横向整合"起来组成一个"联合设备"，并将这些设备看作单一设备对其进行管理和使用。多个盒式设备整合后类似于一台机架式设备，而多台框式设备的整合相当于增加了槽位。通过虚拟化整合后的设备组成了单一逻辑单元，在网络中表现为一个网元节点，这在让管理、配置、可跨设备链路聚合更简化的同时，还简化了网络架构，并进一步增强了冗余的可靠性。网络虚拟化的原理如图 8-5 所示。

此外，网络虚拟化技术为数据中心建设提供了一个新标准，定义了新一代网络架构，这样，各种数据中心的基础网络都能够使用这一架构，这在帮助企业构建高效可用的状态化网络的同时，优化了网络资源的使用。同时，在网络虚拟化架构上，通过集成虚拟化安全，还可以使得传统网络中离散的安全控制点被整合进来。

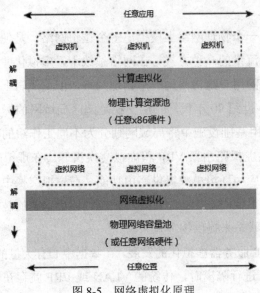

图 8-5　网络虚拟化原理

（2）存储虚拟化。

存储虚拟化是针对存储设备或存储服务进行的虚拟化手段，以便对底层存储资源实施存储汇聚、隐藏复杂性以及添加新功能等，通过将存储系统或存储服务的内部功能隐藏，抽象和隔离应用、主机或通用网络的资源，从而实现对存储和数据的应用以及网络无关的管理。

将存储资源虚拟成一个"存储池"，这样做的好处是把许多零散的存储资源整合起来，从而提高整体利用率，同时降低系统管理成本。存储虚拟化能将存储网络上的各种品牌的存储子系统整合成一个或多个可以集中管理的存储池（存储池可跨多个存储子系统），在存储池中按需要建立一个或多个不同大小的虚卷，并将这些虚卷按一定的读写授权分配给存储网络上的各种应用服务器，这样就达到了充分利用存储容量、集中管理存储、降低存储成本的目的。

在存储系统中使用存储虚拟化技术、云计算可以提高硬件相关的利用率，利用整个存储资源，进行异构存储覆盖和数据关联。只有网络级的虚拟化，才是真正意义上的存储虚拟化，通过普遍使用虚拟化管理程序使存储体系结构得以改进，从而能为存储领域带来服务器虚拟化，为计算领域实现简单性、效率和成本节省优势。

（3）服务器虚拟化。

服务器虚拟化是将服务器物理资源抽象成逻辑资源，让一台服务器变成几台甚至上百台相互隔离的虚拟服务器，不再受限于物理上的界限，让 CPU、内存、磁盘、I/O 等硬件变成可以动态管理的"资源池"，从而提高资源的利用率，简化系统管理，实现服务器整合，让 IT 对业务的变化更具适应力。服务器虚拟化技术是云计算能快速发展的重要推动力。

服务器虚拟化使用软件的方法重新定义划分 IT 资源，可以实现 IT 资源的动态分配、灵活调度、跨域共享，提高 IT 资源利用率，使 IT 资源能够真正成为社会基础设施，服务于各行各业灵活多变的应用需求。虚拟化技术可以扩大硬件的容量，简化软件的重新配置过程。

服务器虚拟化主要分为 3 种："一虚多""多虚一""多虚多"。"一虚多"是指将一台服务器虚拟成多台服务器，即将一台物理服务器分割成多个相互独立、互不干扰的虚拟环境。"多虚一"就是将多个独立的物理服务器虚拟为一个逻辑服务器，使多台服务器相互协作，处理同一个业务。另外还有"多虚多"的概念，就是将多台物理服务器虚拟成一台逻辑服务器，然后再将其划分为多个虚拟环境，即多个业务在多台虚拟服务器上运行。

服务器虚拟化的主要特性如下。

- 分区：在单一物理服务器上同时运行多个虚拟机。
- 隔离：在同一服务器上的虚拟机之间相互隔离。
- 封装：整个虚拟机都封装在文件中，而且可以通过移动和复制这些文件操作方式来移动和复制该虚拟机。
- 独立：相对于硬件独立，无须修改即可在任何服务器上运行虚拟机。

服务器虚拟化的主要方法有：

- 完全虚拟化（Full-Virtulization）。

完全虚拟化技术又叫硬件辅助虚拟化技术，最初所使用的虚拟化技术就是全虚拟化技术，它在虚拟机（VM）和硬件之间加了一个软件层——Hypervisor，或者叫做虚拟机管理程序（VMM）。全虚拟化会占用一定的资源，在性能方面不如裸机，但是运行速度要快于硬件模拟。全虚拟化最大的优点就是运行在虚拟机上的操作系统没有经过任何修改，唯一的限制就是操作系统必须能够支持底层的硬件。具有代表性的软件有 VMare ESXi、Linux KVM。全虚拟化技术原理如图 8-6 所示。

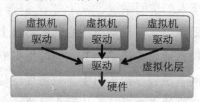

图 8-6　全虚拟化

- 半虚拟化（Para-Virtulization）。

半虚拟化是另一种类似于全虚拟化的技术，使用 Hypervisor（虚拟机管理程序）分享存取底层的硬件，但是它的客户操作系统集成了虚拟化方面的代码。该方法无须重新编译或引起陷阱，因为操作系统自身能够与虚拟进程进行很好的协作。半虚拟化的虚拟机（VM）系统在访问真实硬件时是重用当前系统的驱动，而不是通过仿真的硬件实现的。虚拟机系统和 Hypervisor 交互是通过一个高效、底层的 API 来实现的，这使得 Hypervisor 和虚拟机系统可以共同最优化地使用底层的硬件和 I/O。代表性的软件有微软 Hyper-V、 Ctrix Xen

和 IBM PowerVM。半虚拟化技术原理如图 8-7 所示。

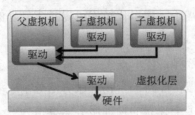

图 8-7　半虚拟化

● 操作系统层虚拟化。

操作系统层虚拟化是在已有的操作系统层上通过软件创建独立的虚拟机实例，指向底层托管操作系统，虚拟机实例依赖于已有的操作系统，常用于开发、测试环境。代表性的软件有 VM Workstation、VM Server 和 Oracle VirtualBox。操作系统层虚拟化技术原理如图 8-8 所示。

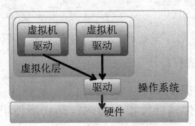

图 8-8　操作系统层虚拟化

（4）桌面虚拟化。

桌面虚拟化（Virtual Desktop Infrastructure，VDI）是指将计算机的终端系统（也称作桌面）进行虚拟化，以达到桌面使用的安全性和灵活性。可以通过任何设备，在任何地点，任何时间通过网络访问属于个人的桌面系统。

桌面虚拟化依赖于服务器虚拟化，在数据中心的服务器上进行服务器虚拟化，生成大量独立的桌面操作系统（虚拟机或者虚拟桌面），同时根据专有的虚拟桌面协议发送给终端设备。用户终端通过以太网登录到虚拟主机上，只需要记住用户名和密码及网关信息，即可随时随地通过网络访问自己的桌面系统，从而实现单机多用户。

通过与 IaaS 的结合，桌面虚拟化也演变成桌面云（Desktop As a Service，DaaS）。IaaS 提供基础资源平台，桌面虚拟化和云平台的完美融合达到类似于 SaaS 一样的效果，这便是 DaaS。桌面云的主要代表产品有 VMware 的 Horizon View、Citrix 的 XenDesktop。

（5）表示层虚拟化。

用户在使用应用程序时，其应用程序并不是运行在本地操作系统之上的，而是运行在服务器上面的，客户机只显示程序的 UI 界面和用户的操作，服务器仅向用户提供表示层，这种虚拟化就是表示层虚拟化。例如，只需要在一台服务器上安装一套 Office 软件，所有网内的客户机无须安装即可像本机一样使用，哪怕是不具备 Office 硬件需求的客户机也可以完全使用，因为客户机处理的只是软件的 UI 界面，甚至可以在 Windows Mobile 的手机上运行。

（6）应用虚拟化。

应用虚拟化是将应用程序与操作系统解耦合，为应用程序提供了一个虚拟的运行环境。在这个环境中，不仅包括应用程序的可执行文件，还包括所需要的运行时环境。从本质上说，应用虚拟化是把应用对低层的系统和硬件的依赖抽象出来，可以解决版本不兼容的问题。

2. 并行编程模型

为了使用户能更轻松地享受云计算带来的服务，让用户能利用编程模型编写简单的程序来实现特定的目的，云计算上的编程模型必须十分简单，必须保证后台复杂的并行执行与任务调度向用户和编程人员透明。

MapReduce 是 Google 开发的 Java、Python、C++ 编程模型，它是一种简化的分布式编程模型和高效的任务调度模型，用于大规模数据集（大于 1TB）的并行运算。严格的编程模型使云计算环境下的编程十分简单。MapReduce 模式的原理是将要执行的问题分解成 Map（映射）和 Reduce（化简）的方式，先通过 Map 程序将数据切割成不相关的区块，分配（调度）给大量计算机处理，达到分布式运算的效果，再通过 Reduce 程序将结果汇总输出。

云计算大部分采用 MapReduce 的并行编程模式。现在大部分 IT 厂商提出的"云"计划中采用的编程模型，都是基于 MapReduce 的原理开发的编程工具。MapReduce 不仅仅是一种编程模型，同时也是一种高效的任务调度模型。MapReduce 这种编程模型不仅适用于云计算，在多核和多处理器、异构机群上同样有良好的性能。

3. 海量数据分布存储技术

为保证高可用、高可靠和经济性，云计算通常采用分布式存储技术来存储数据，采用冗余存储的方式来保证存储数据的可靠性，即为同一份数据存储多个副本。

另外，云计算系统需要同时满足大量用户的需求，并行地为大量用户提供服务。因此，云计算的数据存储技术必须具有高吞吐性和高传输率的特点。

分布式存储系统是将数据分散存储在多台独立的设备上。传统的网络存储系统采用集中的存储服务器存放所有数据，存储服务器成为系统性能的瓶颈，也是可靠性和安全性的焦点，不能满足大规模存储应用的需要。分布式存储系统采用可扩展的系统结构，利用多台存储服务器分担存储负荷，利用位置服务器定位存储信息，不但提高了系统的可靠性、可用性和存取效率，还易于扩展。云计算系统中广泛使用的数据存储系统是 Google 的 GFS 以及 GFS 的开源实现 HDFS、Gluster、Ceph 等开源软件。

GFS 即 Google File System，是 Google 公司为了存储海量搜索数据而设计的专用文件系统。它是一个可扩展的分布式文件系统，用于大型的、分布式的、对大量数据进行访问的应用。GFS 的新颖之处并不在于采用了多么令人惊讶的新技术，而在于它采用廉价的商用计算机集群构建分布式文件系统，并提供容错功能，在降低成本的同时经受了实际应用的考验。

一个 GFS 系统包括一个或两个主服务器（Master）和多个块服务器（Chunkserver），如图 8-9 所示，一个 GFS 能够同时为多个客户端应用程序提供文件服务。文件被划分为固定的块，由主服务器安排存放到块服务器的本地硬盘上。主服务器会记录存放位置等数据，并负责维护和管理文件系统，包括块的租用、垃圾块的回收以及块在不同块服务器之间的迁移。此外，主服务器还周期性地与每个块服务器通过消息交互，以监视运行状态或下达命令。应用程序通过与主服务器和块服务器的交互来实现对应用数据的读写，应用与主服务器之间的交互仅限于元数据，也就是一些控制数据，其他的数据操作都是直接与块服务器交互的。这种控制与业务相分离的架构，在互联网产品方案上较为广泛，也较为成功。

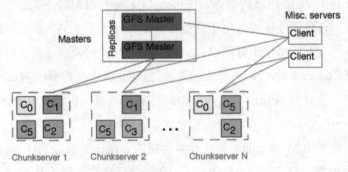

图 8-9　GFS 架构

在 GFS 文件系统中，采用了冗余存储的方式来保证数据的可靠性。每份数据在系统中保存 3 个以上的备份。为了保证数据的一致性，对于数据的所有修改需要在所有的备份上进行，并用版本号的方式来确保所有备份保持一致的状态。例如，图 8-9 中的数据块均在其他块服务器上有相同的冗余备份。

由于 GFS 是 Google 公司自行开发和使用的分布式存储系统，并未进行开源和提供商业版本，Hadoop 团队开发了实现 GFS 的开源分布式存储系统 HDFS，由于设计理念来自于 GFS，其架构和工作模式、数据的分布、复制、备份等都与 GFS 相同，在一定程度上HDFS 可以认为是 GFS 的一个简化开源版。与 GFS 类似，HDFS 有着高容错性的特点，并且设计用来部署在低廉的硬件上。而且 GFS 提供高吞吐量来访问应用程序的数据，适合那些有着超大数据集的应用程序。

Ceph 也是一种优秀的为性能、可靠性和可扩展性而设计的统一的、开源的分布式文件系统。"统一的"意味着 Ceph 可以同时提供对象存储、块存储和文件系统存储 3 种功能，以便在满足不同应用需求的前提下简化部署和运维。"分布式的"在 Ceph 系统中则意味着真正的无中心结构和没有理论上限的系统规模可扩展性。在实践中，Ceph 可以被部署于上千台服务器上。

Ceph 充分发挥存储设备自身的计算能力，同时消除了对系统单一中心节点的依赖，从而实现了真正的无中心结构。基于这一设计思想和结构，Ceph 一方面实现了高度的可靠性和可扩展性，另一方面保证了客户端访问的相对低延迟和高聚合带宽。

目前 Ceph 已经成为 OpenStack 社区中呼声最高的开源存储方案之一，其实际应用主要涉及块存储和对象存储，并且开始向文件系统领域扩展。

4. 云平台管理技术

云计算资源规模庞大，服务器数量众多并分布在不同的地点，具有不同的网络环境，同时运行着数百种应用，如何有效地管理这些服务器，保证整个系统提供不间断的服务是巨大的挑战。

云计算系统的平台管理技术能够使大量的服务器协同工作，方便地进行业务部署和开通，快速发现和恢复系统故障，通过自动化、智能化的手段实现大规模系统的可靠运营。

云管理平台最重要的两个特质在于管理云资源和提供云服务，即通过构建基础架构资源池（IaaS）、搭建企业级应用 / 开发 / 数据平台（PaaS），以及通过 SOA 架构整合服务（SaaS）来实现全服务周期的一站式服务，构建多层级、全方位的云资源管理体系。

在 IaaS 云中，云管理平台需要在虚拟化、网格计算、效用计算、分布式等技术的支撑下，对包括计算资源、存储资源、网络资源等在内的基础架构通过 API 接口进行管理，实现按需的、可计量的对基础架构资源进行分配，同时，实现对资源使用情况和健康情况的监控以及对事件的捕获和处理。

在 PaaS 云中，云管理平台应该可以通过抽象管理来将用户需求翻译成平台相关属性需求，通过平台管理和接口 API 编程来实现针对平台需求的资源切割和快速部署，并同样需要在此过程中实现平台资源的计量、监控，以及事件的捕获和处理。

在 SaaS 云层面中，云管理平台也需对实际业务需求进行抽象处理，形成应用服务管理的通用架构。要构建这样的通用架构，还需云管理平台实现基于 SOA 服务的注册、注销、配置、流程设计、调度以及服务的部署等管理功能，同时在此过程中还需对服务质量和性能进行监控，并以此为依据进行服务级别协议（SLA）和服务计量的管理。

此外，云管理平台还需要面向用户和面向管理的统一门户来改善管理效率和提高用户体验。同时，在云管理平台的设计中，应考虑使用面向整个云管理平台的数据库，使所有的管理操作、用户使用情况、性能、事件等可回溯，同时可以此为基础进行数据分析、行为分析和决策支持，以提高整个云体系架构的服务水平和资源利用率。

云计算是一种新型的计算模式，能够把 IT 资源、数据、应用作为服务通过互联网提供给用户；同时，云计算也是一种新的基础架构管理方法，能够把大量的、高度虚拟化的

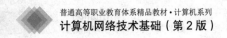
资源管理起来，组成一个庞大的资源池，统一提供服务。对于各行业的企业管理而言，云计算意味着 IT 与业务相结合而引发的突破式创新，在不断增加的复杂系统和网络应用以及企业日益追求 IT 投资回报率和社会责任的新竞争环境下，在不断变化的商业环境和调整的产业链中，云计算能够为企业发展带来巨大的商机和竞争优势。

8.2 云计算与网络

云计算技术是 IT 产业的一场技术革命，已成为 IT 行业发展的方向。云计算的基础架构主要包含计算（服务器）、网络和存储。如何让云计算服务中各种用户和设备尽可能安全地使用网络，需要对现有网络提出新的要求，通过虚拟化技术提高网络的利用率，让网络具有灵活的可扩展性和可管理性。目前已出现了一些对原有网络改进的技术和新的技术，本节对这些相关网络技术进行介绍。

8.2.1 传统网络与云计算网络

互联网在最初设计时，主要是为了能够让分散的用户访问集中的服务器，即所谓的 C/S 模型。在这种模型下，"路由交换"架构和"IP+ 以太网"模式完全能满足各种需求和应用，小范围内通过交换机进行本地高速交换，大范围间通过路由器进行 IP 智能寻址。在云计算出现以前，"IP+ 以太网"技术在数据通信领域长达近 30 年的时间中没有大的根本性变化。

公有云与混合云的发展使得"多租户"成为云计算中的基本场景，要求网络能够做到深度的隔离。而传统二层网络中，虽然也有类似 VLAN 的虚拟技术，但最多支持的 VLAN 数量为 4096 个，已经跟不上业务的飞速发展。这种变化使 IT 基础架构的运营专业化程度不断集中和提高，从而对基础架构，特别是网络提出了更高的要求。

云计算数据中心是整个云计算的核心，随着云计算的发展，传统的数据中心逐渐向虚拟化数据中心（Virtual Data Center，VDC）转变。虚拟化数据中心通过虚拟化技术将物理资源抽象整合，增强服务能力；通过动态资源分配和调度，提高资源利用能力和服务可靠性；提供自动化的服务开通能力，降低运维成本；提供更多的安全和可靠性机制，满足公众和企业客户的安全需求。相比较传统数据中心，对网络的要求有以下主要的变化：

- 数据中心内部物理服务器和虚拟机数量增大，导致二层拓扑变大，要求二层流量为主。
- 现有的环路技术收敛慢，链路利用率低下，同时二层的组网规模受到极大的限制。
- 分布式计算和存储技术，提出了对网络无丢包与高带宽交换的需求。
- 扩容、灾备和 VM 迁移要求数据中心多站点间大二层互通。

- 数据中心多站点的选路问题受大二层互通影响变得更加复杂。
- "位置"的概念变得无关紧要,虚拟机的分布和迁移甚至需要突破物理"位置"的局限,这对于 IP 这种对链路进行寻址的技术提出了极大的挑战。

这些技术上的变化引发了网络界对于"路由—交换"架构的重新思考。在传统网络中,客户机与远端服务器间的南北向流量占据了网络总流量的 80%,通常这些主机的接入位置也比较固定。一般地,路由器的一个端口下面不会有太多的二层,每个二层中也不会有太多的主机。可以说在传统的网络中,路由器是网络的主宰,交换机一直扮演着辅助的角色。但是在云计算数据中心网络中,这种情况却发生了根本性的变化。由于传统的数据中心服务器利用率太低,平均只有 10% ~ 15%,浪费了大量的电力能源和机房资源。虚拟化技术能够有效地提高服务器的利用率,降低能源消耗,降低客户的运维成本,所以虚拟化技术得到了极大的发展。但是,虚拟化给数据中心带来的不仅是服务器利用率的提高,还有网络架构的变化。具体来说,虚拟化技术的一项伴生技术——虚拟机动态迁移(如VMware 的 VMotion、Openstack 的 live-migration)在数据中心得到了广泛的应用。虚拟机迁移技术可以使数据中心的计算资源得到灵活的调配,进一步提高虚拟机资源的利用率。但是虚拟机迁移要求虚拟机迁移前后的 IP 和 MAC 地址不变,这就需要虚拟机迁移前后的网络处于同一个二层域内部。由于客户要求虚拟机迁移的范围越来越大,甚至是跨越不同地域、不同机房之间的迁移,所以使得数据中心二层网络的范围越来越大,甚至出现了专业的大二层网络这一新领域专题。"大二层"就成为这几年网络界一个热门的词汇,交换技术迎来了新的发展和商机。大二层首先需要解决的是数据中心内部的网络扩展问题,通过大规模二层网络和 VLAN 延伸,在数据中心内的大二层网络覆盖多个接入交换机和核心交换机,以实现虚拟机在数据中心内部的大范围迁移。

8.2.2 云计算网络技术

由于云计算逐渐进入成熟阶段,解决传统网络架构面临的挑战显得越来越迫切。近年来,针对如何优化数据中心以太网,支持其提供服务器虚拟化,已经出现和发展了一些新的协议和技术,以适应云计算网络新的需求。

1. 网络多虚一

网络多虚一,指的是将两台或者多台设备的资源(包括操作系统、转发实例、转发表、端口等)进行整合,对外表现为一台逻辑设备,统一管理与接口扩展的需求。以 Cisco 的VSS、华为的 CSS 和 H3C 的 IRF 为代表,后来 Cisco 又推出了 vPC 技术作为对 VSS 的升级。其实在这些技术中,除了转发实例、转发表这些转发逻辑层面的资源以外,端口这些数据平面的资源都被连带着整合了,因此又称"虚拟机框"技术。以 Cisco 的 VSS 为例,两台Cisco 6500 物理设备采用 VSS 后对外表现为一台逻辑设备,如图 8-10 所示。

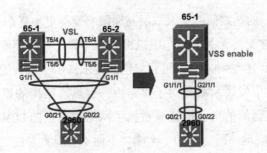

图 8-10　Cisco VSS 示意图

网络多虚一又分为控制层面虚拟化和数据层面虚拟化。控制层面虚拟化是将所有设备的控制平面合而为一成为一个主体，统一处理。整个虚拟交换机的工作从结构控制平面虚拟化又分为纵向即不同层次设备虚拟化和横向同一层次设备虚拟化。数据层面虚拟化使用了 TRILL 和 SPB 协议，在二层网络转发时，对报文进行外层封装，以 Tag 方式在 TRILL/SPB 区域内部转发，此区域网络形成一个大的虚拟交换机，实现对报文的透明转发。

多虚一技术发展了很多年，其技术已经较为成熟稳定，在数据中心得到了广泛的部署。从最初的堆叠到"虚拟机框"，在一定程度上解除了地理位置的限制。但是通过分布式协议来进行整机状态的同步，还是会对部署规模有一定的制约，而且各厂家的多虚一技术都是私有的，各家设备不能混合组网。而近年来，随着基于隧道的数据平面虚拟化技术的发展，为数据中心提供了几乎无限的可扩展性，"虚拟机框"的技术面临着较大的挑战。

2. 网络一虚多

传统的网络一虚多技术包括传统的 VLAN 技术、VPN 技术、FC 的 VSAN 技术等，目前出现的较新的技术是 Cisco 的 VDC、华为的 VS 等，参照计算资源的一虚多，将一台网络设备的操作系统分为多个操作系统，每个操作系统对应一台虚拟设备，而这些虚拟设备的数据、控制和管理都是完全独立的。

VDC 是 Cisco 基于操作系统级别的一虚多网络虚拟化技术。Cisco 在数据中心 NxK 系列交换机中提供了对 VDC 的支持，N7000 能够支持 4 个 VDC 实例。每个 VDC 实例都支持 4096 个 VLAN 和 256 个 VRF，从理论上来说，所有的逻辑转发资源都相应地扩展了 4 倍。Cisco VDC 架构如图 8-11 所示。

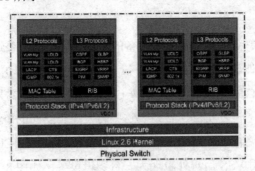

图 8-11　Cisco VDC 架构

VS（Virtual System）是华为的控制平面一虚多技术，与 VDC 技术大同小异。VS 在 VDC 基础上的一个改进是能够支持 1 虚 16，另外，在 VS 中端口分配机制扩展为两种模式——端口模式和端口组模式。

3. 虚拟交换机

虚拟交换机（Vswitch）是构成虚拟平台网络的关键角色，相较于实体的交换机设备，虚拟交换机所具备的网络功能较为简单，一般来说，以二层交换的应用为主。整体而言，内置大量的虚拟网络端口，以及提供速度更快的联机接口，是交换机虚拟化之后所带来的最大好处。

就网络端口的数量来说，一台实体交换机内置的网络端口数量为 5 ～ 48，如果机房内部需要连接网络的设备超过这个数字，就有必要扩充设备，而在虚拟平台的环境下，光是一台虚拟交换机便能提供为数可观的虚拟网络端口，以 VMware 的 Esxi 为例，一台 ESX 服务器最多可以透过软件仿真的方式，建立出 248 台虚拟交换机，每台交换机预设的虚拟网络端口数量是 56 个，可通过修改交换机设置的方式，扩充到 1016 接口的最大上限。如图 8-12 所示为 VMware Esxi 的虚拟交换机，图中虚拟交换机上具有多个端口组和上行链路，虚拟机的虚拟网卡分配到各个端口组，再通过上行链路连接到物理网卡。

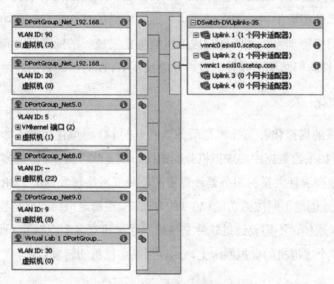

图 8-12　VMware Esxi 的虚拟交换机

除了提供虚拟机器集线的用途之外，一般在实体交换机中常用到的网络功能，如 VLAN、QoS 以及 EtherChannel 等功能，在虚拟交换机上也同样可以实现。和实体交换机不同的是，内置于虚拟交换机的部分网络功能仍然需要搭配实体的网络设备才能运作。例如，企业经常使用到的 VLAN，无论是何种虚拟化平台，两台虚拟交换机之间，均无法建立 VLAN 的 Trunk 和实现三层互通，需要通过物理服务器的物理网卡连接到实体交换机或路由器完成相关的功能。

在管理层面，虚拟机本地互访是把网络中所有与交换、寻址有关的内容都虚拟化成为一台逻辑的交换机，进而对其进行统一管理；在数据层面，交换机为每个虚拟机提供一个虚拟接口，使用服务器网卡的虚拟化 SR-IOV 或者增加交换机做软件驱动，主流的技术体系标准有 802.1Qbg 和 802.1Qbh。虚拟机之间的互访，会以硬件交换机进入服务器内部为最终方向，或是在网卡上实现（如 SR-IOV 网卡虚拟化），或是直接在主板上加转发芯片。

在虚拟化环境中，虚拟机故障、动态资源调度、服务器主机故障或计划内停机等都会造成虚拟机迁移动作的发生。为了保证虚拟机迁移前后业务的连续性运行，必须确保虚拟网卡所对应的网络策略能够同步迁移以及服务器主机与接入交换机连接的物理端口网络策略能够同步迁移。虚拟网卡的网络策略一般都保存在服务器本地磁盘上，虚拟机迁移时可以同步复制到目标服务器，而服务器主机与接入交换机连接的物理端口网络策略保存在交换机上，当虚拟机从一台服务器迁移到另一台服务器时，与服务器相连接的交换机可能不同。

为了解决交换机端口网络策略的同步迁移问题，IEEE 802.1 工作组着手制定了一个新的标准：802.1Qbg Edge Virtual Bridge（EVB），这是针对数据中心虚拟化制定的一组技术标准，包含了虚拟化服务器与网络之间数据互通的格式与转发要求，以及针对虚拟机、虚拟 I/O 通道对接网络的一组控制管理协议。EVB 定义了标准化的主机与网络之间虚拟化信息的关联控制，使得虚拟机的服务变更可以通过网络的感知来自动化响应，同时需要在虚拟计算管理与网络管理系统之间针对虚拟机服务定义统一的业务类型描述，保证主机侧的虚拟机 EVB 属性与网络侧的属性一致，才能实现 EVB 的控制目的。

4. 网卡虚拟化

还有一种网络的虚拟化补充技术是服务器网卡的 I/O 虚拟化技术，即 SR-IOV，由 PCI SIG 工作组提出。如果给数据中心虚拟机分配的接口都是软件交换机的虚拟接口，维护这些接口和转发本身就要消耗大量的服务器计算资源，降低网络转发性能。SR-IOV 就是在服务器物理网卡上，通过创建不同虚拟功能（VF）的方式，呈现给虚拟机的就是独立的网卡。因此，虚拟机直接跟网卡通信，不需要经过软件交换机。通过建立多个虚拟 I/O 通道，并使其能够直接一一对应到多个虚拟机的虚拟网卡上，用以提高虚拟机的转发效率。

5. 隧道封装技术

隧道封装技术（Tunneling）是一种通过使用互联网络的基础设施在网络之间传递数据的方式。使用隧道传递的数据（或负载）可以是不同协议的数据帧或包。隧道协议将其他协议的数据帧或包重新封装，然后通过隧道发送。新的帧头提供路由信息，以便通过互联网传递被封装的负载数据。传统网络典型的隧道技术为 VPN、MPLS 等。

云计算中如何实现不同租户和应用间的地址空间和数据流量的隔离是实现数据中心网

络虚拟化首先需要解决的几个问题之一。所谓地址空间的隔离是指不同租户和应用之间的 IP 地址之间不会产生相互干扰。也就是说，两个租户完全可以使用相同的网络地址。所谓数据流量的隔离是指任何一个租户和应用都不会感知或捕获到其他虚拟网络内部的流量。为了实现上述目的，可以在物理网络上面为租户构建各自的覆盖（overlay）网络，而隧道封装技术则是实现覆盖网络的关键。目前较为流行的构建覆盖网络的隧道封装技术主要有 VxLAN、NVGRE、OTV 和 LISP 技术。

（1）VxLAN。

VxLAN 全称为 Virtual Extensible LAN，是一种覆盖网络技术或隧道技术，也是 VMware 和 Cisco 联合提出的一种大二层技术，突破了 VLAN ID 只有 4096 的限制，允许通过现有的 IP 网络进行隧道的传输。VxLAN 将虚拟机发出的数据包封装在 UDP 中，并使用物理网络的 IP/MAC 作为外部报文头进行封装，然后在物理 IP 网上传输，到达目的地后由隧道终节点解封并将数据发送给目标虚拟机。VxLAN 技术本身主要是为了解决 VLAN 数量不足的问题，IP 标准中用 12 比特定义了 VLAN ID，总数是 4094 个，这个数量的 VLAN 远不能满足大规模云计算数据中心的需求。VxLAN 很好地解决了云计算在数据中心部署时面临的网络问题，这个协议就是为云计算而生的，不过在原有报文的基础上加了外层报文头，每个数据包要多传输一些数据，增加了网络传输的负担，但是和满足云计算相比，这点倒是微不足道的。

VxLAN 采用 MAC-in-UDP 的封装方式对二层网络进行扩展。目前在数据中心内应用 VxLAN 技术最广泛的场景即是实现虚拟机在三层网络范围内的自由迁移。使用 VxLAN 之后，原来局限于相同数据中心、相同物理二层网、相同 VLAN 的虚拟机迁移可以不再受这些限制，可以按需扩展到虚拟二层网络上的任何地方。此外，VxLAN 使用户可以创建多达 1600 万个相互隔离的虚拟网络。相对于 VLAN 所能支持的 4096 个虚拟网络而言具有质的提升。如图 8-13 所示，VxLAN 报文共有 50 字节（或 54 字节）的封装报文头，包括 14 字节（或 18 字节，含 802.1Q Tag）的外部以太网帧头（对应虚拟机所在物理机的 MAC）、20 字节的外部 IP 头（对应虚拟机所在物理机的 IP）、8 字节的外部 UDP 头、8 字节的 VxLAN 头。

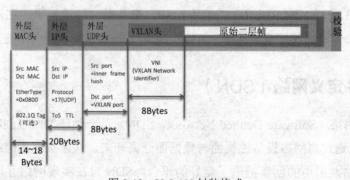

图 8-13　VxLAN 封装格式

VxLAN 用来建立虚拟机间端到端的隧道，常常被部署在物理服务器的虚拟化层中。考虑到软件性能的问题，现在也有一些硬件交换机可以支持 VxLAN。这几年 VxLAN 基本上已经成为新一代数据中心技术的代名词，再配合软件定义网络 SDN 的集中式控制，VxLAN 目前在数据中心网络虚拟化方面具有非常广阔的应用和发展前景。

（2）NVGRE。

NVGRE 全称为 NetworkVirtual GRE。和 VxLAN 相似，是利用 GRE 实现网络虚拟化的，使用一个 24 位的标识符来定义租户的网络。NVGRE 最初由微软公司提出，其目的是为了实现数据中心的多租户虚拟二层网络，其实现方式是将以太网帧封装在 GRE 头内并在三层网络上传输（MAC-in-IP）。

（3）OTV。

OTV 全称为 Overlay Transport Virtualization，也是一种隧道技术。其通过隧道技术穿越三层网络实现二层网络的互通，是一种二层扩展技术。具体实现上就是在原有三层报文的基础上再增加一个二层报文头，让跨三层的网络设备之间完成二层转发。这种技术是由 Cisco 公司提出来的，完全为了解决物理链路种类的限制。如典型的云计算应用，要让处于多个数据中心里的虚拟机任务平滑迁移，这些虚拟机之间都是二层转发，而实际上是处于不同的数据中心里，物理上需经过三层网络才能可达，在这种情况下，传统的数据中心网络技术无法满足，而 OTV 技术就可以很好地解决这类问题。

（4）LISP。

LISP 全称为 Locator/Identifier Separation Protocol，即定位器 / 标识符分离协议，依然是隧道技术，意在满足云计算的移动性。云计算的最大特点就是计算资源的虚拟化，单个应用程序将不再绑定在一台服务器上，而是在多个处于不同位置的服务器上都可以运行。

LISP 将 IP 地址拆分为表明位置的路由标识符和表明身份的节点标识符，路由标识符定义了设备是如何接入网络，如何能被找到，而节点标识符则是定义了设备是谁，属于什么组织。LISP 打破了原有的位置与身份之间的纽带。当然，部署 LISP 会增加路由表规模，也增加了网络部署的复杂性，正因为这样，这种协议仍处于优化协议文件阶段，原型实验产品也处于研发过程中。

不管是 VxLAN、NVGRE、OTV 还是 LISP，都是通过隧道技术，在原有的报文基础上增加报文头来完成云计算业务部署，可以实现将一个 VLAN 横跨多个三层网关的效果。

8.2.3　软件定义网络（SDN）

软件定义网络（Software Defined Network，SDN）是一种新型网络创新架构，其核心技术 OpenFlow 通过将网络设备控制面与数据面分离开来，从而实现了网络流量的灵活控制，为核心网络及应用的创新提供了良好的平台。SDN 旨在实现网络互联和网络行为的定义和开放式的接口，从而支持未来各种新型网络体系结构和新型业务的创新。

　　SDN 的设计理念是将网络的控制平面与数据转发平面进行分离，从而通过集中的控制器中的软件平台去实现可编程化控制底层硬件，实现对网络资源灵活的按需调配。在 SDN 网络中，网络设备只负责单纯的数据转发，可以采用通用的硬件，而原来负责控制的操作系统将提炼为独立的网络操作系统，负责对不同业务特性进行适配，而且网络操作系统和业务特性以及硬件设备之间的通信都可以通过编程实现。

　　SDN 目前已成为当前全球网络领域最热门的研究方向，在 2012 年权威机构预测的未来 5 年 IT 领域十大关键趋势和技术影响中排名第二。谷歌、微软等互联网公司均在 SDN 领域投入了大量的科研力量，Cisco、华为、爱立信、IBM、HP 等 IT 厂商也正在研制 SDN 控制器和交换机。

1. SDN 架构

　　在现有网络中，对流量的控制和转发都依赖于网络设备实现，且设备中集成了与业务特性紧耦合的操作系统和专用硬件，这些操作系统和专用硬件都是各个厂家自己开发和设计的。

　　SDN 的思想集中体现在控制面与实体数据转发层面之间分离，这对网络交换机的工作方式产生了深远的影响。与传统网络相比，SDN 的基本特征有：

　　（1）控制与转发分离。

　　转发平面由受控转发的设备组成，转发方式以及业务逻辑由运行在分离出去的控制面上的控制应用所控制。

　　（2）控制平面与转发平面之间开放接口。

　　SDN 为控制平面提供开放可编程接口。通过这种方式，控制应用只需要关注自身逻辑，而不需要关注底层更多的实现细节。

　　（3）逻辑上的集中控制。

　　逻辑上集中的控制平面可以控制多个转发面设备，也就是控制整个物理网络，因而可以获得全局的网络状态视图，并根据该全局网络状态视图实现对网络的优化控制。

　　SDN 的典型架构共分 3 层：应用层、控制层、转发层，最上层为应用层，包括各种不同的业务和应用；中间的控制层主要负责处理数据平面资源的编排，维护网络拓扑、状态信息等；最底层的转发层负责基于流表的数据处理、转发和状态收集。SDN 的架构如图 8-14 所示。

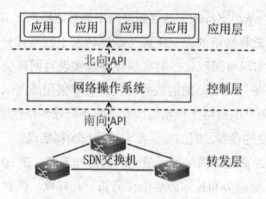

图 8-14　SDN 架构图

除了解耦合控制层面与数据转发层面，SDN 还引入了集中控制的概念。对于传统的设备，因为不同的硬件、供应商私有的软件，使得网络本身相对封闭，只能通过标准的互通协议与网络设备配合运行。网络中所有设备的自身系统都是相对孤立和分散的，网络控制分布在所有设备中，网络变更复杂、工作量大，并且因为设备异构，管理上兼容性很差，不同设备的功能与配置差异极大；同时网络功能的修改或演进，会涉及全网的升级与更新。而在 SDN 的开放架构下，一定范围内的网络（或称 SDN 域），由集中统一的控制逻辑单元来实施管理，由此解决了网络中大量设备分散独立运行管理的问题，使得网络的设计、部署、运维、管理在一个控制点完成，而底层网络差异性也因为解耦合的架构得到了消除。集中控制在网络中引入了 SDN 区别于传统网络架构的角色——SDN 控制器（Controller），也就是运行 SDN 网络操作系统并控制所有网络节点的控制单元。SDN 能够提供网络应用的接口，在此基础上按照业务需求进行软件设计与编程，并且是在 SDN 控制器上加载，从而使得全网迅速升级新的网络功能，而不必再对每个网元节点进行独立操作。SDN 集中控制方式如图 8-15 所示。

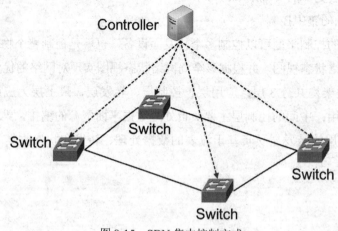

图 8-15　SDN 集中控制方式

2. OpenFlow

OpenFlow 技术最早由斯坦福大学提出，旨在基于现有 TCP/IP 技术条件，以创新的网络互联理念解决当前网络面对新业务产生的种种瓶颈。其核心思想就是将原本完全由交换机 / 路由器控制的数据包转发过程，转化为由 OpenFlow 交换机（OpenFlow Switch）和控制服务器（Controller）分别完成的独立过程。

从前面的 SDN 架构图中可以看到，控制层面的控制器（Controller）跟转发层面（交换机或其他网络设备）之间，通过标准的接口使用 API 进行通信，这种往下的接口统称为南向接口（South Interface），OpenFlow 就是这样一种用于 Controller 和网络设备之间的通信，被 Controller 用来控制网络设备。网络设备用来反馈信息给 Controller 的标准化的南向接口。OpenFlow 还规定了网络设备对报文的转发和编辑方式，这与传统的路由和交换设备有所不同。

从传统路由交换到 OpenFlow 这种转变，实际上是控制权的更迭：传统网络中数据包的流向是人为指定的，虽然交换机、路由器拥有控制权，却没有数据流的概念，只进行数据包级别的交换；而在网络中，统一的控制服务器取代路由，决定了所有数据包在网络中传输的路径。

OpenFlow 采用控制和转发分离的架构，意味着 MAC 地址的学习由 Controller 来实现，VLAN 和基本的路由配置也由 Controller 下发给 OpenFlow 交换机。对于三层网络设备，各类路由器运行在 Controller 之上，Controller 根据需要下发给相应的路由器。当一个 Controller 同时控制多个 OpenFlow 交换机时，它们看起来就像一个大的逻辑交换机。FlowTable 的下发可以是主动的，也可以是被动的。标准的 OpenFlow 网络架构如图 8-16 所示。

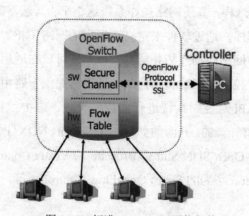

图 8-16　标准 OpenFlow 网络架构

OpenFlow 交换机由流表（Flow Table）、安全通道（Secure Channel）和 OpenFlow 协议（OpenFlow Protocol）3 部分组成。

（1）流表：OpenFlow 交换机会在本地维护一个与转发表不同的流表（Flow

Table），如果要转发的数据包在流表中有对应项，则直接进行快速转发；若流表中没有此项，数据包就会被发送到控制服务器进行传输路径的确认，再根据下发结果进行转发。

（2）安全通道：安全通道是连接 OpenFlow 交换机到控制器的接口。控制器通过这个接口控制和管理交换机，同时控制器接收来自交换机的事件并向交换机发送数据包。交换机和控制器通过安全通道进行通信，而且所有的信息必须按照 OpenFlow 协议规定的格式来执行。

（3）OpenFlow 协议：用来描述控制器和交换机之间交互所用信息的标准，以及控制器和交换机的接口标准。协议的核心部分是用于 OpenFlow 协议信息结构的集合。OpenFlow 协议从 1.0 开始，历经 1.1、1.2、1.3，现在已经到了 1.4。随着版本的更新，无论是控制面还是转发面的功能都逐步丰富起来。

按照对 OpenFlow 的支持程度，OpenFlow 交换机可以分为两类：专用的 OpenFlow 交换机和支持 OpenFlow 的交换机。专用的 OpenFlow 交换机是专门为支持 OpenFlow 而设计的，不支持现有的商用交换机上的正常处理流程，所有经过该交换机的数据都按照 OpenFlow 的模式进行转发。专用的 OpenFlow 交换机中不再具有控制逻辑，因此专用的 OpenFlow 交换机是用来在端口间转发数据包的一个简单的路径部件。支持 OpenFlow 的交换机是在商业交换机的基础上添加流表、安全通道和 OpenFlow 协议来获得 OpenFlow 特性的交换机，既具有常用的商业交换机的转发模块，又具有 OpenFlow 的转发逻辑，因此支持 OpenFlow 的交换机可以采用两种不同的方式处理接收到的数据包。

基于 OpenFlow 为网络带来的可编程的特性，如果将网络中所有的网络设备视为被管理的资源，那么参考操作系统的原理，可以抽象出一个网络操作系统（Network OS）的概念，这个网络操作系统一方面抽象了底层网络设备的具体细节，同时还为上层应用提供了统一的管理视图和编程接口。这样，基于网络操作系统这个平台（通常部署在 Controller 上），用户可以开发各种应用程序，通过软件来定义逻辑上的网络拓扑，以满足对网络资源的不同需求，而无须关心底层网络的物理拓扑结构。该系统可以在通用的服务器上运行，任何用户可以随时、直接进行控制功能编程。控制功能不再局限于路由器中。控制系统提供一组 API，用户可以通过 API 对控制系统进行监控、管理、维护。目前市场上的 Controller 产品很多，有商业的，也有开源的。开源的如 OpenDaylight、NOX/POX、Floodlight、Ryu 等，商业的如 Big Switch 的 Open SDN Suite、Brocade 的 Vyatta Controller、Cisco 的 APIC、VMware 的 NSX Controller、华为的 Smart OpenFlow Controller 等。

3. 云计算与 SDN

前面介绍了网络虚拟化与云计算的关系和结合，在网络控制这方面，它们天然都是集中化控制，只有集中化控制才能做到自动化。在一些云计算平台，明确地使用 OpenFlow 来进行集中控制，或者通过别的协议（如 SNMP、XMPP、私有 API）来进行集中控制，从架构来说也属于 SDN 的范畴。SDN Controller 可以集成到如 OpenStack 或者其他的云计算平台中去，最终用户通过云计算平台去间接控制虚拟化环境中的网络资源。

数据中心是最适合应用 SDN 技术的环境，实际上也是网络虚拟机部署最适合应用 SDN 技术，网络虚拟化的需求大大加速了 SDN 的发展，甚至可以说 SDN 概念的提出，在很大程度上是为了解决数据中心里虚拟机网络部署复杂的问题。可以认为，网络虚拟化以及云计算，是 SDN 发展的第一推动力，而 SDN 为网络虚拟化和云计算提供了自动化的强有力的手段。

8.3 实训任务 云计算租户网络与云主机使用

8.3.1 任务描述

某公司采用 OpenStack 开源平台搭建了公司的私有云计算平台，为公司的用户提供计算、网络和存储租用，可使用云计算资源的用户需要搭建和配置自己的网络，并租用云主机实例运行，请实施。

8.3.2 任务目的

本任务针对企业 OpenStack 云计算平台租户的网络和虚拟机进行配置和使用，通过本任务，可以帮助读者了解 OpenStack 云计算平台的相关知识和使用。

8.3.3 知识链接

1. OpenStack 简介

OpenStack 是一个开源的云计算管理平台项目，帮助服务商和企业内部实现类似于 Amazon EC2 和 S3 的云基础架构服务。OpenStack 覆盖了网络、虚拟化、操作系统、服务器等各个方面，其中核心的项目为计算（Nova）、网络（Neutron）、对象存储（Swift）及块存储（Cinder）。OpenStack 支持几乎所有类型的云环境，项目目标是提供实施简单、可大规模扩展、丰富、标准统一的云计算管理平台。OpenStack 通过各种互补的服务提供了基础设施即服务（IaaS）的解决方案，每个服务提供 API 以进行集成。

OpenStack 是由 NASA（美国国家航空航天局）和 Rackspace 合作研发并发起的，以 Apache 许可证授权的自由软件和开放源代码项目，还有包括戴尔、Citrix、Cisco、Canonical 等公司的贡献和支持，发展速度非常快。其社区拥有超过 130 家企业及 1350 位开发者，这些机构与个人都将 OpenStack 作为基础设施即服务资源的通用前端。OpenStack 项目的首要任务是简化云的部署过程并为其带来良好的可扩展性，帮助大家利用 OpenStack 前端来设置及管理自己的公有云或私有云。

OpenStack 虽然有些方面还不太成熟，然而它有全球大量的组织支持，大量的开发人员参与，发展迅速。国际上已经有很多使用 OpenStack 搭建的公有云、私有云、混合云，如 RackspaceCloud、惠普云、MercadoLibre 的 IT 基础设施云、AT&T 的 CloudArchitec、戴尔的 OpenStack 解决方案等。而在国内 OpenStack 的热度也在逐渐升温，华胜天成、高德地图、京东、阿里巴巴、百度、乐视、中兴、华为等都对 OpenStack 产生了浓厚的兴趣并参与其中。自 2010 年创立以来，OpenStack 已有 12 个版本。目前最新的 Liberty 版本有来自 164 个组织的 1933 名代码贡献者参与。OpenStack 很可能在未来的基础设施即服务资源管理方面占据领导位置，成为公有云、私有云及混合云管理的"云操作系统"标准。

2. OpenStack 架构

作为一个 IaaS 范畴的云平台，OpenStack 通过网络将用户和网络背后丰富的硬件资源分离开来。本质上，IaaS 系统其实就是一个用户层的软件系统，包括多个服务和应用程序，这些服务或程序被部署到多台物理主机上，这些物理主机通过网络连接从而形成一个大的分布式系统。IaaS 系统要解决的问题就是如何自动管理这些物理主机上虚拟出来的虚拟机，包括虚拟机的创建、迁移、关闭，虚拟存储的创建和维护，虚拟网络的创建和管理，还包括监控计费、负载均衡、高可用性和安全等。

OpenStack 一方面负责与运行在物理节点上的虚拟化（Hypervisor）进行交互，实现对各种硬件资源的管理与控制，辅助运维人员管理和维护系统的运行。另一方面为用户提供一个满足要求的虚拟机以及相关服务。

作为 Amazon 云基础架构商业服务的跟随者，OpenStack 的内部体系架构模拟和体现了 AWS 的各个组件的痕迹。如图 8-17 所示为 OpenStack 内部体系的主要架构及核心组件。

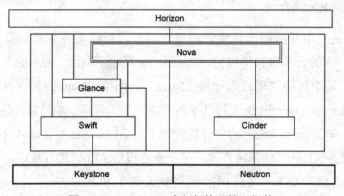

图 8-17　OpenStack 内部架构及核心组件

图 8-17 中涵盖了 OpenStack 的 7 个核心组件，分别是计算（Nova）、对象存储（Swift）、块存储（Cinder）、镜像服务（Glance）、网络（Neutron）、用户界面（Horizon）和认证

服务（Keystone）。除此之外，OpenStack 还提供了如服务编排（Heat）、监控计量（Ceilometer）、负载均衡（Lbaas）、数据库（Trove）等组件和服务。

（1）计算。

OpenStack Comput（Nova）控制云计算架构（基础架构服务的核心组件），是用 Python 编写的，创建一个抽象层，让 CPU、内存、网络适配器和硬盘驱动器等商品服务器资源实现虚拟化，并具有提高利用率和自动化的功能。

Nova 的实时虚拟机管理具有启动、调整大小、挂起、停止和重新引导的功能，这是通过集成一组受支持的虚拟机管理程序来实现的。还有一个机制可以在计算节点上缓存虚拟机镜像，以实现更快的配置。在运行镜像时，可以通过应用程序编程接口（API）以编程方式存储和管理文件。

（2）对象存储。

Swift 是一个分布式存储系统，主要用于静态数据，如虚拟机镜像、图形、备份和存档。该软件将文件和其他对象写入可能分布在一个或多个数据中心内的多个服务器上的一组磁盘驱动器，在整个集群内确保数据复制和完整性。

（3）块存储。

Cinder 管理计算实例所使用的块级存储。块存储非常适用于有严格性能约束的场景，例如，数据库和文件系统。与 Cinder 配合使用的最常见存储是 Linux 服务器存储，但也有一些面向其他平台的插件，其中包括 Ceph、NetApp、Nexenta 和 SolidFire 等存储系统。云用户可通过仪表板管理存储需求。该系统提供了用于创建块设备、附加块设备到服务器和从服务器分离块设备的接口。另外，也可以通过使用快照功能来备份 Cinder 卷。

（4）镜像服务。

Glance 为虚拟机镜像（特别是为启动虚拟机实例中所使用的系统磁盘）提供了支持。除了发现、注册和激活服务之外，还有快照和备份功能。

Glance 镜像可以充当模板，快速并且一致地部署新的服务器。用户可以利用其 API 来列出并获取分配给一组可扩展后端存储的虚拟磁盘镜像。

用户可采用多种格式为服务提供私有和公共镜像，这些格式包括 VHD（Microsoft Hyper-V）、VDI（VirtualBox）、VMDK（VMware）、qcow2（Qemu 基于内核的虚拟机）等各种虚拟机格式。其他一些功能包括注册新的虚拟磁盘镜像、查询已公开可用的磁盘镜像的信息，以及流式传输虚拟磁盘镜像等。

（5）网络。

Neutron 之前被称为 Quantum，提供了管理局域网的功能，具有适用于虚拟局域网（VLAN）、动态主机配置协议和 IPv6 的一些功能。用户可以定义网络、子网和路由器，以配置其内部拓扑，然后向这些网络分配 IP 地址和 VLAN。浮动 IP 地址允许用户向虚拟机分配（和再分配）固定的外部 IP 地址。

（6）用户界面。

Horizon 为所有 OpenStack 的服务提供一个模块化的 Web 界面，通过这个 Dashboard 界面，不论是最终用户还是运维管理人员都可以完成大多数的操作，如启动虚拟机、创建子网、分配 IP 地址、动态迁移、操作云硬盘等，用户还可以在控制面板中使用终端（console）或 VNC 直接访问实例。Horizon 登录后的 Dashboard 主界面如图 8-18 所示。

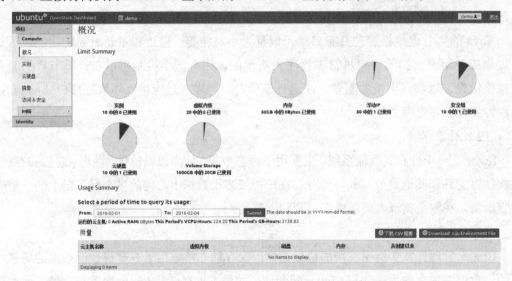

图 8-18　OpenStack Horizon 登录后主界面

（7）认证服务。

Keystone 管理用户目录以及用户可以访问的 OpenStack 服务目录，其目的是跨所有 OpenStack 组件提供一个中央身份验证机制。Keystone 本身没有提供身份验证，可以集成其他各种目录服务，如 Pluggable Authentication Module、Lightweight Directory Access Protocol（LDAP）或 OAuth。通过这些插件，能够实现多种形式的身份验证，包括简单的用户名密码凭据，以及复杂的多因子系统。

OpenStack 认证服务使得管理员配置的集中式策略能够跨用户和系统得到应用，可以创建项目和用户并将其分配给管理域，定义基于角色的资源权限，并与其他目录（如 LDAP）集成。目录包含由单一注册表中所有已部署服务组成的一个列表。用户和工具可以检索一个服务列表，能够以编程方式发出请求或通过登录到仪表板来访问这些服务，还可以用这些服务来创建资源，并将这些资源分配给它们的账户。

OpenStack 的每个组件都是多个服务的组合，一个服务意味着运行的一个进程，根据 OpenStack 部署的规模，选择将所有服务运行在同一台机器上还是多个机器上。一个典型的 OpenStack 硬件架构及组件分布示例如图 8-19 所示。在此示例中，OpenStack 控制器运行着诸如镜像服务、认证服务以及网络服务等，支撑它们的服务有 MariaDB、RabbitMQ 等，至少有 3 台控制器节点配置为高可用。OpenStack 计算节点运行着 KVM 的 Hypervisor，

OpenStack 块存储为计算实例所使用，OpenStack 对象存储为静态对象（例如镜像）服务。

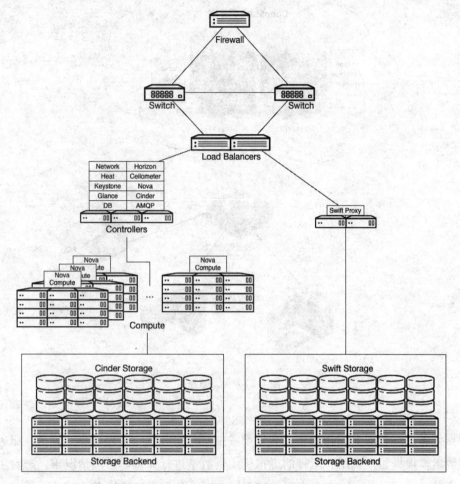

图 8-19　OpenStack 典型硬件架构及组件分布示例

8.3.4　任务实施

1. 实施规划

（1）实训拓扑。

根据任务的需求与目标，实训的拓扑结构及网络参数如图 8-20 所示，以多台 PC 模拟公司用户计算机，Server1、Server2 模拟公司的 OpenStack 平台，其中，Server1 作为控制节点和网络节点，Server2 作为计算节点，需安装配置好必要的组件和服务。

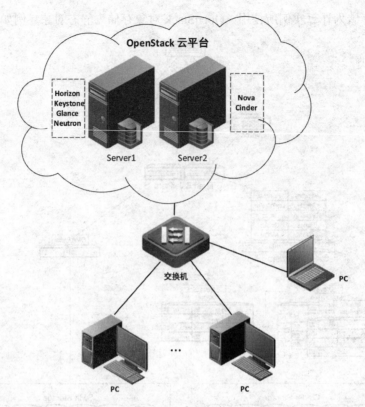

图 8-20　实训拓扑

（2）实训设备。

根据任务描述和实训拓扑结构，实训设备主要有服务器、交换机和计算机，服务器的配置和数量需根据租户调用和运行的虚拟机实例数量进行调整，一般情况下，一台主流配置的计算节点可运行 20 ~ 30 个虚拟机实例。实训设备配置建议如表 8-2 所示。

表 8-2　实训设备配置清单

设 备 类 型	设 备 型 号	数　量	备　注
交换机	H3C S5120	1	千兆端口
服务器	DELL R730	2	根据运行的虚拟机数量确定服务器配置和数量
计算机	PC，Windows 7	若干	同服务器
软件	OpenStack Juno	1	

（3）IP 地址规划。

本实训任务中用户计算机的 IP 地址无须特别规划，能与服务器连通即可，租户在云计算平台的网络和 IP 地址可自行规划，如新建的子网 192.168.2.0/24。

2. 实施步骤

（1）根据实训拓扑图进行交换机、服务器、计算机的连接，Server1、 Server2 已安装配置好相关的组件和服务，用户 PC 能连通 Server1、Server2。

（2）在用户 PC 上打开浏览器（建议采用谷歌、火狐浏览器），访问 OpenStack 云平台 Server1 上的 Horizon 组件访问界面 Dashboard，通常为 http://ip（或域名）/horizon，出现用户登录界面，如图 8-21 所示。

（3）使用管理员分配的账号进行登录，成功后出现登录界面，熟悉用户操作界面，主要分为计算（Compute）和网络（Network）部分，如图 8-22 所示。

图 8-21　OpenStack 登录界面

图 8-22　计算和网络界面

用户可通过 Dashboard 界面启动云主机（虚拟机）实例，启动、关闭、中止云主机，创建快照、迁移云主机、连接云主机控制台，附加云硬盘、申请浮动 IP 等各种操作，但在启动云主机前应规划好租户的网络，OpenStack 可以让用户创建和连接自己的网络，通过虚拟路由器连接到 OpenStack 节点所在的外部网络，还可以分配浮动外部 IP 地址以便能直接访问自己的云主机。OpenStack 组件安装完成后，默认为用户创建了两个子网和一个虚拟路由器，分别是连接租户云主机的内部子网和连接外部网络的外部子网，其网络拓扑如图 8-23 所示。该拓扑可通过用户网络界面的"网络拓扑"进行查看。用户还可再创建包括路由器与子网的网络，构建自己的私有网络。

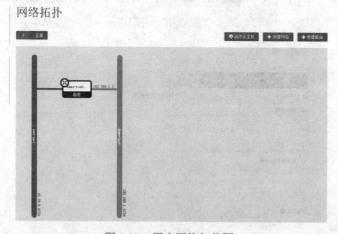

图 8-23　用户网络拓扑图

（4）用户创建自己的网络。打开网络菜单的"网络"界面，单击"创建网络"按钮，显示"创建网络"界面，如图 8-24 所示。

图 8-24　创建网络

在"网络名称"文框中输入自定义子网的名称，如 net1，单击"下一步"按钮，进行子网参数的配置，如图 8-25 所示。

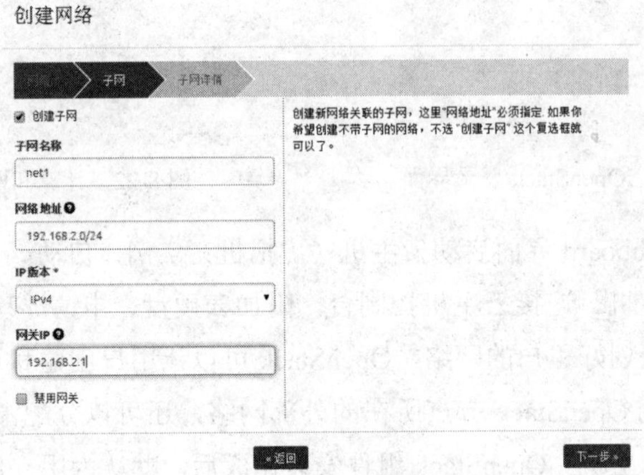

图 8-25　创建子网

输入子网名称、网络地址（采用 CIDR 格式，如 192.168.2.0/24）、网关 IP（如果不使用网关，则选中"禁用网关"复选框），单击"下一步"按钮进行子网扩展属性的配置，如图 8-26 所示。

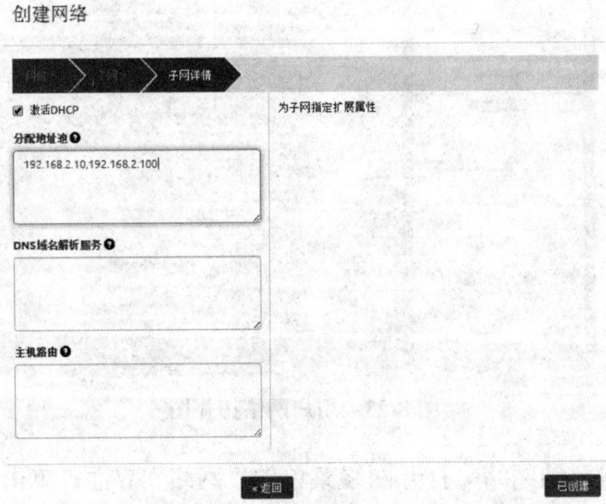

图 8-26　子网详情

如需对子网进行 DHCP 自动分配 IP 地址，选中“激活 DHCP”复选框并分配相关参数，“分配地址池”列表框中每行为一条记录，格式为“起始 IP，结束 IP”，例如，192.168.2.10，192.168.2.100，DNS 域名解析服务和主机路由根据实际情况进行填写，完成后单击“已创建”按钮完成子网的创建。可再打开网络拓扑图看到新建的网络。

* **提示**：目前创建的网络是孤立的网络，如需要与外部网络或其他网络连接，还需连接已有的路由器或新建路由器。

（5）与已有路由器进行连接。在网络拓扑中选中已有的路由器图标，会出现路由器的相关接口情况，如图 8-27 所示。

demo-router
ID 76bfd0eb-bc06-47ac-8a56-eb90c66614fd
STATUS ACTIVE
Interfaces
672c8f5c-8... 192.168.1.1 router_interface ACTIVE
Delete Interface
gateway2c... None None
» View Router Details
Add Interface
Delete Router
ext-net
10.10.9.0/24
192.168.2.0/24
192.168.1.0/24

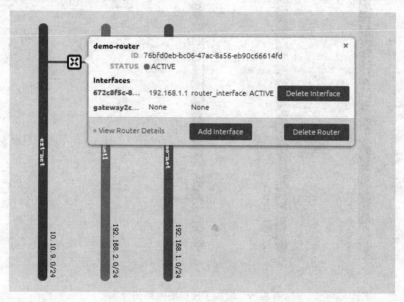

图 8-27　路由器接口

单击 Add Interface 按钮，打开“增加接口”界面，如图 8-28 所示。

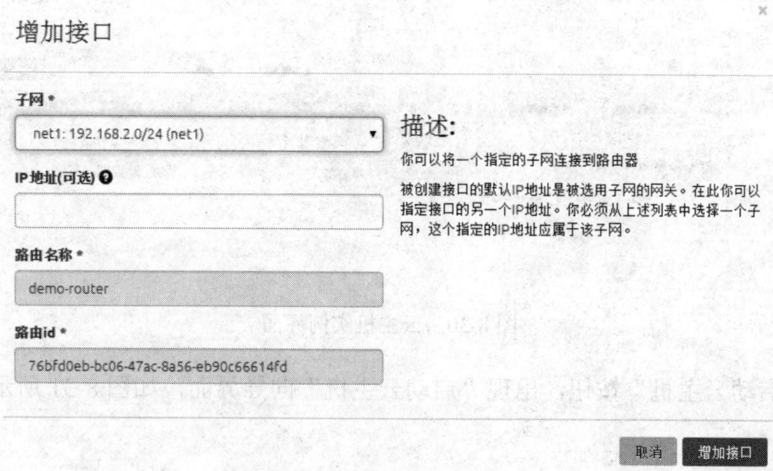

增加接口
子网 *
net1: 192.168.2.0/24 (net1)
IP地址(可选)
路由名称 *
demo-router
路由id *
76bfd0eb-bc06-47ac-8a56-eb90c66614fd
描述:
你可以将一个指定的子网连接到路由器
被创建接口的默认IP地址是被选用子网的网关。在此你可以指定接口的另一个IP地址。你必须从上述列表中选择一个子网，这个指定的IP地址应属于该子网。
取消
增加接口

图 8-28　增加路由器接口

在"增加接口"界面选择所需要连接的子网，如新建的 net1 子网，然后单击"增加接口"按钮。添加成功后可在路由详情界面看到新增加的接口，在网络拓扑里也可看见 net1 子网连接到了路由器，如图 8-29 所示。

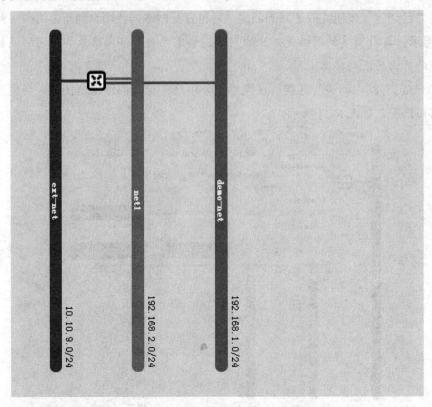

图 8-29 增加了接口的网络拓扑

（6）完成了网络的配置后，可进行云主机的启动。通过计算（Compute）界面下的实例栏目，查看和操作当前用户所属的云主机，如图 8-30 所示。

图 8-30 云主机实例界面

单击"启动云主机"按钮，出现"启动云主机"向导界面，如图 8-31 所示。

启动云主机

| 详情* | 访问&安全* | 网络* | 创建后* | 高级选项 |

可用域

nova

云主机名称 *

云主机类型 * ❓

m1.tiny

云主机数量 * ❓

1

云主机启动源 * ❓

选择源

指定创建云主机的详细信息

详细说明启动云主机的情况.下面的图表显示此项目所使用的资源和关联的项目配额。

方案详情

名称	m1.tiny
虚拟内核	1
根磁盘	1 GB
临时磁盘	0 GB
所有磁盘	1 GB
内存	512 MB

项目限制

云主机数量　　　　　　　　　　　10 中的 0 已使用

虚拟内核数量　　　　　　　　　　20 中的 0 已使用

内存总计　　　　　　　　51200 中的 0 MB 已使用

取消　运行

图 8-31　云主机启动向导

输入云主机名称，选择云主机类型（根据镜像的虚拟机 CPU、内存、磁盘等资源情况），输入云主机的数量（一次性启动云主机的个数），选择云主机启动源（从镜像启动、从快照启动、从云硬盘启动等方式），根据启动源选择具体的镜像、快照或云硬盘名称（如 cirros 操作系统镜像），这些启动源需管理员预先进行配置和制作以供用户选择。选择完成后进行访问和安全的配置或查看，可以根据需要进行密钥对、管理员密码的设置，系统默认分配了 default 安全组，如图 8-32 所示。

| 详情* | 访问&安全* | 网络* | 创建后* | 高级选项 |

值对 ❓

没有有效的密钥对　　　+

管理员密码

👁

确认管理员密码

👁

安全组 * ❓

☑ default

通过密钥对、防火墙、和其它机制控制你的云主机权限

取消　运行

图 8-32　云主机访问与安全界面

下一步需要选择云主机所要连接的网络，选择"网络"选项卡，如图 8-33 所示。

图 8-33　云主机网络选择界面

选择可用的网络进行添加，如新建的 net1 网络。"创建后"和"高级选项"选项卡中为云主机运行的定制脚本和磁盘分区高级选项，可根据需要进行设置，默认可忽略。完成后单击"运行"按钮启动云主机实例。云主机根据启动源的情况进行孵化后进入运行状态，如图 8-34 所示。

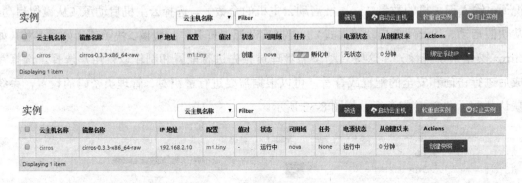

图 8-34　云主机孵化与运行

（7）单击实例表中的云主机名称可以查看实例的详细信息，如状态、运行时间、规格、IP 地址、安全组等信息，如图 8-35 所示。还可查看云主机启动日志、控制台和操作日志等。

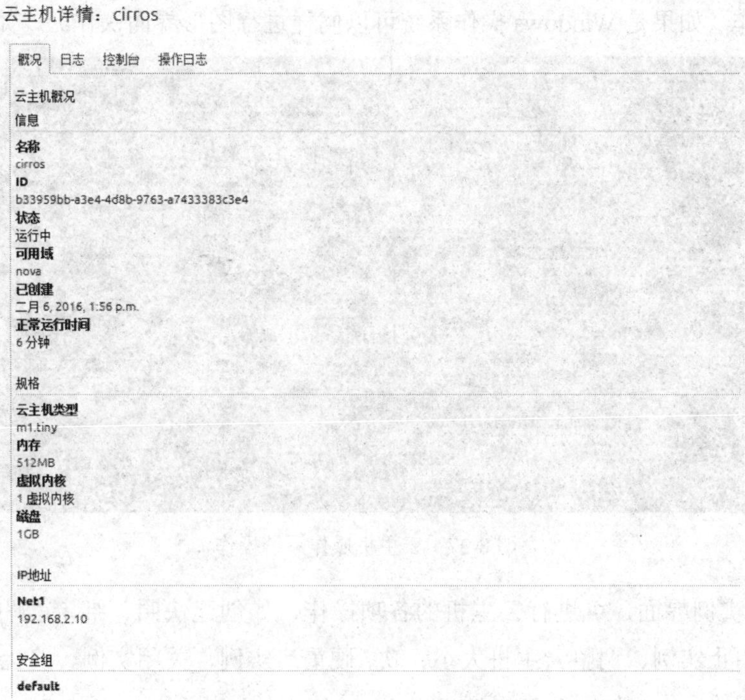

云主机详情：cirros
概况
日志
控制台
操作日志
云主机概况
信息
名称
cirros
ID
b33959bb-a3e4-4d8b-9763-a7433383c3e4
状态
运行中
可用域
nova
已创建
二月 6, 2016, 1:56 p.m.
正常运行时间
6 分钟
规格
云主机类型
m1.tiny
内存
512MB
虚拟内核
1 虚拟内核
磁盘
1GB
IP地址
Net1
192.168.2.10
安全组
default

图 8-35　云主机详情

单击控制台可连接到云主机的控制台界面，查看和操作云主机的系统，如图 8-36 所示。如果控制台无响应或要全屏显示云主机界面，可单击下面的灰色状态栏，也可单击“点击此处只显示控制台”超链接。

概况
日志
控制台
操作日志
云主机控制台
如果控制台无响应,请点击下面灰色状态栏 点击此处只显示控制台
要退出全屏模式，请点击浏览器的后退按键
Connected (unencrypted) to: QEMU (instance-000000af)
Send CtrlAltDel

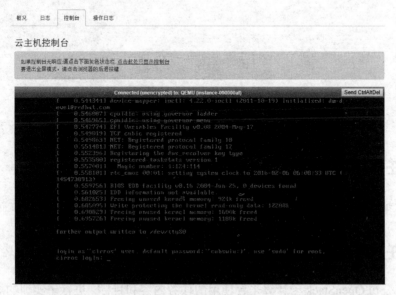

图 8-36　云主机控制台

登录进入云主机系统，可进行正常的主机操作系统的各种操作，如查看 IP 地址、ping

IP 地址等操作（如果是 Windows 操作系统可以同样进行图形界面操作），如图 8-37 所示。

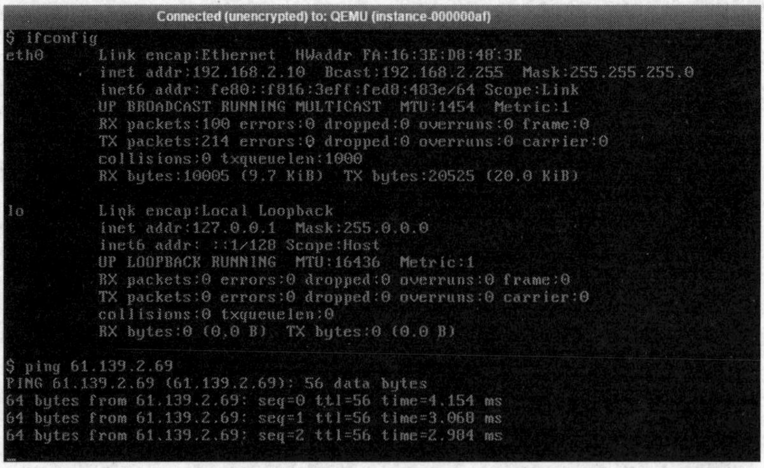

图 8-37　云主机操作系统操作

（8）在实例界面，可进行云主机的各项操作，如创建快照、绑定 / 解除浮动 IP、编辑云主机、中止实例、调整云主机大小、软 / 硬重启实例、关闭实例、终止实例等各项云主机生命周期的操作，如图 8-38 所示。

图 8-38　云主机操作界面

8.3.5　任务验收

通过登录 Server1 的 Dashboard 界面，检查用户配置的网络及云主机运行状况。

8.3.6　任务总结

针对某公司 OpenStack 云计算平台使用的任务内容和目标，进行了实训的规划和实施。通过本实训任务进行云计算平台租户网络和云主机的配置和使用，了解云计算平台用户的配置和使用。

本 章 小 结

（1）云计算被视为科技界的下一次革命，将带来工作方式和商业模式的根本性改变。云计算是一种基于互联网的计算方式，通过这种方式，共享的软硬件资源和信息可以按需求提供给计算机和其他设备。

（2）云计算的交付模式分为软件即服务（SaaS）、平台即服务（PaaS）、基础设施即服务（IaaS），部署模式分为公有云、私有云、社区云和混合云。云计算的体系结构由五大部分组成，分别为应用层、平台层、资源层、用户访问层和管理层。云计算的本质是通过网络提供服务，其体系结构以服务为核心。

（3）云计算系统运用了许多技术，其中以虚拟化技术、并行编程模型、数据管理技术、数据存储技术、云平台管理技术最为关键。其中，虚拟化技术又包括网络虚拟化、存储虚拟化、服务器虚拟化、桌面虚拟化等方面。

（4）针对如何优化数据中心以太网，支持其提供服务器虚拟化，已经出现和发展了一些新的协议和技术，以适应云计算网络新的需求，如网络多虚一、网络一虚多、虚拟交换机、隧道封装技术等。

（5）软件定义网络（SDN）是一种新型网络创新架构，其核心技术 OpenFlow 通过将网络设备控制面与数据面分离开来，从而实现了网络流量的灵活控制，为核心网络及应用的创新提供了良好的平台，为网络虚拟化和云计算提供了自动化的强有力的手段。

习 　 题

一、填空题

1. 云计算是一种按 ＿＿＿＿ 付费的模式，这种模式提供可用的、便捷的、按需的网络访问。

2. 云计算的部署模式包括了公有云、＿＿＿＿、社区云和＿＿＿＿。

3. 网络虚拟化是在一个物理网络上模拟出多个 ＿＿＿＿，是使用基于软件的抽象从物理网络元素总分离网络流量的一种方式。

4. 服务器虚拟化主要分为3种：＿＿＿＿、"多虚一"和"多虚多"，其特性有分区、＿＿＿＿、＿＿＿＿、独立。

5. 在 HDFS 文件系统中，采用了 ＿＿＿＿ 的方式来保证数据的可靠性。每份数据在系统中保存 ＿＿＿＿ 个以上的备份。

6. 网络多虚一分为控制层面虚拟化和 _____ 虚拟化。

7. SDN 的设计理念是将网络的 _____ 平面与 _____ 平面进行分离，从而通过集中的控制器中的软件平台去实现可编程化控制底层硬件，实现对网络资源灵活的按需调配。

8. OpenFlow 交换机由 _____、安全通道和 _____ 3 部分组成。

二、选择题

1. 美国国家标准与技术研究院（NIST）制定了一套广泛采用的术语，用于描述云计算的各方面内容。NIST 针对"云"定义了三大交付模式，称为（　　　）模式。

A．N-A-I   B．S-P-I

C．S-P-N   D．P-I-N

2. 亚马逊主要提供（　　）服务，Google Apps Engine 属于（　　）服务。

A．SaaS   B．PaaS

C．IaaS   D．DaaS

3. 云计算的体系结构由五大部分组成，分别为应用层、平台层、（　　　）、用户访问层和管理层。

A．网络层   B．表示层

C．虚拟层   D．资源层

4. 服务器虚拟化的主要方法有完全虚拟化、（　　　）和操作系统层虚拟化。

A．CPU 虚拟化   B．内存虚拟化

C．半虚拟化   D．存储虚拟化

5. 下面哪项技术不属于分布式存储技术？（　　　）

A．GFS   B．NFS

C．HDFS   D．Ceph

6. 下面哪项技术不属于隧道封装技术？（　　　）

A．VPN   B．VxLAN

C．VLAN   D．NVGRE

7. SDN 的设计理念是将网络的控制平面与（　　　）进行分离，从而通过集中的控制器中的软件平台去实现可编程化控制底层硬件，实现对网络资源灵活的按需调配。

A．路由层面   B．交换层面

C．数据通信层面   D．数据转发层面

8. OpenFlow 协议属于 SDN 的（　　　）接口标准。

A．东向   B．西向

C．南向   D．北向

三、简答题

1．简述云计算的基本特征。

2．简述服务器虚拟化的主要特性。

3．请分析 SaaS、PaaS、IaaS 这 3 种模式之间的关系。

4．请绘制 SDN 的架构图并做简要描述。

第9章 计算机网络规划与设计

■ 学习内容:

计算机网络系统的需求分析与系统规划,规划的内容、规划的原则、规划设计的步骤;网络系统设计包括网络系统架构、网络设备选型、网络软件选择、结构化综合布线和网络安全设计;网络系统设计案例包括小型企业网方案、中大型企业网方案、校园网方案、综合布线设计方案。

■ 学习要求:

掌握网络系统的规划和设计相关知识,了解网络系统设计的相关内容;理解和参考典型设计案例,能根据客户的功能需求、技术要求、发展规划、资金状况等因素,制作出具有针对性强、科学高效、易管理、易维护的网络系统方案。

9.1 网络规划与设计概述

计算机网络规划与设计是一项涉及面广、专业技术性强的工作,需要综合运用计算机网络技术基础知识,采用系统工程的方法实现计算机网络系统的规划、设计和实施。

在构造一个计算机网络时,首先要建立一个"系统"的概念。建设网络系统是一个非常复杂且技术性要求很强的工作,需要专门的系统设计人员按照系统工程的方式进行统一规划设计,主要包括网络系统的规划与设计、网络系统的实施、网络系统的运行与维护等。

选择什么样的网络系统、拓扑结构、服务器、客户机、网络操作系统和数据库软件、由哪些厂商提供网络系统的软硬件支持等问题,已不再是简单部件的组合问题,需要对网络系统进行规划与设计。网络系统的规划与设计就是在达到用户目标、满足用户需求的前提下,优选先进的技术和产品,完成系统软硬件配置的实施过程。也就是说,要根据用户需求对网络应用软件、网络软硬件产品、服务器系统、主机、数据库和操作系统、各种中间件技术及综合布线技术进行最佳的组合,包括目标、方法和内容三大部分,涉及计算机、网络、通信和管理等方面的知识和技术。

1. 网络规划

网络规划是为即将建设的网络系统提出一套完整的设想和方案,包括网络系统的可行性研究与计划、需求分析、软硬件设施的选择、系统结构的选择、投资预算、建立规范化的文档等，是网络系统集成的整体规划。网络规划对建立一个功能完善、安全可靠、性能先进的网络系统至关重要。

2. 网络设计

网络设计是实现网络规划的思路体现，是在网络规划的基础上，对系统架构、网络方案中的设备选型、综合布线系统、网络服务器、软件选型、网络安全及网络实施等进行工程化设计的过程。

3. 规划设计步骤

做任何事都应遵循一定的先后次序，也就是所谓的"步骤"。像做网络系统设计这么庞大的系统工程，这个"步骤"就显得更加重要了，否则轻则效率不高，重则最终导致设计工作无法进行下去，因为整个工程没有一个严格的进程安排，各分项目之间彼此孤立，失去了系统性和严密性，这样设计出来的系统不可能是一个好的系统。图 9-1 显示了整个网络系统集成的一般步骤，除了其中包括的"网络组建"工程外，其余的都属于网络系统规划与设计工程所需要进行的工作。

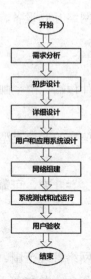

图 9-1　网络系统集成的一般步骤

9.2　网络系统规划

9.2.1　网络需求分析

网络的需求分析是关系到一个网络系统成败的关键，是网络设计的基础。如果对用户的网络用户需求分析得透彻，网络工程的实施及网络应用的实施就相对容易。反之，如果在对用户需求了解不清楚或把握不准的情况下开始网络设计，就可能在后期开发中出现很多问题，破坏项目的计划和预算。因此，必须把网络应用的需求分析作为网络系统规划与设计中至关重要的步骤来认真完成。

网络需求分析的任务就是全面了解用户的具体要求，对用户目前的需求状况进行详细的调研，了解用户建网的目的、用户已有的网络基础和应用现状（包括综合布线、网络平台、已开展的网络应用等）。

简言之，需求分析就是要了解用户组建网络的要求和目标。网络规划的过程应从这里开始，也应该回到这里。需求分析最终应得出对网络系统的以下几个方面的明确定义。

1. 网络的地理分布

确定网络覆盖的地理范围以及网络节点的数量和位置、站点间最大的距离、用户群组织、特殊要求和限制等，这些是网络通信介质选用、子网/虚拟网络的划分、网络拓扑结构和路由设计的重要依据。

2. 用户设备类型

明确计算机主机、网络服务器、网络互联设备、终端和模拟设备系统的软硬件类型及其兼容性。

（1）网络服务。

确定网络数据库和应用程序、文件传输、电子邮件、虚拟终端等服务的系统需求。

（2）通信类型和通信量。

明确网络数据、视频信号、音频信号的通信类型和通信量。

（3）网络带宽和网络服务质量。

确定网络带宽、数据速率、延迟、吞吐率、可靠性以及是否支持多媒体数据通信、支持实时视频传输、视频点播等。

（4）网络安全和网络管理系统。

明确网络安全的系统需求，明确网络管理范围、网络管理对象和用户对网络管理功能的需求。网络管理功能涉及网络配置管理、性能管理、故障管理、安全管理、计费管理5个方面。

需求分析是组建网络的基础，除了应明确上述几个方面的定义外，还要考虑机房的环境（温度、湿度、抗干扰性等）和位置需求、网络设备的电子特性（电源、接地、防雷击等）、网络管理和应用人员的状况、用户未来发展的需求等诸多方面。

9.2.2　网络系统规划

网络的规划工作应以建网目标和需求分析为基础，经过技术方面的分析和论证，提出一整套网络规划方案，结合用户实际，采用系统工程的方法科学地进行。

网络的规划应符合现代技术发展的要求。网络系统结构、设备、操作系统及应用软件必须符合现代发展的需要，过于陈旧的东西不但功能差，也很难找到配套的设备和技术。网络系统应有较好的可扩展性和兼容性，易于升级与更新。在不影响技术先进性的情况下，要尽量选用同种类型、规格或体系结构的网络产品，以方便与原有网络及设备实现较畅通的互联和兼容。

1. 规划内容

规划工作要解决网络组建过程中整体建设与局部建设、近期建设与远期建设之间的关系。具体的做法是根据用户近期的功能要求和中远期发展的需求，把握网络设备、技术的现状和发展趋势，结合用户经济状况综合考虑。在进行网络规划时，必须依据原先确定的目标做出恰当的决定，包括网络系统和硬件结构的评估与选择、网络操作系统的评估与选择和网络应用软件的评估与选择。

2. 规划原则

网络系统的规划和设计是一项复杂的技术性活动，为了使整个系统的建设更合理、更经济，性能更良好，规划设计者应遵循目标原则，建设原则，先进性、可靠性、安全性、开放性和实用性相结合的原则，以及功能完善、整体最优等原则。

（1）目标原则。

用户的需求往往是分阶段的，有近期目标和远期目标，必须明确各个阶段的建设目标是什么，网络系统需建设到怎样的规模，满足用户怎样的需求。有以下几个关键问题必须确定。

- 协议集：TCP/IP，控制网络协议等。
- 体系结构：Intranet，Ethernet 等。
- 计算模式：是传统客户 / 服务器（C/S）模式，还是浏览器 / 服务器（B/S）模式，或者两者混合的计算模式。
- 网络上最多站点数目（包括远程拨号站点）和网络的最大覆盖范围。
- 网络上必要的应用服务和预期的应用服务，网络互联及系统集成要求。
- 根据应用服务需求，对整个系统的数据量、数据流量及数据流向有个估计，从而可以大体确定网络的规模及其主干设备（例如，交换器和服务器）的规模和选型，还可以确定最终建设目标所使用的主要系统软件（例如网络操作系统及数据库管理系统）。
- 近期建设目标所确定的网络方案必须有利于升级和扩展到最终建设目标。

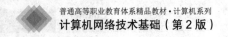

（2）先进性、可靠性、安全性、开放性和实用性相结合的原则。

网络系统的规则设计应以用户需求为依据，要切合实际，既要保护用户现有软、硬件投资，又要充分考虑新投资的整体规划和设计。

① 先进性。

网络系统的先进性是规划设计人员首先要考虑的，先进性一般体现以下几个方面：

- 采用的设备和技术应符合国内外网络技术发展的主流，在相应的应用领域中占有较大的市场份额，在相关技术方面处于领先地位。
- 确定网络的总体架构，建立统一的建网模式，在具体联网时可根据实际情况灵活组网。
- 确定网络体系结构，统一网络协议，为应用系统提供统一的接口或平台，屏蔽因具体硬件设备和网络系统不同而造成的应用系统的差异。
- 为保证各种信息在网上的传输和管理，可考虑在物理网上建立多个虚拟网，以供不同的应用系统使用时均有良好的可靠性和安全性。
- 要保证系统有足够的带宽和服务质量。

② 实用性。

所配置系统性能指标，应该在尽可能长的一段时间内满足应用系统发展所需的存储量和处理能力的要求。系统性能可靠，易于维护。

③ 互联与开放性。

网络选用的通信协议和设备要符合国际标准和工业界标准的相关接口，支持标准的应用开发平台和系统软、硬件平台，有良好的互联能力。

④ 可扩充性。

系统应具有良好的扩充能力和升级能力，以适应技术的不断发展和不断增强的应用需求。如可采用标准的接口和协议，采用具有良好扩充性的网络设备和网络拓扑，尽可能采用结构化的布线方法等。

⑤ 可靠性和安全性。

应从系统安全体系、网络节点、通信线路、网络拓扑等多方面考虑，并从多方面保证整个系统的安全性和保密性。

设备的可靠性一般用平均无故障时间（Mean Time Between Failure，MTBF）与平均修复时间（Mean Time To Repair，MTTR）来表示。

⑥ 系统应是可管理和可维护的。

整个系统应具有良好的可维护性，不仅要保证整个网络系统集成规划设计的合理性，还应配置相关的检测设备和管理设施，要重视售前及售后的培训和维护工作。

（3）功能完善、整体最优性原则。

网络系统的规划设计应对主干网与本地网的衔接（接入网）、网络技术的相互匹配、数据传输及网络操作系统的选择进行充分论证。要保证网络系统集成的功能完善。其中，设备选型是否合理是一个关键问题。

设备选型，应根据优先合理性原则，从先进性、可靠性、安全性、经济性等几个方面进行综合考虑和评价，力争达到整体性能最优。

- 厂商的选择。所有网络设备尽可能选取同一厂家的产品，产品系列齐全、技术力量雄厚、产品市场占有率高的厂商是首选。
- 扩展性考虑。主干设备的选择应适当超前，而低端设备则够用即可，因为低端设备更新较快，且易于扩展。
- 根据实际需要选型。
- 选择性能价格比高、质量过硬的产品。

3. 规划设计步骤

在进行规划时，需要遵循以下步骤。

（1）确定网络的结构：根据地理位置确定网络拓扑结构。

（2）网络硬件的选择：即进行硬件的选择和采购。

（3）绘制网络连线图：绘制整个系统的逻辑结构图。

（4）设备器件列表：包括硬件名称、规格、数量、备注等内容。

9.3 网络系统设计

9.3.1 网络系统架构

网络拓扑结构是企事业建设网络信息系统首先要考虑的问题，对整个网络的运行效率、技术性发挥、可靠性、费用等方面都有着重要的影响。确立网络的拓扑结构是整个网络方案规划设计的基础。网络拓扑结构设计是指在给定的位置及保证一定可靠性、时延、吞吐量的情况下，服务器、工作站和网络连接设备如何通过选择合适的通路、线路的容量以及流量的分配，使网络的成本降低。

1. 分层网络模型

分层网络模型是一套行之有效的参考模型，用来设计可靠的网络基础架构，提供网络的模块化视图，从而方便设计和构建可扩展的网络。分层网络模型将网络分为三层：

（1）接入层。

接入层允许用户访问网络设备。在网络园区中，接入层通常由 LAN 交换设备和端口组成，端口用于连接工作站和服务器。在 WAN 环境中，可以通过 WAN 技术为远程工作者或远程站点提供访问公司网络的功能。

（2）分布层。

分布层由众多配线间聚合而成，使用交换机将工作组划分为一个个网段，并隔离园区环境中的网络问题。同样，分布层将 WAN 连接聚合在园区网的边缘并进行策略性的连接。

（3）核心层。

核心层亦称为主干，其设计目标是尽可能迅速地交换数据包。由于核心层对网络连接非常关键，因此必须具备很高的可用性并且能够非常迅速地适应环境的变化，还应提供良好的可扩展性和快速收敛功能。

如图 9-2 所示是园区环境中的分层网络模型。分层网络模型提供模块化的框架，可以支持灵活的网络设计，简化网络基础架构的架设和故障排除。但应知道，网络基础架构仅仅是整个网络体系结构的基础。

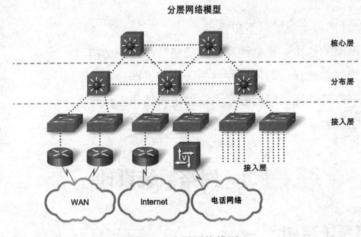

图 9-2　分层网络模型

近年来，联网技术有了长足的发展，这也让网络越来越智能。最新的网络设计更善于把握流量特性，经过配置后可以根据传输的流量类型、数据优先级甚至是安全需求等条件提供专门的服务。特别是云计算的出现和发展，为网络特别是数据中心网络结构带来了深刻的变化。

2. 企业体系结构

不同的企业需要不同类型的网络，这取决于企业的组织结构和业务目标。但很多企业网络的发展都缺乏良好的计划，仅仅是一有需要便匆匆加入新的组件。日积月累，这些网络会变得非常复杂而难以管理。由于这种网络是新旧技术的大杂烩，因此网络的支持和维护非常困难。网络瘫痪和性能低下给网络管理员带来了数不尽的麻烦。

为避免出现这种情况，Cisco 公司提出了一种企业体系结构，以适合企业的各个发展阶段。这种体系结构的设计目标是为网络规划提供一份与企业发展历程相称的网络发展路线图。通过遵循路线图，管理员可对未来的网络升级进行良好的规划，以便未来能够将升级无缝集成到现有网络中并支持不断发展的业务需求。该体系结构为网络基础架构引入网络智能技术，对分层网络模型进行了有益的扩充。如图9-3所示是该体系结构中的几个模块。

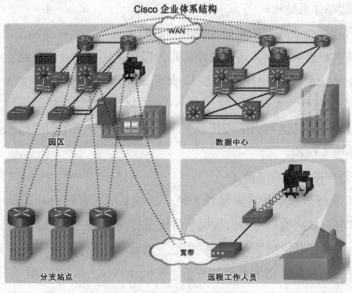

图 9-3　Cisco 企业体系结构

Cisco 企业体系结构由若干个模块组成，这些模块是表示网络各部分的集中视图。每个模块都有一套独立的网络基础架构及扩展该模块的服务和网络应用程序。该企业体系结构包括以下模块，如图9-4所示。

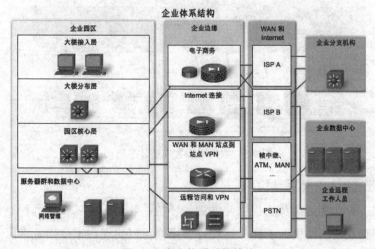

图 9-4　企业体系结构模块

（1）企业园区网体系结构。

园区网是指一栋大楼或一群大楼连接而成的企业网络，园区网由多个 LAN 组成。园区网通常局限于固定的地理区域，但可以跨越相邻的建筑物，例如，某个工业园区或校园区。

企业园区网体系结构说明的是能够创建可扩展网络，同时满足园区式企业运营需求的建议方法。该体系结构是模块化的，可以随着企业的发展轻松扩展，支持更多的园区大楼或楼层。

（2）企业边缘体系结构。

该模块负责连接企业外部的语音、视频和数据服务，让企业能够使用 Internet 和合作伙伴资源并为其客户提供资源。该模块经常作为园区模块和企业体系结构中其他模块之间的连接枢纽。企业 WAN 和 MAN（城域网）体系结构均可视为该模块的一部分。

（3）企业分支机构体系结构。

该模块允许企业将园区网上的应用程序和服务扩展到成千上万的远程位置和用户，或者扩展到某些小分支机构。

（4）企业数据中心体系结构。

数据中心负责管理和维护许多数据系统，这些系统对现代企业的运营至关重要。员工、合作伙伴和客户依靠数据中心的数据和资源进行高效的创造、协作和交流。近十年来，Internet 和基于 Web 的技术的兴起让数据中心变得比以往任何时候都更重要，带动了生产效率的提升、业务流程的改进和社会的变革。在云计算和大数据时代，数据中心体系结构已经发生变化，从原来的三层结构逐渐演化成为大二层结构，如图 9-5 所示。

图 9-5　数据中心大二层体系结构

（5）企业远程办公体系结构。

如今，许多企业都为其员工提供弹性工作环境，让员工可以在家远程办公。远程办公是指在家利用企业的网络资源工作。远程办公模块可以实现在家使用宽带服务（例如光纤或 DSL）继而连接到公司网络。由于 Internet 会给企业带来严重的安全风险，因此需要采取一些特殊措施来确保远程通信的安全性和隐私性，如采用 VPN、防火墙等技术。

如图 9-6 所示是如何使用这些企业体系结构模块来构建企业网络拓扑。

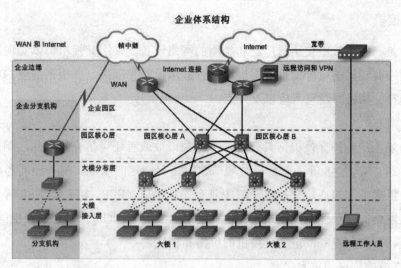

图 9-6　构建企业网络拓扑

3. 网络协议

网络协议分局域网协议和广域网协议，局域网协议与所选择的网络类型有关，如选择 Windows 为操作系统的局域网，则支持 TCP/IP、NetBEUI 协议。对于与广域网的连接，因为 TCP/IP 已经成为广域网协议事实上的工业标准，一般选用 TCP/IP。

9.3.2　网络设备选型

网络系统中主要硬件设备的选择，直接影响到网络整体的性能，其投资占网络系统整体投资的很大比例，因此在网络系统总体设计时对其进行分析和选择是很重要的。网络设备选择一般有两种含义：一种是从应用需要出发进行的选择；另一种是从众多厂商的产品中选择性能价格比高的产品。在组建网络时，通常涉及的主要网络硬件设备有网卡、交换机、路由器、服务器、工作站等。

1. 网卡

网卡又称为网络适配器，是计算机或服务器连接网络的基本接口设备。网卡可根据介质和网络设备的情况进行选择。按照设备类型分为服务器网卡和 PC 网卡，按照连接的介质类型分为有线网卡、无线网卡，有线网卡根据传输速率又分为 100M、1000M、10G 网卡，无线网卡根据无线网络的标准分为 IEEE 802.11b、IEEE 802.11g、IEEE 802.11n 等类型，传输速率也分为 11Mbit/s、54Mbit/s、300Mbit/s 不等。由于网卡一般是内置在计算机或服务器上，选择时需要根据计算机或服务器的实际需求综合考虑，一般服务器网卡应选择 1000M 或 10G 网卡，如果要使用网卡连接 IP 存储系统，还应采用 TOE 网卡或专用 ISCSI 网卡。

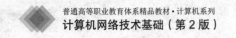

2. 交换机

交换机是网络系统中使用最广泛和常用的网络设备。采用交换机可以实现高速接口级交换，使网络有较好的可伸缩性，更好地进行故障检测和隔离，并根据需要构成虚拟网。在设计和选择交换机时注意考虑以下几点：

（1）端口。

目前市场上的各种交换机都具有几种不同端口数或者还可扩充的产品，端口数通常有4、8、16、24、32及48等，在选择时端口数应留有一定的余地。另外还需考虑端口的类型和速率，汇聚层和核心层交换机一般应具有光纤接口（SFP、SFP+、XFP等）。还需要根据所连接网络的传输速率是100Mbit/s、1000Mbit/s还是10Gbit/s确定交换机的端口速率，端口的数量、类型和速率决定了交换机的价格和档次。

（2）支持的协议和技术。

交换机根据协议层次分为二层交换机和三层交换机，不同的协议工作在不同的层次。二层交换机支持的主要协议和技术有 IEEE 802.1q（VLAN）、LACP（链路聚合）、STP/RSTP/MSTP、端口镜像、组播、ACL、QoS、SNMP等，三层交换机除了支持二层交换机所具有的协议和技术外，还支持各种 IP 路由协议（静态路由、动态路由、等价路由、策略路由等）、DHCP、IPv6、组播路由等各种丰富的功能。设计时应结合实际需求，根据支持的协议和技术不同选择适合的交换机型号。

（3）背板带宽。

交换机的背板带宽，是交换机接口处理器或接口卡和数据总线间所能吞吐的最大数据量。背板带宽标志着交换机总的数据交换能力，单位为 Gbps，也叫交换带宽，一般的交换机的背板带宽从几 Gbps 到上百 Gbps 不等。一台交换机的背板带宽越高，所能处理数据的能力就越强，但同时设计成本也会越高。

（4）转发能力。

由于交换引擎是作为模块化交换机数据包转发的核心，所以转发能力能够真实反映交换机的性能。对于固定端口交换机，交换引擎和网络接口模板是一体的，所以厂家提供的转发性能参数就是交换引擎的转发性能，这一指标是决定交换机性能的关键。支持第三层交换的设备，厂家会分别提供第二层转发速率和第三层转发速率，一般二层能力用 BPS，三层能力用 PPS，采用不同体系结构的模块化交换机，这两个参数的意义是不同的。

（5）管理功能。

交换机分为可管理交换机和非管理交换机，可管理交换机可通过网络管理系统进行远程管理和配置，中大型企业所使用的交换机一般应具有可管理功能。

（6）接入层交换机的选择。

接入层交换机支持将终端节点设备连接到网络。因此，它们需要支持端口安全功能、

VLAN、快速以太网 / 千兆以太网、链路聚合等功能，如图9-7所示。

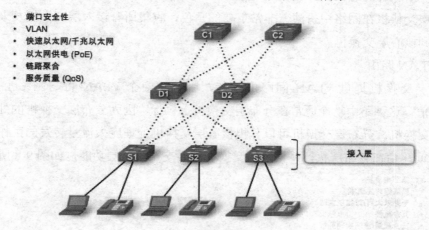

- 端口安全性
- VLAN
- 快速以太网/千兆以太网
- 以太网供电 (PoE)
- 链路聚合
- 服务质量 (QoS)

接入层

图 9-7　接入层交换机及其功能

端口安全功能允许交换机决定多少设备或哪些设备连接到交换机，应用于接入层。因此，端口安全功能是保护网络的第一道重要防线。

VLAN 是融合网络的重要组成部分，通常会为语音通信单独分配一个 VLAN。这样可为语音通信提供更多的带宽支持、更多的冗余连接以及更高的安全性。接入层交换机允许为网络上的终端节点设备设置 VLAN。

在选择接入层交换机时还需考虑的一个因素是端口速度。根据网络的性能需求，必须在快速以太网和千兆以太网交换机端口之间做出选择。快速以太网每个交换机端口至多支持 100Mbit/s 的流量。对 IP 电话和大多数企业网络中的数据流量来说，快速以太网已经足够，但它的速度比千兆以太网端口慢。千兆以太网每个交换机端口至多支持 1000Mbit/s 的流量。大多数现代设备（例如，工作站、笔记本和 IP 电话）支持千兆以太网。这样可以大大提高数据传输的速度，提高用户的工作效率。千兆以太网有一个缺点，即支持千兆以太网的交换机比较昂贵。

链路聚合是大多数接入层交换机所共有的另一项功能。链路聚合允许交换机同时使用多条链路。接入层交换机通过链路聚合至多可获得与分布层交换机相同的带宽。

由于通信的瓶颈通常在于接入层交换机和分布层交换机之间的上行链路连接，因此接入层交换机的内部转发速率并不需要像分布层交换机和接入层交换机之间的链路那么高。对接入层交换机来说，内部转发速率之类的特性并不重要，因为它们仅处理来自终端设备的流量并将其转发到分布层交换机。

在支持语音、视频和数据网络流量的融合网络中，接入层交换机需要支持 QoS 来维护流量的优先级。Cisco IP 电话属于接入层设备，当将 Cisco IP 电话插入到配置成支持语音流量的接入层交换机端口时，该交换机端口会告诉 IP 电话如何发送其语音流量，并需要在接入层交换机上启用 QoS，以便让 IP 电话语音流量的优先级高于数据流量。

（7）分布层交换机的选择。

分布层交换机在网络中扮演着非常重要的角色，收集所有接入层交换机发来的数据并将其转发到核心层交换机。

● VLAN 路由。

分布层交换机提供 VLAN 间路由功能，因此，一个 VLAN 可与网络上的另一个 VLAN 通信。这种路由功能通常在分布层交换机上执行，因为分布层交换机的处理能力强于接入层交换机。分布层交换机可以分担核心层交换机处理庞大流量转发的工作压力。由于 VLAN 间路由在分布层执行，该层的交换机需要支持第三层功能，如图 9-8 所示。

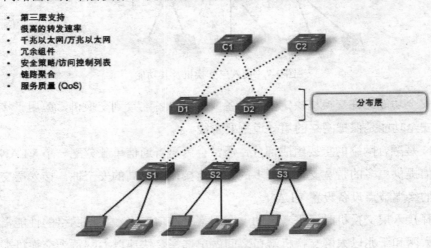

- 第三层支持
- 很高的转发速率
- 千兆以太网/万兆以太网
- 冗余组件
- 安全策略/访问控制列表
- 链路聚合
- 服务质量 (QoS)

分布层

图 9-8　分布层交换机

● 安全策略。

分布层交换机需要第三层功能的另一个原因是这样可以对网络流量应用高级安全策略，通过访问控制列表（ACL）控制流量如何在网络上传输。访问控制列表允许交换机阻止特定类型的流量或允许其他类型的流量。ACL 还允许控制哪些网络设备可在网络上通信。使用 ACL 需要占用大量的处理资源，因为交换机需要检查每个数据包并查看该数据包是否与交换机上定义的 ACL 的某个规则匹配。这种检查通常在分布层执行，因为该层的交换机通常具有强大的处理能力，能够处理额外的负载，同时也简化了 ACL 的使用。

● 服务质量。

分布层交换机还需要支持服务质量来维护来自实施了 QoS 的接入层交换机的流量优先级。优先级策略可确保有足够的带宽保证语音和视频通信，使之保持可接受的服务质量。要保证语音数据在整个网络中的优先地位，所有转发语音数据的交换机都必须支持 QoS；如果并非所有的网络设备都支持 QoS，那么会限制 QoS 优势的发挥。这会导致语音和视频通信的性能和质量不佳。

- 冗余。

由于分布层交换机具有丰富的功能，因此网络对分布层交换机的需求很旺盛。分布层交换机支持冗余功能对确保充足的可用性非常重要。由于分布层交换机是所有接入层流量的必经之路，因此分布层交换机性能不足会严重影响网络的其他部分。为确保可用性，分布层交换机通常成对使用。建议分布层交换机还应支持多个可热插拔的电源。配备多个电源的好处是：在交换机运行时，如果其中某个电源出现故障，交换机仍可继续运行。这样，在维修故障组件的同时不会影响到网络的运行。

最后，分布层交换机需要支持链路聚合功能。通常，接入层交换机使用多条链路连接到分布层交换机来确保为接入层上产生的流量提供足够的带宽，同时在某条链路断开时提供容错功能。由于分布层交换机要接受多个接入层交换机发送的流量，并且需要尽快将所有流量转发到核心层交换机上，因此，分布层交换机还需要回连核心层交换机的高带宽聚合链路。较新的分布层交换机支持连接核心层交换机的万兆以太网（10GbE）聚合上行链路。

（8）核心层交换机的选择。

在分层网络拓扑中，核心层是网络的高速交换主干，需要能够转发非常庞大的流量。需要多大转发速率在很大程度上取决于网络中的设备数量。通过执行和查看各种流量报告和用户群分析，确定所需的转发速率。根据分析的结果，可以确定合适的交换机来支持网络。认真评估当前及近期的需求。如果选择在网络的核心层使用性能不足的交换机，核心层将面临潜在的瓶颈问题，从而降低网络上所有通信的性能，如图9-9所示。

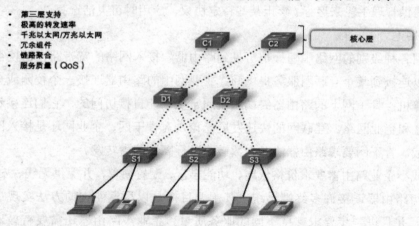

图9-9 核心层交换机

- 链路聚合。

核心层交换机需要支持链路聚合功能，以确保为分布层交换机发送到核心层交换机的流量提供足够的带宽。核心层交换机还支持聚合万兆连接，速度快，这样可让对应的分布层交换机尽可能高效地向核心层传送流量。

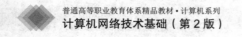
● 冗余。

核心层的可用性很关键，因此，应尽可能提供较多的冗余。相对于第二层冗余功能，第三层冗余功能在硬件出现故障时的收敛速度应该更快。这里的收敛是指网络适应变化所花的时间，而不要与支持数据、语音和视频通信的融合网络相混淆。还应确保核心层交换机支持第三层功能。此外，寻找支持其他硬件冗余功能（如可热插拔的冗余电源，在插拔电源的同时交换机仍可继续运行）的核心层交换机。由于核心层交换机的传输负载很高，所以运行时的温度通常比接入层或分布层交换机的更高，因此应该配备更完善的冷却方案。毫无疑问，核心层交换机能够支持热插拔风扇，而无须关闭交换机。

3. 路由器

路由器是家庭或企业连接内部网络和外部网络（或互联网），或者大型网络内部互联的主要设备。路由器产品种类繁多，应根据实际情况选择满足网络需求且性能优越、技术先进的产品。选择路由器主要考虑以下因素：

（1）功能。

功能因素主要包括连接 WAN 的各种接口（如帧中继、ATM、数字电路等）、数据处理能力（包括过滤、转发、优化、复用、加密、压缩等）、管理能力（配置管理、容错管理、性能管理等）。路由器按功能可分为单协议路由器和多协议路由器。单协议路由器只能应用于特定的协议环境，通常是厂商用于专用协议的相关设备。多协议路由器支持多种协议，并提供管理手段来运行/禁止某些特定协议，应用时可灵活选择。

（2）用途。

互联网各种级别的网络中随处都可见到路由器。接入网络的宽带路由器使得家庭和小型企业可以连接到某个互联网服务提供商；企业网中的路由器连接一个校园或企业内成千上万的计算机；骨干网上的路由器终端系统通常是不能直接访问的，它们连接长距离骨干网上的 ISP 和企业网络。互联网的快速发展无论是对骨干网、企业网还是接入网都带来了不同的挑战。骨干网要求路由器能对少数链路进行高速路由转发。

家庭或小企业路由器要求价格低廉、功能丰富、配置简单，并提供无线、安全等功能。

企业级路由器连接许多终端系统，其主要目标是以尽量便宜的方法实现尽可能多的端点互连，并且进一步要求支持不同的服务质量。企业级路由器还需要有效地支持广播和组播。企业网络还要处理历史遗留的各种 LAN 技术，支持多种协议，包括 IP、IPX 和 Vine，还要支持防火墙、包过滤以及大量的管理和安全策略以及 VLAN。

骨干级路由器实现企业级网络的互联。对其要求是速度和可靠性，而代价则处于次要地位。硬件可靠性可以采用电话交换网中使用的技术，如热备份、双电源、双数据通路等来获得。骨干级路由器要求接口丰富、高传输速率、协议多样、模块化扩充等功能，骨干路由器的主要性能瓶颈是在转发表中查找路由所耗的时间。

4. 服务器

服务器是网络系统的关键设备,一般有 3 种类型:PC 服务器(由高档计算机担任,在 LAN 中用得较多)、专用服务器(根据网络的数据传输、I/O 信息交换、可靠性等要求设计的专用服务器,有的还采用多 CPU、多总线结构,关键部分采用了容错技术,是目前网络中应用较多的设备)和主机服务器(在大中型网络中应用的,具有高速率、大容量,由超级小型机、中型机或大型机担任的服务器)。按其在网络中的作用和工作方式区分,又有文件服务器、数据库服务器、打印服务器、通信服务器等。

选择服务器时,应考虑的几项主要目标是:CPU 高性能、存储的大容量、高速传输总线、高效的 SCSI 磁盘接口和系统容错功能。

选用小型机作为服务器时,可供选择的产品有 Sun 公司的 Ultra 系列、Enterprise 系列;HP 公司的 HP9000V 系列、K370 系列;IBM 公司的 Power Systems 系列等。高档 PC 服务器由于微处理器性能大幅度提高及 SMP 技术、Cluster 技术的出现,性能直逼小型机,成为许多网络系统的首选。

5. 工作站

工作站是客户用机,执行用户的指令,按用户的要求向服务器提出服务请求,同时完成部分(在 C/S 结构)或全部(在文件服务器结构)用户要求的数据处理和计算任务。因此,在选择工作时,要根据用户工作环境、网络工作模式、用户的工作性质等因素,考虑选择一般档次或高档的计算机。

9.3.3 网络软件的选择

网络软件分为网络操作系统软件、网络管理软件、应用软件、工具软件、支撑软件等,正确地选择能够相互配合、完成网络系统需求功能的软件组合是网络建设的关键。

1. 操作系统的选择

网络操作系统是网络信息系统的核心基础,就单一网络操作系统而言,可供选择的有 UNIX 类、Linux 类、Windows Server 2008/2012 等。

UNIX 是传统大、中、小型计算机使用的操作系统,优点是可靠性高,稳定,功能强大齐全,分时多用户,多进程,多任务,网络通信功能强,安全级别高,遵从所有工业标准和开放系统标准。国内常用的有 IBM 的 Aix、SCO 公司的 SCO UNIX 等,较为普通的是 SUN Solaris、FreeBSD 等。

SUN Solaris 工作的 X86 和 ROSC 的 SUN Sparc 系列平台支持多 CPU,网络功能强且操作方便,支持 TCP/IP、NFS、Web 及各类图形图像标准,提供 GUI 工作界面,支持多

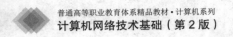

种数据库系统，双向 Cluster，安全可靠性为 C2 级。

Linux 是类似 UNIX 的免费系统，提供 GUI 工作面，内嵌 Internet 的各种服务，支持多媒体。近年来发展极快，应用软件大公司如 Informix、Oracle、CA 等都支持 Linux 系统，并推出应用产品，RedHat、Ubuntu 是 Linux 系统较为典型的产品。

Windows 2003/2008 是一个与硬件平台无关、可伸缩的服务器网络操作系统。系统支持多个 CPU 和 Cluster，网络互联功能方便，支持多种网络传输协议，可构成多平台异种操作系统互连广域网。Windows 2003/2008 的许多技术思想均来源于 UNIX，用户接口方面经过易用性的包装，安装简便，易学易操作。但从网络规模、稳定可靠及数据处理上与 UNIX 尚有一定的差距。

作为网络信息系统基础，选择操作系统应根据系统规模、信息处理流量、硬件服务器配置方面考虑。目前，主干网主服务器大多选 UNIX 或 Windows Server 2008/2012，应用服务器选择 Windows 2003/2008、Linux。这样，既可以享受到 Windows 平台应用丰富、界面直观、使用方便的优点，也可以享受 Linux、UNIX 稳定、高效的好处。

2. 应用软件的选择

应用软件是网络信息系统最终的价值体现，进行规划设计时，主要考虑的有数据库系统和信息服务相关软件。

常用的数据库系统有 Oracle、Sybase、SQL Server、Informix 等。对于具体应用，从原则上讲，它们各自都有完善的解决方案和扩展结构。在选取时，注意各数据库所支持的技术特征和功能，特别是面向对象的处理能力。应该指出，数据库系统选择应与网络操作系统选取相匹配。如 SQL Server 仅能在 Windows 上运行，不能升级到 UNIX 环境，而 Oracle、Sybase 系统不仅能在 Windows 上运行，也能直接转移到 UNIX 环境下工作，Informix 有 UNIX 和 Windows 两种版本，但 Windows 版本的功能相对较弱。

在信息服务相关的软件中，常规信息工具如 Web Server、Mail Server、FTP Server 等在购置服务器及网络操作系统时大多已包含，这里主要指用户自己使用的信息软件，包括信息发布系统、办公自动化（OA）、各类 MIS 以及辅助决策软件等。根据用户需求，应尽可能购买商品化的成熟软件。为充分发挥信息的作用，在系统集成规划、实施时，辅助决策支持软件是应考虑的。由于应用的多样性，系统集成的应用软件的开发不可避免。

9.3.4　综合布线系统设计

结构化综合布线系统（SCS）是一种模块化、灵活性极高的建筑物和建筑群内的信息传输系统，也是一种集成化的通用传输系统，利用双绞线或光缆来传输建筑物内的多种信息。

综合布线系统是建筑技术与信息技术相结合的产物，也是计算机网络工程的基础。通过综合布线系统可使语音设备、数据设备、交换设备及各种控制设备与信息管理系统连接起来，同时也使这些设备与外部通信网络相连，还包括建筑物外部网络或电信线路的连接点与应用系统设备之间的所有线缆及相关的连接部件。综合布线的发展与建筑物自动化系统密切相关。传统布线，如电话、计算机局域网都是各自独立的，各系统分别由不同的厂商设计和安装，传统布线采用不同的线缆和不同的终端插座，而且连接这些不同布线的插头、插座及配线架均无法互相兼容。综合布线系统较好地解决了传统布线方法存在的许多问题，主要表现在它具有兼容性、开放性、灵活性、可靠性、先进性和经济性，而且在设计、施工和维护方面也给人们带来了许多方便，提供了具有长远效益的先进可靠的解决方案。随着现代信息技术的飞速发展，综合布线系统已经成为现代智能建筑不可缺少的基础设施。

1.　综合布线系统标准

综合布线系统标准基本上都是由具有相当影响力的国际或大国标准组织制定的，如国际标准化委员会（ISO）、国际电工委员会（IEC）、美国通信工业协会（TIA）等，其他各国基本上等效采用相关的国际标准。我国也制定了相关的国家标准。

（1）TIA/EIA568 系列标准。

TIA/EIA568 标准确定了一个可以支持多品种、多厂家的商业建筑的综合布线系统，同时也提供了为商业服务的电信产品的设计方向。

1985 年年初，计算机工业协会（CCIA）提出对大楼布线系统标准化的倡议，美国电子工业协会（EIA）和美国电信工业协会（TIA）开始标准化制定工作。1991 年 7 月，TIA/EIA568，即《商业大楼电信布线标准》问世。1995 年年底，TIA/EIA568 标准正式更新为 TIA/EIA568A。2002 年 6 月正式通过的六类布线标准成为 TIA/EIA568B 标准的附录，被正式命名为 TIA/EIA568B.2-1。该标准已被国际标准化组织批准，标准号为 ISO 11801—2002。

（2）ISO/IEC 11801 国际标准。

国际标准化组织 / 国际电工委员会标准的 ISO/IEC 11801:2002 标准称为"信息技术—用户房屋综合布线"。目前该标准有 3 个版本：ISO/IEC 11801:1995、ISO/IEC 11801:2000 和 ISO/IEC 11801:2002。

ISO/IEC 11801:1995 标准定义到 100MHz，定义了使用面积达 100 万平方米和 5 万个用户的建筑和建筑群的通信布线，包括平衡双绞电缆布线（屏蔽和非屏蔽）和光纤布线、布线部件和系统的分类计划，确立了评估指标"类（Categories）"，即 Cat3、Cat4、Cat5 等，并规定电缆或连接件等单一部件必须符合相应的类别。同时，为了定义由某一类别部件所组成的整个系统（链路、信道）的性能等级，国际标准化组织建立了"级（Classes）"，即 Class A、Class B、Class C、Class D 等级的概念。

ISO/IEC 11801:2000 是对 ISO/IEC 11801:1995 的一次主要的更新，增加了新的测量方

法的条件。ISO/IEC 认为以往的链路定义应被永久链路和通道的定义所取代，对永久链路和通道的等效远端串扰 ELFEXT、综合近端串扰、传输延迟等进行规定。

ISO/IEC 11801:2002 新标准定义了 6 类、7 类线缆的标准。

（3）国家标准。

我国于 2000 年发布了《建筑与建筑群综合布线系统工程设计规范》（GB/T 50311—2000）和《建筑与建筑群综合布线系统工程验收规范》（GB/T 50312—2000）。规范只是关于 100MHz 5 类布线系统的标准，不涉及超 5 类布线系统及以上的布线系统。

2007 年 4 月 6 日发布，2007 年 10 月 1 日开始执行的新国家标准是《综合布线系统工程设计规范》（GB 50311—2007）和《建筑与建筑群综合布线系统工程验收规范》（GB 50312—2007）。2007 版和 2000 版比较，最大的特点是定义到了 F 级 7 类综合布线系统。

在 GB 50311—2007 和 GB 50312—2007 标准出台之前，国内普遍采用国际标准与国家标准相结合，在 GB 50311—2007 和 GB 50312—2007 标准实施后，综合布线系统要求按照 GB 50311—2007 和 GB 50312—2007 进行设计和施工验收。

2. 综合布线系统术语与符号

根据《综合布线系统工程设计规范》（GB 50311—2007）的规定，综合布线系统工程常用的术语如表 9-1 所示，GB 50311—2007 与 TIA/EIA 568 主要术语对照如表 9-2 所示。

表 9-1　综合布线系统工程常用术语（摘录自综合布线系统工程设计规范）

术　语	英　文　名	解　释
布线	cabling	能够支持信息电子设备相连的各种线缆、跳线、接插软线和连接器件组成的系统
建筑群子系统	campus subsystem	由配线设备、建筑物之间的干线电缆或光缆、设备线缆、跳线等组成的系统
电信间	telecommunications room	放置电信设备、电缆和光缆终端配线设备并进行线缆交接的专用空间
工作区	work area	需要设置终端设备的独立区域
信道	channel	连接两个应用设备的端到端的传输通道。信道包括设备电缆、设备光缆和工作区电缆、工作区光缆
链路	link	一个 CP 链路或一个永久链路
永久链路	permanent link	信息点与楼层配线设备之间的传输线路，不包括工作区线缆和连接楼层配线设备的设备线缆、跳线，但可以包括一个 CP 链路
集合点（CP）	consolidation point	楼层配线设备与工作区信息点之间水平线缆路由中的连接点
CP 链路	cp link	楼层配线设备与集合点（CP）之间，包括各端的连接器件在内的永久性的链路
建筑群配线设备	campus distributor	终接建筑群主干线缆的配线设备

续表

术　语	英　文　名	解　　释
建筑物配线设备	building distributor	为建筑物主干线缆或建筑群主干线缆终接的配线设备
楼层配线设备	floor distributor	终接水平电缆或水平光缆其他布线子系统线缆的配线设备
连接器件	connecting hardware	用于连接电缆线对和光纤的一个器件或一组器件
建筑群主干电缆、光缆	campus backbone cable	用于在建筑群内连接建筑群配线架与建筑物配线架的电缆、光缆
建筑物主干线缆	building backbone cable	连接建筑物配线设备至楼层配线设备及建筑物内楼层配线设备之间相连接的线缆。建筑物主干线缆可为主干电缆和主干光缆
水平线缆	horizontal cable	楼层配线设备到信息点之间的连接线缆
永久水平线缆	fixed horizontal cable	楼层配线设备到 CP 的连接线缆，如果链路中不存在 CP 点，为直接连至信息点的连接线缆
CP 线缆	cp cable	连接集合点（CP）至工作区信息点的线缆
信息点（TO）	Telecommunications outlet	各类电缆或光缆终接的信息插座模块
跳线	jumper	不带连接器件或带连接器件的电线缆对与带连接器件的光纤，用于配线设备之间进行连接
线对	pair	一个平衡传输线路的两个导体，一般指一个对绞线对
多用户信息插座	muiti-user telecommunications outlet	在某一地点，若干信息插座模块的组合
交接（交叉连接）	cross connect	配线设备和信息通信设备之间采用接插软线或跳线上的连接器件相连的一种连接方式
互连	interconnect	不用接插软线或跳线，使用连接器件把一端的电缆、光缆与另一端的电缆、光缆直接相连的一种连接方式

表 9-2　GB 50311—2007 与 TIA/EIA 568 主要术语对照表

GB 50311—2007		TIA/EIA 568	
中 文 名 称	术　语	中 文 名 称	术　语
建筑群配线设备	CD	主配线架	MDF
建筑配线设备	BD	楼层配线架	IDF
楼层配线设备	FD	通信插座	IO
通信插座	TO	过渡点	TP
集合点	CP		

3. 综合布线系统结构

依照 2007 年 10 月 1 日起实施的国家标准《综合布线系统工程设计规范》（GB

50311—2007），综合布线系统工程宜按7个部分进行设计，分别介绍如下。

（1）工作区：由配线子系统的信息模块插座（TO）延伸到终端设备处的连接线缆及适配器组成。一个独立的需要设置终端设备的区域宜划分为一个工作区。

（2）配线子系统：由工作区的信息插座模块、信息插座至电信间配线设备（FD）的配线电缆和光缆、电信间的配线设备及设备线缆和跳线等组成。配线子系统也称为水平子系统。

（3）干线子系统：由设备间至电信间的干线电缆和光缆，安装在设备间的建筑物配线设备（BD）及设备线缆和跳线等组成。干线子系统也被称为垂直子系统。

（4）建筑群子系统：由连接多个建筑物之间的主干电缆和光缆、建筑群配线设备（CD）及设备线缆和跳线等组成。

（5）设备间：设备间是在每幢建筑物的适当地点进行网络管理和信息交换的场地。设备间主要安装建筑物配线设备，电话交换机、计算机主机设备及入口设施也可与配线设备安装在一起。

（6）进线间：建筑物外部通信和信息管线的入口部位，并可作为入口设施和建筑群配线设备的安装场地。

（7）管理：对工作区、电信间、设备间、进线间的配线设备、电缆、信息模块插座等设施按一定的模式进行标记和记录。

* **提示：**根据《建筑与建筑群综合布线系统工程设计规范》（GB/T 50311—2000）以及国外的标准，综合布线系统通常又被划分为6个子系统：工作区子系统、水平子系统、垂直子系统、管理间子系统、设备间子系统、建筑群子系统。

综合布线系统的7个组成部分如图9-10所示。

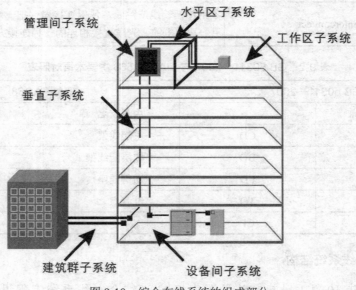

图9-10　综合布线系统的组成部分

综合布线系统的基本构成如图 9-11 所示。

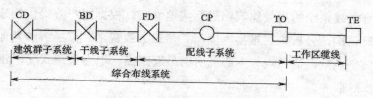

图 9-11　综合布线系统基本构成

*　提示：配线子系统信道的最大长度不应大于 100m，其中水平缆线长度不大于 90m，一端工作区设备连接跳线不大于 5m，另一端设备间的跳线不大于 5m。

综合布线子系统的构成应符合图 9-12 的要求。图中的虚线表示 BD 与 BD 之间，FD 与 FD 之间可以设置主干线缆。建造物 FD 可以经过主干缆线直接连至 CD，TO 也可以经过水平缆线直接连至 BD。

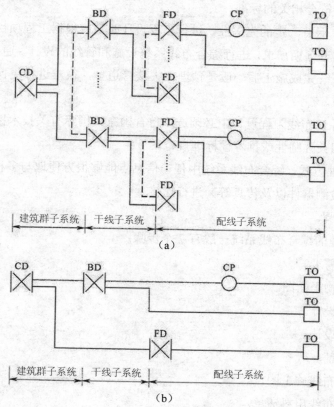

图 9-12　综合布线子系统构成

4. 综合布线系统设计基础

（1）需求分析。

需求分析是综合布线系统设计的首项重要工作，对后续工作的顺利开展是非常重要的，更直接影响到工程预算造价。需求分析主要掌握用户的当前用途和未来扩展需要。通过对用户方实施综合布线系统的相关建筑物进行实地考察，根据用户方提供的建筑工程图，从而了解相关建筑结构，分析施工难易程度，并估算大致费用。需了解的其他数据包括中心机房的位置、信息点数、信息点与中心机房的最远距离、电力系统状况、建筑物情况等。

（2）设计原则。

综合布线系统的设计应考虑到以下原则：

① 规划性。尽量将综合布线系统纳入到建筑物整体规划、设计和建设之中。在土建建筑、结构的工程设计中对综合布线系统的信息插座、配线子系统、干线子系统、设备间、进线间都要有所规划。

② 可扩展性。尽可能将更多的信息系统纳入到综合布线系统。综合布线系统应与大楼通信自动化、楼宇自动化、办公自动化等系统统筹规划，按照各种信息系统的传输要求，做到合理使用，并符合相关的标准。

③ 长远规划，保持一定的先进性。进行工程设计时，应根据工程项目的性质、功能、环境条件和用户的近远期需求，进行综合布线系统设施和管线的设计。通信技术发展很快，综合布线水平子系统完成施工后一般是预埋在大楼管道里，很难进行更换，因此所用器材需要考虑适度超前。

④ 标准化。综合布线工程设计中必须选用符合国家或国际有关技术标准的定型产品，符合国家现行的相关强制性或推荐性标准规范。

⑤ 灵活的管理方式。综合布线系统中任一信息点能够很方便地与多种类型的设备（如电话、计算机、检测器件以及传真等）进行连接。

（3）设计步骤。

设计一个合理的综合布线系统一般有7个步骤：

① 分析用户需求。

② 获取建筑物平面图。

③ 系统结构设计。

④ 布线路由设计。

⑤ 可行性论证。

⑥ 绘制综合布线施工图。

⑦ 编制综合布线用料清单。

设计步骤中涉及的一些具体环节如图9-13所示。

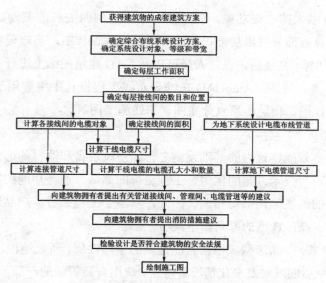

图 9-13 综合布线系统设计步骤

（4）综合布线工程图。

综合布线工程图一般包括综合布线系统结构图、网络拓扑结构图、综合布线管线路由图、楼层信息点平面分布图、机柜配线架信息点布局图。综合布线工程中需要根据建筑物的网络通信情况绘制相应的综合布线工程图。

综合布线工程图在综合布线工程中起着关键的作用，设计人员首先通过建筑图纸来了解和熟悉建筑物结构并设计综合布线工程图，施工人员根据设计图纸组织施工，验收阶段将相关技术图纸移交给建设方。图纸简单、清晰、直观地反映了网络和布线系统的结构、管线路由和信息点分布等情况。因此，识图、绘图能力是综合布线工程设计与施工组织人员必备的基本功。综合布线工程中主要采用两种制图软件：AutoCAD 和 Visio。也可以利用综合布线系统厂商提供的布线设计软件或其他绘图软件绘制。

微软公司的 Visio 绘图软件提供了一种直观的方式来进行图表绘制，不论是制作一幅简单的流程图还是制作一幅非常详细的技术图纸，都可以通过程序预定义的图形，轻易地组合出图表。在“任务窗格”视图中，单击某个类型的某个模板，Visio 即会自动产生一个新的绘图文档，文档左边的“形状”栏中显示出极可能用到的各种图表元素——SmartShapes 符号。在绘制图表时，只需要用鼠标选择相应的模板，单击不同的类别，选择需要的形状，拖动 SmartShapes 符号到绘图文档上，加上一定的连接线，进行空间组合与图形排列对齐，再加上引入的边框、背景和颜色方案，步骤简单，操作便捷。也可以对图形进行修改或者创建自己的图形，以适应不同的业务和不同的需求，这也是SmartShapes 技术带来的便利，体现了 Visio 的灵活。

AutoCAD 是 Autodesk 公司的主导产品，是当今流行的二维绘图软件，目前已被广泛应用于机械设计、建筑设计、影视制作、视频游戏开发以及 Web 网的数据开发等重大领域。AutoCAD 具有强大的二维功能，如绘图、编辑、剖面线和图案绘制、尺寸标注以及二次开发等，同时具有部分三维功能。在综合布线工程设计中，当建设单位提供了建筑物的 CAD 建筑图纸的电子文档后，设计人员可以在 CAD 建筑图纸上进行布线系统的设计，达到事半功倍的效果。目前，AutoCAD 在综合布线工程设计中主要用于绘制综合布线系统结构图、管线设计图、楼层信息点分布图、布线施工图等。

（5）产品选型。

综合布线系统是智能建筑内的基础设施之一。系统设备和器材的选型是工程设计的关键环节和重要内容，与技术方案的优劣、工程造价的高低、业务功能的满足程度、日常维护管理和今后系统的扩展等都密切相关。因此，从整个工程来看，产品选型具有基础性的意义，应予以重视。产品选型的原则如下：

① 满足功能需求。产品选型应根据智能建筑的主体性质、所处地位、使用功能等特点，从用户信息需求、今后的发展及变化情况等考虑，选用合适等级的产品，例如5类、超5类、6类系统产品或光纤系统的配置，包括各种缆线和连接硬件。

② 结合环境实际。应考虑智能建筑和智能化小区所处的环境、气候条件和客观影响等特点，从工程实际和用户信息需求方面考虑，选择合适的产品。例如，目前和今后有无电磁干扰源存在，是否有向智能小区发展的可能性等，这与是否选用屏蔽系统产品、设备配置以及网络结构的总体设计方案都有关系。

③ 选用主流产品。应采用市场上主流的、通用的产品系统，以便于将来的维护和更新。对于个别需要采用的特殊产品，也需要经过有关设计单位的同意。

④ 符合相关标准。选用的产品应符合我国国情和有关技术标准，包括国际标准、我国国家标准和行业标准。所用的国内外产品均应以我国国标或行业标准为依据进行检测和鉴定，鉴定不合格的设备和器材不得在工程中使用。

⑤ 性能价格比原则。目前我国已有符合国际标准的通信行业标准，对综合布线系统产品的技术性能应以系统指标来衡量。在产品选型时，所选设备和器材的技术性能指标一般要稍高于系统指标，这样在工程竣工后，才能保证满足全系统技术性能指标。选用产品的技术性能指标也不宜太高，否则将增加工程投资。

⑥ 售后服务保障。根据信息业务和网络结构的需要，系统要预留一定的发展余地。在具体实施中，不宜完全以布线产品厂商允诺保证的产品质量期来决定是否选用，还要考虑综合布线系统的产品尚在不断完善和提高，要求产品厂家能提供升级扩展能力。

此外，一些工作原则在产品选型中应综合考虑。例如，在价格相同的技术性能指标符合标准的前提下，若已有可用的国内产品，且能提供可靠的售后服务时，应优先选用国内产品，以降低工程总体运行成本，促进民族企业产品的改进、提高及发展。

9.3.5　网络安全设计

从本质上讲，网络安全就是网络上的信息安全，是指网络系统的硬件、软件及其系统的数据受到保护，不受偶然的或恶意的原因而遭到破坏、更改、泄露，系统能够连续可靠地正常运行。广义上来说，凡是涉及网络上信息的保密性、安全性、可用性、真实性和可控性的相关技术和理论都是网络安全所要研究的领域。网络安全的内容既有技术方面的问题，也有管理方面的问题，两方面相互补充，缺一不可。技术方面主要侧重于防范外部非法用户的攻击，管理方面则侧重于内部人为因素的管理。如何有效地保护重要的信息数据、提高计算机网络系统的安全性，已成为所有计算机网络技术人员必须考虑和解决的一个重要问题。

1. 安全体系结构

网络安全体系结构主要考虑安全对象的安全机制，安全对象主要有网络安全、系统安全、数据库安全、信息安全、设备安全、信息介质安全和计算机病毒防治等。

2. 安全体系层次模型

按照网络 OSI 的七层模型，网络安全贯穿于整个七层。针对网络系统实际运行 TCP/IP，网络安全贯穿于信息系统的 4 个层次。因此，网络的安全体系结构也可以用层次模型表示，如图 9-14 所示。

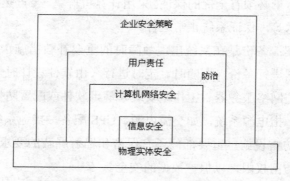

图 9-14　安全层次体系模型

（1）物理层。

物理层信息安全主要是防止物理通路的损坏、物理通路的窃听和对物理通路的攻击。

（2）链路层。

链路层的网络安全需要保证通过网络链路传送的数据不被窃听，主要采用划分 VLAN、（局域网）加密通信（远程网）等手段。

（3）网络层。

网络层的安全需要保证网络只给授权的客户使用授权的服务，保证网络路由正确，避

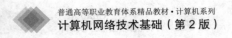

免被拦截或监听。

（4）操作系统。

操作系统安全要求保证客户资料、操作系统访问控制的安全，同时能够对该操作系统上的应用进行审计。

（5）应用平台。

应用平台指建立在网络系统之上的应用软件服务，如数据库服务器、电子邮件服务器和 Web 服务器。由于应用平台的系统非常复杂，通常采用多种技术（如 SSL 等）来增强应用平台的安全性。

（6）应用系统。

应用系统的安全与系统设计和实现关系密切。应用系统使用应用平台提供的安全服务来保证基本安全，如通信内容安全，通信双方的认证、审计等手段。

3. 网络信息安全设计

网络管理与网络信息系统的安全是网络设计中的重要部分，因此网络安全规划、设计应从设备安全、软件和数据库安全、系统运行安全以及网络互联安全等方面进行周密的考虑，具体表现在以下几个方面。

（1）安全策略选取。

- 硬件可靠性：网络服务器、交换/基线设备、工作站、连接器件、电源、外部设备等性能及质量必须有全优的保证。采用计算机群集、带点热插拔技术、磁盘阵列、磁盘镜像技术等，保证系统正常运行。

- 数据备份方案：备份是在系统出现故障时的重要补救措施，采用磁带或可读写光盘设备对数据进行备份，可随时、定时进行（由软件设计时规定）。

- 防病毒措施：网络服务器、工作站安装防病毒软件或配置防病毒功能的网卡。

- 环境安全性：指电源系统，如交流电源、UPS 配备，接地系统（交流地、直流地、保护地）和防雷设施。重要部门还有保密和辐射屏蔽的要求。对用户按不同级别划分适当的访问权限，以保护数据的安全。

- 网络互联安全：内部网络可采用虚拟网，按各系统分工加以分割，每个系统只限在本系统内工作——内部网与外部网互联，须采用防火墙技术。国内常用的防火墙产品有 Check Point 公司的 FireWall、Cisco 公司的 PIX Firewall 等。

- 网络管理：网络管理软件是管理维护网络系统的重要工具，以直观化的图形界面完成网络设备管理、资源分配、流量分析、安全控制及故障处理等。优秀的网络管理软件有 HP 公司的 OpenView、Intel 公司的 LAN Desk Management Suite 等。

（2）选择并实现安全服务。

由于网络的互联是在链路层、网络层、传输层和应用层以不同协议来实现，各个层的功能特性和安全特性也不同，因而其安全措施也不相同。

物理层安全涉及传输介质的安全特性，抗干扰、防窃听将是物理层安全措施制定的重点。

在链路层，通过"桥"这一互连设备的监听和控制作用，可以建立一定程度的虚拟局域网，对物理和逻辑网段进行有效的分割和隔离，消除不同安全级别逻辑网段间窃听的可能。

在网络层，可通过对不同子网的定义和对路由器的路由表控制来限制子网间的节点通信。同时，利用网关的安全控制能力，可以限制节点的通信、应用服务，并加强外部用户识别和验证能力。对网络进行级别划分与控制，网络级别划分大致包括 Internet/ 企业网、骨干网 / 区域网、区域网 / 部门网、部门网 / 工作组网等，其中，Internet/ 企业网的接口要采用专用的防火墙，骨干网 / 区域网、区域网 / 部门网的接口利用路由器的可控路由表、安全邮件服务器、安全拨号验证服务器的安全级别较高的操作系统。增强网络互联的分割和过滤控制，也可以大大提高保密性。

针对不同的层次，目前都有相应的网络安全设备实现安全防护，如图 9-15 所示，交换机的安全特性实现数据链路层的攻击防御，构成安全的网络基础。防火墙可以把安全信任网络和非安全网络进行隔离，并提供对 DDOS 和多种畸形报文攻击的防御。IPS 可以针对应用流量做深度分析与检测能力，同时配合以精心研究的攻击特征知识库和用户规则，即可以有效检测并实时阻断隐藏在海量网络流量中的病毒、攻击与滥用行为，也可以对分布在网络中的各种流量进行有效管理，从而达到对网络应用层的保护。在具体设计时应根据实际网络环境选取。

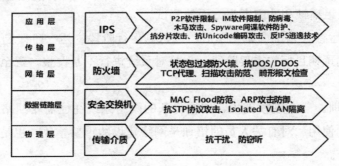

图 9-15　各层次的网络安全设备

9.3.6　网络工程实施与测试

网络设计方案的落地应用就是网络工程实施。网络工程实施是在网络设计的基础上进行设备的购买、安装、调试和系统切换等工作。

1. 网络工程实施

网络工程实施主要包括工程实施计划、网络设备到货验收、设备安装、系统测试、系统试运行、用户培训、系统转换等步骤。

（1）工程实施计划。在网络设备安装前，需要编制工程实施计划，列出需实施的项目、费用和负责人等，以便控制投资，按进度要求完成实施任务。工程计划必须包括在网络实施阶段的设备验收、人员培训、系统测试和网络运行维护等具体事务的处理，必须控制和处理所有可预知的事件，并调动有关人员的积极性。

（2）网络设备到货验收。系统中要用到的网络设备到货后，在安装调试前，必须先进行严格的功能和性能测试，以保证购买的产品能很好地满足用户需要。在到货验收的过程中，要做好记录，包括对规格、数量和质量进行核实，以及检查合格证、出厂证、供应商保证书和各种证明文件是否齐全。在必要时利用测试工具进行评估和测试，评估设备能否满足网络建设的需求。如果发现短缺或破损，要求设备提供商补发或免费更换。

（3）设备安装。网络系统的安装和调试需要由专门的技术人员负责。安装项目一般分为综合布线系统、机房工程、网络设备、服务器、系统软件和应用软件等几个部分，不同的部分应分别由专门的工程师进行安装和调试。在这些安装项目中，尤其要注意综合布线系统的质量，因为综合布线一般会涉及隐蔽工程，一旦覆盖后发生故障，查找错误源和恢复故障的代价比较高。

（4）系统测试。系统安装完毕，就要进行系统测试。系统测试是保证网络安全可靠运行的基础。网络测试包括网络设备测试、网络系统测试和网络应用测试 3 个层次。网络设备测试主要是针对交换机、路由器、防火墙和线缆等传输介质和设备的测试，网络系统测试主要是针对系统的连通性、链路传输率、吞吐率、传输时延和丢包率、链路利用率、错误率、广播帧、组播帧和冲突率等方面的测试。

（5）系统试运行。系统调试完毕后，进入试运行阶段。这一阶段是验证系统在功能和性能上是否达到预期目标的重要阶段，也是对系统进行不断调整，直至达到用户要求的重要时刻。

（6）用户培训。一个规模庞大、结构复杂的网络系统往往需要网络管理员来维护，并协调网络资源的使用。对有关人员的培训是网络建设的重要一环，也是保证系统正常运行的重要因素之一。

（7）系统转换。经过一段时间的试运行，系统达到稳定、可靠的水平，就可以进行系统转换工作。系统转换可以采用 3 种方法，分别是直接转换、并行转换和分段转换，这 3 种方法的可靠性和成本各不相同，应视具体情况而定。

2. 网络测试

网络测试是对综合布线系统、网络设备、网络系统，以及网络对应用系统的支持所进行的检测，以展示和证明网络系统能否满足用户在性能、安全性、易用性、可管理性等方面的需求。网络测试的实施一般包括以下环节：

（1）根据测试目的，明确测试目标。

（2）在对相关网络技术和实现细节透彻掌握的基础上，设计测试方案。

（3）建立网络负载模型。

（4）配置测试环境，包括测试工具的选择及必要测试工具的研发。

（5）采集和整理测试数据。

（6）分析和解释测试数据。

（7）整理测试结果，做出测试报告。

9.4　网络系统设计方案

信息技术和计算机网络技术，特别是互联网技术的普及和发展，为制造业、服务业、政府单位、教育行业、医疗行业等利用信息化网络技术，改造传统的制造、经营与服务模式提供了基础技术保障，从而形成了网络化系统、网络化控制、网络制造、网络化服务、电子政务、电子商务等新系统模式的发展。在这些系统中，包含了多种学科交叉，对应这些系统的要求，有各种网络工程与系统继承的案例可供参考。

网络系统集成或网络规划设计是根据应用需求，运用系统集成方法，将硬件设备、软件设备、网络基础设施、网络设备、网络系统软件、网络基础服务系统、应用软件等组织成为一体，使之成为能组建一个完整、可靠、经济、安全、高效的计算机网络系统的全过程。从技术角度来看，网络系统集成是将计算机技术、网络技术、控制技术、通信技术、应用系统开发技术、建筑装修等技术综合运用到网络工程中的一门综合技术。一般包括前期方案、线路、弱电等施工、网络设备架设、各种系统架设、网络后期维护。网络系统集成技术是综合性、实践性和时效性都很强的技术，需要有着综合的技术能力和相关知识。网络系统集成应用领域广泛，有不同层次的需求，而每种需求又可有不同的方案，本节仅列举一些典型的网络系统设计案例。

9.4.1　小型企业网方案

1. 案例描述

某公司具有业务部、技术部、财务部、后勤部等部门，办公计算机 80 台左右，需要进行组网，并申请一个公网 IP 和 20Mbit/s 带宽，通过宽带路由器实现员工访问互联网，并提供无线访问，还需建设网站和业务系统，配置网络共享打印机。

2. 需求分析

（1）组建小型局域网，通过综合布线或无线将计算机进行联网，实现资源共享。

（2）通过路由器或服务器连接互联网，提供企业访问互联网。

（3）根据应用需求架设网络应用服务器，如网站服务器、应用服务器等。

3. 设计原则

（1）把握好技术先进性与应用简易性之间的平衡。

（2）具有良好的升级扩展能力。

（3）具有较高的可靠性和可用性。

（4）产品功能与实际应用需求相匹配。

（5）尽可能选择成熟、标准化的技术和产品。

4. 方案描述

根据案例需求和分析，结合网络特点，公司的网络结构及设备连接如图 9-16 所示。

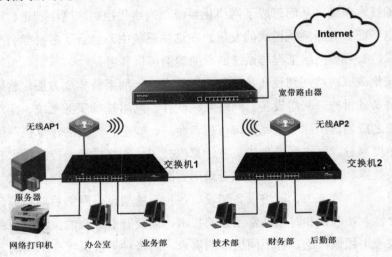

图 9-16　公司网络结构及设备连接图

（1）公司计算机约 80 台，采用两台 48 口网络交换机（H3C S1048），通过双绞线连接各部门计算机，满足当前需求并预留扩展空间。

（2）配置两台吸顶式无线 AP（TPLINK TL-AP453C-PoE）连接两台交换机，为不同办公区域提供无线覆盖。

（3）配置一台宽带路由器（TP-LINK TL-R860）连接互联网，同时连接两台交换机。

（4）配置一台服务器连接交换机，安装配置 Web 服务器和业务系统。

（5）配置一台网络打印机连接交换机，配置共享打印。

5. 方案特点

小型企业局域网通常规模较小，结构相对简单，对性能的要求则因应用的不同而差别较大。许多中小企业网络技术人员较少，因而对网络的依赖性很高，要求网络尽可能简单、可靠、易用，降低网络的使用和维护成本，提高产品的性能价格比就显得尤为重要。

9.4.2 中大型企业网方案

1. 案例描述

某企业在园区有 3 幢大楼，A 栋大楼为办公区，B 栋大楼为生产区，C 栋大楼为产品研发区，3 个区域相距 500m。企业局域网需要考虑连接 3 个区域，要实现的主要目标如下：

（1）实现企业内部高效的信息交换和共享。

（2）企业需要实现办公自动化。局域网提供企业内部电子邮件收发、信息浏览、文件管理、会议管理、电子公告等多方面应用。

（3）为了扩大企业的影响，通过 400Mbit/s 光纤专线接入互联网。企业对外提供自己的宣传网站，并且能够保证网站安全，不受外部或者内部攻击。

（4）充分考虑今后企业规模的扩展和各部门的接入扩展性。

（5）充分考虑企业内部网络的安全性和管理性。

2. 需求分析

随着企业信息化建设不断深入，企业的生产业务系统、经营管理系统、办公自动化系统均得到大力发展，对于企业园区网的建设要求越来越高，在设计网络时要充分考虑企业实现的目标和对需求进行分析。

（1）高性能、高带宽：中大型企业园区网是一个庞大而且复杂的网络，为了保障全网的高速转发，全网的组网设计的无瓶颈性，要求方案设计的阶段就要充分考虑到，同时要求核心交换机具有高性能、高带宽的特点，整网的核心交换要求能够提供无瓶颈的数据交换。

（2）高稳定、高可靠：整个园区网提供给企业的生产和办公系统一个承载环境，整个网络需要 24 小时不间断地运行才能正常保证公司业务的开展。特别是生产系统，如果网络中断，将导致经济利益的损失，更是需要保证网络的稳定运行。因此，网络的设计需要考虑到整体网络结构的稳定、设备的稳定，同时尽量减小网络、设备发生故障后影响的业务范围等。

（3）高安全、高扩展：安全性是企业园区网建设中的关键，包括物理空间的安全控制及网络的安全控制，需要有完整的安全策略控制体系来实现企业园区网的安全控制。公司的业务随着公司的发展将不断增加，用户数、生产数据流量等也会不断增加，同时网络规模也将不断扩大，网络设计的方案在满足现有业务需要的基础上，还需要提供未来 3～5 年随着业务扩展而需要的网络平滑扩展，保证未来网络扩展的经济性、便捷性、兼容性。

3. 设计原则

（1）可靠性、可用性：高可靠性是园区网提供使用的关键，其可靠性设计包括关键设备冗余、链路/网络冗余和重要业务模块冗余。

（2）可扩展性：园区网方案设计中，采用分层的网络设计；每个层次的设计所采用的设备本身都应具有足够高的端口密度，为后续园区网扩展奠定基础。

（3）开放性：技术选择必须符合相关国际标准及国内标准，尽量避免厂家的私有标准或内部协议，以确保网络的开放性和互联互通，满足信息准确、安全、可靠、优良交换传送的需要；开放的接口，支持良好的维护、测量和管理手段。

（4）可维护、可管理性：网络可管理性是园区网成功运维的基础，提供网络统一实时监控的信息处理功能，实现网络设备的统一管理。

4. 方案描述

根据案例的需求和分析，结合企业网络的特点，公司的网络拓扑结构如图9-17所示。

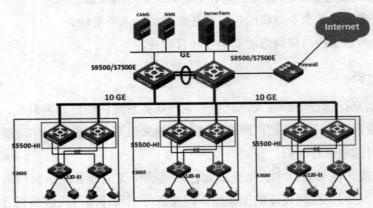

图9-17 企业网络拓扑结构

全网采用三层网络结构，考虑到网络的冗余，全网采用双核心、双汇聚。核心层网络采用两台H3C S9500高密度多业务核心路由交换机，双核心之间采用万兆光纤链路，并在核心层添加管理模块，实现对网络的管理监控，并在核心交换机上配置IPS入侵防御模块以保障内部网络安全。在出口处部署H3C SecPath F1000-A千兆防火墙连接互联网并进行NAT地址转换，采用ASPF（Application Specific Packet Filter）应用状态检测技术，支持外部攻击防范、内网安全、流量监控、邮件过滤、网页过滤、应用层过滤等功能，能够有效保证网络的安全。3个区域分别各部署两台汇聚层交换机H3C S5500-HI作为楼宇区域汇聚设备，向上采用万兆光纤链路与核心交换机连接，达到提供高带宽和冗余的目的，向下采用千兆链路与接入层设备H3C S5120-EI相连，充分保证网络线路的带宽需求，真正达到企业网内部的高速数据交换。在中心机房部署CAMS、NMS网络管理系统，各种应用和业务服务器接入核心交换机。

5. 方案特点

网络架构设计合理，具有高性能、高稳定性、高安全性，采用分层模型和区域划分，核心交换机采用模块化核心高端交换机，提供双主引擎冗余，双电源冗余，有效保证设备硬件的稳定运行。链路具有高可靠性，核心层采用万兆链路连接，通过采用 H3C 的 IRF（智能弹性架构）技术，在核心层和汇聚层将多个设备虚拟为单一设备使用，具有简化管理、高可靠性和强大的网络扩展能力，具有灵活的平滑升级能力和良好的可扩展性。在核心交换机上配置 IPS 模块和出口处配置状态检测防火墙，能较好地保证企业网络安全。

9.4.3　校园网系统方案

1. 案例描述

某学院需要进行校园园区网的建设，校园网园区以光缆连接了各栋楼宇，覆盖全部教学区域、办公区域和宿舍区域，校园网计划分布有 1 万多个网络端口，目前已完成综合布线系统建设。需接入校园网的计算机约 6000 台，并计划校园网能同时提供 IPv4 和 IPv6 的双栈服务，并与 Internet 和教育网连通。该校园网系统必须具备高校教育行业应用特点，满足教学、办公、学生教师上网的信息化需求。同时校园网系统必须按照满足将来扩展的需要进行整体规划，在满足当前需要的同时，还必须具备一定的前瞻性。在实际的建设过程中，应当充分考虑到学校内部的校园网多业务以及特色业务等扩展性。

2. 需求分析

校园网作为一种独特的模式，既具有一般企业网的特质，又有其特殊的地方。相同之处在于：作为集团用户，接入的网络都需要具有一定的独立性和相当的可统计、可管理性的特性；较之一般的企业网，校园网又会面临更复杂的用户类型和业务需求，它不是单纯的办公网络，而是一个承载教学、办公自动化、图书馆等多种业务和应用的平台，主要的需求及分析如下。

（1）网络系统的建设和优化：实现园区核心层、园区汇聚层对多业务的识别与区分能力，实现园区核心层、园区汇聚层的无单点故障，在兼顾经济性的同时，最大限度地保障多业务的可用性；避免系统建设后对多业务并存要求的瓶颈，对于可能的瓶颈设备、瓶颈链路重点关注和解决；对全网实现向下一代网络 IPv6 技术。

（2）区分业务的服务质量保障：逻辑划分不同业务系统，界定其隔离与共享的关系；建立统一的数据中心，实现业务的数据整合管理；利用网络平台对多业务的区分，实现不同业务端到端的、不同优先等级的处理。

（3）抵御对业务运营的不安全因素影响：抵御来自外部网络的攻击行为，抵御校园

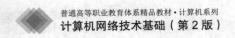
内部用户的非法行为，抵御针对数据中心的攻击行为，消除各业务系统之间的攻击影响，对于不同的子系统实现不同的安全策略。

（4）强化对业务的管理能力与控制：建立统一的数字化校园支撑平台管控中心，实现对设备、用户、业务、安全等多系统的集成化、关联化管理；实现集中管理、智能化管理，从而降低综合拥有成本；增加管理系统的开放性，以实现管理系统对数字化校园上层应用的无缝集成。

3. 设计原则

高校校园网建设要实现内部全方位的数据共享，应用三层交换，提供全面的 QoS 保障服务，使网络安全可靠，从而实现教育管理、多媒体教学、图书馆管理自动化，而且还要通过 Internet 实现远程教学，提供可增值、可管理的业务，必须具备高性能、高安全性、高可靠性，可管理性以及开放性、兼容性、可扩展性。高校网络建设遵循以下基本原则。

（1）实用性和经济性：系统建设应始终贯彻面向应用，注重实效的方针，从学院实际情况出发，坚持以实用、经济的原则建设校园计算机网络及扩展系统，保护学院的投资。

（2）先进性和成熟性：系统设计既要采用先进的概念、技术和方法，又要注意结构、设备、工具等的相对成熟。不但能反映当今的先进水平，而且具有发展潜力，能保证在未来若干年内占主导地位，保证校园网建设的领先地位，采用万兆以太网技术来构建网络主干、千兆支干线路。

（3）可靠性和稳定性：从系统结构、技术措施、设备性能、系统管理、厂商技术支持及维修能力等方面着手，在系统设计上应考虑关键部件采用冗余设计和容错技术，通信子网间应留有备用信道，确保系统运行的可靠性和稳定性，达到最大的平均无故障时间。

（4）安全性和保密性：在系统设计中，既考虑信息资源的充分共享，更要注意信息的保护和隔离，因此系统应分别针对不同的应用和不同的网络通信环境，采取不同的措施，包括防火墙隔离、全网接入认证、流量整形、上网审计、系统安全机制、数据存取的权限控制等，对于各种网络应用，应有多种保护机制，如划分 VLAN、MAC 地址绑定、ACL、NAT、802.1x 认证机制、上网日志记录等具体技术提升整个网络的安全性。

（5）可扩展性和可管理性：要充分考虑到今后网络的发展，在网络、服务器以及软件系统的设计上保证系统性能能够平滑升级，保护现有投资，即应满足广域网连接端口与局域网连接端口的可扩展性，软件系统功能模块的可扩充性。

4. 方案描述

根据案例的需求和分析，结合校园网的特点，校园网的网络结构如图 9-18 所示。

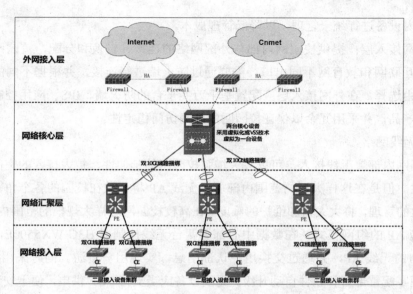

图 9-18　校园网网络结构

（1）网络结构。

校园网网络主要分成核心层、汇聚层、接入层的典型园区网三层设计，根据校园网的特点和需求还具有外网接入层，各分层说明如下。

- 核心层：网络的骨干，必须能够提供高速数据交换和路由快速收敛，要求具有较高的可靠性、稳定性和易扩展性等。对于校园网核心层，必须提供高性能、高可靠的多设备冗余的星型结构。对于校园网核心层设备，能够提供跨设备链路聚合虚拟化、多平面设计、不间断转发、优雅重启、设备安全访问保护等多种高可靠技术，在提供大容量、高性能 L2/L3 交换服务基础上，能够进一步融合硬件 IPv6、网络安全、网络业务分析等智能特性，可为校园网构建融合业务的基础网络平台，进而帮助用户实现 IT 资源整合的需求，可采用 H3C 的 S7500E 系列高端多业务路由交换机。

- 汇聚层：汇聚来自配线间的流量和执行安全策略，当路由协议应用于这一层时，具有负载均衡、快速收敛和易于扩展等特点，这一层还可作为接入设备的第一跳网关；对于校园网的汇聚层设备，应该能够承载校园网的多种融合业务，融合 MPLS、IPv6、网络安全、无线、无源光网络等多种业务，提供跨设备链路聚合、不间断转发、环网保护等多种高可靠技术，支持 EAD（端点准入防御）、ACL、端口隔离等多种安全功能和丰富的 QoS 功能，支持各种认证方式，能够承载校园网融合业务的多种需求。汇聚层可采用 H3C 的 S5500 系列强三层万兆以太网交换机。

- 接入层：提供有线、无线网络的第一级接入功能，完成二层交换、安全接入、ARP 攻击防御、QoS 和 POE 等多种功能，接入层可采用 H3C 的 E 系列教育网交换机。在部分密度较高的宿舍楼配线间，可通过堆叠或集群管理的模式对该配线间内设备进行统一管理，以降低管理成本。

- 外网接入层：提供校园网内部与外部网络的连接、转换和分配，校园网一般都具有互联网和教育网不同出口，需要通过防火墙进行连接，并根据不同的线路进行路由选择。在外网接入层应配置基于万兆平台的防火墙、IPS、应用控制网关等安全产品，并采用冗余以保证校园网的外网访问稳定性。

（2）无线网络。

在校园网内部署无线接入，可以大大增强校园网的延伸性，扩大接入的空间，提高接入的便利性。但是在这样大型的范围内部署，无线 AP 将分散在校园的各个角落，假如不能实现有效的管理，将大大增加维护的难度。在高校校园网这样大规模的范围内部署无线，必须采用瘦 AP 的组网模式。在数据中心部署两台无线控制器 H3C WX5500E，实现集中管理校区内的无线 AP，并通过交换用户认证信息，实现用户漫游。同时采用瘦 AP 的方式可以实现零配置部署和软件自动升级。无线设备应当支持 POE 供电，便于安装和部署。

在选择了无线组网方案后，还应在无线设备的技术选择上考虑以下几点。

- 二、三层漫游功能：保证用户能够在校园网内实现快速漫游切换，毫秒级切换时延，保障用户的实时业务在切换时不中断。
- 无线射频管理：当 AP 调整发生信道叠加时，能对无线信道进行自动调整，减少网络管理员的负担。
- 自适应负载均衡：仅对处于信号重叠区间的用户进行 AP 间的负载分担，将负载较重的 AP 上的用户分担到附近其他相对负载较轻的 AP 上。
- 支持多业务隔离：实现一张无线网虚拟出多套业务系统的能力，支持多 SSID 的接入。
- 支持无线 QoS：无线设备应当能与有线网络的 QoS 统一，保障用户服务质量。
- 统一管理：为了简化管理，需要无线和有线平台采用统一管理平台，并具有良好的扩展性。

（3）数据中心。

校园数据中心是数据大集中而形成的集成 IT 应用环境，是各种 IT 业务和应用服务的提供中心，是数据运算、交换、存储的中心，实现对用户的数据、应用程序、物理构架的全面或部分进行整合和集中管理。数据中心的建设中，存储系统的建设和完善贯穿始终，这和当前应用系统建设的重点是一致的。参考园区网设计的理念，数据中心网络结构也进行层次化的设计，分成核心层、汇聚层、接入层以及 IP 存储层，核心层可配置高性能的核心交换机，汇聚层配置数据中心核心或汇聚交换机，接入层配置服务器接入交换机，在 IP 存储层配置存储 IP 交换机，如图 9-19 所示。对于服务器数据的可靠性存储，在数据中心的设计中，通过专门的存储区域来实现，通过在服务器群后面配置存储交换机，连接服务器和存储设备，可考虑用万兆 IP 交换机实现服务器和万兆 IP 存储的数据交换。目前，随着云计算及虚拟化技术的发展，数据中心网络结构也逐步演变为大二层结构，具体可参见图 9-5 的数据中心大二层体系结构。

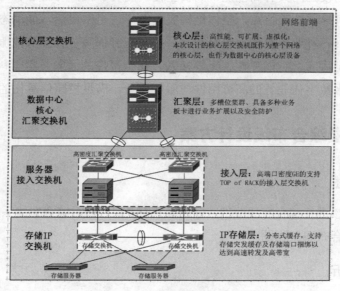

图 9-19 校园网数据中心结构

（4）网络安全体系。

随着计算机技术的不断发展，病毒和网络攻击已经成为现在网络管理人员最头疼的问题。目前的网络安全威胁主要表现为如下 3 种形式：网络黑客攻击（如 Spyware，钓鱼软件等）、计算机系统病毒（如 ARP 病毒，蠕虫，冲击波等）、对网络基础设施的攻击（如 DoS/DDoS）。一个好的网络承载平台是提供多种业务的基础，对于定位在运营级的数字化校园网，要保证网络质量和服务承诺，在安全控制方面必须有一个好的整体安全体系。

校园网全局安全的建设目标就是形成全局化、结构化、智能化的安全防御体系，为整网达到可运营、可控制的服务目标。对于不同的安全威胁采用对应的安全策略，进行全局安全防御，如图 9-20 所示为校园网安全防护体系。

图 9-20 校园网安全防护体系

5. 方案特点

该方案设计的校园网具有高性能、高安全性、高可靠性，可管理、可增值特性以及开放性、兼容性、可扩展性等特点，整体结构完整统一、组网灵活，能动态适应多业务的不断发展，将校园网各种业务有机地整合起来，并且充分保障各种业务的服务质量。通过设计可建设一个稳定可靠、智能弹性、无缝接入、安全可控的面向教学与科研等多业务的支撑平台，保障校区数字化业务的高可用性与服务质量，满足校园信息化的可持续发展。

9.4.4 办公楼综合布线设计方案

1. 案例描述

某公司办公楼进行综合布线改造，办公楼共有 8 层，需对综合布线系统结构进行设计，并绘制相关的综合布线工程图。

2. 需求分析

办公楼共有 8 层，共有布线信息点 524 个，其中 268 个为语音点，采用的布线系统性能等级为 6 类非屏蔽（UTP）综合布线系统。各层的具体信息点分布如表 9-3 所示。根据需求进行综合布线系统设计，绘制系统结构图、水平子系统布线施工图和中心配线间（BD）的机柜安装示意图。

表 9-3 办公楼信息点分布

配线间设置	楼层	数据信息点	语音信息点
BD/FD（2楼）	1 层	20	22
	2 层	40	48
	3 层	22	24
FD	4 层	36	40
FD（5楼）	5 层	40	24
	6 层	18	18
FD	7 层	40	46
FD	8 层	40	46
总计		256	268

3. 设计原则

（1）系统性：在建筑物的任一区域均有信息端口，使再重新连接或布置工作站终端时无须重新布线。

（2）标准化和灵活性：依据标准规范设计系统，综合布线系统的信息端口及相应配套电缆必须统一，以便平稳地连接所有类型的网络和终端，同时亦可实现系统维护、重新配置的灵活性。

（3）先进性和延续性：综合布线系统必须保持在一个长期的时间内不会过时，充分考虑系统发展和向上兼容性。

（4）高性能价格比：选择的布线系统结构合理，选择的原材料、介质、接插件、电气设备具有良好的物理和电气性能，而且价格适中。

（5）实用性：设计的系统应充分满足用户目前的需要及发展需求。

（6）灵活方便性：结构设计应做到配线容易，信息口设置合理，即插即用。

（7）管理性和扩充性：采用标准积木式接插件，可进行配线管理。采用易于扩充的结构和接插件，保证易于扩充和更换。

4. 方案描述

根据办公楼网络通信的需求，水平全部采用 VCOM 超 5 类布线系统，主干采用室内光缆和室内超 5 类双绞线。布线系统采用模块化设计，星型拓扑结构，易于将来布线系统的扩充及重新配置。

（1）系统设计。

根据办公楼的需求，综合布线系统设计如下。

- 工作区：采用 8P8C 信息模块，双孔信息面板设计，采用 6 类 RJ45 信息模块。
- 水平子系统：水平电缆为 6 类 UTP 双绞线。
- 垂直干线：语音主干线缆为 5 类 25 对 UTP 双绞线，数据主干线缆为 6 芯室内多模光缆。
- 配线架：水平配线架（含语音、数据）选择 6 类 24 口配线架，语音垂直干线配线架选择 100 对 110 型交叉连接配线架。
- 设备间：数据网络接入电信 ADSL 网络，语音网络接入电信市话网络。

办公楼综合布线系统结构设计如图 9-21 所示。

（2）水平子系统布线施工。

根据办公楼的建筑结构，在每层楼的走廊吊顶上架空线槽布线，由楼层管理间引出来的线缆先走吊顶内的线槽，到各房间后，经分支线槽从槽梁式电缆管道分叉后将电缆穿过一段支管引向墙壁，沿墙而下到房内信息插座。水平子系统布线施工示意图如图 9-22 所示。

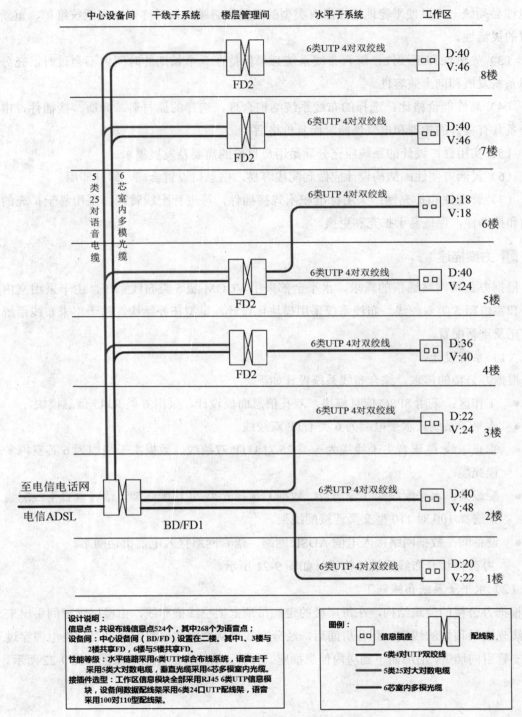

图 9-21　综合布线系统结构

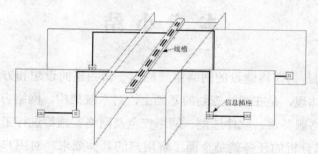

图 9-22 水平子系统布线施工示意图

（3）配线间机柜安装。

在配线间采用一个 42U 机柜，机柜中设备包含 6 个 24 口网络配线架，1 个 100 对 110 配线架，1 个 24 口 ST 光纤配线架，6 个 24 口网络交换机，所有的设备下方均配备一个理线架，数据配线架组与机柜底部间隔 1U、语音配线架组与数据配线架组间隔 1U、网络交换机组与语音配线架间隔 1U，各组设备中间不再间隔。配线间机柜安装如图 9-23 所示。

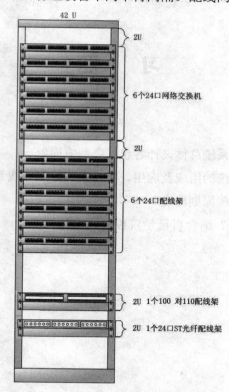

图 9-23 配线间机柜安装

5. 方案特点

根据办公楼的实际环境和需求，进行了系统结构设计、施工设计和配线间机柜安装设计，设计符合综合布线标准，满足办公楼网络通信的需求。

本 章 小 结

（1）网络规划是为即将建设的网络系统提出一套完整的设想和方案，网络设计是实现网络规划的思路体现，是在网络规划的基础上，对系统架构、网络方案中的设备选型、综合布线系统、网络服务器、软件选型、网络安全及网络实施等进行工程化设计的过程。

（2）网络需求分析的任务就是全面了解用户的具体要求，对用户目前的需求状况进行详细的调研，了解用户建网的目的、用户已有的网络基础和应用现状。网络规划必须明确各个阶段的建设目标，采取先进性、可靠性、安全性、开放性和实用性相结合的原则。

（3）网络系统设计应考虑和包括网络系统架构、网络设备选项、网络软件选择、综合布线系统设计、网络安全设计等方面，还要涉及工程的实施与测试。

（4）网络系统集成应用领域广泛，有不同层次的需求，而每种需求又可有不同的方案，列举了小型企业网方案、中大型企业网方案、校园网方案、综合布线设计方案。

习 题

简答题

1. 网络的规划和网络系统总体设计各包括哪些方面？

2. 试简述综合布线系统的组成及应用，结合案例绘制布线系统结构图。

3. 组建校园网应从哪些原则出发？

4. 如何规划校园网络？结合自己学院校园网实际情况，画出校园网整体规划方案图和应用系统的总体结构图。

参 考 文 献

1. 谢希仁. 计算机网络. 第 6 版. 北京：电子工业出版社，2013

2. 张曾科，阳宪惠. 计算机网络. 北京：清华大学出版社，2006

3. 董宇峰. 企业网络技术基础实训. 北京：北京大学出版社，2014

4. 袁礼，李平. 计算机网络原理与应用. 北京：清华大学出版社，2011

5. 王达. 深入理解计算机网络. 北京：机械工业出版社，2013

6. 谢昌荣，李菊英. 计算机网络技术项目化教程. 第 2 版. 北京：清华大学出版社，2014

7. 王志文等. 计算机网络原理. 北京：机械工业出版社，2014

8. 思科系统公司. 思科网络技术学院教程. CCNA Exploration: 网络基础知识. 北京：人民邮电出版社，2009

9. 杭州华三通信技术有限公司. IPv6 技术. 北京：清华大学出版社，2010

10. 杭州华三通信技术有限公司. 路由交换技术. 第 3 卷. 北京：清华大学出版社，2012

11. 黎连业，陈光辉等. 网络综合布线系统与施工技术. 第 4 版. 北京：机械工业出版社，2011

12. 王公儒，蔡永亮. 综合布线实训指导书. 北京：机械工业出版社，2012

13. 刘黎明. 云计算应用基础. 成都：西南交通大学出版社，2015

14. 张卫峰. 深度解析 SDN——利益、战略、技术、实践. 北京：电子工业出版社，2014

15. 徐立冰. 腾云：云计算和大数据时代网络技术揭秘. 北京：人民邮电出版社，2014

16. Kai Hwang 等. 云计算与分布式系统：从并行处理到物联网. 北京：机械工业出版社，2013

17. 敖志刚. 网络虚拟化技术完全指南. 北京：电子工业出版社，2015

18. 严体华，张武军. 网络管理员教程. 第 4 版. 北京：清华大学出版社，2014

19. 赵立群等. 计算机网络管理与安全. 第 2 版. 北京：清华大学出版社，2014

20. 戴有炜. Windows Server 2008 R2 安装与管理. 北京：清华大学出版社，2011

21. 唐华. Windows Server 2008 系统管理与网络管理. 第 2 版. 北京：电子工业出版社，2014